Head First Go语言程序设计

如果有一本关于Go语言的书，它专注于你想知道什么，这不是做梦吧？我猜这只是一个幻想……

[美] Jay McGavren 著
刘红泉 王佳 译

Beijing • Boston • Farnham • Sebastopol • Tokyo

O'Reilly Media, Inc. 授权机械工业出版社出版

机械工业出版社

图书在版编目（CIP）数据

Head First Go 语言程序设计 /（美）杰伊·麦克格瑞恩（Jay McGavren）著；刘红泉，王佳译．—北京：机械工业出版社，2020.9

书名原文：Head First Go

ISBN 978-7-111-66493-2

I. H… II. ①杰… ②刘… ③王… III. 程序语言－程序设计 IV. TP312

中国版本图书馆 CIP 数据核字（2020）第 169370 号

北京市版权局著作权合同登记

图字：01-2019-5656 号

本书法律顾问

北京大成律师事务所 韩光 / 邹晓东

书　　名 / Head First Go 语言程序设计

书　　号 / ISBN 978-7-111-66493-2

责任编辑 / 冯秀泳

封面设计 / Randy Comer，张健

出版发行 / 机械工业出版社

地　　址 / 北京市西城区百万庄大街 22 号（邮政编码 100037）

印　　刷 / 北京诚信伟业印刷有限公司

开　　本 / 203 毫米 ×233 毫米　16 开本　35 印张

版　　次 / 2020 年 9 月第 1 版　2020 年 9 月第 1 次印刷

定　　价 / 149.00 元（册）

客服电话：(010)88361066　88379833　68326294

华章网站：www.hzbook.com

投稿热线：(010)88379604

读者信箱：hzit@hzbook.com

献给对我永远充满耐心的Christine。

译者序

2007 年，Google 首席软件工程师 Rob Pike 与 Robert Griesemer 和 Ken Thompson 两位大师，决定创造一种新语言来取代 C++，这就是 Go 语言。以下是 Go 语言的发展历程：

- 2009 年 11 月 10 日，Go 语言以开放源代码的方式向全球发布。
- 2011 年 3 月 16 日，Go 语言的第一个稳定（stable）版本 r56 发布。
- 2012 年 3 月 28 日，Go 语言的第一个正式版本 Go1 发布。
- 2013 年 4 月 4 日，Go 语言的 Go 1.1beta1 测试版发布。
- 2013 年 4 月 8 日，Go 语言的 Go 1.1beta2 测试版发布。
- 2013 年 5 月 2 日，Go 语言 Go 1.1RC1 版发布。
- 2013 年 5 月 7 日，Go 语言 Go 1.1RC2 版发布。
- 2013 年 5 月 9 日，Go 语言 Go 1.1RC3 版发布。
- 2013 年 5 月 13 日，Go 语言 Go 1.1 正式版发布。
- 2013 年 9 月 20 日，Go 语言 Go 1.2RC1 版发布。
- 2013 年 12 月 1 日，Go 语言 Go 1.2 正式版发布。
- 2014 年 6 月 18 日，Go 语言 Go 1.3 版发布。
- 2014 年 12 月 10 日，Go 语言 Go 1.4 版发布。
- 2015 年 8 月 19 日，Go 语言 Go 1.5 版发布，本次更新中移除了“最后残余的 C 代码”。
- 2016 年 2 月 17 日，Go 语言 Go 1.6 版发布。
- 2016 年 8 月 15 日，Go 语言 Go 1.7 版发布。
- 2017 年 2 月 17 日，Go 语言 Go 1.8 版发布。
- 2017 年 8 月 24 日，Go 语言 Go 1.9 版发布。
- 2018 年 2 月 16 日，Go 语言 Go 1.10 版发布。
- 2018 年 8 月 25 日，Go 语言 Go 1.11 版发布。
- 2019 年 3 月 1 日，Go 语言 Go 1.12 版发布。

- 2019 年 9 月 3 日，Go 语言 Go 1.13 版发布。
- 2020 年 2 月 25 日，Go 语言 Go 1.14 版发布。

出现在 21 世纪的 Go 语言，虽然不能如愿取代 C++，但是其近于 C 的执行性能和近于解析型语言的开发效率以及近乎完美的编译速度，已经风靡全球，很多人将其誉为“21 世纪的 C 语言”。

Go 语言在云计算、边缘计算、大数据、微服务、物联网、高并发领域应用得越来越广泛。越来越多的知名公司正在把 Go 作为开发新项目的首选语言。

本书作者 Jay McGavren 自 2005 年以来一直从事专业软件开发，他使用过多种语言，包括 Java、Ruby、JavaScript 和 Go。

Go 使构建简单、可靠、高效的软件变得容易。这本书让初级程序员很容易上手。Google 为高性能网络和多处理而设计了 Go，但与 Python 和 JavaScript 一样，该语言易于阅读和使用。有了这本非常实用的实践指南，你将通过清晰的示例来学习如何编写 Go 代码。最重要的是，你将获悉雇主希望入门级 Go 开发人员所需了解的约定和技术。

本书是由我和王佳共同翻译的。由于翻译水平和时间有限，译文中难免存在语句生硬、词语表达不够准确，甚至错误和疏漏等情况，恳请读者批评指正。同时，希望通过听取大家的建议和反馈，努力提高自己的翻译水平。

最后，通过阅读此书，希望你能了解 Go，喜欢 Go，掌握 Go，为将来成为一名优秀的 Go 程序员打下良好的基础！

刘红泉
于北京

作者简介

Jay McGavren是*Head First Ruby*和*Head First Go*的作者，这两本书都由O'Reilly出版。他还在Treehouse讲授软件开发。

他和妻子、可爱的孩子们，还有许多狗住在凤凰城郊区。

你可以访问Jay的个人网站*http://jay.mcgavren.com*。

目录（概要）

目录（真正的目录）

如何使用这本书

前言

你的大脑如何看待Go。在这里，你试图学习一些东西，而你的大脑在帮你的忙，确保学习不会停滞不前。你的大脑在想："最好给更重要的事情留点儿空间，比如避开哪些野生动物，裸体滑雪是否是个坏主意。"那么，你如何欺骗你的大脑，让它认为你的生活依赖于如何用Go编程呢？

1 让我们开始吧

语法基础

准备好给你的软件充电了吗？ 你想要一种编译速度快的简单编程语言吗？它跑得快吗？它可以很容易地将你的工作分发给用户吗？那就准备好学习Go吧！

Go是一种注重简单性和速度的编程语言。它比其他语言都简单，所以学起来更快。它可以让你利用当今多核计算机处理器的能力，使你的程序运行得更快。本章将向你展示所有Go的功能，这些功能将使你作为开发人员的生活更轻松，并使你的用户更快乐。

```
package main

import "fmt"

func main() {
        fmt.Println(          )
}
```

"Hello, Go!" 输出

Hello, Go!

1 + 2 → 3

4 < 6 → true

'Ж' → 1174

2 接下来运行哪些代码

条件和循环

每个程序都有仅在特定情况下适用的部分。“如果出现错误，应该运行这段代码。否则，应该运行其他代码。”几乎每个程序都包含只有在特定条件为真时才应该运行的代码。因此，几乎每种编程语言都提供条件语句，让你决定是否运行某段代码。Go也不例外。

你可能还需要重复运行代码中的某些部分。与大多数语言一样，Go提供了循环，可以多次运行某部分代码。在本章中，我们将学习使用条件句和循环!

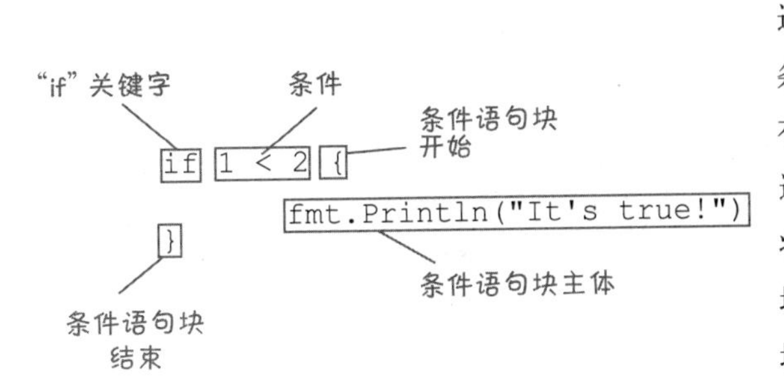

3 调用函数

你错过了机会。你一直像专业人士一样调用函数。但你唯一能调用的函数是Go为你定义的函数。现在，轮到你了。我们将向你展示如何创建你自己的函数。我们将学习如何声明带参数和不带参数的函数。我们将声明返回单个值的函数，并且我们将学习如何返回多个值，以便我们可以指示何时发生了错误。我们还将学习指针，它允许我们进行更有效的内存函数的调用。

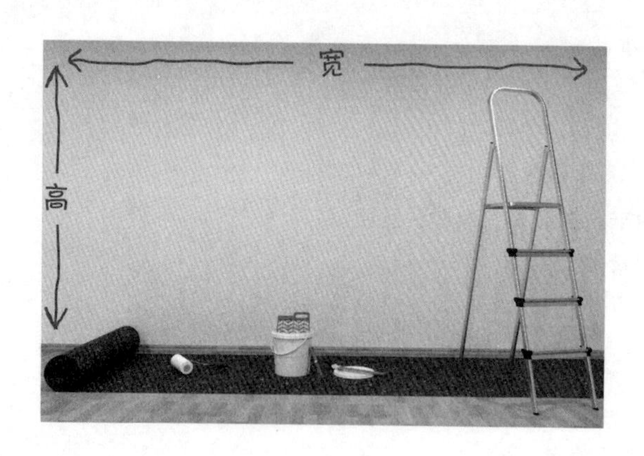

4 代码集

包

是时候整理一下了。到目前为止，我们一直将所有代码放在一个文件中。随着我们的程序变得越来越大、越来越复杂，这很快就会变得一团糟。

在本章中，我们将向你展示如何创建自己的包，以帮助将相关代码集中放在一个地方。但是包不仅仅对组织结构有益，它还是在程序之间共享代码的一种简单方法，同时也是与其他开发人员共享代码的一种简单方法。

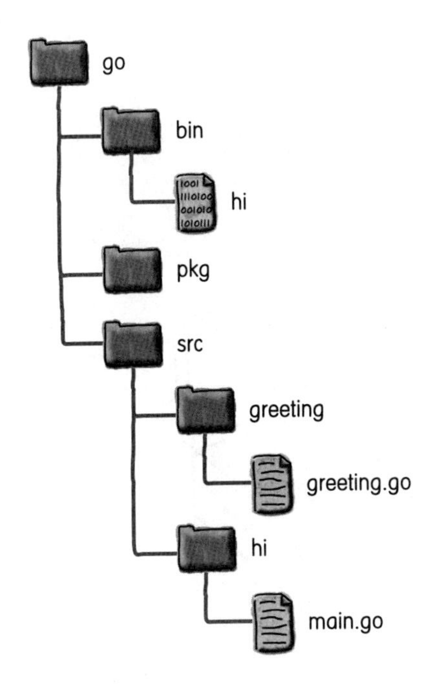

列表

数组

很多程序都处理列表。地址列表、电话号码列表、产品列表。Go有两种内置的存储列表的方法。本章将介绍第一种：数组。你将了解如何创建数组，如何用数据填充数组，以及如何重新获取这些数据。然后你将学习如何处理数组中的所有元素，首先是使用for循环的困难些的方法，然后是使用for...range循环的简单些的方法。

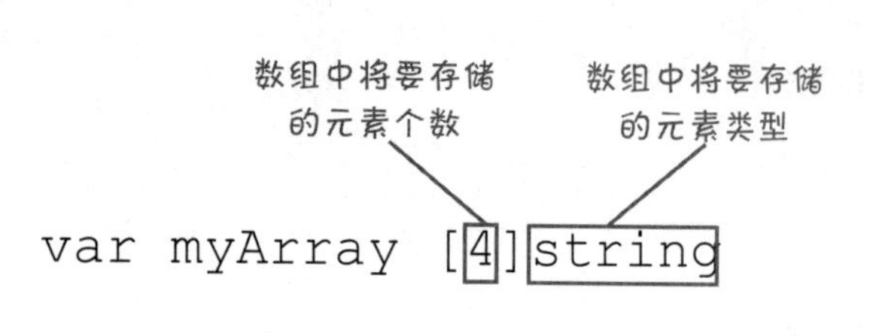

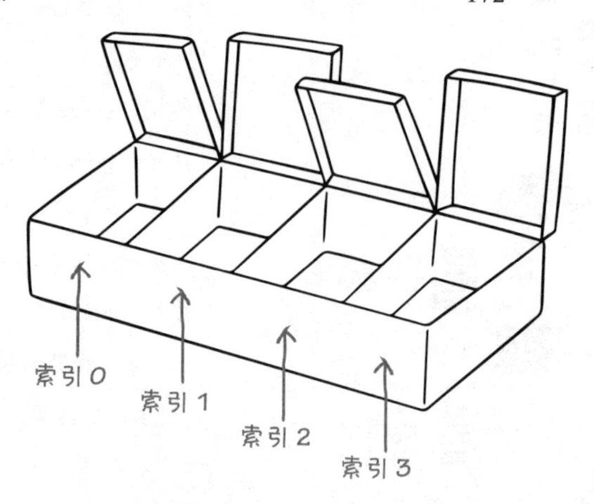

6 追加的问题

切片

我们已经知道了无法将更多的元素增加到一个数组中。对于程序的确是个问题。因为我们无法提前知道文件中包含多少个块。而这就是Go中的切片（slice）的用武之地。切片是一个可以通过增长来保存额外数据的集合类型，正好能够满足程序的需要！我们将看到切片是如何让用户以简洁的方式在程序中提供数据的，以及如何帮助你写出更加方便调用的函数。

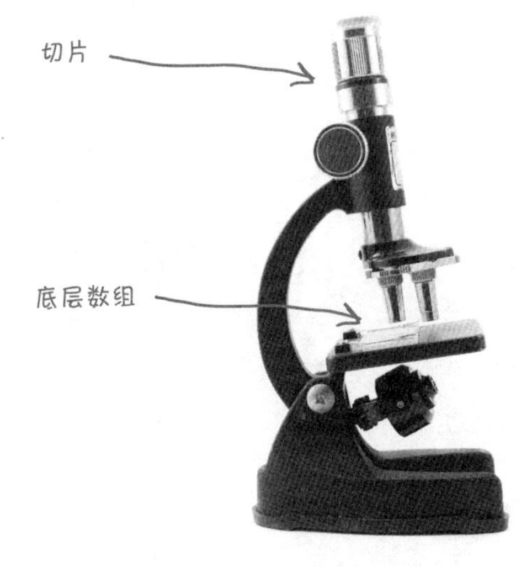

切片1

{"a", "b", "c", "d", "e"}

数组1

7 标签数据

映射

堆积物品是个好方法，直到你需要再次找到它。你已经看到了如何使用切片和数组来创建一列数据。但是当你需要使用一个特定的值时会怎样？为了找到它，你需要从数组或者切片的开头开始，查看每一个元素。

如果有一种集合，其中的每个值都有个标签在上面，那么你就可以快速找到你需要的值！在这一章，我们来看映射，它就是做这个的。

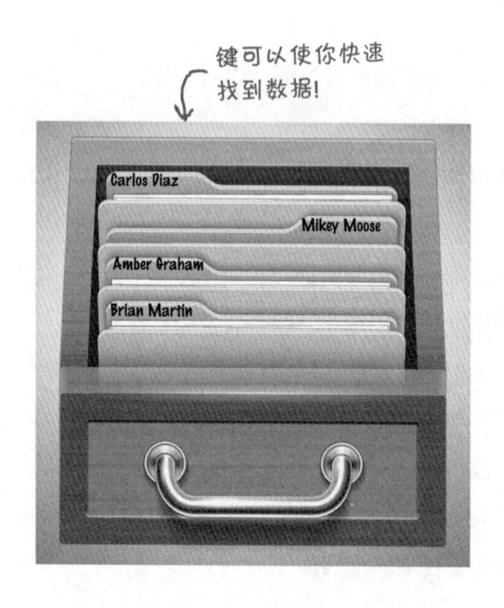

8 构建存储

struct

有时你需要保存超过一种类型的数据。我们学习了切片，它能够保存一组数据。然后学习了映射，它能保存一组键和一组值。这两种数据结构都只能保存一种类型。有时，你需要一组不同类型的数据，例如邮件地址，混合了街道名（字符串类型）和邮政编码（整型）；又如学生记录，混合保存学生名字和成绩（浮点数）。你无法用切片或者映射来保存。但是你可以使用其他的名为struct的类型来保存。本章会介绍struct的所有信息!

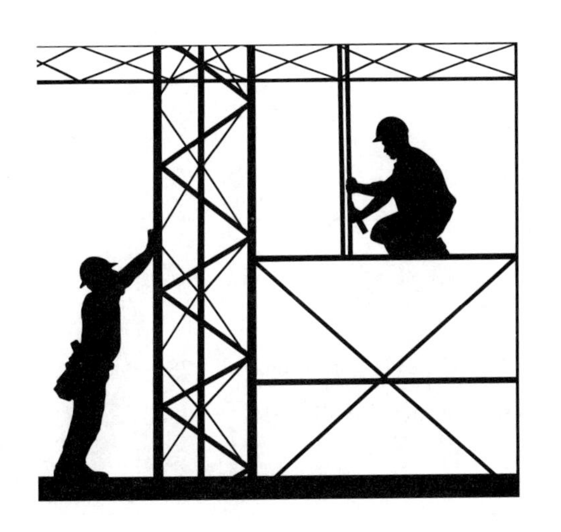

9 我喜欢的类型

定义类型

定义类型还有更多内容需要学习。在之前的章节，我们展示了如何使用strcut基础类型来定义类型。没有展示如何使用任意类型作为基础类型。

但是你记得方法——与特定值类型关联的特殊的函数吗？我们在整本书中都在调用多种值的方法，但是没有展示如何定义自己的方法。在本章中，我们打算介绍。让我们开始吧！

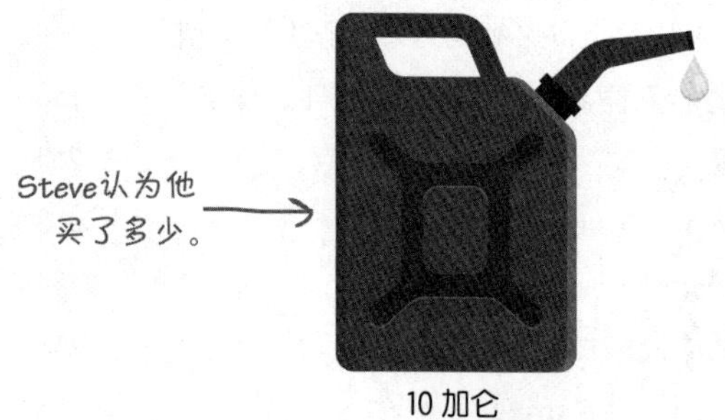

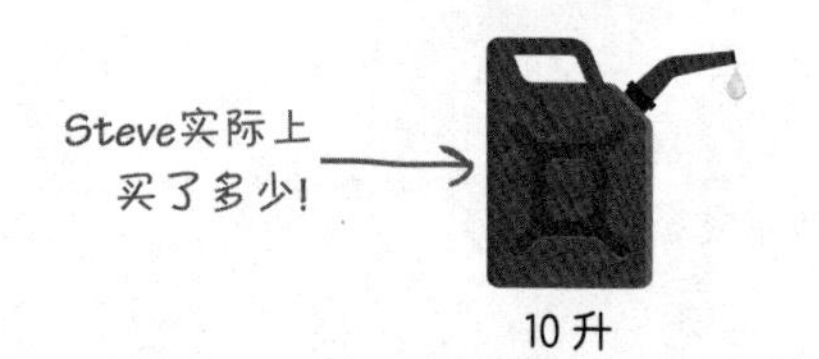

10 保密
封装和嵌入

错误总会发生。有时，你的程序会接收到无效的数据，从用户输入、从文件读取或以其他方式。在本章，你会学到封装：一个保护struct字段免受无效数据的方法。这样，你的数据字段能够安全地使用。

我们也会在你的类型内部嵌入其他的类型。如果你的struct类型需要已经存在于其他类型的方法，你不需要拷贝粘贴方法代码。你可以将其他类型嵌入你的struct类型中，然后像使用你自己的类型的定义方法一样使用嵌入类型的方法！

当人们实际使用setter方法时，它们提供的校验非常棒。但是我们已经让人们直接设置struct字段，他们仍然在输入无效数据！

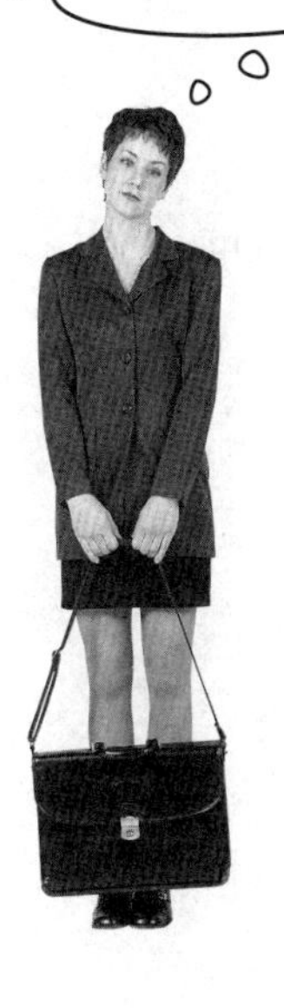

11 你能做什么

接口

有时你并不关心一个值的特定类型。你不需要关心它是什么。你只需要知道它能做特定的事情。你能够在其上调用特定的接口。不需要关心是pen还是pencil，你仅仅需要一个Draw方法。不需要关心是Car还是Boat，你只需要一个Steer方法。

那就是Go接口的目标。它允许你定义能够保存任何类型的变量和函数参数，前提是它定义了特定的方法。

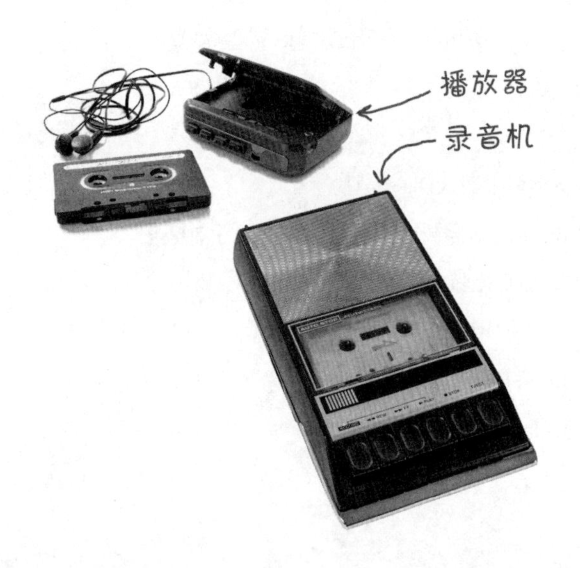

12 重新站起来

从失败中恢复

每个程序都会遇到错误，你应该为它们做好计划。有时候，处理错误可以像报告错误并退出程序一样简单。但是其他错误可能需要额外的操作。你可能需要关闭打开的文件或网络连接，或者以其他方式清理，这样你的程序就不会留下混乱。在本章中，我们将向你展示如何延迟清理操作，以便在出现错误时也能执行这些操作。我们还将向你展示如何在适当的（罕见的）情况下使程序出现panic，以及如何在事后恢复。

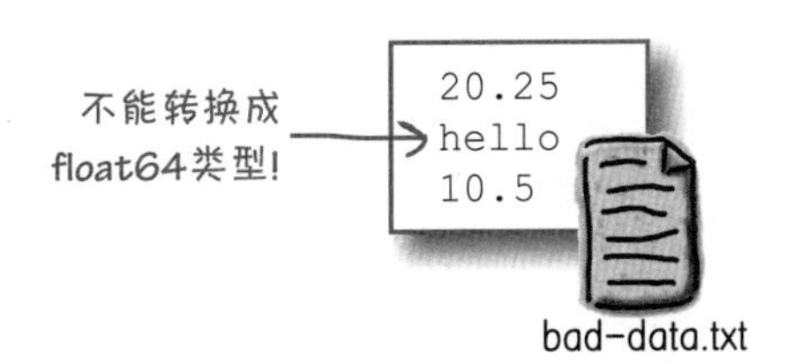

13 分享工作

goroutine和channel

一次只做一件事并不总是完成任务最快的方法。一些大问题可以分解成小任务。goroutine可以让程序同时处理几个不同的任务。goroutine可以使用channel来协调它们的工作，channel允许goroutine互相发送数据并同步，这样一个goroutine就不会领先于另一个goroutine。goroutine让你充分利用具有多处理器的计算机，让程序运行得尽可能快！

接收端goroutine等待另一个goroutine的发送值。

代码的质量保证

自动化测试

你确定你的软件工作良好吗？真的确定吗？在将新版本发给用户之前，你可能已经尝试了新特性，以确保它们都能正常工作。但你有没有尝试过旧的特性，以确保你没有破坏它们中的任何一个?所有的旧特性?如果这个问题让你担心，那么你的程序需要自动化测试。自动化测试确保程序的组件能够正确工作，即使在你更改代码之后也是如此。Go的`testing`包和`go test`工具使用你已经学习的技能,使编写自动化测试变得更加容易!

通过。

对于 `[]slice{"apple", "orange", "pear"}`, `JoinWithCommas` 应返回 `"apple, orange, and pear"`。

失败!

对于 `[]slice{"apple", "orange"}`, `JoinWithCommas` 应返回 `"apple and orange"`。

15 响应请求

Web应用程序

这是21世纪。用户需要Web应用程序。Go在这里已经覆盖了！Go标准库包含一些包，可以帮助你托管自己的Web应用程序，并使它们可以从任何Web浏览器访问。因此，我们将在本书的最后两章向你展示如何构建Web应用程序。

Web应用程序需要做的第一件事是当浏览器向它发送请求时能够做出响应。在本章中，我们将学习如何使用`net/http`包来实现这一点。

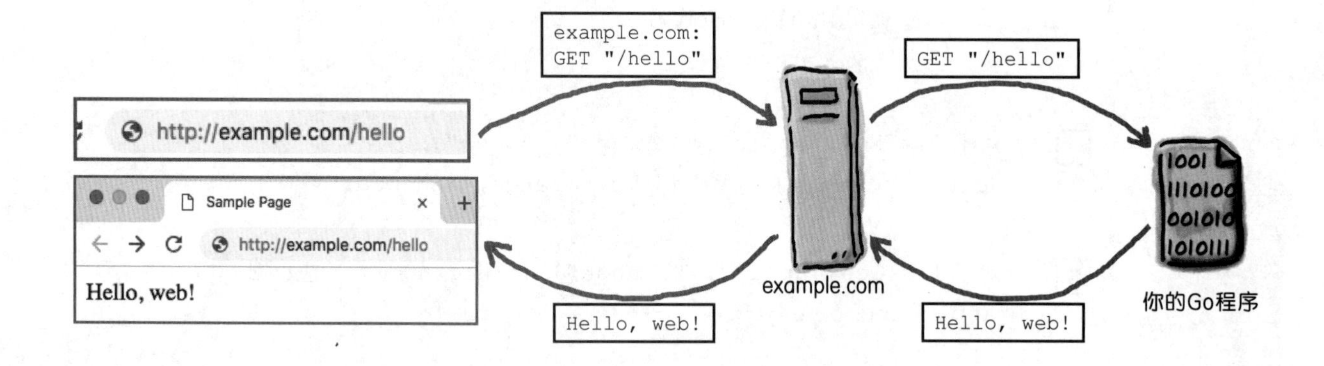

16 要遵循的模式

HTML模板

你的Web应用程序需要用HTML而不是纯文本进行响应。纯文本可以用于电子邮件和社交媒体帖子。但是你的页面需要格式化。它们需要标题和段落。它们需要用户可以向你的应用程序提交数据的表单。要做到这一点，你需要HTML代码。

最后，你需要将数据插入HTML代码中。这就是Go提供`html/template`包的原因，这是一种在应用程序的HTML响应中包含数据的强大方法。模板是构建更大、更好的Web应用程序的关键，在这最后的一章里，我们将向你展示如何使用它们！

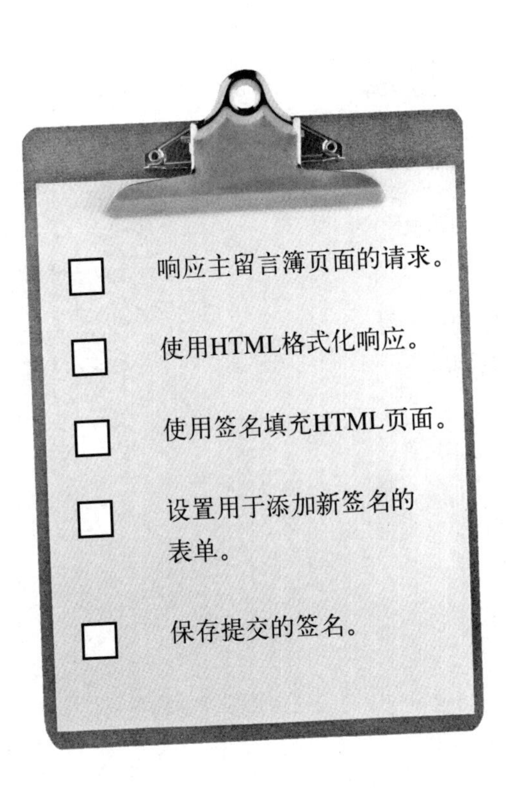

响应主留言簿页面的请求。
使用HTML格式化响应。
使用签名填充HTML页面。
设置用于添加新签名的表单。
保存提交的签名。

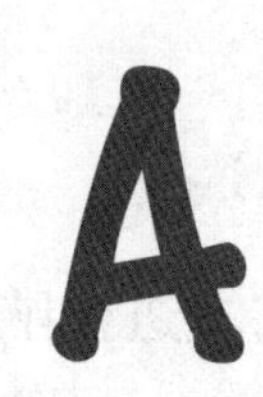

理解os.OpenFile

打开文件

有些程序需要将数据写入文件，而不仅仅是读取数据。在整本书中，当我们想要处理文件时，必须在文本编辑器中创建它们，以便程序读取。但是有些程序生成数据，当生成数据时，程序需要能够将数据写入文件。

在本书的前面，我们使用`os.OpenFile`函数打开一个文件，以便写入。但我们当时没有足够的空间来充分探索它是如何工作的。在本附录中，我们将向你展示有效使用`os.OpenFile`所需的所有知识！

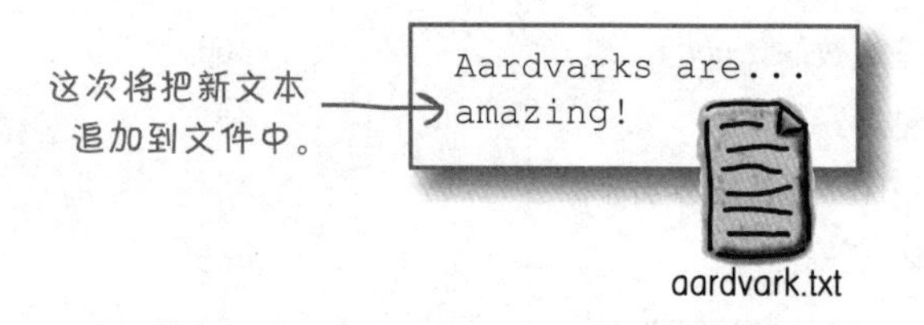

这次将把新文本追加到文件中。
Aardvarks are...
amazing!
aardvark.txt

有六件事我们没有涉及

剩下的内容

我们已经讲了很多内容，你几乎看完了这本书。我们会想念你的，但在让你离开之前，如果不多做一点准备就把你送到这个世界上去，我们会觉得不太合适。我们为本附录保存了六个重要的主题。

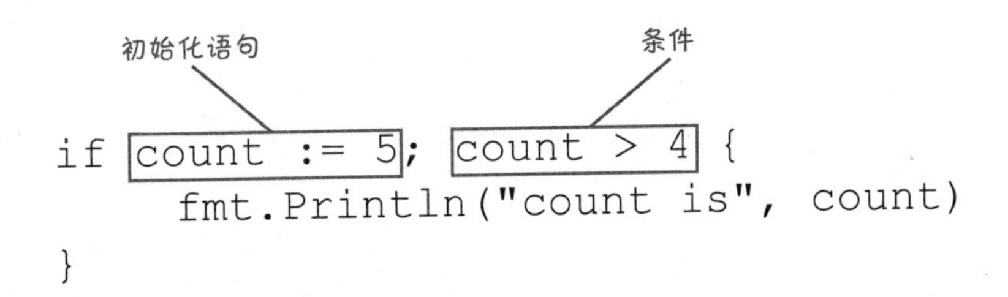

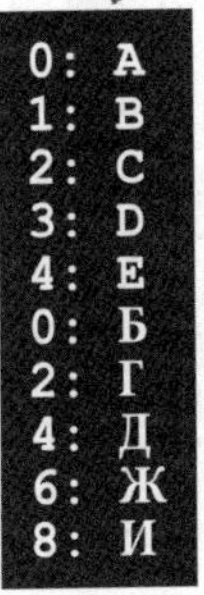

当缓冲区已满时发送一个值会导致发送goroutine的阻塞。

"d"

"c"

"b"

"a"

额外发送的值将添加到缓冲区中，直到缓冲区满为止。

如何使用这本书

前言

我真不敢相信他们
把这个写进了一本
Go语言的书中。

在本节中，我们将回答一个急待解决的问题：为什么他们要把这个写进一本关于Go的书里呢？

你的大脑如何看待Go。 在这里，你试图学习一些东西，而你的大脑在帮你的忙，确保学习不会停滞不前。你的大脑在想：“最好给更重要的事情留点儿空间，比如避开哪些野生动物，裸体滑雪是否是个坏主意。”那么，你如何欺骗你的大脑，让它认为你的生活依赖于如何用Go编程呢？

这本书是给谁看的

如果你对所有这些问题回答“是”：

1. 你能使用有文本编辑器的电脑吗？
2. 你想学习一种使开发变得**快速**和**高效**的编程语言吗？
3. **比起枯燥无味的学术讲座**，你是否更喜欢**让人刺激的晚宴上的交谈**？

那么这本书是给你看的。

谁应该远离这本书

如果你对其中任何一个问题回答“是”：

1. **你对电脑完全陌生吗**？

   （你不需要水平太高，但是你应该了解文件夹和文件，知道如何打开终端应用，以及如何使用简单的文本编辑器。）

2. 你是一个在寻找**参考书**的忍者摇滚明星的开发者吗？
3. 你**害怕尝试新的东西吗**？你宁愿做根管治疗，也不愿意穿一些色彩斑斓的衣服吗？你真的认为一本技术性的书如果使用了比较轻松的语言就很不严肃吗？

那么这本书就不是给你看的。

来自市场营销的提示：本书适用于任何持有有效信用卡的人。

我们知道你在想什么

“这本书怎么可能是一本关于用Go进行开发的非常严肃的书呢？”

“这些图形是怎么回事？”

“我真的能这样学吗？”

我们知道你的大脑在想什么

你的大脑渴望新奇。它总是在搜索、扫描、等待一些不寻常的东西。它就是这样建造的，它能帮助你活着。

那么，你的大脑如何处理你遇到的所有日常的、普通的、正常的事情呢？ 尽一切可能阻止它们干扰大脑真正的工作——记录重要的事情。它不会保存那些无聊的东西，因为它们永远不会通过“这显然不重要”过滤器。

你的大脑如何知道什么事情是重要的？假设你出去徒步一天，一只老虎在你面前跳来跳去——你的大脑和身体会怎么样？

神经元被激活。情绪高涨。化学物质激增。

你的大脑就是这样知道……

这一定很重要！别忘记！

但是想象一下你在家里或者在图书馆。这是一个安全、温暖、没有老虎的地方。你在学习，准备考试，或者尝试学习一些很难的技术主题，你老板认为这些东西需要一周，最多10天就可完成。

只有一个问题。你的大脑想帮你个大忙。它试图确保这些显然不重要的内容不会扰乱稀缺的资源。资源最好用于存储真正“大”的东西，比如老虎，比如火灾的危险，比如你不应该把那些派对的照片上传到你的Facebook上。没有简单的方法告诉你的大脑，“嘿，大脑，非常感谢你，但是不管这本书有多枯燥，不管我现在的情绪有多糟糕，我真的希望你能保留这些东西。”

你的大脑认为这很重要。
太好了。只有530页枯燥、无趣、乏味的东西了。
你的大脑认为这不值得保留。

我们把“Head First”的读者当作学习者

那么怎样才能学到一些东西呢？首先，你必须得到它，然后确保你不会忘记它。这不是把事情硬塞进你的脑子里。根据认知科学、神经生物学和教育心理学方面的最新研究，学习不仅仅是了解纸面上的文字。我们知道什么可以使你的大脑兴奋。

一些“Head First”的学习准则：

可视化知识。图像远比文字更令人印象深刻，也使学习变得更加有效。（在回忆和转移研究方面提高了89%。）它们也能让事情变得更容易理解。**将词语放在与之相关的图形内或附近**，而不是放在底部或另一页上，学习者解决与内容相关的问题的可能性将提高两倍。

使用对话和个性化的风格。最近研究表明，如果内容直接面向读者，使用第一人称的对话风格，而不是使用正式的语气，那么读者在学习后的测试中的表现可以提高40%。讲故事而不是说教。使用非正式的语言，不要太严肃。你会更关注一个令人兴奋的晚宴，还是一个讲座?

让学习者更深入地思考。换句话说，除非你主动弯曲你的神经元，否则你的大脑不会发生什么变化。读者必须有动力、投入、好奇和灵感去解决问题，得出结论并产生新的知识。为此，你需要挑战、锻炼和发人深省的问题，以及涉及大脑两侧和多种感官的活动。

吸引并保持读者的注意力。我们都有过“我真的很想学这个，但我不能在读完第一页后还保持清醒”的经历。你的大脑会关注那些不寻常的、有趣的、奇怪的、引人注目的、意想不到的事情。学习一个新的、棘手的、技术性的主题不一定很无聊。如果有趣的话，你的大脑会学得更快。

调动读者的情绪。我们现在知道，你的记忆事物的能力很大程度上取决于事物的情感内容。当你关注时你会记得，当你有感触时你会记得。不，我们不是在讲一个男孩和他的狗的令人心痛的故事。我们谈论的是诸如惊喜、好奇、乐趣之类的情感，“什么……？”，以及那种“我说了算!”的感受，当你解决了一个难题，掌握了别人认为很难的东西，或者意识到“我更了解技术”，而来自工程学的鲍勃却不会时，就会有这种感受。

元认知：思考“何为思考”

如果你真的想学习，而且你想学得更快、更深，那就留意你是如何集中注意力的。想想你是如何思考的。学会如何学习。

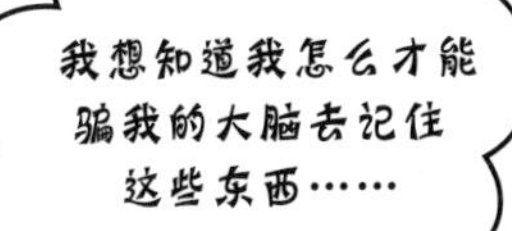

我想知道我怎么才能骗我的大脑去记住这些东西……

我们中的大多数人在成长过程中没有学过元认知或学习理论的课程。我们想去学习，但很少有人教我们如何学习。

但是我们假设，如果你有本书，你真的想学习如何写Go程序。你可能不想花很多时间。如果你想使用你在本书中读到的东西，你需要记住它们。为此，你必须理解它们。要从本书、其他书或学习经验中得到最大的收获，就要对你的大脑负责。你的大脑与这些内容有关。

诀窍是让你的大脑看到你正在学习的新资料是非常重要的。对你的健康也是至关重要的。像老虎一样重要。否则，你就会陷入一场持续的战斗，你的大脑会尽其所能阻止新内容的产生。

那么，如何让你的大脑对待编程就像对待一只饥饿的老虎呢？

有慢的、乏味的方法，或者快的、更有效的方法。这个慢方法是纯粹的重复。你显然知道，如果你不断地往脑子里灌输同样的东西，即使是最乏味的主题，你也能够学习和记住。经过足够多的重复，你的大脑会说，“这个对他来说并不重要，但是他一直一遍又一遍地看着同样的东西，所以我想它一定是重要的。”

快的方法是做任何能增加大脑活动的事情，尤其是不同类型的大脑活动。上一页的内容是解决方案的重要组成部分，它们都已被证明可以帮助你的大脑朝着有利于你的方向工作。例如，研究表明，把单词放在它们描述的图片中（而不是放在页面的其他地方，比如标题或正文中），会让你的大脑试图理解单词和图片之间的关系，这就会引起更多的神经元活动。更多的神经元活动意味着你的大脑更有可能意识到这是一件值得注意的事情，并有可能把它记录下来。

谈话风格很有帮助，因为当人们意识到他们在交谈时往往会更加专注。因为他们希望紧跟并坚持到底。令人惊奇的是，你的大脑并不一定在意你和一本书之间的“对话”！如果写作风格是正式且枯燥的，那么你的大脑仿佛置身于一个无聊的课堂，周围都是被动出席的听众。而此时，你的大脑就会觉得不需要保持清醒。

但图片和对话风格只是开始……

我们是这样做的

我们使用图片，因为你的大脑会为视觉而不是为文字做出调整。就你的大脑而言，一张图片真的胜过千言万语。当文字和图片放在一起的时候，我们将文字嵌入图片中，这样当文字在它所指的事物中，而不是在标题中或隐藏在正文中的某个地方时，你的大脑会工作得更有效。

我们使用冗余，用不同的方式、不同的媒体类型和不同的感官说同样的事情，以增加内容被编码到大脑多个区域的机会。

我们以意想不到的方式使用概念和图片，因为你的大脑会为新奇事物而调整，我们使用图片和至少含有一些情感内容的想法，因为你的大脑会为关注情感的生物化学成分而调整。那些使你感觉到某些东西的事情更容易被记住，即使这种感觉只是一点幽默、惊喜或兴趣。

我们使用了个性化的对话方式，因为当你的大脑认为你在谈话时会比它认为你在被动地听演讲时更加关注。即使在阅读时，你的大脑也会这样做。

我们把活动包括在内，因为你的大脑在做事情的时候比阅读的时候更善于学习和记忆。我们让这些练习具有挑战性且可行，因为这是大多数人喜欢的。

我们使用了多种学习风格，因为你可能更喜欢循序渐进的过程，其他人想先了解全局，而另外一些人只想看到一个示例。但不管你自己的学习偏好如何，每个人都能从以多种形式呈现相同的内容中获益。

我们将你大脑两侧的内容都包括在内，因为你的大脑参与得越多，你学习和记住的东西就越多，你能集中注意力的时间也就越长。因为大脑的一侧在工作通常意味着给另一侧一个休息的机会，你可以在更长的时间内更有效率地学习。

我们还包括了一些故事和练习，这些故事和练习代表了不止一种观点，因为当你的大脑被迫做出评估和判断时，它就会更深入地学习。

本书中包括挑战、练习和问题，而这些问题并不总是有一个直截了当的答案，因为当你的大脑必须做某件事时就已经调整好了去学习和记忆。想想看，你不可能仅仅通过看健身房的人就能让你自己保持体形。但我们尽力确保当你努力工作的时候，是在做正确的事情。你不需要花费额外的精力来处理一个难以理解的示例，或者解析晦涩的、充满行话的或过于生硬的文本。

我们用了“人”。在故事、例子和图片中大量使用人物，因为你的大脑更关注人，而不是事物。

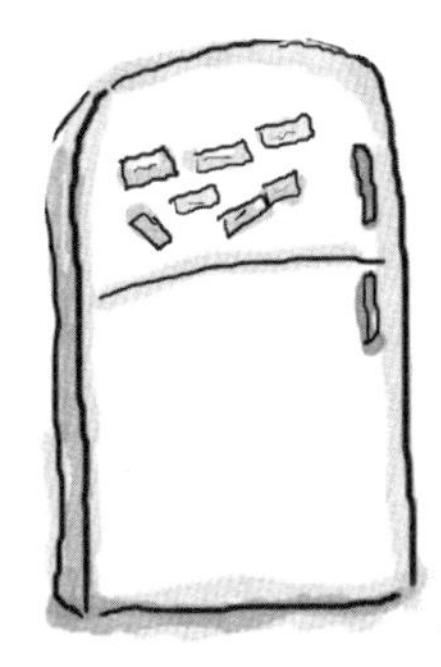

下面是如何做能让你的大脑就范

所以，我们尽了自己的职责。剩下的就靠你自己了。这些技巧是一个起点，倾听你的大脑，找出什么适合你，什么不适合。尝试新事物。

把这个剪下来贴在冰箱上。

1 放慢速度，多去理解，从而减少机械记忆。

不要只是阅读。停下来思考。当书问你问题时，不要直接跳到答案。想象一下有人真的在问这个问题。你强迫大脑思考得越深，你学习和记忆的机会就越大。

2 做练习，记笔记。

我们将这些练习放入书中，但是我们直接告诉你答案。这就好像是别人替你锻练身体一样。请你拿起手中的笔进行练习，熟能生巧。有很多证据表明，学习时的身体活动可以提高学习效率。

3 读懂“有问必答”。

这意味着一切。它们不是可选的边栏，而是核心内容的一部分！不要跳过它们。

4 将本书作为你的睡前读物，或者至少是最后一个挑战。

学习的一部分（尤其是向长期记忆的转移）发生在你放下书之后。你的大脑需要时间来做更多的处理。如果你在这个过程中加入了一些新的东西，你刚刚学到的一些东西就会丢失。

5 大声谈论你学到的知识。

说话会激活大脑的不同部分。如果你想要理解某件事，或者增加你以后记住它的机会，就大声说出来。更好的是，试着向别人大声解释。你会学得更快，你可能会发现一些你阅读时不知道的知识。

6 大量喝水。

大脑在水分充足的时候工作效率最高。脱水（可能在你感到口渴之前就会发生）会降低认知功能。

7 倾听你的大脑。

注意你的大脑是否超载了。如果你发现自己开始匆匆掠过或忘记刚刚读过的内容，是时候休息一下了。一旦超过了某一时间点，你就无法通过投入更多的努力来更快地学习，甚至可能会影响学习过程。

8 感受某些事情。

你的大脑需要知道这很重要。参与故事。为照片配上你自己的标题。为一个蹩脚的笑话叹息总比什么感觉都没有好。

9 写大量代码！

学习开发Go程序只有一种方法：写大量代码。这就是你在整本书中要做的。编程是一种技能，而要想精通它，唯一的方法就是练习。我们会给你很多练习：每一章都有练习，这些练习会让你去解决问题。不要跳过它们——当你解出这些练习时，你会学到很多东西。我们为每个练习都提供了答案——如果你被问题卡住了，可以查看答案！（通常都是细节问题造成了困难。）但是在看答案之前先试着去解决。在继续阅读下一部分之前，一定要把当前问题都解决掉。

说明

这是一次学习经历，而不是参考书。我们特意把可能妨碍学习的东西从书中删去了。第一次，你需要从头开始，因为本书对你已经看过和学过的东西做了假设。

如果你用其他语言写过一点儿程序，这会对你有所帮助。

多数开发人员在学习了其他一些编程语言之后发现了Go。（他们经常寻求躲避另一种语言。）我们对基本知识进行了足够的探讨，使一个完完全全的初学者也能够应付，但是我们没有详细介绍什么是变量，或者`if`语句是如何工作的。如果你以前至少做过一点儿这方面的工作，你会很轻松。

我们没有涉及每种类型、函数和包。

Go自带了很多软件包。当然，它们都很有趣，但是即使本书有现在的两倍长，也不能把它们完全覆盖。我们的重点是对初学者来说非常重要的核心类型和函数。我们确保你对它们有深刻的理解，并相信你知道如何以及何时使用它们。任何情况下，一旦你读完了本书，你就可以拿起任何一本参考书，快速学习我们遗漏的内容。

这些活动不是可选的。

练习和活动不是附加的，它们是本书核心内容的一部分。有些是为了帮助记忆，有些是为了理解，还有一些是为了帮助你应用所学到的知识。不要跳过练习。

冗余是有意的，也是重要的。

Head First书的一个显著区别是，我们希望你能真正理解它。我们希望你读完本书，记住你学到的东西。大多数参考书都没有把记忆和回忆作为一个目标，但本书是关于学习的，所以你会看到一些相同的概念出现了不止一次。

代码示例尽可能简洁。

在200行代码中费力地寻找需要理解的两行代码是令人沮丧的。本书中的大多数示例都是在尽可能小的上下文中显示的，因此你要学习的部分是清晰而简单的。所以不要期望代码是健壮的，甚至是完整的。那是你读完本书后的作业。书中的例子是专门为学习而写的，并不总是功能齐全的。

我们已经将所有示例文件都放在了网上，你可以去下载。你可以在*http://headfirstgo.com/*上找到它们。

致谢

致系列丛书创办者：

非常感谢Head First系列的创办者Kathy Sierra和Bert Bates。当我十多年前遇到这套丛书时，我就很喜欢它，但从未想过我会为它写作。感谢你们创造了这种令人惊叹的教学风格。

致O'Reilly团队：

感谢成就了这一切的O'Reilly的每一个人，特别是编辑Jeff Bleiel，以及Kristen Brown、Rachel Monaghan和其他的产品团队成员。

致技术审校者：

每个人都会犯错，但幸运的是，我有技术审校团队的Tim Heckman、Edward Yue Shung Wong和Stefan Pochmann来纠正我所有的错误。你永远不知道他们发现了多少问题，因为我很快就销毁了所有的证据。但是他们的帮助和反馈是绝对必要的，永远感激他们!

致其他人：

感谢Leo Richardson提供额外的校对。

也许最重要的是，感谢Christine、Courtney、Bryan、Lenny和Jeremy的耐心和支持（现在已经有两本书了）！

O'Reilly在线学习

近40年来，O'Reilly Media提供了技术和业务培训、知识以及洞察力，帮助公司取得成功。

我们独有的专家和创新者网络通过书籍、文章、会议和我们的在线学习平台分享他们的知识和专长。O'Reilly的在线学习平台可以让你按需访问现场培训课程、深度学习路径、交互式编程环境，以及来自O'Reilly和200多个其他出版商的大量文本和视频。更多信息，请访问*http://oreilly*.com。

1 让我们开始吧

语法基础

来看看我们用Go编写的这些程序吧！
它们编译和运行得很快……这种语言
非常棒！

准备好给你的软件充电了吗？你想要一种编译速度快的简单编程语言吗？它跑得快吗？它可以很容易地将你的工作分发给用户吗？那就准备好学习Go吧！

Go是一种注重简单性和速度的编程语言。它比其他语言都简单，所以学起来更快。它可以让你利用当今多核计算机处理器的能力，使你的程序运行得更快。本章将向你展示所有Go的功能，这些功能将使你作为开发人员的生活更轻松，并使你的用户更快乐。

准备好，出发

早在2007年，谷歌的搜索引擎就出现了一个问题。他们不得不用数百万行代码来维护程序。之前他们测试新的变化，就必须把代码编译成可运行的形式，这个过程在当时花了将近一个小时。不用说，这对开发人员的效率来说是非常糟的。

因此谷歌的工程师Robert Griesemer、Rob Pike和Ken Thompson为一门新语言勾画出了一些目标：

- 快速编译
- 不太笨重的代码
- 自动释放未使用的内存（垃圾收集）
- 易于编写同时执行多个操作的软件（并发）
- 很好地支持多核处理器

经过几年的工作，谷歌创建了Go：一种能快速编写代码并生成程序的语言，可以快速编译和运行。该项目在2009年转向了开源许可。现在任何人都可以免费使用。你也可以用！Go以其简单和强大的功能而迅速流行起来。

如果你正在编写命令行工具，Go可以用相同的源代码为Windows、macOS和Linux生成可执行文件。如果你正在编写Web服务器，它可以帮助你同时处理许多用户连接。无论你正在编写什么，它都将帮助你确保代码更易于维护和添加。

准备了解更多吗？我们走吧！

Go Playground

尝试Go的最简单的方法是在你的Web浏览器中访问*https://play.golang.org*。在那里，Go团队设置了一个简单的编辑器，你可以输入Go代码并在他们的服务器上运行，结果就显示在浏览器上。

（当然，只有当你有稳定的互联网连接时，这才有效。如果没有的话，请参阅本章的“在你的计算机上安装Go”节了解如何直接在你的计算机上下载和运行Go编译器。然后使用这个编译器运行以下示例。）

Secure https://play.golang.org

The Go Playground Run Format Imports Share

```
1 package main
2
3 import "fmt"
4
5 func main() {
6         fmt.Println("Hello, Go!")
7 }
8

Hello, Go!

Program exited.
```

我们现在试试看!

1. 在浏览器中打开*https://play.golang.org*。（如果你看到的和屏幕截图不太一样，不用担心，这只是意味着自本书出版以后，他们的网站得到了改善！）

2. 删除编辑区中的任何代码，然后输入：

```
package main

import "fmt"

func main() {
     fmt.Println("Hello, Go!")
}
```

别担心，我们将在下面解释这是什么意思。

3. 单击Format按钮，它将根据Go的约定自动重新格式化你的代码。

4. 单击Run按钮。

你应该看到“Hello, Go!”显示在屏幕底部。恭喜你，你刚刚运行了第一个Go程序!

输出 → `Hello, Go!`

我们会解释一下我们刚才做了什么。

这一切意味着什么

你刚刚运行了你的第一个Go程序！现在让我们看一下代码并弄清楚这一切意味着什么……

每个Go文件都以package子句开头。package（包）是一组代码，它们都做类似的事情，比如格式化字符串或绘制图像。package子句给出包的名称，这些文件中的代码成为包的一部分。在本例中，我们使用特殊的包 main，如果要直接（通常从终端）运行此代码，这个是必需的。

接下来，Go文件几乎总是有一个或多个import语句。每个文件都需要导入其他包，然后才能使用其他包里包含的代码。一次加载计算机上的所有Go代码将导致一个大的、慢速的程序，因此你可以指定只导入需要的包。

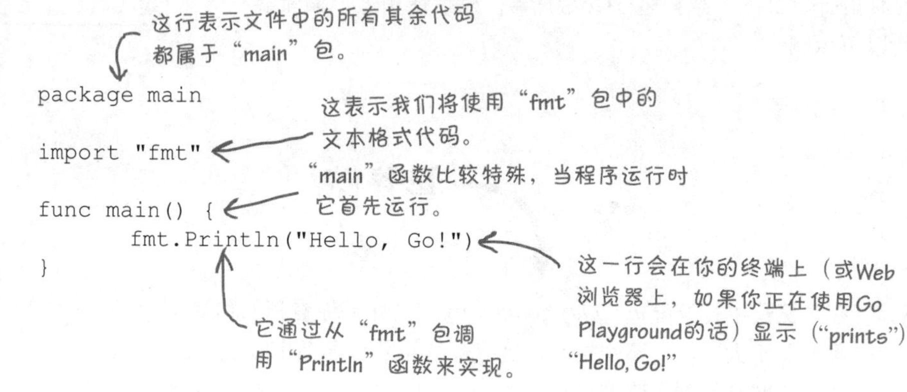

这行表示文件中的所有其余代码都属于“main”包。
package main
这表示我们将使用“fmt”包中的文本格式代码。
import "fmt"
“main”函数比较特殊，当程序运行时它首先运行。
func main() {
fmt.Println("Hello, Go!")
}
这一行会在你的终端上（或Web浏览器上，如果你正在使用Go Playground的话）显示（“prints”）“Hello, Go!”
它通过从“fmt”包调用“Println”函数来实现。

每个Go文件的最后一部分都是实际代码，它通常被分割成一个或多个function（函数）。function是由一行或多行代码组成的组，可以从程序中的其他位置调用（运行）。当一个Go程序运行时，它会寻找一个名为main的函数并首先运行它，这就是为什么我们将这个函数命名为main。

放松
如果你现在不明白这些，不用担心！
我们将在接下来的几页中详细介绍所有内容。

典型的Go文件布局

你很快就会习惯在几乎每个Go文件中看到这三个部分按此顺序排列：

1. package子句
2. 任何import语句
3. 实际代码

package子句 { `package main`

imports部分 { `import "fmt"`

实际代码 {

```
func main() {
        fmt.Println("Hello, Go!")
}
```

俗话说：“万物各得其所”，Go是一种非常一致的语言。这是好事：你经常会发现你只需要知道在项目中何处查找给定的代码段，而不用总想着它。

有问必答

问： 我的另外一种编程语言要求每个语句以分号结尾，Go不是这样吗？

答： 你可以使用分号来分隔Go中的语句，但这不是必需的（事实上，通常不赞成这样）。

问： 这个Format按钮是什么意思？为什么在运行代码之前要点击它？

答： Go编译器带有一个标准格式化工具，称为`go fmt`。Format按钮是`go fmt`的Web版本。

每当你共享代码时，其他Go开发人员都希望它是标准的Go格式。这意味着像缩进和间距这些东西将以标准的方式格式化，以使每个人都容易阅读。而其他语言则是依靠人们手动调整代码格式以符合样式指南来实现这一点的，使用Go，你所要做的就是运行`go fmt`，它会自动帮你解决所有问题。

我们在这本书中创建的每个示例上都运行了格式化程序，你也应该在你的所有代码上运行它！

如果出了问题怎么办

Go程序必须遵循一定的规则，以避免编译器混乱。如果我们违反其中一条，就会收到一条错误信息。

假设我们在调用第6行`Println`函数时忘记了添加圆括号。

如果我们尝试运行这个版本的程序，我们会得到一个错误：

行
```
1 package main
2
3 import "fmt"
4
5 func main() {
6         fmt.Println "Hello, Go!"
7 }
```

假设我们忘了这里要用到圆括号……

Go Playground使用的文件名称

发生错误的行号

错误描述

```
prog.go:6:14: syntax error: unexpected literal "Hello, Go!" at end of statement
```

发生错误的行中的位置

Go告诉我们需要访问哪个源代码文件以及行号，以便解决问题。（Go Playground在运行之前将代码保存到一个临时文件中，这是*prog.go*文件名的来历。）然后给出了对错误的描述。在本例中，因为我们删除了圆括号，Go不能识别我们打算调用`Println`函数，所以它不能理解为什么我们将`"Hello, Go"`放在第6行末尾。

实践出真知!

我们可以通过各种方式故意破坏我们的程序来了解Go程序必须遵循的规则。以这段代码为例，试着进行以下的更改之一，然后运行它。然后恢复原状并尝试下一个更改。看看会发生什么!

```
package main

import "fmt"

func main() {
	fmt.Println("Hello, Go!")
}
```

试着破坏我们的代码示例，看看会发生什么!

如果你这样做……		……它会失败，因为……
删除package子句……	~~package main~~	每个Go文件都必须以package子句开头
删除import语句……	~~import "fmt"~~	每个Go文件都必须导入它引用的每个包
导入第二个（不用的）包……	import "fmt" import "strings"	Go文件必须只导入它们引用的包。(这有助于保持代码快速编译!)
重命名main函数……	func ~~main~~hello	Go查找名为main的函数并首先运行
把Println调用变成小写……	fmt.~~P~~println("Hello, Go!")	Go中的所有内容都区分大小写，因此尽管fmt.Println是有效的，但没有fmt.println这样的东西
删除Println前的包名……	~~fmt.~~Println("Hello, Go!")	Println函数不是main包的一部分，因此Go需要在函数调用之前使用包名

让我们试下第一个例子……

删除package子句……

```
import "fmt"

func main() {
	fmt.Println("Hello, Go!")
}
```

你会得到一个错误信息!

```
can't load package: package main:
prog.go:1:1: expected 'package', found 'import'
```

调用函数

我们的示例包括对fmt包的Println函数的调用。要调用函数，需要输入函数名（本例中为Println），以及一对圆括号。

```
package main

import "fmt"

func main() {
	fmt.Println("Hello, Go!")
}
```

调用Println函数

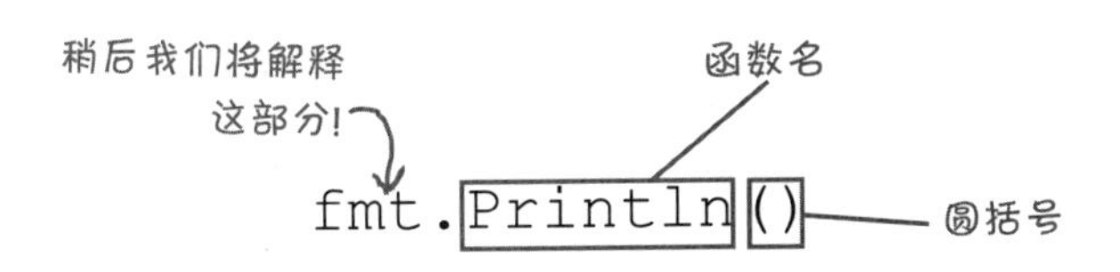

与许多函数一样，Println可以接受一个或多个参数：希望函数处理的值。参数出现在函数名后面的圆括号中。

圆括号内有一个或多个参数，用逗号分隔。

```
fmt.Println("First argument", "Second argument")
```

输出

```
First argument Second argument
```

可以不带参数调用Println，也可以提供多个参数。但是，当我们稍后查看其他函数时，你会发现大多数函数都需要特定数量的参数。如果提供的参数太少或太多，你将会收到一条错误消息，说明需要多少参数，你需要修复代码。

Println函数

当需要查看程序在做什么时，使用Println函数。传递给它的任何参数都将在终端上打印（显示）出来，每个参数之间用空格分隔。

打印完所有参数后，Println将跳到新的终端行。（这就是为什么“ln”在它名字的末尾。）

```
fmt.Println("First argument", "Second argument")
fmt.Println("Another line")
```

输出

```
First argument Second argument
Another line
```

使用其他包中的函数

我们第一个程序中的代码是main包的一部分，但是Println函数在fmt包中（fmt代表“format.”）。为了能够调用Println，我们首先必须导入包含它的包。

```
package main

import "fmt"

func main() {
	fmt.Println("Hello, Go!")
}
```

在访问Println函数之前，我们必须先导入“fmt”包。

这儿指出了我们调用的函数是“fmt”包的一部分。

导入包后，我们可以通过输入包名、点和我们想要的函数名来访问它提供的任何函数。

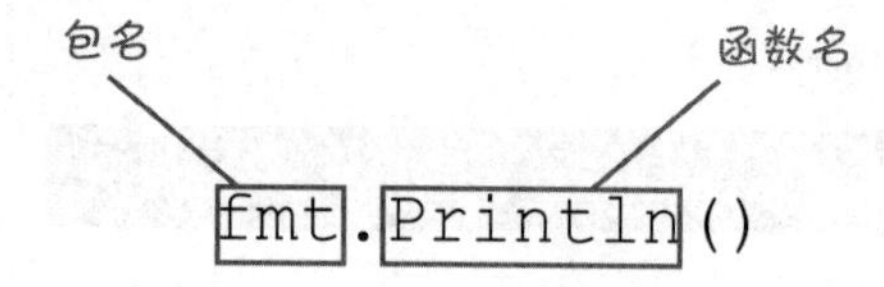

下面是一个代码示例，它从其他两个包中调用函数。因为我们需要导入多个包，所以切换到另外一种import 语句格式，该语句允许你在圆括号中列出多个包，一个包名一行。

```
package main

import (
	"math"
	"strings"
)

func main() {
	math.Floor(2.75)
	strings.Title("head first go")
}
```

“import”语句的这种替代格式允许你一次导入多个包。

导入“math”包，这样我们就可以使用math.Floor了。

导入“strings”包，这样我们就可以使用strings.Title了。

调用“math”包中的Floor函数。

调用“strings”包中的Title函数。

这个程序没有输出。（稍后我们会解释原因!）

一旦导入了math和strings包，就可以使用math.Floor访问math包的Floor函数，使用strings.Title访问strings包的Title函数。

你可能已经注意到，尽管在代码中包含了这两个函数调用，但是上面的示例没有显示任何输出。接下来我们看看如何解决这个问题。

函数返回值

在前面的代码示例中，我们尝试调用math.Floor和strings.Title函数，但它们没有产生任何输出：

```
package main

import (
	"math"
	"strings"
)

func main() {
	math.Floor(2.75)
	strings.Title("head first go")
}
```

这个程序不产生任何输出！

调用fmt.Println函数之后，我们不需要和它做进一步的通信。我们传递一个或多个值让Println打印，我们相信它会打印出这些值。但有时程序需要能够调用函数并从那儿获取数据。因此，大多数编程语言中的函数都可以有返回值：函数计算后并返回给调用者的值。

math.Floor和strings.Title都是使用返回值的函数的示例。math.Floor函数拿到一个浮点数，将其向下取舍为最接近的整数，然后返回该整数。strings.Title函数拿到一个字符串，将它所包含的每个单词的第一个字母大写（将其转换为“首字母大写”），并返回大写的字符串。

要实际查看这些函数调用的结果，我们需要获取它们的返回值并将其传递给fmt.Println：

```
package main

import (
	"fmt"      ← 导入“fmt”包。
	"math"
	"strings"
)

func main() {
	fmt.Println(math.Floor(2.75))
	fmt.Println(strings.Title("head first go"))
}
```

使用math.Floor的返回值调用fmt.Println。

取一个数字，向下取整，然后返回该值。

使用strings.Title的返回值调用fmt.Println。

取一个字符串，然后返回一个新字符串，其中每个单词首字母都大写。

输出

```
2
Head First Go
```

一旦进行了这种更改，返回值就会被打印出来，我们就可以看到结果。

拼图板

你的工作是从池中提取一段代码并将它们放入代码中的空白行。同一个代码段只能使用一次，而且你也不需要使用所有的代码段。你的目标是编写代码，使之能运行并产生所示的输出。

```
package main  ← 我们已经为你做了第一个！

import (
        ____
)

____ main() {
        fmt.Println(____________)
}
```

输出

```
Cannonball!!!!
```

注意：池中的每个代码段只能使用一次！

~~main~~

Println

"Cannonball!!!!"

"math"

"fmt"

func

答案在第29页。

Go程序模板

对于下面的代码段，想象一下将它们插入到这个完整的Go程序中：

更好的方法是，试着在Go Playground中输入这个程序，然后一次插入一个片段，看看它们会做什么！

```
package main

import "fmt"

func main() {
	fmt.Println(                )
}
```

在这里插入你的代码!

字符串

我们将字符串作为参数传递给Println。字符串是一系列字节，通常表示文本字符。你可以在代码中直接使用字符串字面量来定义字符串：双引号之间的文本，Go将把它们视为字符串。

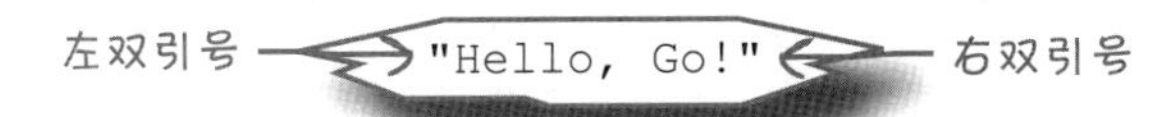

在字符串中，换行符、制表符和其他难以包含在程序代码中的字符可以用转义序列来表示：反斜杠后跟表示另一个字符的字符。

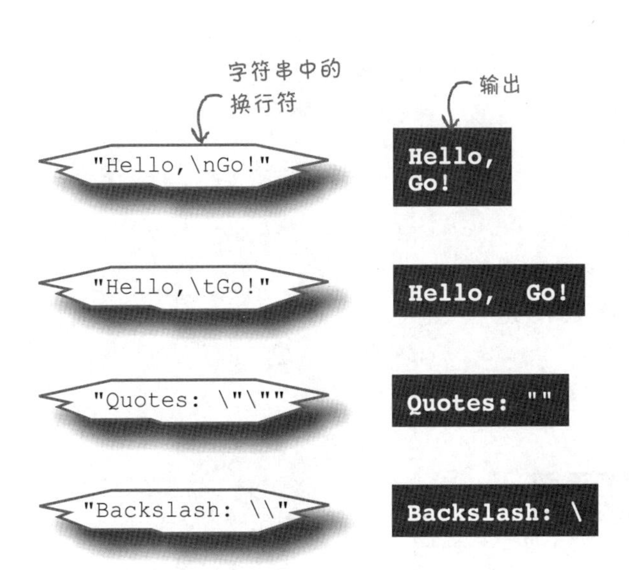

转义序列	值
\n	换行符
\t	制表符
\"	双引号
\\	反斜杠

符文

字符串通常用于表示一系列文本字符，而Go的符文（rune）则用于表示单个字符。

字符串字面量由双引号（"）包围，但rune字面量由单引号（'）包围。

Go程序几乎可以使用地球上任何语言的任何字符，因为Go使用Unicode标准来存储rune。rune被保存为数字代码，而不是字符本身，如果你把rune传递给fmt.Println，你会在输出中看到数字代码，而不是原始字符。

```
package main

import "fmt"

func main() {
	fmt.Println(        )
}
```

这是我们的模板……

在这里插入你的代码！

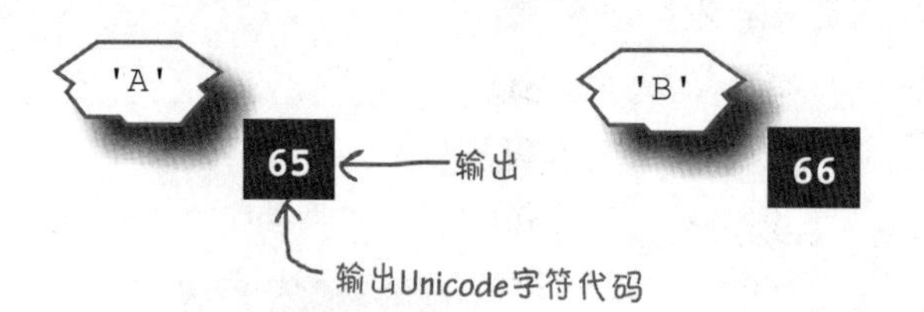

'Ж'
1174

与字符串字面量一样，转义序列也可以用在rune字面量中，用来表示程序代码中难以包含的字符：

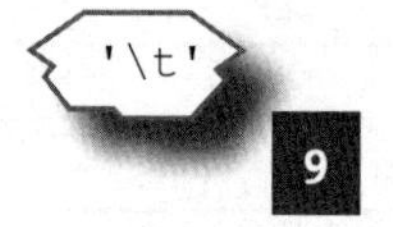

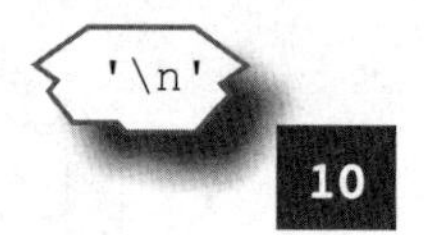

布尔值

布尔值只能是两个值中的一个：true或false。它们对于条件语句特别有用，条件语句只在条件为true或false时才会导致代码段运行。（我们将在下一章讨论条件语句。）

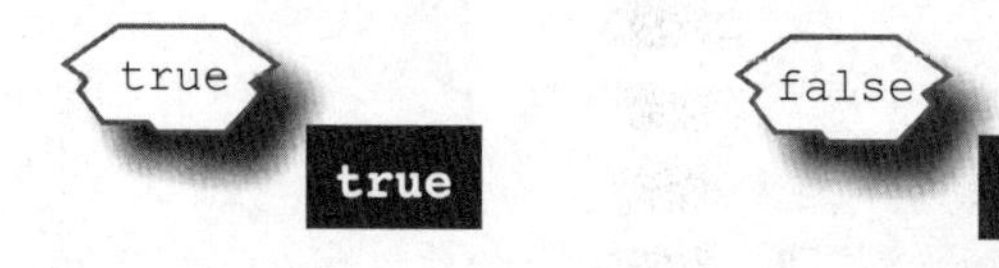

数字

你还可以直接在代码中定义数字，它甚至比字符串字面量更简单：只需输入数字即可。

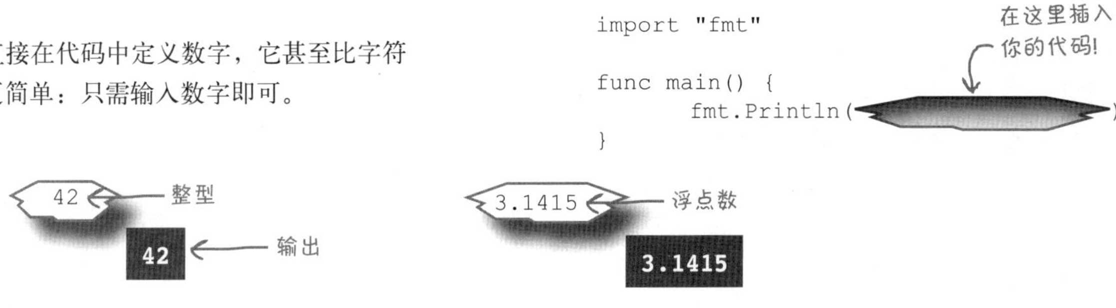

稍后我们将看到，Go将整数和浮点数视为不同的类型，因此请记住，可以使用小数点来区分整数和浮点数。

数学运算与比较

Go的基本数学运算符的工作方式与大多数其他语言一样。符号+表示加法，-表示减法，*表示乘法，/表示除法。

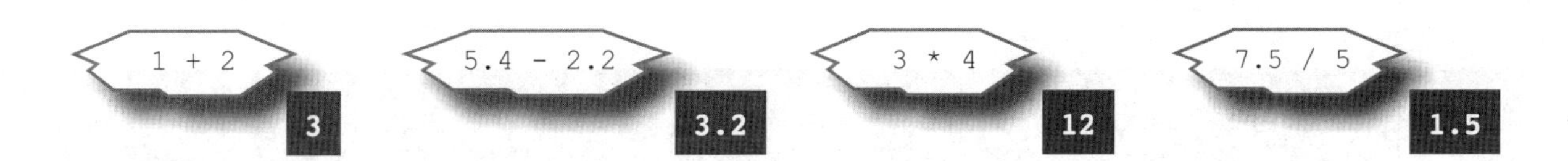

你可以使用<和>来比较两个值，看看其中一个值是否小于或大于另一个值。你可以使用==（这是两个等号）来查看两个值是否相等，以及!=（这是一个感叹号和一个等号，读作“不等于”）来查看两个值是否不相等。<=测试第二个值是否大于或等于第一个值，>=测试第二个值是否小于或等于第一个值。

比较结果是一个布尔值，要么是true，要么是false。

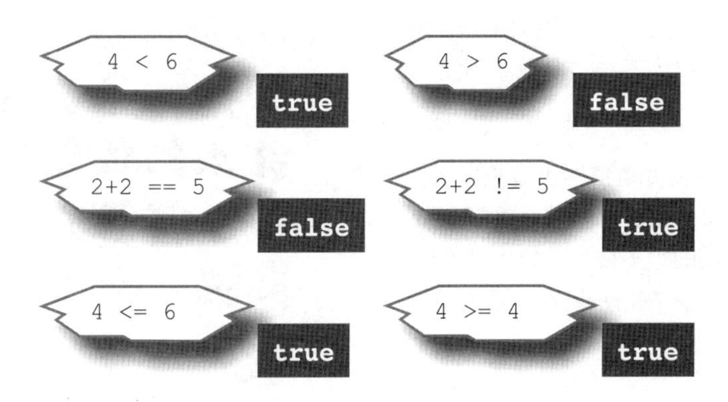

类型

在前面的代码示例中，我们看到了math.Floor函数，它将浮点数向下取舍为最接近的整数，以及strings.Title函数，它将字符串转换为首字母大写。将数字作为参数传递给Floor函数，将字符串作为参数传递给Title函数，也是有意义的。但是，如果将字符串传递给Floor，将数字传递给Title，会发生什么事情呢？

```
package main

import (
	"fmt"
	"math"
	"strings"
)

func main() {
	fmt.Println(math.Floor("head first go"))
	fmt.Println(strings.Title(2.75))
}
```

通常接受一个浮点数！

通常接受一个字符串！

错误

```
cannot use "head first go" (type string) as type float64 in argument to math.Floor
cannot use 2.75 (type float64) as type string in argument to strings.Title
```

Go会打印两条错误消息，一个函数调用有一条，程序甚至不能运行！

你周围的事物通常可以根据它们的用途分为不同的类型。你早餐不吃汽车或卡车（因为它们是交通工具），你也不会开着煎蛋卷或一碗麦片去上班（因为它们是早餐食品）。

同样，Go中的值都被划分为不同的类型，这些类型指定了这些值的用途。整数可以用在数学运算中，但字符串不行。字符串可以大写，但是数字不能。等等这些。

Go是静态类型的，这意味着它甚至在程序运行之前就知道值的类型是什么。函数期望它们的参数具有特定的类型，它们的返回值也具有类型（可能与参数类型相同，也可能不同）。如果你不小心在错误的地方使用了错误类型的值，Go会给你一个错误消息。这是一件好事：它让你在用户发现问题之前就发现了问题！

Go是静态类型的。如果你在错误的位置使用了错误的值类型，Go会告诉你。

类型（续）

你可以通过将任何值传递给reflect包的TypeOf函数，来查看它们的类型。让我们看看对于已经看到的一些值，它们的类型是什么：

```go
package main

import (
	"fmt"
	"reflect"
)

func main() {
	fmt.Println(reflect.TypeOf(42))
	fmt.Println(reflect.TypeOf(3.1415))
	fmt.Println(reflect.TypeOf(true))
	fmt.Println(reflect.TypeOf("Hello, Go!"))
}
```

导入“reflect”包以便使用其TypeOf函数。

返回参数的类型。

输出

```
int
float64
bool
string
```

以下是这些类型的用途：

类型	描述
int	整型。保存数字
float64	浮点数。保存带小数部分的数字（类型名中的64是因为要用64位的数据来保存数字。这意味着在四舍五入之前，float64值可以相当精确，但也不是无限精确。）
bool	布尔值。只能是true或false
string	字符串。通常表示文本字符的一系列数据

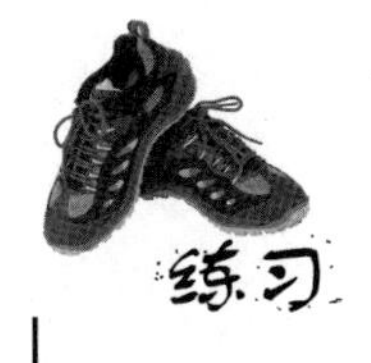

练习

画线将下面的每个代码段匹配到一个类型。有些类型会有多个与之匹配的代码段。

reflect.TypeOf(25)	int
reflect.TypeOf(true)	
reflect.TypeOf(5.2)	float64
reflect.TypeOf(1)	
reflect.TypeOf(false)	bool
reflect.TypeOf(1.0)	
reflect.TypeOf("hello")	string

答案在第29页。

声明变量

在Go中，变量是包含值的一块存储。可以使用变量声明为变量命名。只需使用var关键字，后跟所需的名称以及变量将保存的值的类型。

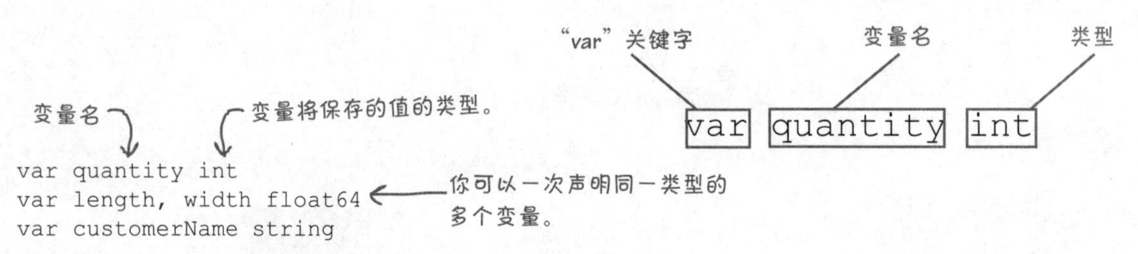

“var”关键字
变量名
类型
var quantity int
变量名
变量将保存的值的类型。
var quantity int
var length, width float64
var customerName string
你可以一次声明同一类型的多个变量。

一旦你声明了一个变量，就可以用=（这是一个单等号）为它分配该类型的任何值：

```
quantity = 2
customerName = "Damon Cole"
```

可以在同一语句中为多个变量赋值。只需将多个变量名放在=的左侧，将相同数量的值放在右侧，并使用逗号分隔。

```
length, width = 1.2, 2.4
```

一次为多个变量赋值。

一旦给变量赋了值，你就可以在任何要使用原始值的上下文中使用它们：

```
package main

import "fmt"

func main() {
	var quantity int
	var length, width float64
	var customerName string

	quantity = 4
	length, width = 1.2, 2.4
	customerName = "Damon Cole"

	fmt.Println(customerName)
	fmt.Println("has ordered", quantity, "sheets")
	fmt.Println("each with an area of")
	fmt.Println(length*width, "square meters")
}
```

声明变量

给变量赋值

使用变量

```
Damon Cole
has ordered 4 sheets
each with an area of
2.88 square meters
```

声明变量（续）

如果你事先知道变量的值是什么，你可以声明变量并在同一行赋值：

只需要在末尾添加一个赋值。

声明变量并赋值。

```
var quantity int = 4
var length, width float64 = 1.2, 2.4
var customerName string = "Damon Cole"
```

如果要声明多个变量，请提供多个值。

你可以为现有变量分配新值，但它们必须是相同类型的值。Go的静态类型确保你不会意外地将错误类型的值赋给变量。

分配的类型与声明的类型不匹配！

```
quantity = "Damon Cole"
customerName = 4
```

错误

```
cannot use "Damon Cole" (type string) as type int in assignment
cannot use 4 (type int) as type string in assignment
```

如果在声明变量的同时为其赋值，通常可以在声明中省略变量类型。这个分配给变量的值的类型将用作该变量的类型。

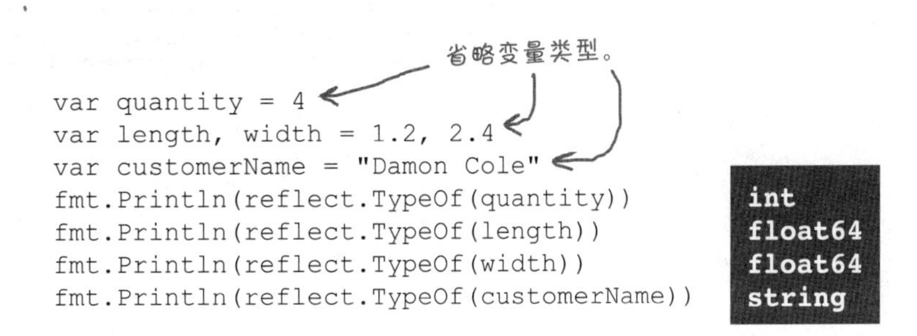

省略变量类型。
var quantity = 4
var length, width = 1.2, 2.4
var customerName = "Damon Cole"
fmt.Println(reflect.TypeOf(quantity))
fmt.Println(reflect.TypeOf(length))
fmt.Println(reflect.TypeOf(width))
fmt.Println(reflect.TypeOf(customerName))
int
float64
float64
string

零值

如果声明一个变量而没有给它赋值，该变量将包含其类型的零值。对于数值类型，零值实际上就是0：

```
var myInt int
var myFloat float64
fmt.Println(myInt, myFloat)
```

"int"变量的零值是0。

```
0 0
```

"float64"变量的零值是0。

但是对于其他类型来说，0值是无效的，因此该类型的零值可能是其他的值。例如，字符串变量的零值是空字符串，布尔变量的零值是false。

```
var myString string
var myBool bool
fmt.Println(myString, myBool)
```

"string"变量的零值是空字符串。

```
false
```

"bool"变量的零值是false。

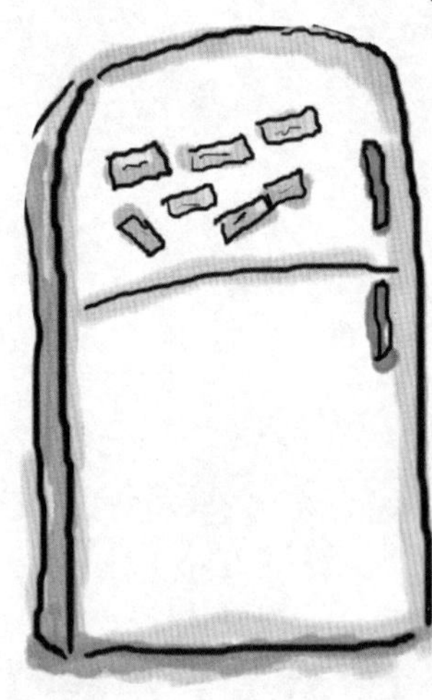

代码贴

一个Go程序就像乱七八糟的冰箱贴。你能否重构代码段，使其成为一个能够产生给定输出的工作程序？

输出

```
I started with 10 apples.
Some jerk ate 4 apples.
There are 6 apples left.
```

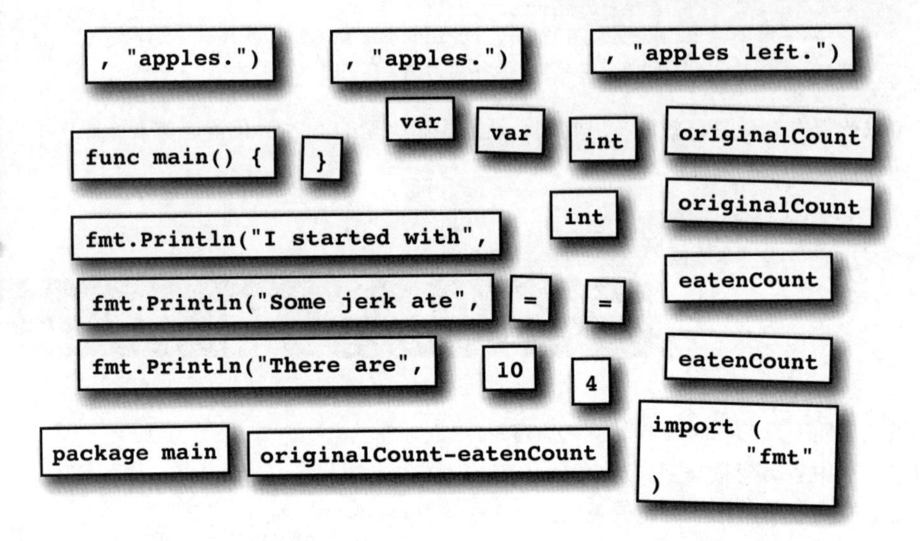

答案在第30页。

短变量声明

我们提到过，你可以声明变量并在同一行上为其赋值：

只需要在末尾添加一个赋值。

声明变量并赋值。

```
var quantity int = 4
var length, width float64 = 1.2, 2.4
var customerName string = "Damon Cole"
```

如果要声明多个变量，请提供多个值。

但是，如果你声明变量时就知道它的初始值是什么，那么更具有代表性的是使用短变量声明。你不必很明确地声明变量的类型并在之后使用=为其赋值，而是同时使用:=。

让我们更改之前的示例，以便使用短变量声明：

```
package main

import "fmt"

func main() {
    quantity := 4
    length, width := 1.2, 2.4
    customerName := "Damon Cole"

    fmt.Println(customerName)
    fmt.Println("has ordered", quantity, "sheets")
    fmt.Println("each with an area of")
    fmt.Println(length*width, "square meters")
}
```

声明变量并赋值。

```
Damon Cole
has ordered 4 sheets
each with an area of
2.88 square meters
```

不需要明确地声明变量的类型；赋给变量的值的类型成为该变量的类型。

由于短变量声明非常方便和简洁，因此它们比常规声明更常用。不过，你仍然会偶尔看到这两种形式，因此熟悉这两种形式很重要。

实践出真知！

以我们使用变量的程序为例，试着进行下面的修改之一并运行它。然后取消修改并尝试下一个修改。看看会发生什么！

```
package main

import "fmt"

func main() {
	quantity := 4
	length, width := 1.2, 2.4
	customerName := "Damon Cole"

	fmt.Println(customerName)
	fmt.Println("has ordered", quantity, "sheets")
	fmt.Println("each with an area of")
	fmt.Println(length*width, "square meters")
}
```

```
Damon Cole
has ordered 4 sheets
each with an area of
2.88 square meters
```

如果你这样做……		……它会失败，因为……
为同一变量添加第二个声明	`quantity := 4` `quantity := 4`	一个变量只能声明一次（然而只要愿意，你可以为它分配新值。你还可以使用相同的名字声明其他变量，只要它们位于不同的作用域内。我们将在下一章学习作用域）
从一个短变量声明中删除:	`quantity = 4`	如果你忘记了:，它会被视为赋值，而不是声明，并且不能赋值给未声明的变量
将字符串赋给int变量	`quantity := 4` `quantity = "a"`	只能给变量赋相同类型的值
变量和值的数量不匹配	`length, width := 1.2`	你需要为要赋值的每个变量提供一个值，一个变量一个值
删除使用变量的代码	~~`fmt.Println(customerName)`~~	所有声明的变量都必须在程序中使用。如果删除了使用变量的代码，你必须也要删除声明

命名规则

Go有一套简单的规则，适用于变量、函数和类型的名称：

- 名称必须以字母开头，并且可以有任意数量的额外的字母和数字。
- 如果变量、函数或类型的名称以大写字母开头，则认为它是导出的，可以从当前包之外的包访问它。（这就是为什么fmt.Println中的P是大写的：这样它就可以在main包或任何其他包中使用。）如果变量/函数/类型的名称是以小写字母开头的，则认为该名称是未导出的，只能在当前包中使用。

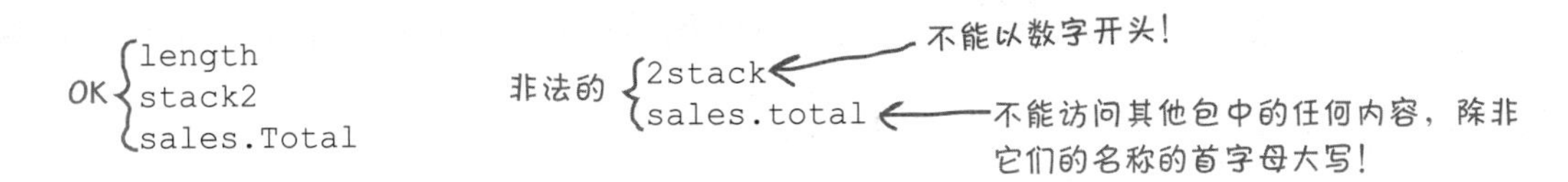

这些是该语言强制执行的唯一规则。但是Go社区还遵循一些额外的约定：

- 如果一个名称由多个单词组成，那么第一个单词之后的每个单词都应该首字母大写，并且它们应该连接在一起，中间没有空格，比如topPrice、RetryConnection，等等。（名称的第一个字母只有在你想从包中导出时才应大写。）这种样式通常称为驼峰大小写，因为大写字母看起来像驼峰。
- 当名称的含义在上下文中很明显时，Go社区的惯例是缩写它：用i代替index，用max代替maximum，等等。（然而，在本书里我们认为，当你学习一门新语言时，没有什么是显而易见的，我们不会遵循那个惯例。）

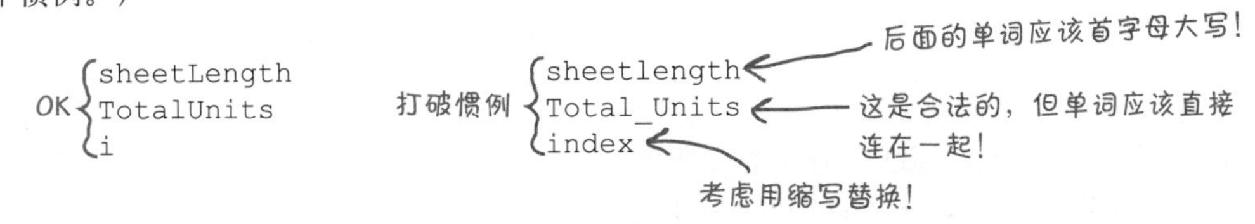

只有名称是以大写字母开头的变量、函数或类型才被认为是可导出的：可以从当前包之外的包访问。

转换

Go中的数学运算和比较运算要求包含的值具有相同的类型。如果不是的话，则在尝试运行代码时会报错。

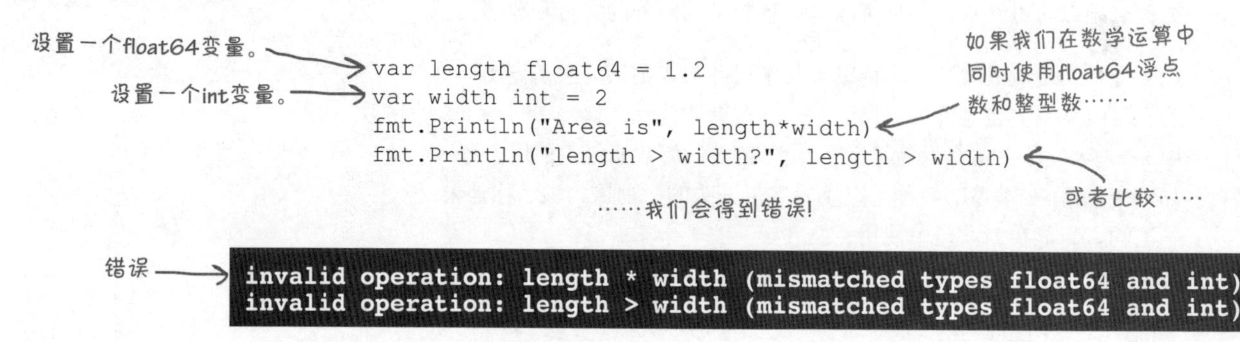

为变量分配新值也是如此。如果所赋值的类型与变量的声明类型不匹配，也会报错。

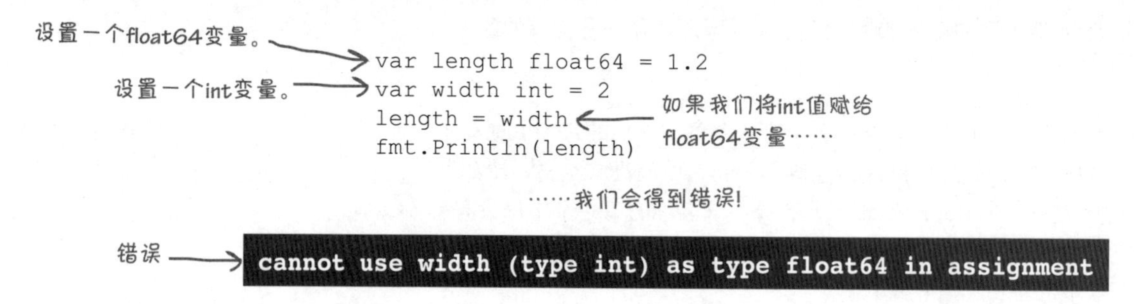

设置一个float64变量。
设置一个int变量。
var length float64 = 1.2
var width int = 2
length = width
fmt.Println(length)
如果我们将int值赋给float64变量……
……我们会得到错误！
错误
cannot use width (type int) as type float64 in assignment

解决方法是使用转换，它允许你将值从一种类型转换为另一种类型。只需提供要将值转换成的类型，后面紧接着是在圆括号中的要转换的值。

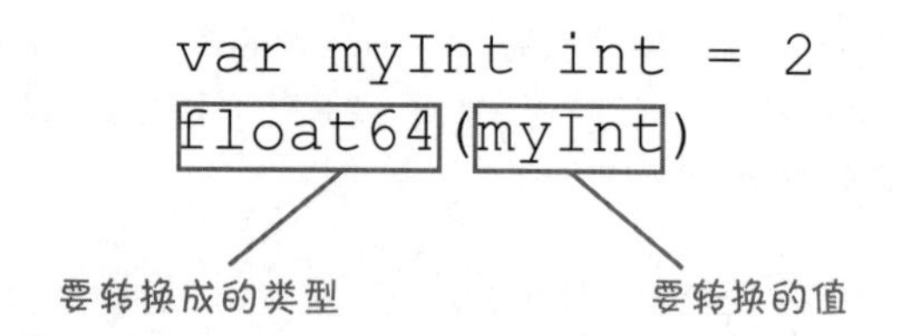

var myInt int = 2
float64(myInt)

结果是所需类型的新值。下面是我们对整型变量中的值调用TypeOf，以及在转换为float64后对相同的值再次调用TypeOf时得到的结果：

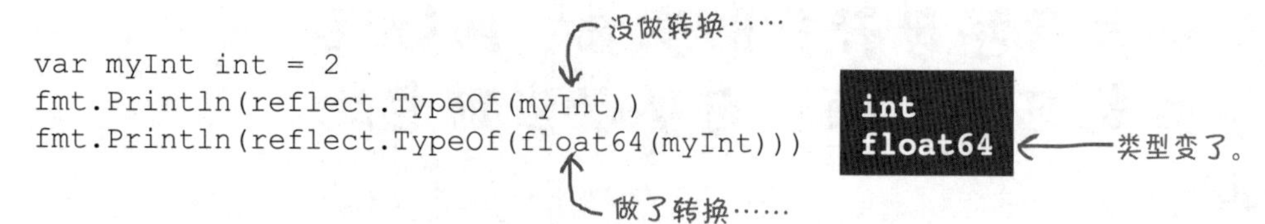

var myInt int = 2

转换（续）

让我们更新失败的代码示例，在任何数学运算中，或者与其他float64值进行比较前，先将int值转换为float64值。

```
var length float64 = 1.2
var width int = 2
fmt.Println("Area is", length*float64(width))
fmt.Println("length > width?", length > float64(width))
```

在将int数与另一个float64数相乘之前，先将其转换为float64。

在int数与另一个float64数进行比较之前，先将其转换为float64。

```
Area is 2.4
length > width? false
```

数学运算和比较现在都能正常工作!

现在让我们尝试在将一个int值转换为float64之前，先把它赋值给float64变量：

```
var length float64 = 1.2
var width int = 2
length = float64(width)
fmt.Println(length)
```

在将int数赋值给float64变量之前，先将其转换为float64。

```
2
```

同样，转换就绪后，赋值成功了。

在进行转换时，请注意它们可能会如何更改结果值。例如，float64变量可以存储小数值，但是int变量不能。当你将float64转换为int时，小数部分会被简单地删掉！这可能会抛弃用结果值执行的任何操作。

```
var length float64 = 3.75
var width int = 5
width = int(length)
fmt.Println(width)
```

这个转换将导致小数部分被删掉!

```
3
```

结果值少了0.75!

不过只要你保持谨慎，你就会发现转换在使用Go时是必不可少的。它们允许不兼容的类型一起工作。

我们编写了下面的Go代码来计算含税的总价，并确定是否有足够的资金进行采购。但是当我们试图将它放在完整的程序中时，就出现了错误!

```
var price int = 100
fmt.Println("Price is", price, "dollars.")

var taxRate float64 = 0.08
var tax float64 = price * taxRate
fmt.Println("Tax is", tax, "dollars.")

var total float64 = price + tax
fmt.Println("Total cost is", total, "dollars.")

var availableFunds int = 120
fmt.Println(availableFunds, "dollars available.")
fmt.Println("Within budget?", total <= availableFunds)
```

错误

```
invalid operation: price * taxRate (mismatched types int and float64)
invalid operation: price + tax (mismatched types int and float64)
invalid operation: total <= availableFunds (mismatched types float64 and int)
```

请在下面的空白处进行填写来更新此代码。修复错误，使其产生预期的输出。（提示：在进行数学运算或比较之前，需要使用转换来使类型兼容。）

```
var price int = 100
fmt.Println("Price is", price, "dollars.")

var taxRate float64 = 0.08
var tax float64 = ____________________
fmt.Println("Tax is", tax, "dollars.")

var total float64 = ________________
fmt.Println("Total cost is", total, "dollars.")

var availableFunds int = 120
fmt.Println(availableFunds, "dollars available.")
fmt.Println("Within budget?", _________________________)
```

预期的输出

```
Price is 100 dollars.
Tax is 8 dollars.
Total cost is 108 dollars.
120 dollars available.
Within budget? true
```

答案在第30页。

在你的计算机上安装Go

Go Playground是一种很好的尝试语言的方法。但它的实际用途是有限的。例如，你不能使用它来处理文件。它也没有办法从终端获取用户的输入，而这些都是我们在即将推出的程序中所需要的。

所以，为了圆满完成这一章，请在你的计算机上下载并安装Go。别担心，Go团队已经让这项工作变得很容易了！对于大多数操作系统，你只需运行一个安装程序就可以了。

1. 在Web浏览器上访问*https://golang.org*。
2. 点击下载链接。
3. 选择适合你的操作系统（OS）的安装包。下载应该自动开始。
4. 访问适合你操作系统的“安装说明”页面（下载开始后，你可能会被自动带到那里），并按照那里的说明进行操作。
5. 打开一个新的终端或命令提示窗口。
6. 在提示符处输入**`go version`**并按下`<Return>`或`<Enter>`键，确认Go安装好了。你应该看到一条包含了所安装的Go的版本信息的消息。

网站总是处于变化中。

在本书出版后，golang.org或Go安装程序可能会有更新，而且这些说明可能不再十分准确。这种情况下，请访问*http://headfirstgo.com*以获得帮助和纠错的技巧！

编译Go代码

我们与Go Playground的互动包括输入代码并神秘地运行它们。既然我们已经在你的电脑上安装了Go，现在是时候仔细看看它是如何工作的了。

计算机实际上是不能直接运行Go代码的。在此之前，我们需要获取源代码文件并进行编译：将其转换为CPU可以执行的二进制格式。

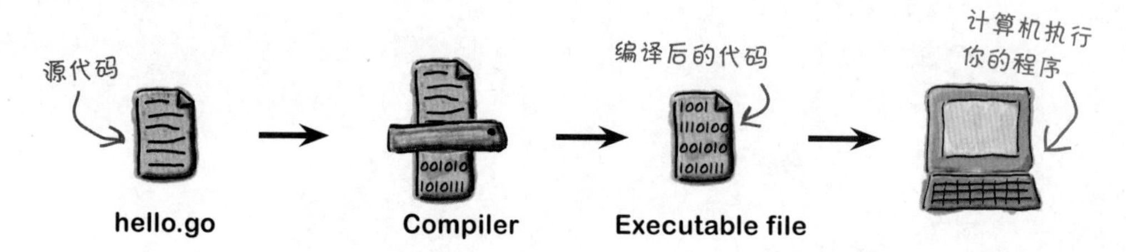
源代码
hello.go
Compiler
编译后的代码
Executable file
计算机执行你的程序

让我们尝试使用新安装好的Go来编译和运行我们之前的例子“Hello, Go!”。

这样做！

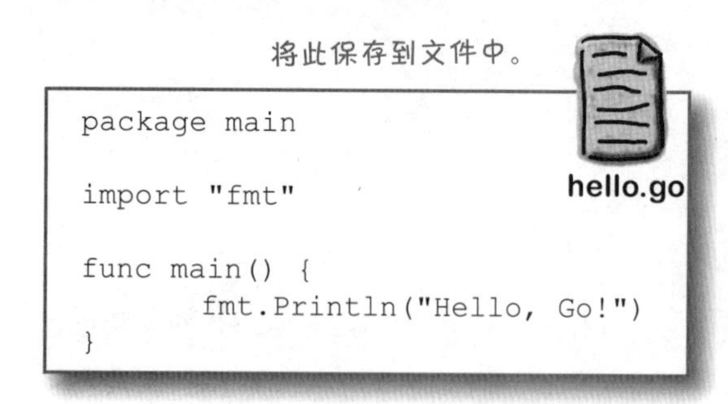
将此保存到文件中。
hello.go

```
package main

import "fmt"

func main() {
	fmt.Println("Hello, Go!")
}
```

1. 使用你喜欢的文本编辑器，将我们之前的“Hello, Go!”代码保存成名为*hello.go*的纯文本文件。
2. 打开一个新的终端或命令提示窗口。
3. 在终端上，切换到保存*hello.go*的目录。
4. 运行**go fmt hello.go**整理代码格式。（这一步不是必需的，但无论如何这是个好主意。）
5. 运行**go build hello.go**编译源代码。这将向当前目录添加一个可执行文件。在macOS或Linux上，可执行文件将命名为*hello*。在Windows上，可执行文件将命名为*hello.exe*。
6. 运行可执行文件。在macOS或Linux上，输入**./hello**（意思是“在当前目录中运行一个名为hello的程序”）即可。在Windows上，只需输入**hello.exe**。

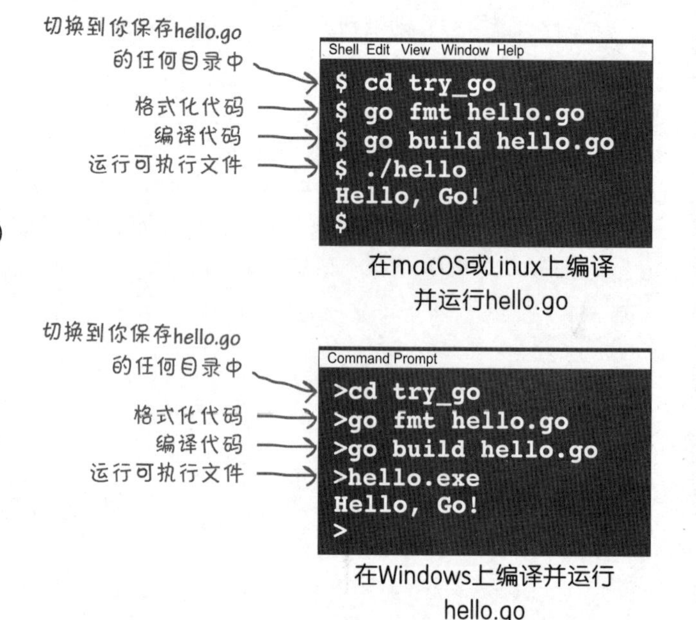
切换到你保存hello.go的任何目录中
格式化代码
编译代码
运行可执行文件
Shell Edit View Window Help
$ cd try_go
$ go fmt hello.go
$ go build hello.go
$ ./hello
Hello, Go!
$
切换到你保存hello.go的任何目录中
格式化代码
编译代码
运行可执行文件
Command Prompt
>cd try_go
>go fmt hello.go
>go build hello.go
>hello.exe
Hello, Go!
>

在macOS或Linux上编译并运行hello.go

在Windows上编译并运行hello.go

Go工具

当你安装Go时，它会将一个名为*go*的可执行文件添加到命令提示符中。*go*可执行文件允许你访问各种命令，包括：

命令	描述
go build	将源代码文件编译为二进制文件
go run	编译并运行程序，而不保存可执行文件
go fmt	使用Go标准格式重新格式化源文件
go version	显示当前Go版本号

我们刚刚尝试了go fmt命令，它将你的代码重新格式化为标准的Go格式，相当于Go Playground 网站上的Format按钮。我们建议对你创建的每个源文件都运行go fmt。

大多数编辑器可以设置为每次保存文件时自动运行go fmt！

参见 https://blog.golang.org/go-fmt-your-code

我们还使用go build命令将代码编译成可执行文件。这样的可执行文件可以分发给用户，即使用户没有安装Go，也可以运行它们。

但是我们还没有尝试go run命令。让我们现在开始吧。

使用“go run”快速尝试代码

go run命令编译并运行源文件，而不将可执行文件保存到当前目录。它非常适合快速尝试简单的程序。让我们用它来运行*hello.go*示例。

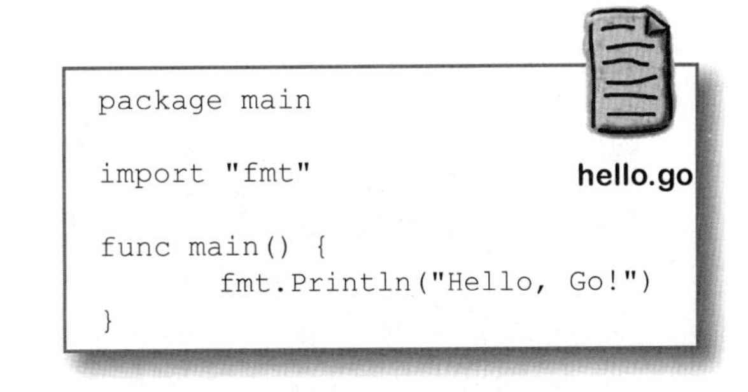

package main

import "fmt"

func main() {
fmt.Println("Hello, Go!")
}
hello.go

1. 打开一个新的终端或命令提示窗口。

2. 在终端上，切换到保存*hello.go*的目录。

3. 输入**go run hello**。然后按回车键。（该命令在所有操作系统上都是相同的。）

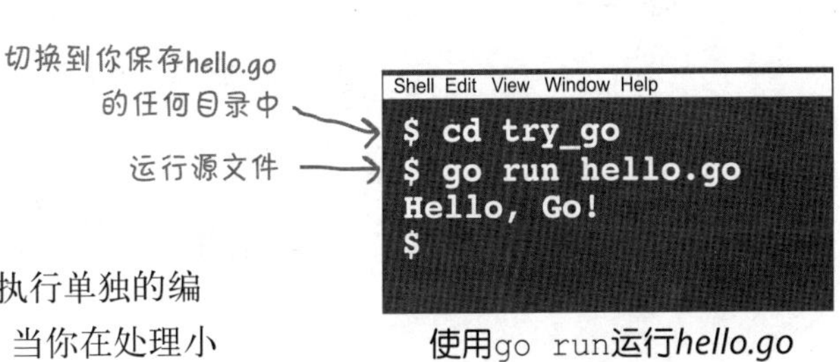

切换到你保存hello.go的任何目录中
运行源文件
Shell Edit View Window Help
$ cd try_go
$ go run hello.go
Hello, Go!
$

使用go run运行*hello.go*（适用于任何操作系统）

你将立即看到程序输出。如果对源代码进行更改，则不必执行单独的编译步骤，只需使用go run运行代码，即可立即看到结果。当你在处理小程序时，go run是一个很方便的工具！

你的Go工具箱

这就是第1章的内容！你已经向工具箱中添加了函数调用和类型。

函数调用

函数是一段代码，你可以从程序的其他位置调用它。

调用函数时，可以使用参数向函数提供数据。

类型

Go中的值被分为不同的类型，这些类型指定了值的用途。

不同类型之间进行数学运算和比较是不允许的。但如果需要，可以将值转换为新类型。

Go变量只能存储其声明类型的值。

要点

- 包是一组相关函数和其他代码的组合。
- 在Go文件中使用包的函数之前，需要先导入该包。
- string是一系列字节，通常表示文本字符。
- rune表示单个文本字符。
- Go最常见的两种数字类型是int（保存整数）和float64（保存浮点数）。
- bool类型保存布尔值，这些值要么为true，要么为false。
- 变量是一段可以包含指定类型值的存储。
- 如果没有给变量赋值，它将包含其类型的零值。零值的示例包括对int或float64变量来说是0，对string变量来说是""。
- 你可以使用:=短变量声明来声明一个变量，并同时为其赋值。
- 如果变量、函数或类型的名称以大写字母开头，则只能从其他包中的代码访问它们。
- go fmt命令自动重新格式化源文件以便使用Go标准格式。如果你打算与其他人共享任何代码，你应该对它们运行go fmt。
- go build命令将Go源代码编译成计算机可以执行的二进制格式。
- go run命令编译并运行一个程序，而不将可执行文件保存在当前目录中。

拼图板答案

```
package main

import (
    "fmt"
)

func main() {
    fmt.Println("Cannonball!!!!")
}
```

输出

```
Cannonball!!!!
```

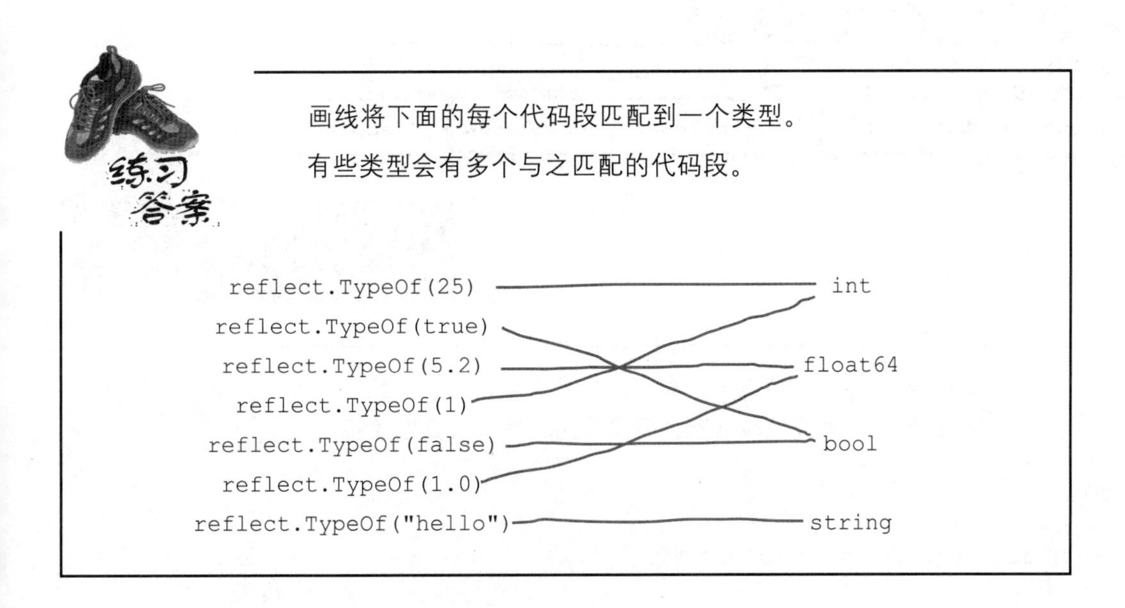

代码贴答案

```
package main

import (
        "fmt"
)

func main() {
    var originalCount int = 10
    fmt.Println("I started with", originalCount , "apples.")
    var eatenCount int = 4
    fmt.Println("Some jerk ate", eatenCount , "apples.")
    fmt.Println("There are", originalcount-eatenCount , "apples left.")
}
```

输出

```
I started with 10 apples.
Some jerk ate 4 apples.
There are 6 apples left.
```

请在下面的空白处进行填写来更新此代码。修复错误，使其产生预期的输出。（提示：在进行数学运算或比较之前，需要使用转换来使类型兼容。）

```
var price int = 100
fmt.Println("Price is", price, "dollars.")

var taxRate float64 = 0.08
var tax float64 = float64(price) * taxRate
fmt.Println("Tax is", tax, "dollars.")

var total float64 = float64(price) + tax
fmt.Println("Total cost is", total, "dollars.")

var availableFunds int = 120
fmt.Println(availableFunds, "dollars available.")
fmt.Println("Within budget?", total <= float64(availableFunds))
```

预期的输出

```
Price is 100 dollars.
Tax is 8 dollars.
Total cost is 108 dollars.
120 dollars available.
Within budget? true
```

2 接下来运行哪些代码

条件和循环

如果我拿到另一副牌，我会全力以赴。否则，我就会输。我不知道我还能坚持几轮？

每个程序都有仅在特定情况下适用的部分。“如果出现错误，应该运行这段代码。否则，应该运行其他代码。”几乎每个程序都包含只有在特定条件为真时才应该运行的代码。因此，几乎每种编程语言都提供条件语句，让你决定是否运行某段代码。Go也不例外。

你可能还需要重复运行代码中的某些部分。与大多数语言一样，Go提供了循环，可以多次运行某部分代码。在本章中，我们将学习使用条件句和循环!

调用方法

在Go中，可以定义方法：与给定类型的值相关联的函数。Go方法有点像你可能看到的其他语言中附加到“对象”上的方法，但它们有点简单。

我们将在第9章中详细介绍方法的工作原理。但是我们需要使用一些方法来使本章的示例正常工作，现在介绍一些调用方法的简单示例。

time包有一个表示日期（年、月、日）和时间（小时、分钟、秒等）的Time类型。每一个time.Time 值都有一个返回年份的Year方法。下面的代码使用这个方法打印当前年份：

```
package main

import (
        "fmt"
        "time"
)

func main() {
        var now time.Time = time.Now()
        var year int = now.Year()
        fmt.Println(year)
}
```

我们需要导入“time”包，以便使用time.Time类型。

time.Now返回一个代表当前日期和时间的time.Time值。

time.Time值有一个返回年份的Year方法。

```
2019
```

（或你计算机的时钟设置的任何年份。）

time.Now函数返回当前日期和时间的新Time值，我们将其存储在now变量中。然后，我们对now引用的值调用Year方法：

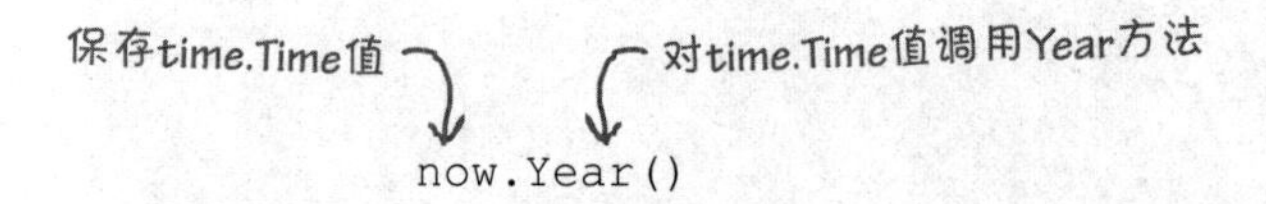

Year方法返回一个代表年的整数，然后打印该整数。

方法是与特定类型的值关联的函数。

调用方法（续）

strings包有一个Replacer类型，可以在字符串中搜索子字符串，并且在每次该子字符串出现的地方用另一个字符串替换它：

```
package main

import (
        "fmt"
        "strings"
)

func main() {
        broken := "G# r#cks!"
        replacer := strings.NewReplacer("#", "o")
        fixed := replacer.Replace(broken)
        fmt.Println(fixed)
}
```

导入“main”函数中使用的包。

这将返回一个strings.Replacer，其设置为将每个"#"替换为"o"。

对strings.Replacer调用Replace方法，并传递一个字符串来进行替换。

打印Replace方法返回的字符串。

```
Go rocks!
```

strings.NewReplacer函数接受要替换的字符串（"#"）和要替换为的字符串（"o"）的参数，并返回strings.Replacer。当我们将一个字符串传递给Replacer值的Replace方法时，它将返回一个完成了替换的字符串。

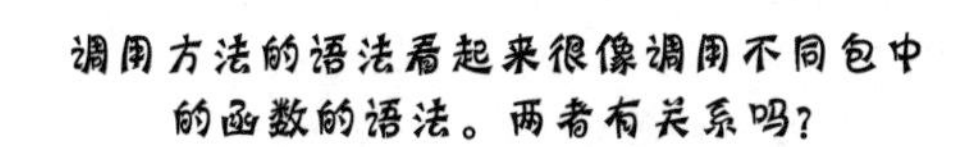

调用方法的语法看起来很像调用不同包中的函数的语法。两者有关系吗？

点表示右边的东西属于左边。

我们前面看到的函数属于一个包，而方法属于一个单独的值。这个值出现在圆点的左边。

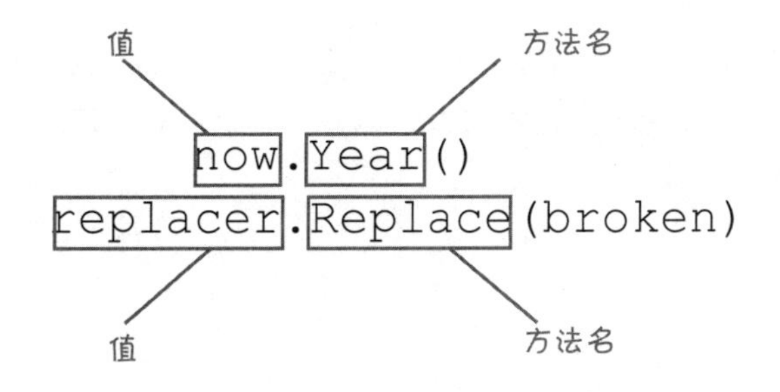

评分

在本章中，我们将研究Go的一些特性，这些特性允许你根据条件决定是否运行一些代码。让我们看看可能需要这种能力的情况……

我们需要编写一个程序，允许学生输入他们的百分比分数，并告诉他们是否通过。及格或不及格遵循一个简单的公式：60%或以上的分数是及格，不足60%的分数是不及格。因此，如果用户输入的百分比大于或等于60，我们的程序需要给出一个响应，否则的话将给出不同的响应。

注释

让我们创建一个新的文件*pass_fail.go*来保存我们的程序。我们将关注以前的程序中省略的一个细节，并在顶部添加一个描述，说明该程序是做什么的。

注释 →
因为这将是另一个可执行程序，所以我们使用“main”包。→

```
// pass_fail reports whether a grade is passing or failing.
package main

func main() {
}
```

← 和之前一样，Go将在程序启动时查找要运行的“main”函数。

大多数Go程序都在源代码中包含了它们是做什么的描述，目的是让维护程序的人员能够理解。编译器会忽略这些注释。

最常见的注释形式是用两个斜杠（//）标记的。从斜杠到行尾的所有内容都被视为注释部分。一条//注释可以单独出现在一行中，也可以出现在一行代码之后。

```
// The total number of widgets in the system.
var TotalCount int // Can only be a whole number.
```

不太常用的注释形式是块注释,它跨越多行。块注释以/*开始，以*/结束，这些标记之间的所有内容（包括换行）都是注释部分。

```
/*
Package widget includes all the functions used
for processing widgets.
*/
```

获取用户的分数

现在，让我们在*pass_fail.go*程序中添加一些实际代码。它需要做的第一件事是允许用户输入百分比分数。我们希望他们输入一个数字并按回车键，我们将把他们输入的数字存在一个变量中。让我们添加一些代码来处理这个问题。（注意：这段代码不会按如下所示实际编译；我们一会儿再讨论原因！）

```
// pass_fail reports whether a grade is passing or failing.
package main

import (
	"bufio"
	"fmt"
	"os"
)

func main() {
	fmt.Print("Enter a grade: ")
	reader := bufio.NewReader(os.Stdin)
	input := reader.ReadString('\n')
	fmt.Println(input)
}
```

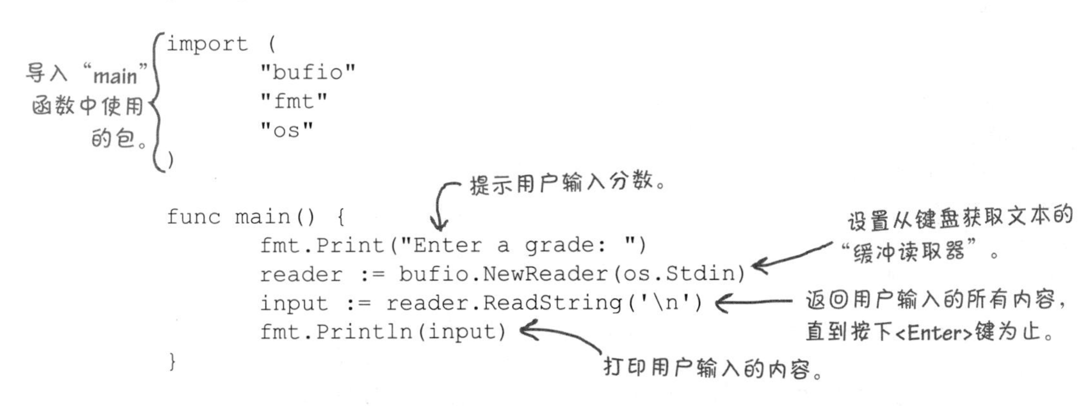

首先，我们需要让用户知道需要输入某些东西，所以我们使用`fmt.Print`函数来显示一个提示符。（与`Println`函数不同，`Print`在打印完信息后不会跳到新的终端行，这样我们就可以将提示和用户的输入保持在同一行上。）

接下来，我们需要一种从程序的标准输入中读取（接收和存储）输入的方法，所有的键盘输入都使用标准输入。行`reader := bufio.NewReader(os.Stdin)`将`bufio.Reader`保存在`reader`变量中，它可以帮我们做到这一点。

为了实际获得用户的输入，我们调用`Reader`的`ReadString`方法。`ReadString`方法需要一个带有`rune`（字符）的参数来标记输入的结束。我们想要读取用户输入的所有内容，直到他们按下`<Enter>`，所以我们给`ReadString`一个换行符。

以字符串形式返回用户输入的内容。

```
input := reader.ReadString('\n')
```

换行符前的所有内容都将被读取。

一旦我们有了用户输入，我们只是把它打印出来。

不管怎样，这就是计划。但是如果我们试图编译或运行这个程序，我们会得到一个错误：

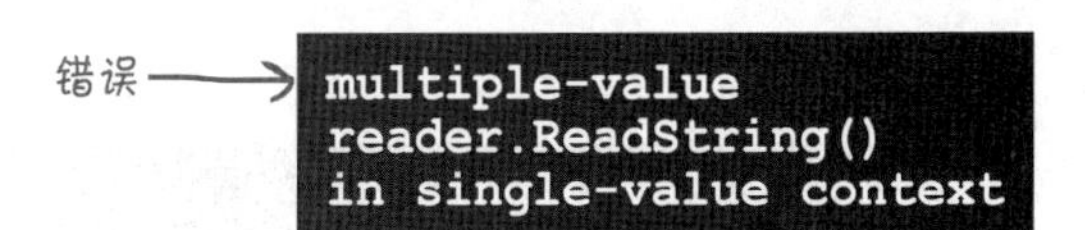

放松

对*bufio.Reader*是如何工作的细节不要太担心。

此时，你真正需要知道的是，它允许我们从键盘读取输入。

函数或方法的多个返回值

我们试图读取用户的键盘输入，但出现了一个错误。编译器报告了在此代码行中的一个问题：

```
input := reader.ReadString('\n')
```

错误 → `multiple-value reader.ReadString() in single-value context`

问题是ReadString方法试图返回两个值，而我们只提供了一个变量来赋值。

在大多数编程语言中，函数和方法只能有一个返回值，但在Go中，它们可以返回任意数量的值。Go中多个返回值最常见的用法是返回一个额外的错误值，可以通过查询该错误值来确定函数或方法运行时是否发生了错误。举几个例子：

```
bool, err := strconv.ParseBool("true")
file, err := os.Open("myfile.txt")
response, err := http.Get("http://golang.org")
```

如果字符串无法转换为布尔值，则返回一个错误。

如果文件无法打开，则返回一个错误。

如果无法检索页面，则返回错误。

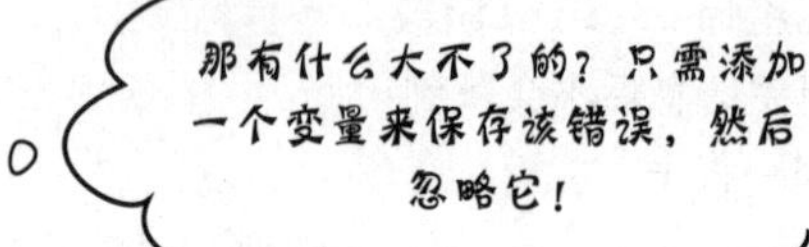

那有什么大不了的？只需添加一个变量来保存该错误，然后忽略它！

Go不允许我们声明一个变量，除非我们使用它。

Go要求声明的每个变量都必须在程序的某个地方使用。如果我们添加了一个err变量，而不检查它，我们的代码将无法编译。未使用的变量通常表示一个bug，所以这是一个Go帮助你检测和修复bug的例子！

```
// pass_fail reports whether a grade is...
package main

import (
	"bufio"
	"fmt"
	"os"
)

func main() {
	fmt.Print("Enter a grade: ")
	reader := bufio.NewReader(os.Stdin)
	input, err := reader.ReadString('\n')
	fmt.Println(input)
}
```

如果我们只添加一个变量而不使用它……

……我们会得到一个错误！

错误 → `err declared and not used`

选项1：使用空白标识符忽略错误返回值

ReadString方法返回第二个值和用户的输入，我们需要对第二个值做些什么。我们已经尝试添加第二个变量并忽略它，但是我们的代码仍然无法编译。

```
input, err := reader.ReadString('\n')
```

错误 → err declared and not used

当我们有一个值时，通常会把它分配给一个变量，但我们不打算使用这个值时，我们可以使用Go的空白标识符。为空白标识符分配一个值实际上会丢弃它（同时让其他读你代码的人知道你正在这么做）。要使用空白标识符，只需在赋值语句中输入一个下划线（_）字符，通常在这里输入的是变量名。

让我们尝试使用空白标识符代替旧的err变量：

```
// pass_fail reports whether a grade is passing or failing.
package main

import (
	"bufio"
	"fmt"
	"os"
)

func main() {
	fmt.Print("Enter a grade: ")
	reader := bufio.NewReader(os.Stdin)
	input, _ := reader.ReadString('\n')
	fmt.Println(input)
}
```

使用空白标识符作为错误值的占位符。

现在我们来试试这个变化。在终端中，切换到保存*pass_fail.go*的目录，并使用以下命令运行程序：

```
go run pass_fail.go
```

```
Shell Edit View Window Help
$ go run pass_fail.go
Enter a grade: 100
100

$
```

运行pass_fail.go

输入一个数字，然后按回车

数字将作为响应打印出来

当你在提示符下输入成绩（或任何其他字符串）并按下<Enter>键时，你的输入将被回显。我们的程序运行正常！

选项2：处理错误

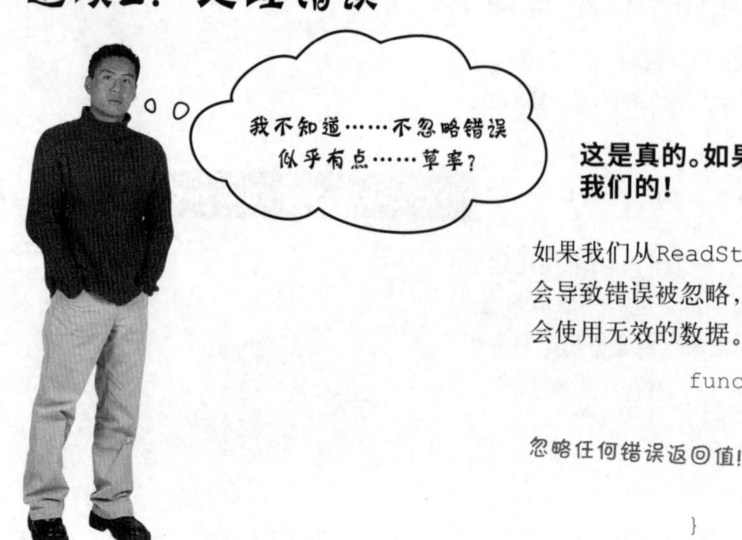

这是真的。如果确实发生了错误，程序是不会告诉我们的！

如果我们从ReadString方法中得到一个错误返回，空白标识符只会导致错误被忽略，而我们的程序无论如何都会继续执行，有可能会使用无效的数据。

```
func main() {
        fmt.Print("Enter a grade: ")
        reader := bufio.NewReader(os.Stdin)
        input, _ := reader.ReadString('\n')
        fmt.Println(input)
}
```

忽略任何错误返回值！

打印的可能是无效的值！

在这种情况下，如果出现错误，更合适的做法是警告用户并停止程序运行。

log包有一个Fatal函数，它可以同时为我们完成这两项操作：将一条消息记录到终端并停止程序运行。（在这个上下文中，“Fatal”意味着报告一个错误，并“杀死”你的程序。）

让我们去掉空白标识符并用一个err变量替换它，这样我们就可以再次记录错误。然后，我们将使用Fatal函数来记录错误并停止程序运行。

```
// pass_fail reports whether a grade is passing or failing.
package main

import (
        "bufio"
        "fmt"
        "log"  ← 添加“log”包。
        "os"
)

func main() {
        fmt.Print("Enter a grade: ")
        reader := bufio.NewReader(os.Stdin)
        input, err := reader.ReadString('\n')
        log.Fatal(err)  ← 报告错误并停止程序运行。
        fmt.Println(input)
}
```

返回并将错误返回值存储在变量中。

但是如果我们试着运行这个更新了的程序，我们会发现有一个新的问题……

条件

如果我们的程序在从键盘读取输入时遇到问题，我们将其设置为报告错误并停止运行。但是现在，即使一切正常，它也会停止运行！

将错误返回值存储在变量中

```
input, err := reader.ReadString('\n')
log.Fatal(err)
```

记录错误返回值

```
Shell Edit View Window Help
$ go run pass_fail.go
Enter a grade: 100
2018/03/11 18:27:08 <nil>
exit status 1
$
```

即使一切正常，错误也会被记录

错误值为“nil”

像ReadString这样的函数和方法返回一个错误值nil，这基本上意味着“那里什么都没有”。换句话说，如果err为nil，则表示没有错误。但是我们的程序被设置为只简单地报告nil错误！我们应该做的是，只有当err变量的值不是nil时才退出程序。

要实现这一点我们可以使用条件语句：只有在满足某个条件时，才导致代码块（一个或多个由花括号{}包围的语句）被执行的语句。

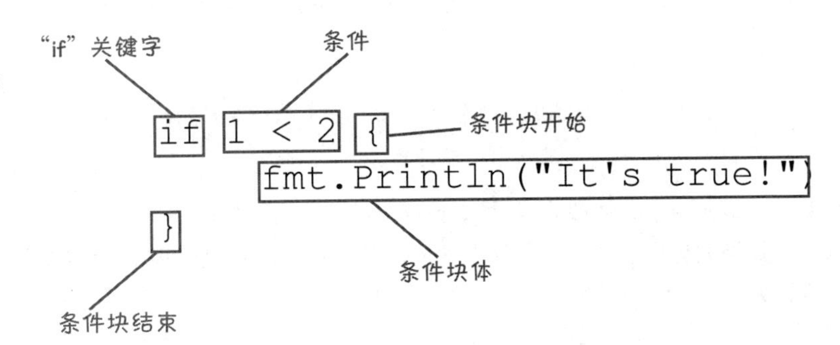

计算表达式，如果结果为true，则执行条件块体中的代码。如果为false，则跳过条件块。

```
if true {
        fmt.Println("I'll be printed!")
}
```

```
if false {
        fmt.Println("I won't!")
}
```

与大多数其他语言一样，Go也支持条件语句中的多个分支。这些语句采用if...else if...else的形式。

```
if grade == 100 {
        fmt.Println("Perfect!")
} else if grade >= 60 {
        fmt.Println("You pass.")
} else {
        fmt.Println("You fail!")
}
```

条件（续）

条件语句依赖于布尔表达式（计算结果为true或false）来决定是否应执行它们所包含的代码。

```
if 1 == 1 {
	fmt.Println("I'll be printed!")
}

if 1 > 2 {
	fmt.Println("I won't!")
}

if 1 < 2 {
	fmt.Println("I'll be printed!")
}
```

```
if 1 >= 2 {
	fmt.Println("I won't!")
}

if 2 <= 2 {
	fmt.Println("I'll be printed!")
}

if 2 != 2 {
	fmt.Println("I won't!")
}
```

当你仅在条件为假时才需要执行代码时，可以使用!布尔求反运算符，它允许你获取一个真值并使其为假，或者获取一个假值并使其为真。

```
if !true {
	fmt.Println("I won't be printed!")
}
```

```
if !false {
	fmt.Println("I will!")
}
```

如果只希望在两个条件都为真时运行一些代码，可以使用&&（“与”）运算符。如果你想让它在两个条件之一为真时运行，你可以使用||（“或”）运算符。

```
if true && true {
	fmt.Println("I'll be printed!")
}

if true && false {
	fmt.Println("I won't!")
}
```

```
if false || true {
	fmt.Println("I'll be printed!")
}

if false || false {
	fmt.Println("I won't!")
}
```

有问必答

问： 我使用的另一种编程语言要求if语句的条件用圆括号括起来。Go不是吗？

答： 不是，事实上，go fmt工具会删除你添加的任何圆括号，除非你使用它们来设置运算顺序。

因为它们位于条件块中，所以只执行下面代码中的一些Println调用。写下输出结果。.

（我们已经为你完成了前两行。）

```
if true {
        fmt.Println("true")
}
if false {
        fmt.Println("false")
}
if !false {
        fmt.Println("!false")
}
if true {
        fmt.Println("if true")
} else {
        fmt.Println("else")
}
if false {
        fmt.Println("if false")
} else if true {
        fmt.Println("else if true")
}
if 12 == 12 {
        fmt.Println("12 == 12")
}
if 12 != 12 {
        fmt.Println("12 != 12")
}
if 12 > 12 {
        fmt.Println("12 > 12")
}
if 12 >= 12 {
        fmt.Println("12 >= 12")
}
if 12 == 12 && 5.9 == 5.9 {
        fmt.Println("12 == 12 && 5.9 == 5.9")
}
if 12 == 12 && 5.9 == 6.4 {
        fmt.Println("12 == 12 && 5.9 == 6.4")
}
if 12 == 12 || 5.9 == 6.4 {
        fmt.Println("12 == 12 || 5.9 == 6.4")
}
```

输出:

true

!false

答案在第75页。

有条件地记录致命错误

我们的评分程序报告了一个错误并退出了，即使它成功地从键盘读取了输入。

将错误返回值存在一个变量里。

```
input, err := reader.ReadString('\n')
log.Fatal(err)
```

记录错误返回值。

```
Shell Edit View Window Help
$ go run pass_fail.go
Enter a grade: 100
2018/03/11 18:27:08 <nil>
exit status 1
$
```

即使一切正常，错误也会被记录。

错误值为“nil”。

我们知道，如果err变量中的值为nil，则表示从键盘读取成功。现在我们了解了if语句，让我们尝试更新代码以记录错误，并仅在err不为nil时退出。

```
// pass_fail reports whether a grade is passing or failing.
package main

import (
	"bufio"
	"fmt"
	"log"
	"os"
)

func main() {
	fmt.Print("Enter a grade: ")
	reader := bufio.NewReader(os.Stdin)
	input, err := reader.ReadString('\n')
	if err != nil {
		log.Fatal(err)
	}
	fmt.Println(input)
}
```

如果错误不为nil……

报告错误并停止程序运行。

如果我们重新运行程序，我们看到它又可以工作了。现在，如果在读取用户输入时有任何错误，我们也将会看到这些错误！

运行pass_fail.go。

```
Shell Edit View Window Help
$ go run pass_fail.go
Enter a grade: 100
100

$
```

数字将作为响应打印出来。

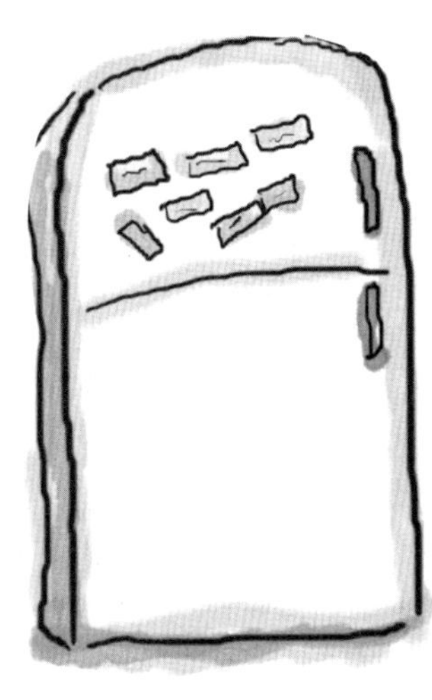

代码贴

冰箱上有一个打印文件大小的Go程序。它调用os.Stat函数，该函数返回一个os.FileInfo值，可能还返回错误值。然后它对FileInfo值调用Size方法来获取文件大小。

但是原程序使用_空白标识符来忽略os.Stat返回的错误值。如果发生了错误（如果文件不存在就会发生错误），这将导致程序失败。

重新构建另外的代码段，使程序工作起来与原来的一样，但也要检查os.Stat中的错误。如果os.Stat的错误不是nil，应该报告错误并且程序应该退出。扔掉带有_空白标识符的代码贴；它不会在完成的程序中使用。

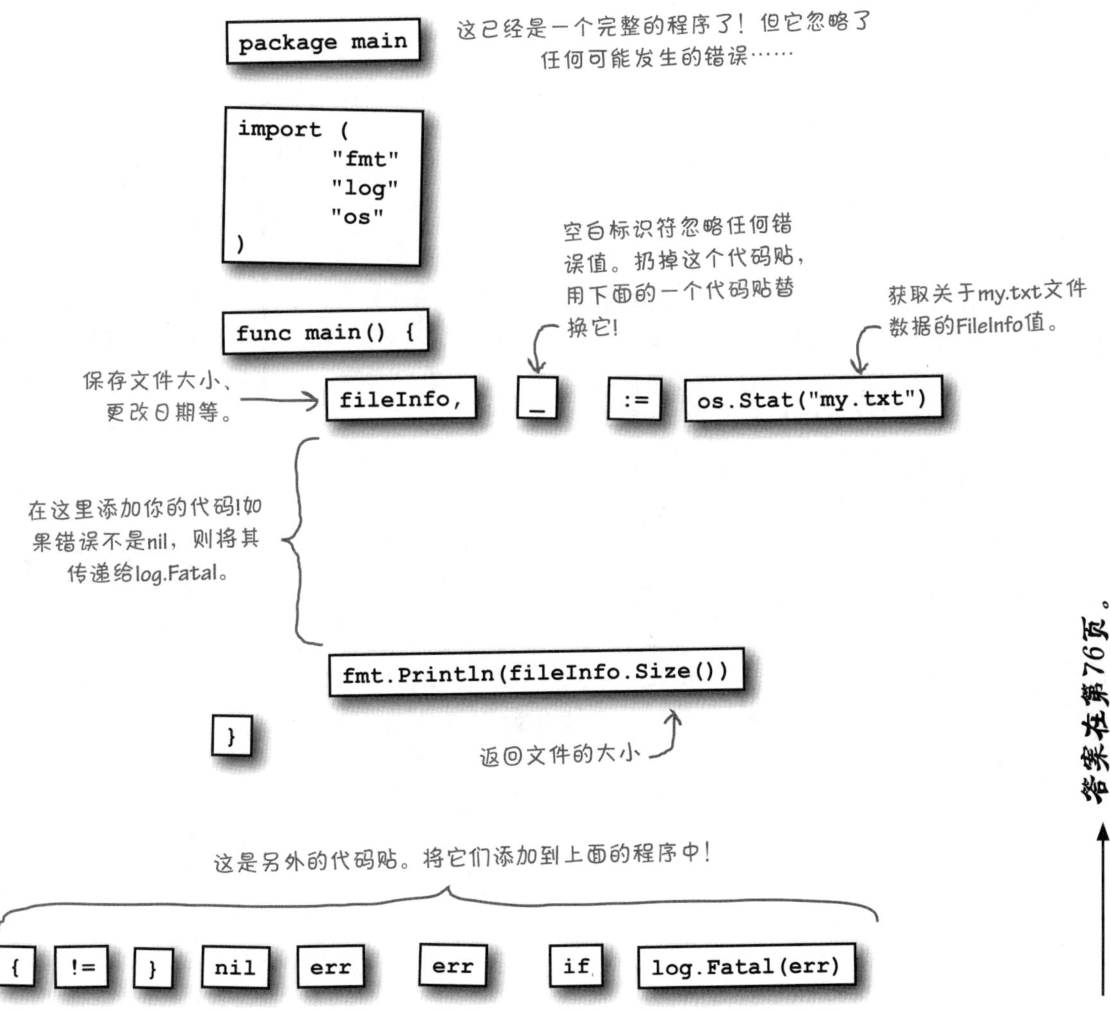

答案在第76页。

避免遮盖名字

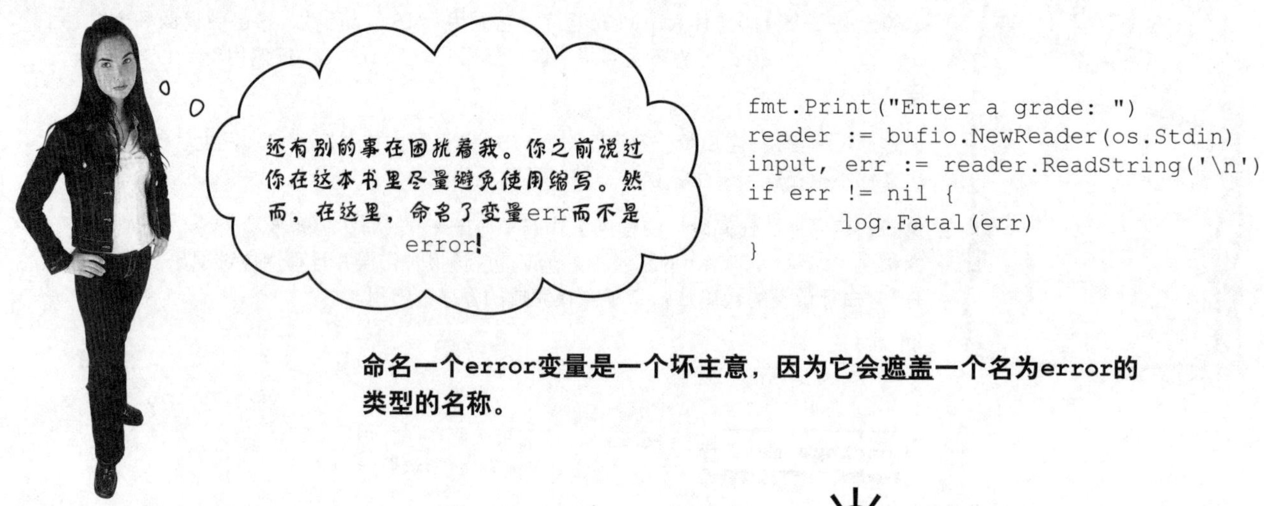

还有别的事在困扰着我。你之前说过你在这本书里尽量避免使用缩写。然而，在这里，命名了变量err而不是error!

```
fmt.Print("Enter a grade: ")
reader := bufio.NewReader(os.Stdin)
input, err := reader.ReadString('\n')
if err != nil {
	log.Fatal(err)
}
```

命名一个error变量是一个坏主意，因为它会遮盖一个名为error的类型的名称。

声明变量时，应确保它与任何现有的函数、包、类型或其他变量的名称不同。如果在封闭范围内存在同名的东西（稍后我们将讨论作用域），则你的变量将对它进行遮盖，也就是说，优先于它。而这往往是一件坏事。

在这里，我们声明一个名为int的变量，它遮盖了一个类型名，一个名为append的变量遮盖了一个内置函数名（我们将在第6章中看到append函数），以及一个名为fmt的变量遮盖了一个导入的包名。这些名字很别扭，但它们本身不会造成任何错误……

```
package main

import "fmt"

func main() {
	var int int = 12
	var append string = "minutes of bonus footage"
	var fmt string = "DVD"
}
```

命名这个变量“int”会遮盖内置的“int”类型的名称！

命名这个变量“append”会遮盖内置的“append”函数的名称！

命名这个变量“fmt”会遮盖导入的“fmt”包的名称！

避免遮盖名字（续）

……但是如果我们试图访问变量所遮盖的类型、函数或包，我们将得到变量中的值。在这种情况下，它会导致编译错误：

```
func main() {
	var int int = 12
	var append string = "minutes of bonus footage"
	var fmt string = "DVD"
	var count int  ←—— "int"现在是指上面声明的变量，而不是数字类型！
	var languages = append([]string{}, "Español")  ←—— "append"现在指的是一个变量，而不是函数！
	fmt.Println(int, append, "on", fmt, languages)
}
   ↑ "fmt"现在指的是一个变量，而不是一个包！
```

编译错误 →

```
imported and not used: "fmt"
int is not a type
cannot call non-function append (type string), declared at prog.go:7:6
fmt.Println undefined (type string has no field or method Println)
```

为了避免你和其他开发人员感到困惑，你应该尽可能避免遮盖名称。在这种情况下，解决这个问题很简单，就是为变量选择不冲突的名称：

```
func main() {
	var count int = 12  ←—— 重新命名"int"变量。
	var suffix string = "minutes of bonus footage"  ←—— 重新命名"append"变量。
	var format string = "DVD"  ←—— 重新命名"fmt"变量。
	var languages = append([]string{}, "Español")
	fmt.Println(count, suffix, "on", format, languages)
}
```

```
12 minutes of bonus footage on DVD [Español]
```

我们将在第3章中看到，Go有一个名为error的内置类型。这就是为什么在声明用于保存错误的变量时，我们将它们命名为err而不是error——我们希望避免用变量名来遮盖error类型的名称。

```
fmt.Print("Enter a grade: ")
reader := bufio.NewReader(os.Stdin)
input, err := reader.ReadString('\n')   ←—— "err"而不是"error"！
if err != nil {
	log.Fatal(err)
}
```

如果你确实将变量命名为error了，你的代码可能仍然可以工作。也就是说，在忘记遮盖了error类型名称之前，你尝试使用该类型，但得到的是变量。不要冒这个险，请对error变量使用名称err。

将字符串转换为数字

条件语句还允许我们评估输入的分数。让我们添加一个if/else语句来确定分数是及格还是不及格。如果输入的百分比分数为60或更高，我们会将状态设置为“及格”。否则，我们将设置为“不及格”。

```
// package and import statements omitted
func main() {
	fmt.Print("Enter a grade: ")
	reader := bufio.NewReader(os.Stdin)
	input, err := reader.ReadString('\n')
	if err != nil {
		log.Fatal(err)
	}

	if input >= 60 {
		status := "passing"
	} else {
		status := "failing"
	}
}
```

不过，使用当前这种方式，会导致编译错误。

错误 →

```
cannot convert 60 to type string
invalid operation: input >= 60 (mismatched types string and int)
```

问题是：从键盘输入的内容是作为字符串读入的。Go只能将数字与其他数字进行比较；不能将数字与字符串进行比较。而且没有直接的类型转换方法可以将字符串转换成数字：

```
float64("2.6")
```

错误 →

```
cannot convert "2.6" (type string) to type float64
```

这里我们有两个需要解决的问题：

- 输入字符串的末尾仍然有一个换行符，这源于用户在输入的过程中按了<Enter>键。我们需要将其去除。
- 剩下的字符串需要转换为浮点数。

将字符串转换为数字（续）

从input字符串的末尾删除换行符很容易。strings包有一个TrimSpace函数，它将删除字符串开头和结尾的所有空白字符（换行符、制表符和常规空格）。

```
s := "\t formerly surrounded by space \n"
fmt.Println(strings.TrimSpace(s))
```

```
formerly surrounded by space
```

因此，我们可以通过将input传递给TrimSpace，并将返回值赋回给input变量来去除换行符。

```
input = strings.TrimSpace(input)
```

现在input字符串中应该保留的是用户输入的数字。我们可以使用strconv包的ParseFloat函数将其转换为float64值。

参数是要转换的字符串。 ……以及结果的精度位数。

```
grade, err := strconv.ParseFloat(input, 64)
```

返回值是一个float64…… ……可能有个错误。

传递给ParseFloat一个要转换为数字的字符串，以及结果应该具有的精度位数。因为我们要转换为float64值，所以我们传递数字64。（除了float64之外，Go还提供了一个不太精确的float32类型，但是除非你有很好的理由，否则不应该使用它。）

ParseFloat将字符串转换为一个数字，并返回一个float64值。和ReadString一样，它也有第二个返回值，即一个错误，它将是nil，除非在转换字符串时出现了一些问题。（例如，不能转换为数字的字符串。我们不知道有一个数字等同于"hello"……）

放松

完整的“精度位数”这件事现在并不重要。

它基本上只是测量一个浮点数占用多少计算机内存。只要你知道想要一个float64，就应该将64作为第二个参数传递给ParseFloat，那就可以了。

将字符串转换为数字（续）

让我们更新*pass_fail.go*，来调用TrimSpace和ParseFloat：

```
// pass_fail reports whether a grade is passing or failing.
package main

import (
	"bufio"
	"fmt"
	"log"
	"os"
	"strconv"
	"strings"
)

func main() {
	fmt.Print("Enter a grade: ")
	reader := bufio.NewReader(os.Stdin)
	input, err := reader.ReadString('\n')
	if err != nil {
		log.Fatal(err)
	}

	input = strings.TrimSpace(input)
	grade, err := strconv.ParseFloat(input, 64)
	if err != nil {
		log.Fatal(err)
	}

	if grade >= 60 {
		status := "passing"
	} else {
		status := "failing"
	}
}
```

添加“strconv”以便可以使用ParseFloat。

添加“strings”以便可以使用TrimSpace函数。

从input字符串中删除换行字符。

将字符串转换为float64值。

与ReadString一样，在转换时报告任何错误。

与“grade”中的float64比较，而不是“input”中的字符串。

首先，我们将合适的包添加到import部分。我们添加代码来从input字符串中删除换行符。然后将input传递给ParseFloat，并将得到的结果float64值存储在一个新变量grade中。

就像对ReadString所做的那样，我们测试ParseFloat是否返回一个错误值。如果是的话，我们就报告错误并停止程序的运行。

最后，我们更新条件语句来测试grade中的数字，而不是input中的字符串。这样可以修复将字符串与数字进行比较时所产生的错误。

如果我们尝试运行更新的程序，就不会再得到string和int类型不匹配的错误。看来我们已经解决了这个问题。但还有几个错误需要解决。我们接下来会去看看。

错误

```
status declared
and not used
status declared
and not used
```

块

我们已经将用户的分数输入转换为一个float64值，并将其添加到条件中，以确定它是及格还是不及格。但是我们收到了几个编译错误：

```
if grade >= 60 {
	status := "passing"
} else {
	status := "failing"
}
```

错误

```
status declared
and not used
status declared
and not used
```

正如我们之前看到的，在Go中声明一个像status这样的变量而不使用它是一个错误。这看起来有点奇怪，我们收到了两个错误，但现在让我们忽略它们。我们将添加一个对Println的调用，以打印我们得到的百分比分数和status值。

```
func main() {
	// Omitting code up here...
	if grade >= 60 {
		status := "passing"
	} else {
		status := "failing"
	}
	fmt.Println("A grade of", grade, "is", status)
}
```

打印status变量

错误

```
undefined: status
```

但是现在我们收到一个新的错误，即当我们试图在Println语句中使用status变量时，说status未定义!发生什么事了?

Go代码可以分为块，即代码段。块通常由大括号（{}）包围，尽管在源代码文件和包级别也有块。块可以彼此嵌套。

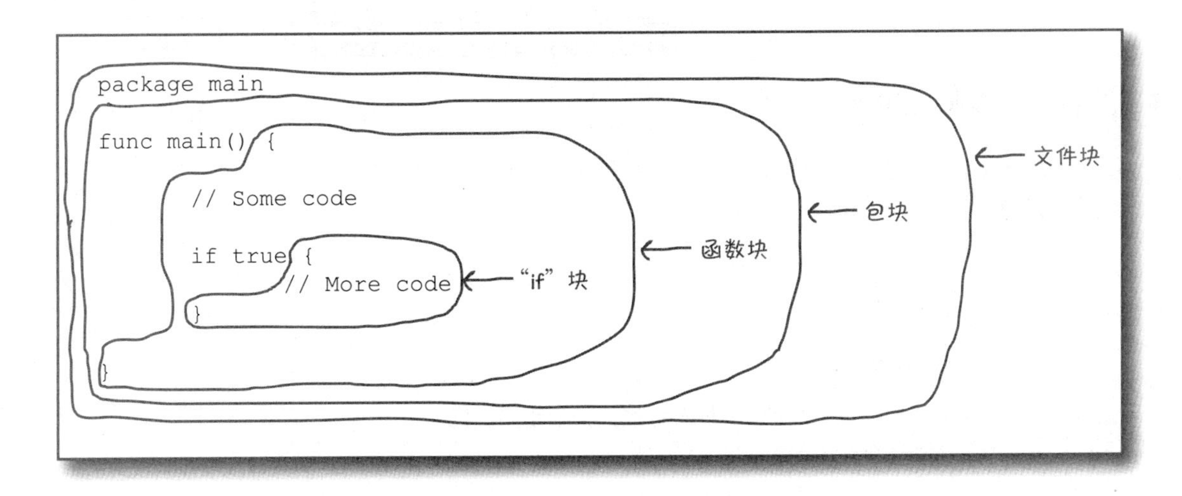

函数体和条件体也是块。理解这一点将是解决status变量问题的关键。

块和变量的作用域

你声明的每个变量都有一个作用域：代码中“可见”的部分。声明的变量可以在其作用域内的任何地方被访问，但是如果你试图在该作用域之外访问它，就会收到一个错误。

变量的作用域由其声明所在的块和嵌套在该块中的任何块组成。

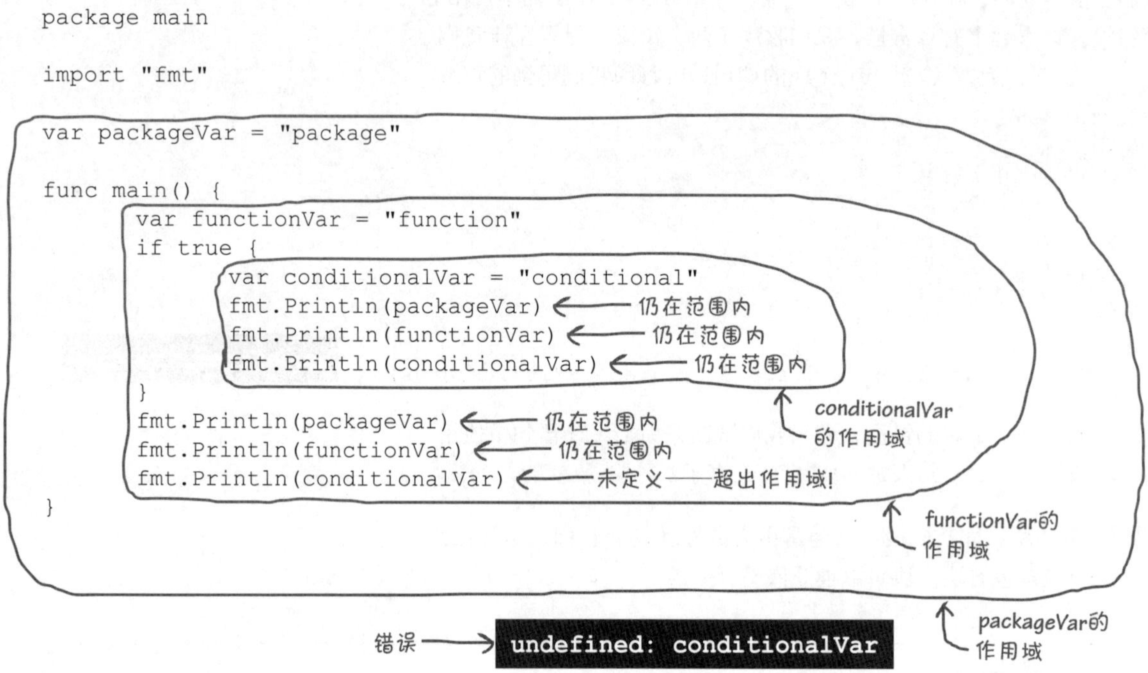

```
package main

import "fmt"

var packageVar = "package"

func main() {
	var functionVar = "function"
	if true {
		var conditionalVar = "conditional"
		fmt.Println(packageVar)      ← 仍在范围内
		fmt.Println(functionVar)     ← 仍在范围内
		fmt.Println(conditionalVar)  ← 仍在范围内
	}
	fmt.Println(packageVar)      ← 仍在范围内
	fmt.Println(functionVar)     ← 仍在范围内
	fmt.Println(conditionalVar)  ← 未定义——超出作用域!
}
```

conditionalVar的作用域

functionVar的作用域

packageVar的作用域

错误 → `undefined: conditionalVar`

下面是上述代码中变量的作用域：

- packageVar的作用域是整个main包。你可以在包中定义的任何函数内的任何位置访问packageVar。
- functionVar的作用域是它声明所在的整个函数，包括嵌套在该函数中的if块。
- conditionalVar的作用域仅限于if块。当我们试图在if块的右大括号之后访问conditionalVar时，我们将收到一个错误，说conditionalVar未定义！

块和变量的作用域（续）

既然我们已经了解了变量的作用域，我们就可以解释为什么status变量在评分程序中没有定义。我们在条件块中声明了status。（事实上，我们声明了两次，因为有两个单独的块。这就是为什么我们收到了两个status被声明了但没有被使用的错误。）然后我们试图在那些块之外访问status，但那里并不在它的作用域内。

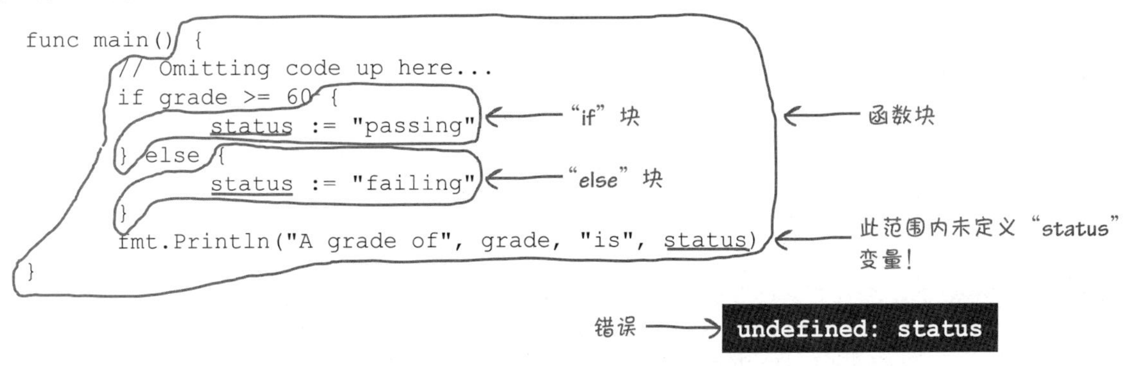

解决方法是将status变量的声明从条件块中向上移动到函数块中。一旦我们这样做了，status变量的作用域将位于嵌套的条件块和至函数块末尾的范围内。

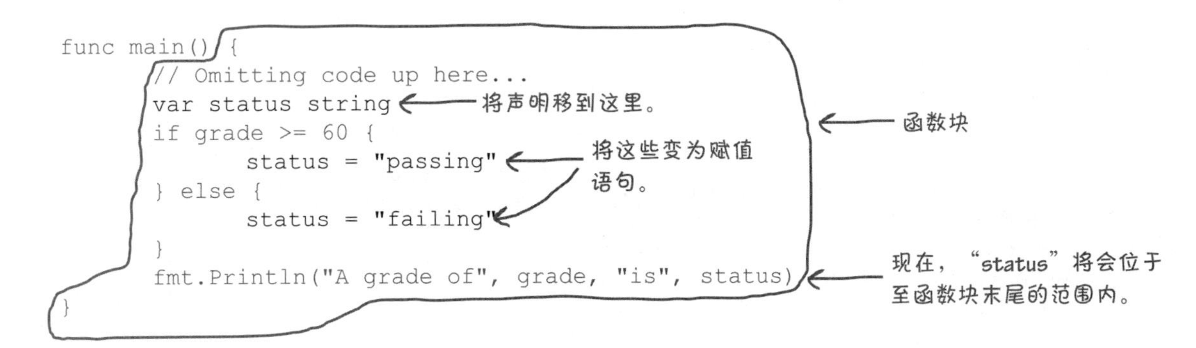

func main() {
// Omitting code up here...
var status string
if grade >= 60 {
status = "passing"
} else {
status = "failing"
}
fmt.Println("A grade of", grade, "is", status)
}
将声明移到这里。
函数块
将这些变为赋值语句。
现在，“status”将会位于至函数块末尾的范围内。

别忘记了将嵌套块中的短变量声明改为赋值语句！

如果你没有在两个:=出现的地方将其都改为=，你会在嵌套的条件块中意外地创建名为status的新变量，该变量将会超出至函数块末尾所包含的范围！

我们已经完成了评分程序

就是这样！我们的*pass_fail.go*程序已经准备好行动了！让我们再看一下完整的代码：

```
// pass_fail reports whether a grade is passing or failing.
package main

import (
	"bufio"
	"fmt"
	"log"
	"os"
	"strings"
	"strconv"
)

func main() {
	fmt.Print("Enter a grade: ")
	reader := bufio.NewReader(os.Stdin)
	input, err := reader.ReadString('\n')
	if err != nil {
		log.Fatal(err)
	}

	input = strings.TrimSpace(input)
	grade, err := strconv.ParseFloat(input, 64)
	if err != nil {
		log.Fatal(err)
	}

	var status string
	if grade >= 60 {
		status = "passing"
	} else {
		status = "failing"
	}
	fmt.Println("A grade of", grade, "is", status)
}
```

“main”函数在程序启动时被调用。

提示用户输入一个百分比分数。

创建一个bufio.Reader，它允许我们读取键盘输入。

读取用户输入的内容，直到他们按了<Enter>键。

如果有错误的话，打印信息并退出。

将换行符从输入中删除。

将输入字符串转换为float64（数字）值。

如果有错误的话，打印信息并退出。

在这里声明“status”变量，这样它就在函数的其余部分的作用域中。

如果成绩为60或以上，则将状态设置为“及格”。否则，将其设置为“不及格”。

打印输入的分数……

……和及格/不及格状态。

你可以尝试运行任意多次已完成的程序。输入一个低于60的百分比分数，它会报告不及格状态。输入一个超过60的分数，它会报告及格了。看起来一切正常！

```
Shell Edit View Window Help
$ go run pass_fail.go
Enter a grade: 56
A grade of 56 is failing
$ go run pass_fail.go
Enter a grade: 84.5
A grade of 84.5 is passing
$
```

下面的一些代码行将会导致编译错误，因为它们引用了超出作用域的变量。划掉有错误的行。

```
package main

import (
	"fmt"
)

var a = "a"

func main() {
	a = "a"
	b := "b"
	if true {
		c := "c"
		if true {
			d := "d"
			fmt.Println(a)
			fmt.Println(b)
			fmt.Println(c)
			fmt.Println(d)
		}
		fmt.Println(a)
		fmt.Println(b)
		fmt.Println(c)
		fmt.Println(d)
	}
	fmt.Println(a)
	fmt.Println(b)
	fmt.Println(c)
	fmt.Println(d)
}
```

答案在第77页。

短变量声明中只有一个变量必须是新的

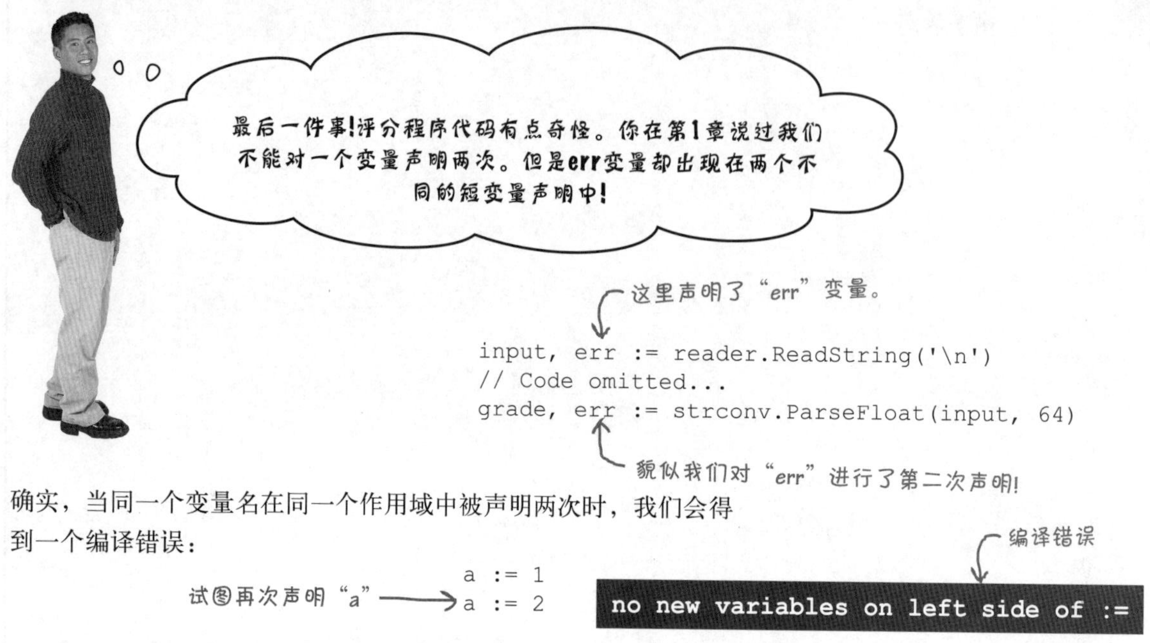

最后一件事!评分程序代码有点奇怪。你在第1章说过我们不能对一个变量声明两次。但是err变量却出现在两个不同的短变量声明中!
这里声明了“err”变量。
貌似我们对“err”进行了第二次声明!

```
input, err := reader.ReadString('\n')
// Code omitted...
grade, err := strconv.ParseFloat(input, 64)
```

确实，当同一个变量名在同一个作用域中被声明两次时，我们会得到一个编译错误：

试图再次声明“a”

```
a := 1
a := 2
```

编译错误

```
no new variables on left side of :=
```

但是，只要短变量声明中至少有一个变量名是新的，这是允许的。新变量名被视为声明，而现有的名字被视为赋值。

```
a := 1          ← 声明“a”。
b, a := 2, 3    ← 声明“b”，赋值“a”。
a, c := 4, 5    ← 赋值“a”，声明“c”。
fmt.Println(a, b, c)
```

```
4 2 5
```

这种特殊处理是有原因的：许多Go函数返回多个值。如果仅仅因为要重用其中一个变量而必须分别声明所有变量，那将是一件痛苦的事情。

分别声明每个变量是可行的，但谢天谢地，我们不必这样做……

```
var a, b float64
var err error
a, err = strconv.ParseFloat("1.23", 64)
b, err = strconv.ParseFloat("4.56", 64)
```

相反，Go允许你对所有事物使用短变量声明，即使对其中一个变量来说，它实际上是赋值。

……我们可以对所有事物只使用短变量声明语法。

```
a, err := strconv.ParseFloat("1.23", 64)   ← 声明“a”和“err”。
b, err := strconv.ParseFloat("4.56", 64)   ← 声明“b”和赋值“err”。
fmt.Println(a, b, err)
```

```
1.23 4.56 <nil>
```

让我们创建一个游戏

我们将通过创建一个简单的游戏来结束这一章。如果这听起来让人望而生畏，不要担心；你已经学会了所需的大部分技能！在此过程中，我们将学习循环，这将允许玩家玩多个轮次。

这个例子在*Head First Ruby*中首次出现。（另一本你也应该买的好书！）它运行得很好，所以我们在这里再次使用它。

让我们看看我们需要做的每件事：

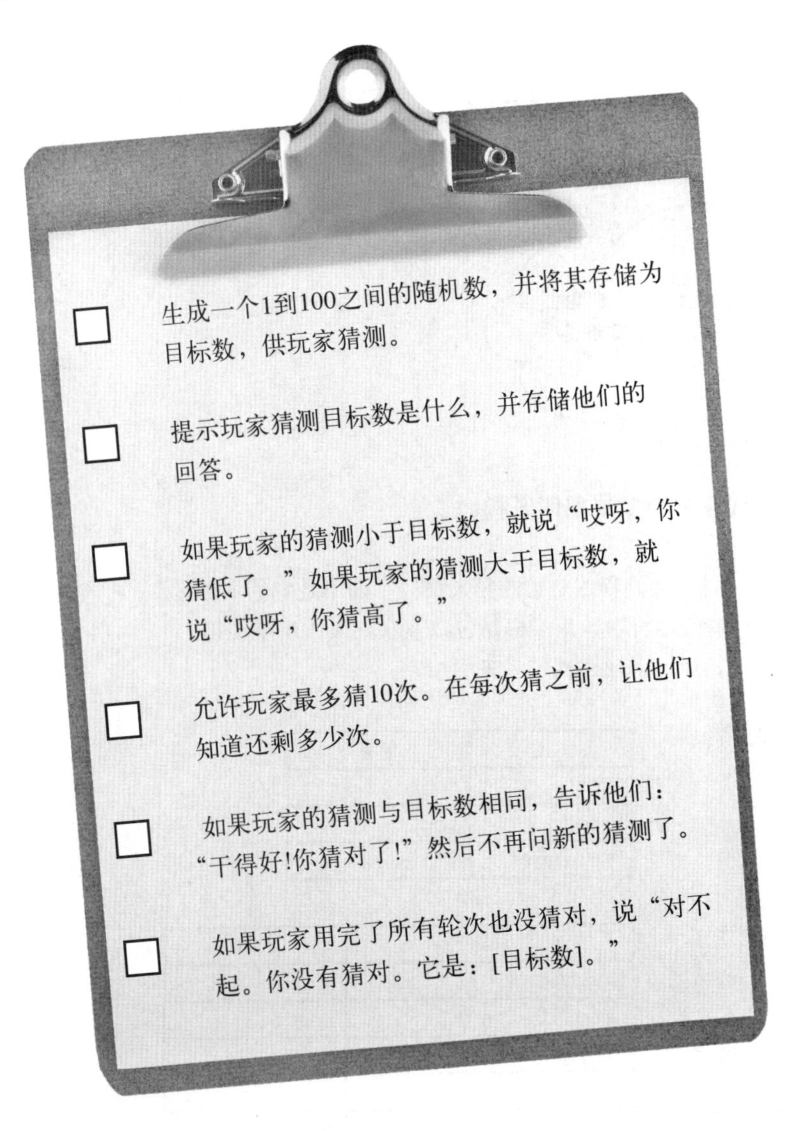

生成一个1到100之间的随机数，并将其存储为目标数，供玩家猜测。
提示玩家猜测目标数是什么，并存储他们的回答。
如果玩家的猜测小于目标数，就说“哎呀，你猜低了。”如果玩家的猜测大于目标数，就说“哎呀，你猜高了。”
允许玩家最多猜10次。在每次猜之前，让他们知道还剩多少次。
如果玩家的猜测与目标数相同，告诉他们：“干得好!你猜对了!”然后不再问新的猜测了。
如果玩家用完了所有轮次也没猜对，说“对不起。你没有猜对。它是：[目标数]。”

我已经为你整理了这张需求清单。你能处理吗?

Gary Richardott
游戏的设计者

让我们创建一个新的源文件，名为*guess.go*。

看起来我们的第一个需求是生成一个随机数。我们开始吧！

包名与导入路径

math/rand包有一个Intn函数，可以生成一个随机数，所以我们需要导入math/rand。然后调用rand.Intn生成随机数。

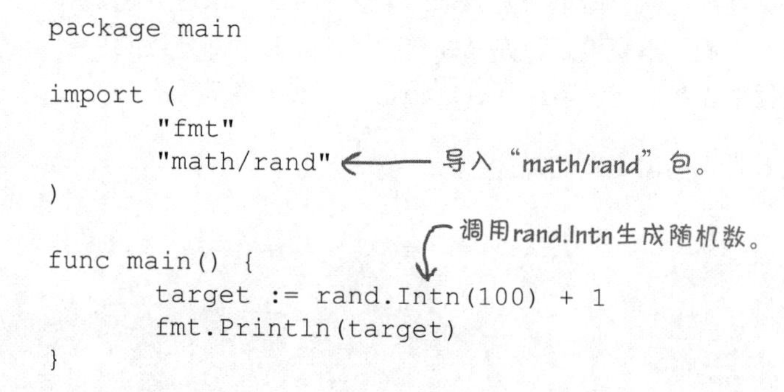

```
package main

import (
	"fmt"
	"math/rand"
)

func main() {
	target := rand.Intn(100) + 1
	fmt.Println(target)
}
```

导入"math/rand"包。
调用rand.Intn生成随机数。

等一下！你说Intn来自math/rand包。那为什么你只输入rand.Intn而不是math/rand.Intn?

一个是包的导入路径，另一个是包的名称。

当我们说math/rand时，我们指的是包的导入路径，而不是它的名称。导入路径只是一个独特的字符串，用于标识包以及在导入语句中使用的包。一旦导入了包，就可以通过其包名来引用它。

对于目前我们使用的每个包，导入路径都与包名相同。这里有几个例子：

导入路径	包名
"fmt"	fmt
"log"	log
"strings"	strings

但导入路径和包名称不必相同。许多Go包属于类似的类别，比如compression或complex math。因此，它们被分组在类似的导入路径前缀下，例如"archive/"或"math/"。（把它们想象成类似于硬盘上目录的路径。）

导入路径	包名
"archive"	archive
"archive/tar"	tar
"archive/zip"	zip
"math"	math
"math/cmplx"	cmplx
"math/rand"	rand

包名与导入路径（续）

Go语言不要求包名与其导入路径有任何关系。但按照惯例，导入路径的最后（或唯一）一段也用作包名。因此，如果导入路径为"archive"，则包名为archive，如果导入路径为"archive/zip"，则包名为zip。

导入路径	包名
"archive"	archive
"archive/tar"	tar
"archive/zip"	zip
"math"	math
"math/cmplx"	cmplx
"math/rand"	rand

这就是为什么import语句使用"math/rand"路径，但是我们的main函数只使用包名：rand。

```
package main

import (
	"fmt"
	"math/rand"   ← 使用“math/rand”的完整导入路径。
)

func main() {         使用包名：“rand”。
	target := rand.Intn(100) + 1
	fmt.Println(target)
}
```

生成随机数

将一个数字传递给rand.Intn，它将返回一个介于0和你提供的数字之间的随机整数。换句话说，如果传递一个100的参数，我们将得到一个0～99范围内的随机数。因为我们需要一个在1～100范围内的数字，所以只需要在得到的任意随机数值上加1。我们将结果存储在变量target中。稍后会对target进行更多的操作，但现在我们只把它打印出来。

```
package main

import (
	"fmt"
	"math/rand"
)
                       生成一个0到99之间的整数。
func main() {
	target := rand.Intn(100) + 1  ← 加1使其成为1到100之间的整数。
	fmt.Println(target)
}
```

如果现在试着运行程序，会得到一个随机数。但我们只是不断地得到相同的随机数！问题是，计算机生成的随机数并不是那么随机。但是有一种方法可以增加这种随机性……

```
Shell Edit View Window Help
$ go run guess.go
82
$ go run guess.go
82
$ go run guess.go
82
$
```

每次运行程序我们都会得到相同的随机数！

生成随机数（续）

为了得到不同的随机数，我们需要向rand.Seed函数传递一个值。这将“播种”随机数生成器，也就是说，给它一个值，它将用于生成其他随机值。但如果我们一直给它相同的种子值，它就会一直给我们相同的随机值，我们会回到开始的地方。

我们之前看到过。time.Now函数会提供一个表示当前日期和时间的Time值。每次运行程序时，我们都可以使用它来获得不同的种子值。

```
package main

import (
	"fmt"
	"math/rand"
	"time"  ← 同时导入“time”包。
)

func main() {
	seconds := time.Now().Unix()  ← 获取当前日期和时间的整数形式。
	rand.Seed(seconds)  ← 播种随机数生成器。
	target := rand.Intn(100) + 1
	fmt.Println("I've chosen a random number between 1 and 100.")
	fmt.Println("Can you guess it?")
	fmt.Println(target)
}
```

现在，每次生成的数应该是不一样的！

让玩家知道我们已经选择了一个数。

rand.Seed函数需要一个整数，所以我们不能直接给它传递一个Time值。相反，我们对Time调用Unix方法，它将把时间转换为整数。（具体地说，它将把时间转换成Unix时间格式，这是一个整数，是自1970年1月1日以来的秒数。但你真的不需要记住这一点。）我们将这个整数传递给rand.Seed。

我们还添加了几个Println调用，让用户知道我们选择了一个随机数。但除此之外，我们可以保留其余代码，包括对rand.Intn的调用。种子生成器应该是我们需要做的唯一更改。

现在，每次运行程序时，我们都会看到消息，以及一个随机数。看起来我们的更改是成功的！

```
Shell Edit View Window Help
$ go run guess.go
I've chosen a random number between 1 and 100.
Can you guess it?
73
$ go run guess.go
I've chosen a random number between 1 and 100.
Can you guess it?
18
$
```

每次运行程序都会有一个不同的数。

从键盘获取整数

我们的第一个需求完成了！接下来，我们需要通过键盘得到用户的猜测。

这应该与我们在评分程序中从键盘上读取百分比分数的方式大致相同。

只有一个不同之处：我们不需要将输入转换为float64，而是需要将其转换为int（因为我们的猜谜游戏只使用整数）。因此，我们将把从键盘读取的字符串传递给strconv包的Atoi（字符串转整数）函数，而不是它的ParseFloat函数。Atoi会给我们一个整数作为它的返回值。（就像ParseFloat一样，如果不能转换字符串，Atoi也可能会给我们一个错误。如果发生了这种情况，我们也会报告错误并退出。）

☑ 生成一个1到100之间的随机数，并将其存储为目标数，供玩家猜测。

☐ 提示玩家猜测目标数是什么，并存储他们的回答。

```
package main

import (
	"bufio"
	"fmt"
	"log"
	"math/rand"
	"os"
	"strconv"
	"strings"
	"time"
)

func main() {
	seconds := time.Now().Unix()
	rand.Seed(seconds)
	target := rand.Intn(100) + 1
	fmt.Println("I've chosen a random number between 1 and 100.")
	fmt.Println("Can you guess it?")
	fmt.Println(target)

	reader := bufio.NewReader(os.Stdin)

	fmt.Print("Make a guess: ")
	input, err := reader.ReadString('\n')
	if err != nil {
		log.Fatal(err)
	}
	input = strings.TrimSpace(input)
	guess, err := strconv.Atoi(input)
	if err != nil {
		log.Fatal(err)
	}
}
```

导入这些附加包。（我们在评分程序中使用了所有这些包！）

创建一个bufio.Reader，它允许我们读取键盘输入。

请求一个数。

读取用户输入的内容，直到他们按了<Enter>。

如果出现错误，打印信息并退出。

删除换行符。

将输入字符串转换为整数。

如果出现错误，打印信息并退出。

将猜测与目标进行比较

另一项需求已完成。下一个会很容易……我们只需要将用户的猜测与随机生成的数字进行比较，并告诉他们结果是高还是低。

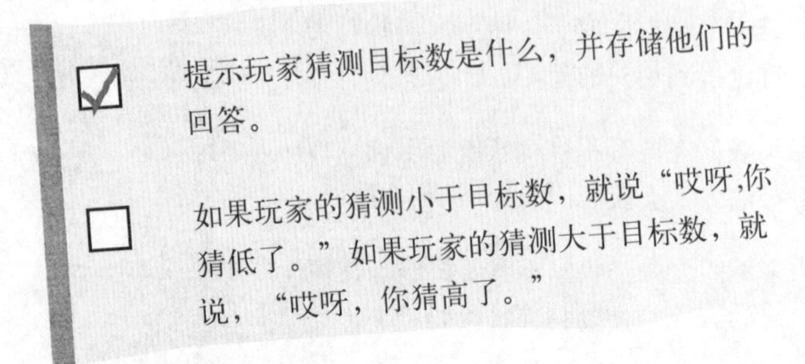

提示玩家猜测目标数是什么，并存储他们的回答。
如果玩家的猜测小于目标数，就说“哎呀,你猜低了。”如果玩家的猜测大于目标数，就说，“哎呀，你猜高了。”

如果猜测值低于目标值，我们需要打印一条信息，说猜低了。否则，如果猜测值大于目标值，我们应该打印一条消息，说猜高了。听起来我们需要一个`if...else if`语句。我们将把它添加到`main`函数的其他代码下面。

```go
// No changes to package and import statements; omitting

func main() {
	// No changes to previous code; omitting

	if guess < target {
		fmt.Println("Oops. Your guess was LOW.")
	} else if guess > target {
		fmt.Println("Oops. Your guess was HIGH.")
	}
}
```

如果玩家的猜测过低，就这么说。

如果玩家的猜测过高，就这么说。

现在尝试从终端运行我们的更新程序。它仍然设置为每次运行时打印目标值，这对调试很有用。只要输入一个低于目标值的数，就会被告知你猜低了。如果重新运行程序，你将得到一个新的目标值。输入一个比这个值高的数，就会被告知你猜高了。

Shell Edit View Window Help

```
$ go run guess.go
81
I've chosen a random number between 1 and 100.
Can you guess it?
Make a guess: 1
Oops. Your guess was LOW.
$ go run guess.go
54
I've chosen a random number between 1 and 100.
Can you guess it?
Make a guess: 100
Oops. Your guess was HIGH.
$
```

循环

另一个需求完成了！让我们看看下一个。

目前，玩家只能猜测一次，但我们需要允许他们最多猜测10次。

提示猜测的代码已经就绪。我们只需要运行多次。可以使用循环来重复执行一段代码。如果你使用过其他编程语言，那么可能遇到过循环。当需要反复执行一个或多个语句时，可以将它们放入循环中。

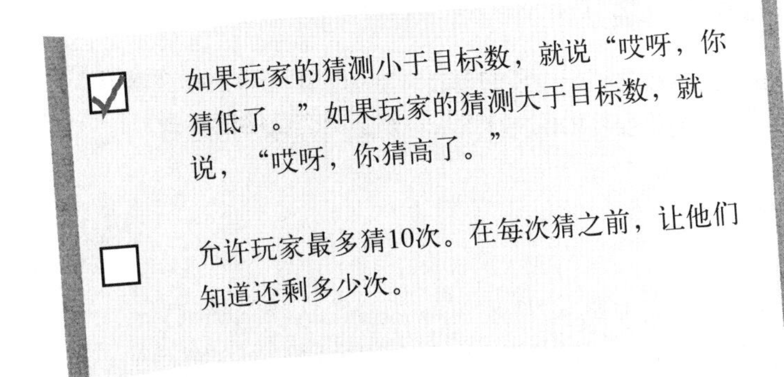

如果玩家的猜测小于目标数，就说“哎呀，你猜低了。”如果玩家的猜测大于目标数，就说，“哎呀，你猜高了。”
允许玩家最多猜10次。在每次猜之前，让他们知道还剩多少次。

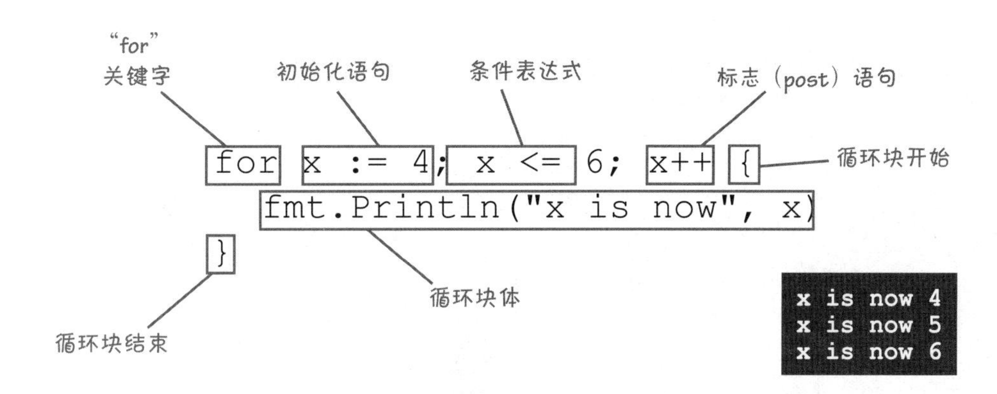

“for”关键字
初始化语句
条件表达式
标志（post）语句
for x := 4; x <= 6; x++ {
循环块开始
fmt.Println("x is now", x)
}
循环块体
循环块结束
x is now 4
x is now 5
x is now 6

循环总是以for关键字开头。在一种常见的循环中，for后面跟着三段控制循环的代码：

- 一个初始化（或init）语句，通常用于初始化一个变量
- 一个条件表达式，用于决定何时中断循环
- 一个标志（post）语句，在循环的每次迭代之后运行

通常，初始化语句用于初始化一个变量，条件表达式保持循环运行，直到该变量达到某个值，标志（post）语句用于更改该变量的值。例如，在这个代码段中，t变量初始化为3，条件保持循环在t > 0时继续运行，并且每次循环运行时标志（post）语句都会从t中减去1。最终，t达到0时，循环终止。

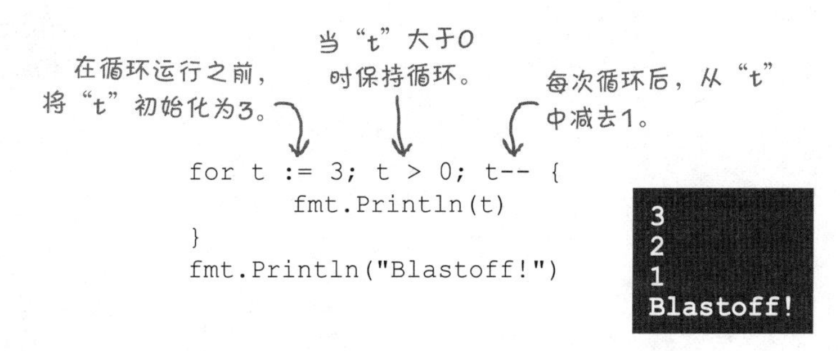

在循环运行之前，将“t”初始化为3。
当“t”大于0时保持循环。
每次循环后，从“t”中减去1。
for t := 3; t > 0; t-- {
fmt.Println(t)
}
fmt.Println("Blastoff!")
3
2
1
Blastoff!

循环（续）

++和--语句经常用于循环的标志（post）语句中。每次求值时，++都会给变量的值加上1，--都会给变量的值减去1。

```
x := 0
x++
fmt.Println(x)
x++
fmt.Println(x)
x--
fmt.Println(x)
```

```
1
2
1
```

在循环中使用，++和--便于向上或向下计数。

```
for x := 1; x <= 3; x++ {
	fmt.Println(x)
}
```

```
1
2
3
```

```
for x := 3; x >= 1; x-- {
	fmt.Println(x)
}
```

```
3
2
1
```

Go还包括赋值运算符+=和-=。它们获取变量中的值，加上或减去另一个值，然后将结果赋回给该变量。

```
x := 0
x += 2
fmt.Println(x)
x += 5
fmt.Println(x)
x -= 3
fmt.Println(x)
```

```
2
7
4
```

+=和-=可以在循环中用于以1以外的增量计数。

```
for x := 1; x <= 5; x += 2 {
	fmt.Println(x)
}
```

```
1
3
5
```

```
for x := 15; x >= 5; x -= 5 {
	fmt.Println(x)
}
```

```
15
10
5
```

当循环结束时，循环块后面的语句将继续执行。但是只要条件表达式的计算结果为true，循环将继续进行。这是有可能被滥用的，下面是一个将永远运行的循环和一个永远不会运行的循环的示例：

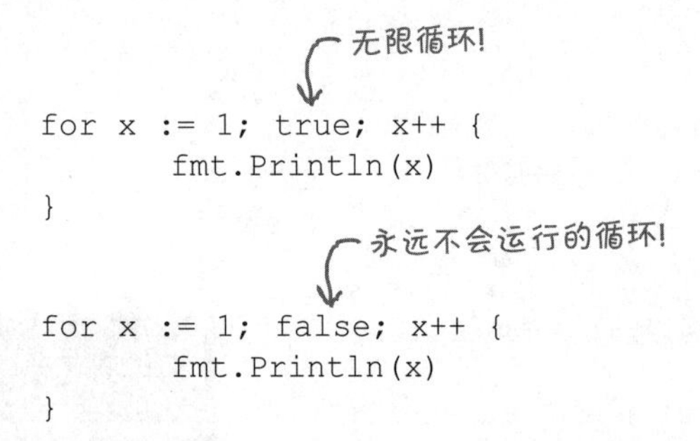


```
for x := 1; true; x++ {
	fmt.Println(x)
}

for x := 1; false; x++ {
	fmt.Println(x)
}
```

循环有可能永远运行，在这种情况下，程序将永远不会自行停止。

如果这种情况发生在终端处于活动的状态，按住<Control>键并按<C>键停止你的程序。

初始化和标志（post）语句是可选的

如果你愿意，可以从for循环中省略初始化和标志（post）语句，只留下条件表达式（尽管你仍然需要确保条件的最终计算结果为false，或者你的手上可能有一个无限循环）。

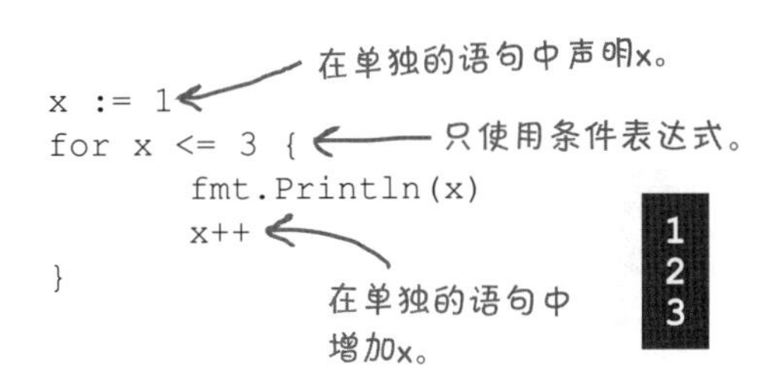

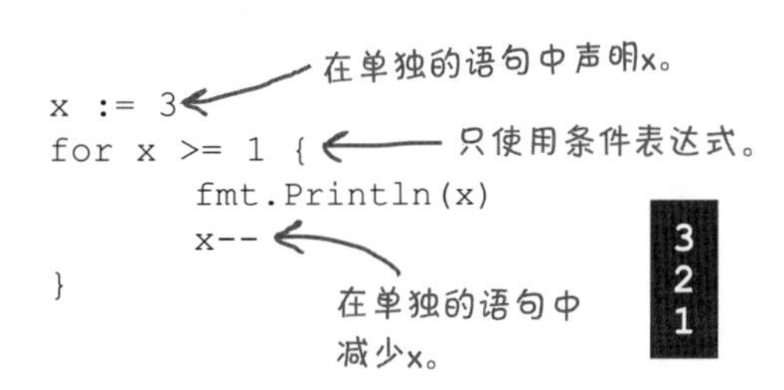

循环和作用域

与条件语句一样，循环块中声明的任何变量的作用域都仅限于该块（虽然初始化语句、条件表达式和标志（post）语句也可以被认为是该作用域的一部分）。

```
for x := 1; x <= 3; x++ {
	y := x + 1
	fmt.Println(y)  ← 还在作用域内。
}
fmt.Println(y)  ← 错误：超出作用域！
```

`undefined: y` ← 错误

```
for x := 1; x <= 3; x++ {
	fmt.Println(x)  ← 还在作用域内。
}
fmt.Println(x)  ← 错误：超出作用域！
```

`undefined: x` ← 错误

与条件语句一样，在循环之前声明的任何变量仍然在循环的控制语句和块中的作用域内，并且在循环退出后仍将在作用域内。

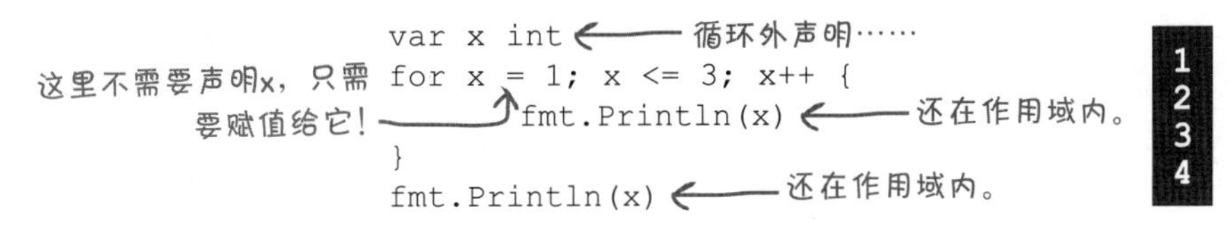

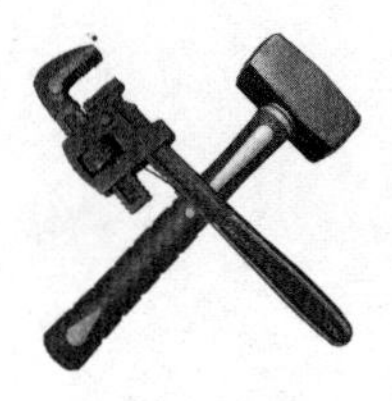

实践出真知！

这是一个使用循环数到3的程序。尝试进行以下更改之一并运行它。然后撤销更改并尝试下一个更改。看看会发生什么！

```
package main

import "fmt"

func main() {
	for x := 1; x <= 3; x++ {
		fmt.Println(x)
	}
}
```

```
1
2
3
```

如果你这样做……	……它会失败，因为……
在for关键字后面添加圆括号 for (x := 1; x <= 3; x++)	其他一些语言需要在for循环的控制语句周围加上圆括号，但Go不仅不需要这样做，而且也不允许这样做
从初始化语句中删除: x = 1	除非要为已经在封闭作用域内声明的变量赋值（通常不会这样做），否则初始化语句需要的是一个声明，而不是赋值
从条件表达式中删除= x < 3	当x达到3时，表达式x < 3变为false（而x <= 3仍然为true）。因此循环只计数到2
将条件表达式中的比较颠倒 x >= 3	因为循环开始时条件已经为false（x初始化为1，小于3），所以循环将永远不会运行
将标志（post）语句从x++改成x-- x--	x变量将从1开始倒着计数（1、0、-1、-2等），因为它永远不会大于3，所以循环永远不会结束
将fmt.Println(x)语句移到循环块之外	在初始化语句或在循环块中声明的变量只在循环块的作用域中

仔细查看这些循环中每个循环的初始化语句、条件表达式和标志（post）语句。然后写下你认为的每个循环的输出结果。

（我们已经为你做了第一个。）

```
for x := 1; x <= 3; x++ {
	fmt.Print(x)
}
```

123

```
for x := 3; x >= 1; x-- {
	fmt.Print(x)
}
```

```
for x := 2; x <= 3; x++ {
	fmt.Print(x)
}
```

```
for x := 1; x < 3; x++ {
	fmt.Print(x)
}
```

```
for x := 1; x <= 3; x+= 2 {
	fmt.Print(x)
}
```

```
for x := 1; x >= 3; x++ {
	fmt.Print(x)
}
```

答案在第78页。

在我们的猜谜游戏中使用循环

我们的游戏仍然只提示用户猜测一次。让我们在提示用户猜测的代码附近添加一个循环，并告诉他们是高了还是低了，这样用户可以猜10次。

我们将使用一个名为guesses的int变量来跟踪玩家猜测的次数。在循环的初始化语句中，我们将把guesses初始化为0。我们将在每次循环迭代中给guesses加1，当guesses达到10时停止循环。

我们还将在循环块的顶部添加一个Println语句，来告诉用户还剩下多少次猜测。

```
// No changes to package and import statements; omitting

func main() {
	seconds := time.Now().Unix()
	rand.Seed(seconds)
	target := rand.Intn(100) + 1
	fmt.Println("I've chosen a random number between 1 and 100.")
	fmt.Println("Can you guess it?")
	fmt.Println(target)

	reader := bufio.NewReader(os.Stdin)

	for guesses := 0; guesses < 10; guesses++ {
		fmt.Println("You have", 10-guesses, "guesses left.")

		fmt.Print("Make a guess: ")
		input, err := reader.ReadString('\n')
		if err != nil {
			log.Fatal(err)
		}
		input = strings.TrimSpace(input)
		guess, err := strconv.Atoi(input)
		if err != nil {
			log.Fatal(err)
		}

		if guess < target {
			fmt.Println("Oops. Your guess was LOW.")
		} else if guess > target {
			fmt.Println("Oops. Your guess was HIGH.")
		}
	}
}
```

使用“guesses”变量跟踪到目前为止的猜测次数。

从10中减去猜测的次数，来告诉玩家他们还剩下多少次。

现有的代码，它提示用户进行猜测，并告诉他们是低了还是高了，将运行10次。

for循环结束

在我们的猜谜游戏中使用循环（续）

现在我们的循环已经就位，如果再次运行游戏，我们将会被问10次我们的猜测是什么！

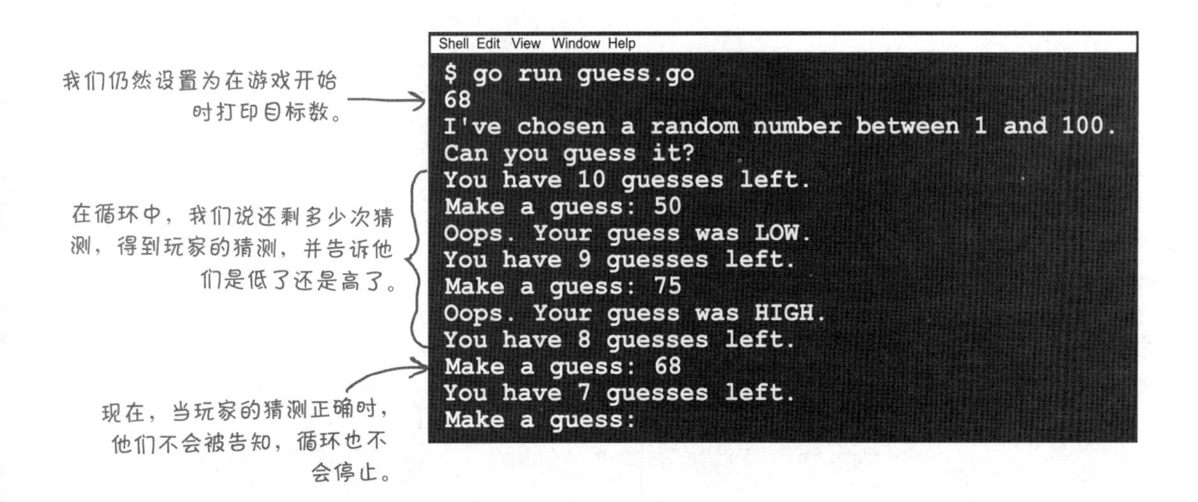

我们仍然设置为在游戏开始时打印目标数。
在循环中，我们说还剩多少次猜测，得到玩家的猜测，并告诉他们是低了还是高了。
现在，当玩家的猜测正确时，他们不会被告知，循环也不会停止。
Shell Edit View Window Help
$ go run guess.go
68
I've chosen a random number between 1 and 100.
Can you guess it?
You have 10 guesses left.
Make a guess: 50
Oops. Your guess was LOW.
You have 9 guesses left.
Make a guess: 75
Oops. Your guess was HIGH.
You have 8 guesses left.
Make a guess: 68
You have 7 guesses left.
Make a guess:

因为提示猜测并声明它是高了还是低了的代码在循环中，所以它会重复运行。10次猜测后，循环（和游戏）将结束。

但是即使玩家猜对了，循环也要运行10次！解决这个问题将是我们的下一个需求。

使用“continue”和“break”跳过部分循环

艰难的部分完成了！我们只剩下几个需求了。

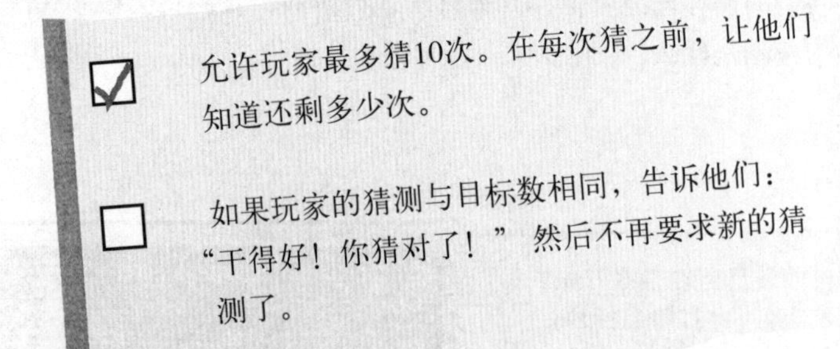

允许玩家最多猜10次。在每次猜之前，让他们知道还剩多少次。
如果玩家的猜测与目标数相同，告诉他们：“干得好！你猜对了！” 然后不再要求新的猜测了。

现在，提示用户猜测的循环总是运行10次。即使玩家猜对了，我们也不会告诉他们，我们也不会停止循环。我们的下一个任务是解决这个问题。

Go提供了控制循环流的两个关键字。第一个continue，立即跳转到循环的下一个迭代，而不需要在循环块中运行任何其他代码。

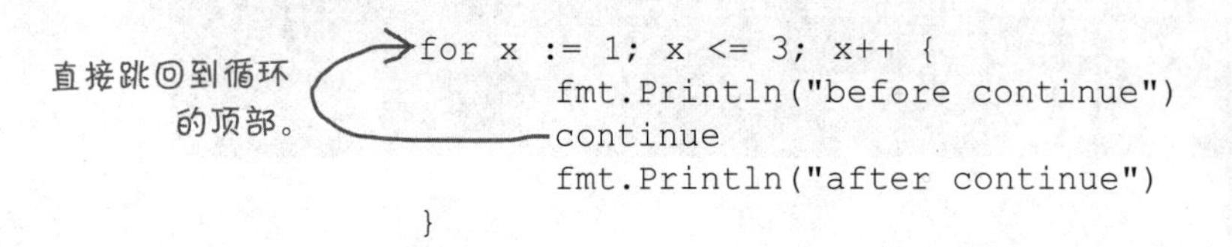


```
before continue
before continue
before continue
```

在上面的例子中，字符串 "after continue"永远不会被打印出来，因为continue关键字总是在第二次调用Println之前跳回到循环的顶部。

第二个关键字break立即跳出循环。不再执行循环块中的代码，也不再运行进一步的迭代。执行移动到循环之后的第一个语句。

这将循环三次，但break阻止了循环。

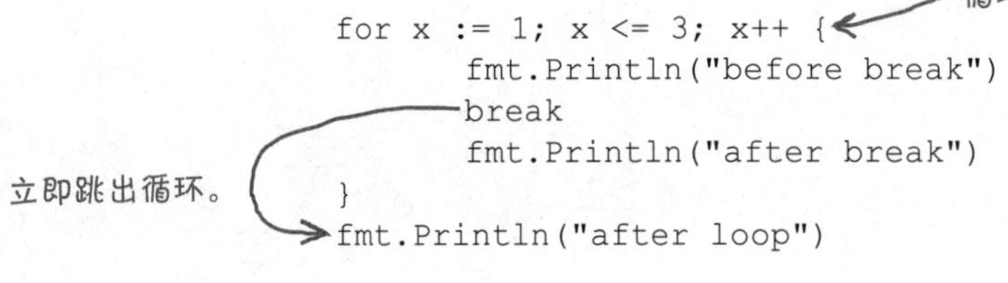


```
before break
after loop
```

这里，在循环的第一次迭代中，"before break"字符串被打印出来，但是随后break语句立即跳出循环，而不打印"after break"字符串，也不再次运行循环（即使通常它还会运行两次）。而执行移动到了循环之后的语句。

break关键字似乎适用于我们当前的问题：当玩家猜对时，我们需要跳出循环。让我们试着在游戏中使用它……

中断我们的猜测循环

我们使用if...else if条件语句来告诉玩家他们猜测的状态。如果玩家猜的数字过高或过低，我们会打印一条信息告诉他们。

显然，如果猜的数字既不高也不低，就一定是正确的。让我们在条件语句上添加一个else分支，倘若猜对了，它就会运行。在else分支的块中，我们将告诉玩家他们是正确的，然后使用break语句停止猜测循环。

```
// No changes to package and import statements; omitting

func main() {
	// No changes to previous code; omitting

	for guesses := 0; guesses < 10; guesses++ {
		// No changes to previous code; omitting

		if guess < target {
			fmt.Println("Oops. Your guess was LOW.")
		} else if guess > target {
			fmt.Println("Oops. Your guess was HIGH.")
		} else {
			fmt.Println("Good job! You guessed it!")   ← 祝贺玩家。
			break   ← 跳出循环。
		}
	}
}
```

现在，当玩家猜对了，他们将看到一条祝贺信息，循环将退出，而不会重复完整的10次。

```
Shell Edit View Window Help
$ go run guess.go
48
I've chosen a random number between 1 and 100.
Can you guess it?
You have 10 guesses left.
Make a guess: 48
Good job! You guessed it!
$
```

这是目标值，我们会作弊并马上做出正确的猜测。→ 48

我们得到了祝贺，循环退出了！→ Good job! You guessed it!

另一个需求完成了！

显示目标

我们如此接近！只剩下一个需求了！

如果玩家进行了10次猜测都未找到目标数，则循环将退出。在这种情况下，我们需要打印一条信息，说他们输了，并告诉他们目标数是多少。

但如果玩家猜对了，我们也会退出循环。当玩家已经赢了的时候我们不想说他们已经输了！

- [x] 如果玩家的猜测与目标数相同，告诉他们："干得好！你猜对了！"然后不再要求新的猜测了。
- [ ] 如果玩家用完了所有轮次也没猜对，说"对不起。你没有猜对。它是：[目标数]。"

因此，在猜测循环之前，我们将声明一个保存布尔值的success变量。（我们需要在循环之前声明它，这样在循环结束后它仍然在作用域内。）我们将把success初始化为一个默认值false。然后，如果玩家猜对了，我们将把success设置为true，表示我们不需要打印失败信息。

```
// No changes to package and import statements; omitting

func main() {
	// No changes to previous code; omitting

	success := false
	for guesses := 0; guesses < 10; guesses++ {
		// No changes to previous code; omitting

		if guess < target {
			fmt.Println("Oops. Your guess was LOW.")
		} else if guess > target {
			fmt.Println("Oops. Your guess was HIGH.")
		} else {
			success = true
			fmt.Println("Good job! You guessed it!")
			break
		}
	}

	if !success {
		fmt.Println("Sorry, you didn't guess my number. It was:", target)
	}
}
```

在循环之前声明"success"，这样在循环退出后它仍然在作用域中。

如果玩家猜对了，说明我们不需要打印失败信息。

如果玩家没有成功（如果"success"为false）……

……打印失败信息。

在循环之后，我们添加一个if块来打印失败消息。但if块只在其条件的计算结果为true时运行，而我们只希望在success为false时打印失败信息。所以我们添加了布尔求反运算符（!）。正如我们之前看到的，!将true变为false，将false变为true。

结果是，如果success为false，将打印失败信息，但是如果success为true，则不会打印失败信息。

画龙点睛

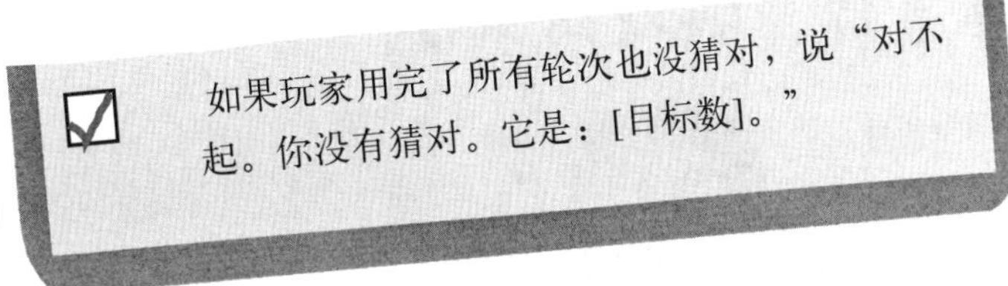
如果玩家用完了所有轮次也没猜对，说“对不起。你没有猜对。它是：[目标数]。”

恭喜你，这是最后一个需求！

让我们处理下代码中最后一些问题，然后试试我们的游戏！

首先，正如我们所提到过的，在每个Go程序的顶部添加一个描述其功能的注释是很典型的。现在添加一个吧。

```
// guess challenges players to guess a random number.
package main

...
```

在package子句上方添加一个程序描述注释。

我们的程序也通过在每个游戏开始时打印目标数来怂恿作弊者。让我们删除执行此操作的Println调用。

```
fmt.Println("I've chosen a random number between 1 and 100.")
fmt.Println("Can you guess it?")
fmt.Println(target)
```

不要在每个程序开始时就显示目标数。

我们终于准备好来试运行完整的代码了！

首先，我们将故意用完所有的猜测来确保目标数被显示出来……

```
Shell Edit View Window Help
$ go run guess.go
I've chosen a random number between 1 and 100.
Can you guess it?
You have 10 guesses left.
Make a guess: 10
Oops. Your guess was LOW.
You have 9 guesses left.
Make a guess: 20
Oops. Your guess was LOW.
...
You have 1 guesses left.
Make a guess: 62
Oops. Your guess was LOW.
Sorry, you didn't guess my number. It was: 63
```

省略了其他错误的猜测……

如果我们用完了所有的猜测，就会显示出正确的数字。

然后我们试着猜成功。

我们的游戏非常棒！

```
Shell Edit View Window Help Cheats
$ go run guess.go
I've chosen a random number between 1 and 100.
Can you guess it?
You have 10 guesses left.
Make a guess: 50
Oops. Your guess was HIGH.
You have 9 guesses left.
Make a guess: 40
Oops. Your guess was LOW.
You have 8 guesses left.
Make a guess: 45
Good job! You guessed it!
```

如果我们猜对了，就会看到胜利的信息！

恭喜你，游戏结束了

你实现了我们需要的一切！
我们的玩家会喜欢的！

使用条件语句和循环，你已经用Go编写了一个完整的游戏！给自己倒杯冷饮——这是你应得的！

这是我们完整的guess.go源代码！

```
// guess challenges players to guess a random number.
package main

import (
	"bufio"
	"fmt"
	"log"
	"math/rand"
	"os"
	"strconv"
	"strings"
	"time"
)                    } 导入我们在下面的代码中使用的所有包。

func main() {
	seconds := time.Now().Unix() ← 获取当前日期和时间的整数形式。
	rand.Seed(seconds) ← 播种随机数生成器。
	target := rand.Intn(100) + 1 ← 生成一个介于1和100之间的整数。
	fmt.Println("I've chosen a random number between 1 and 100.")
	fmt.Println("Can you guess it?")

	reader := bufio.NewReader(os.Stdin) ← 创建一个bufio.Reader，它允许我们读取键盘输入。
	success := false ← 设置为默认打印失败信息。
	for guesses := 0; guesses < 10; guesses++ {
		fmt.Println("You have", 10-guesses, "guesses left.")
		fmt.Print("Make a guess: ") ← 请求一个数。
		input, err := reader.ReadString('\n') ← 读取用户输入的内容，直到他们按<Enter>。
如果出现错误，打印信息并退出。 {	if err != nil {
			log.Fatal(err)
		}
		input = strings.TrimSpace(input) ← 删除换行符。
		guess, err := strconv.Atoi(input) ← 将输入字符串转换为整数。
如果出现错误，打印信息并退出。 {	if err != nil {
			log.Fatal(err)
		}

		if guess < target { ← 如果猜得太低，就这么说。
			fmt.Println("Oops. Your guess was LOW.")
		} else if guess > target { ← 如果猜得太高，就这么说。
			fmt.Println("Oops. Your guess was HIGH.")
		} else { ← 否则，猜测一定是正确的……
			success = true ← 阻止显示失败信息。
			fmt.Println("Good job! You guessed it!")
			break ← 退出循环。
		}
	}

	if !success { ← 如果“success”是false，告诉玩家目标是什么。
		fmt.Println("Sorry, you didn't guess my number. It was:", target)
	}
}
```

你的Go工具箱

这是第2章的内容！你已经向工具箱中添加了条件和循环。

函数

类型

条件

条件语句是只在满足条件时才执行代码块的语句。

计算表达式，如果结果为真，则执行条件块体中的代码。

Go支持条件语句中的多个分支。这些语句采用if ... else if ... else的形式。

循环

循环导致代码块重复执行。

一种常见的循环以关键字“for”开头，后跟初始化变量的初始化语句、确定何时中断循环的条件表达式以及在每次循环迭代后运行的标志（post）语句。

要点

- 方法是一种与给定类型的值相关联的函数。
- Go将从//标记到行尾的所有内容都视为注释，并忽略它。
- 多行注释以/*开头，以*/结尾。中间的所有内容，包括换行符，都将被忽略。
- 传统的做法是在每个程序的顶部都加上一条注释，解释它是做什么么的。
- 与大多数编程语言不同，Go允许从函数调用或方法调用返回多个值。
- 多个返回值的一个常见用法是返回函数的主要结果，然后返回第二个值，指示是否有错误。
- 若要在不使用值的情况下丢弃它，请使用_空白标识符。空白标识符可以用于任何变量的任何赋值语句中。
- 避免给变量取与类型、函数或包相同的名称，这会使变量遮盖（覆盖）具有相同名称的内容。
- 函数、条件和循环都有出现在{}大括号中的代码块。
- 文件和包的代码不出现在{}大括号中，但是它们也包含块。
- 变量的作用域仅限于它被定义的块内以及嵌套在该块中的所有块。
- 除了名称之外，导入包时可能还需要包的导入路径。
- `continue`关键字跳转到循环的下一个迭代。
- `break`关键字完全退出循环。

因为它们位于条件块中，所以下面代码中只有一些Println调用会被执行。写下输出是什么。

```
if true {  ← 如果条件结果为真（或如果它为真），则运行“if”块。
	fmt.Println("true")
}
if false {  ← 如果条件为假，则块不会运行。
	fmt.Println("false")
}
if !false {  ← 布尔求反运算符将false变为true。
	fmt.Println("!false")
}
if true {  ← “if”分支运行……
	fmt.Println("if true")
} else {  ← ……所以“else”分支不运行。
	fmt.Println("else")
}
if false {  ← “if”分支不运行……
	fmt.Println("if false")
} else if true {  ← ……所以，“else if”分支可能会运行。
	fmt.Println("else if true")
}
if 12 == 12 {  ← 12 == 12为真。
	fmt.Println("12 == 12")
}
if 12 != 12 {  ← 值相等，所以这是假的。
	fmt.Println("12 != 12")
}
if 12 > 12 {  ← 12并不比它自己大……
	fmt.Println("12 > 12")
}
if 12 >= 12 {  ← ……但是12等于它自己。
	fmt.Println("12 >= 12")
}
if 12 == 12 && 5.9 == 5.9 {  ← 如果两个表达式都为真，则&&计算结果为真。
	fmt.Println("12 == 12 && 5.9 == 5.9")
}
if 12 == 12 && 5.9 == 6.4 {  ← 一个表达式为假。
	fmt.Println("12 == 12 && 5.9 == 6.4")
}
if 12 == 12 || 5.9 == 6.4 {  ← 如果其中一个表达式为真，则||计算结果为真。
	fmt.Println("12 == 12 || 5.9 == 6.4")
}
```

输出：

```
true
!false
if true
else if true
12 == 12
12 >= 12
12 == 12 && 5.9 == 5.9
12 == 12 || 5.9 == 6.4
```

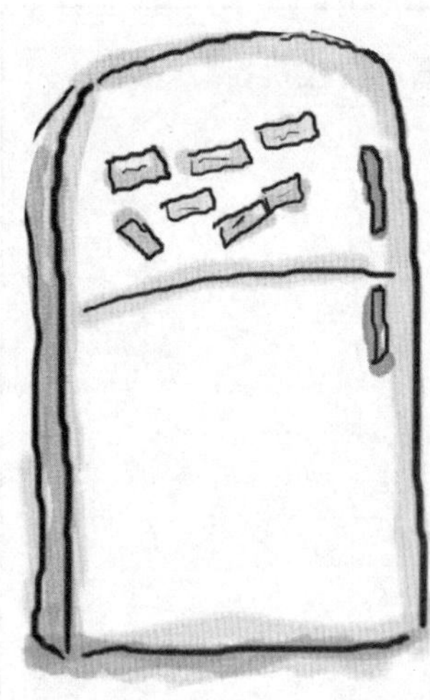

代码贴答案

冰箱上有一个打印文件大小的Go程序。它调用os.Stat函数，该函数返回os.FileInfo值，可能还有一个错误。然后它调用FileInfo值的Size方法来获取文件大小。

原始程序使用空白标识符忽略os.Stat中的错误值。如果发生错误（如果文件不存在，则可能发生错误），这将导致程序失败。

你的工作是重新构造额外的代码段，使程序工作起来与原来的程序一样，但也要检查os.Stat中的错误。如果os.Stat中的错误不是nil，则应报告错误，并且程序应该退出。

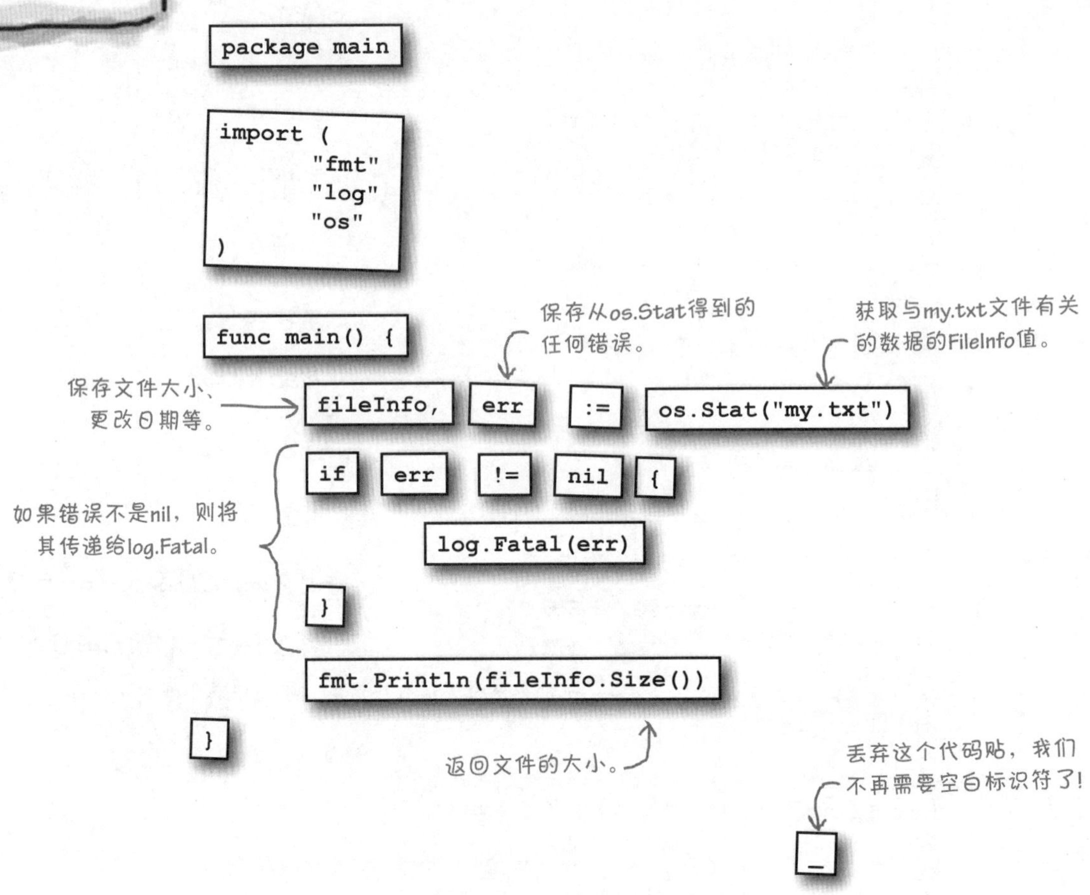

package main
import (
"fmt"
"log"
"os"
)
func main() {
保存从os.Stat得到的任何错误。
获取与my.txt文件有关的数据的FileInfo值。
保存文件大小、更改日期等。
fileInfo,
err
:=
os.Stat("my.txt")
if
err
!=
nil
{
如果错误不是nil，则将其传递给log.Fatal。
log.Fatal(err)
}
fmt.Println(fileInfo.Size())
}
返回文件的大小。
丢弃这个代码贴，我们不再需要空白标识符了！
_

下面的一些代码行将导致编译错误，因为它们引用的变量超出了作用域。划掉有错误的行。

```
package main

import (
	"fmt"
)

var a = "a"

func main() {
	a = "a"
	b := "b"
	if true {
		c := "c"
		if true {
			d := "d"
			fmt.Println(a)
			fmt.Println(b)
			fmt.Println(c)
			fmt.Println(d)
		}
		fmt.Println(a)
		fmt.Println(b)
		fmt.Println(c)
		fmt.Println(d)
	}
	fmt.Println(a)
	fmt.Println(b)
	fmt.Println(c)
	fmt.Println(d)
}
```

练习
答案

仔细查看这些循环中每个循环的初始化语句、条件表达式和标志（post）语句。然后写出你认为的每个循环的输出。

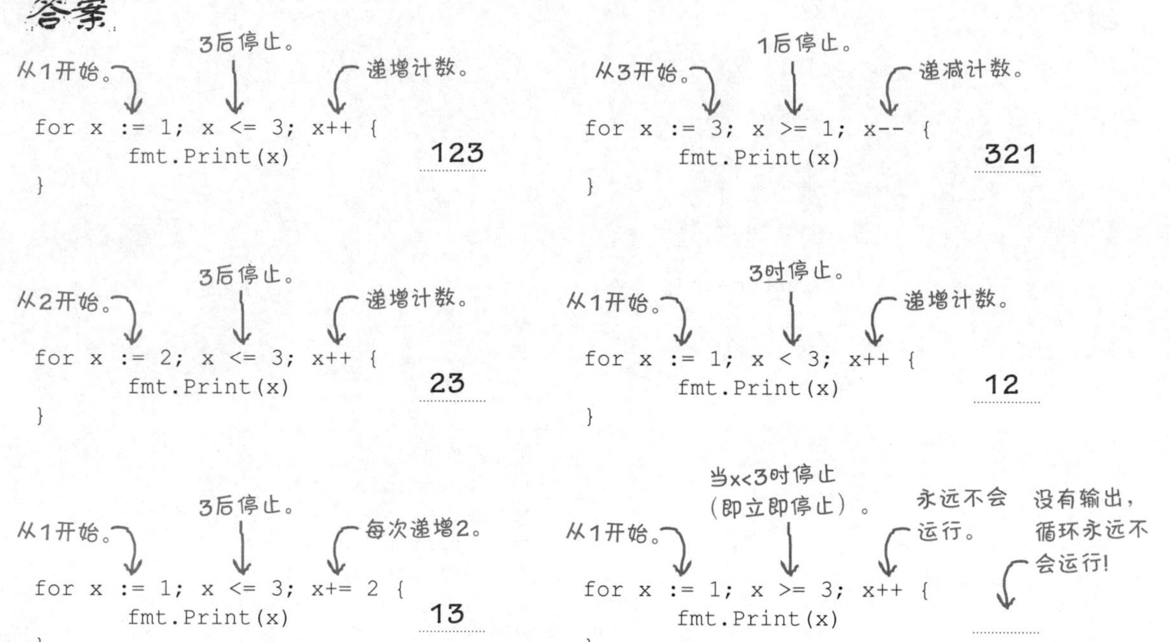
3后停止。
从1开始。
递增计数。
for x := 1; x <= 3; x++ {
fmt.Print(x)
}
123
1后停止。
从3开始。
递减计数。
for x := 3; x >= 1; x-- {
fmt.Print(x)
}
321
3后停止。
从2开始。
递增计数。
for x := 2; x <= 3; x++ {
fmt.Print(x)
}
23
3时停止。
从1开始。
递增计数。
for x := 1; x < 3; x++ {
fmt.Print(x)
}
12
3后停止。
从1开始。
每次递增2。
for x := 1; x <= 3; x+= 2 {
fmt.Print(x)
}
13
当x<3时停止
（即立即停止）。
从1开始。
永远不会
运行。
没有输出，
循环永远不
会运行！
for x := 1; x >= 3; x++ {
fmt.Print(x)
}

3 调用

函数

你错过了机会。你一直像专业人士一样调用函数。但你唯一能调用的函数是Go为你定义的函数。现在，轮到你了。我们将向你展示如何创建你自己的函数。我们将学习如何声明带参数和不带参数的函数。我们将声明返回单个值的函数，并且我们将学习如何返回多个值，以便我们可以指示何时发生了错误。我们还将学习指针，它允许我们进行更有效的内存函数的调用。

一些重复的代码

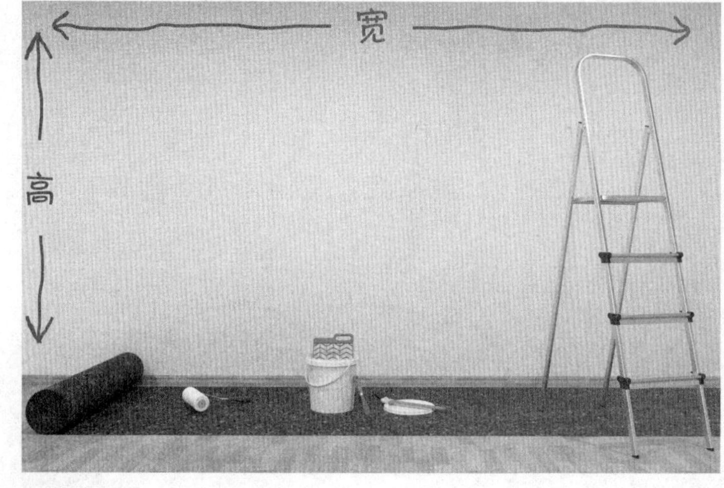

假设我们需要计算刷几面墙所需的油漆量。厂商说每升油漆可以刷10平方米。所以，我们需要把每面墙的宽度（以米为单位）乘以它的高度来得到它的面积，然后除以10得到所需的油漆的升数。

```
// package and imports omitted
func main() {
    var width, height, area float64
    width = 4.2
    height = 3.0
    area = width * height
    fmt.Println(area/10.0, "liters needed")
    width = 5.2
    height = 3.5
    area = width * height
    fmt.Println(area/10.0, "liters needed")
}
```

计算第一面墙的用量。（width = 4.2 至第一个 fmt.Println）

确定墙的面积。（area = width * height）

计算这块面积需要多少油漆。（fmt.Println(area/10.0, "liters needed")）

对第二面墙也是这样做。（width = 5.2 至第二个 fmt.Println）

确定墙的面积。

计算这块面积需要多少油漆。

```
1.2600000000000002 liters needed
1.8199999999999998 liters needed
```

这是可行的，但有几个问题：

- 计算结果似乎有很小的偏差，并且打印出了异常精确的浮点值。我们只需要精确到小数点后两位。
- 即使是现在，也有相当数量的重复代码。随着我们增加更多的墙，情况会变得更糟。

这两项都需要一些解释来解决，所以现在让我们看看第一个问题……

计算会稍微有点偏差，因为计算机上的普通浮点运算总是有点儿不太准确。（通常差几万亿分之一。）原因有点太复杂，以致不能在这里深入讨论，但这个问题不是仅限于Go。

但是，只要我们在显示这些数字之前将其四舍五入到一个合理的精度，就应该没问题。让我们绕个小道去看看函数，它可以帮助我们做到这一点。

使用Printf和Sprintf格式化输出

Go中的浮点数具有很高的精度。当你想要显示它们时，这可能比较麻烦：

```
fmt.Println("About one-third:", 1.0/3.0)
```

```
About one-third: 0.3333333333333333
```

←很多小数位！

为了处理这类格式化问题，fmt包提供了Printf函数。Printf代表“带格式的打印”。它接受一个字符串并将一个或多个值插入其中，以特定的方式进行格式化。然后打印结果字符串。

```
fmt.Printf("About one-third: %0.2f\n", 1.0/3.0)
```

```
About one-third: 0.33
```

←可读性更高！

Sprintf函数（也是fmt包的一部分）的工作方式与Printf类似，只是它返回格式化的字符串而不是打印它。

```
resultString := fmt.Sprintf("About one-third: %0.2f\n", 1.0/3.0)
fmt.Printf(resultString)
```

```
About one-third: 0.33
```

看起来Printf和Sprintf可以帮助我们将显示的值限制到正确的位数。问题是，怎么做？首先，为了能够有效地使用Printf函数，我们需要了解它的两个特性：

- 格式化动词（上面字符串中的%0.2f是动词）
- 值的宽度（也就是动词中间的0.2）

放松

我们将在接下来的几页中详细解释Printf的这些参数的含义。

我们知道，上面那些函数调用看起来有点混乱。我们将向你展示大量的示例，以消除这种混淆。

格式化动词

继续绕行

Printf的第一个参数是一个字符串，用于格式化输出。它的大部分格式与字符串中显示的格式完全相同。但是，任何百分号（%）都将被视为格式化动词的开始，字符串的一部分将被特定格式的值所替换。其余的参数用作这些动词的值。

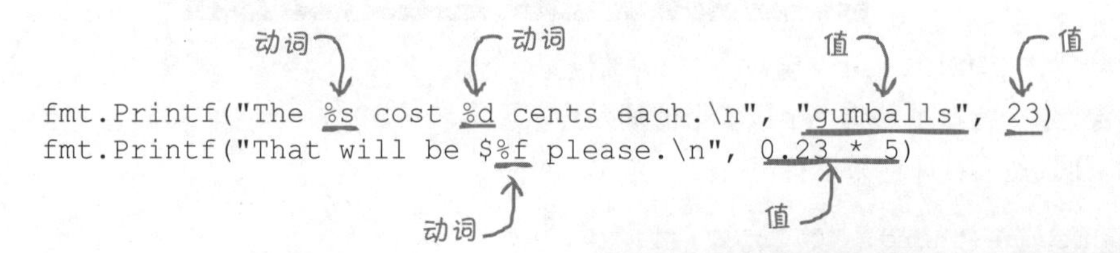
动词
动词
值
值
fmt.Printf("The %s cost %d cents each.\n", "gumballs", 23)
fmt.Printf("That will be $%f please.\n", 0.23 * 5)
动词
值

```
The gumballs cost 23 cents each.
That will be $1.150000 please.
```

稍后我们将演示如何解决这个问题。

百分号后面的字母表示要使用哪个动词。最常见的动词是：

动词	输出
%f	浮点数
%d	十进制整数
%s	字符串
%t	布尔值（true或false）
%v	任何值（根据所提供的值的类型选择适当的格式）
%#v	任何值，按其在Go程序代码中显示的格式进行格式化
%T	所提供值的类型（int、string等）
%%	一个完完全全的百分号

```
fmt.Printf("A float: %f\n", 3.1415)
fmt.Printf("An integer: %d\n", 15)
fmt.Printf("A string: %s\n", "hello")
fmt.Printf("A boolean: %t\n", false)
fmt.Printf("Values: %v %v %v\n", 1.2, "\t", true)
fmt.Printf("Values: %#v %#v %#v\n", 1.2, "\t", true)
fmt.Printf("Types: %T %T %T\n", 1.2, "\t", true)
fmt.Printf("Percent sign: %%\n")
```

```
A float: 3.141500
An integer: 15
A string: hello
A boolean: false
Values: 1.2      true
Values: 1.2 "\t" true
Types: float64 string bool
Percent sign: %
```

注意，顺便说一下，我们要确保使用\n转义序列在每个格式化字符串的末尾添加一个换行符。这是因为与Println不同，Printf不会自动为我们添加一个新行。

格式化动词（续）

我们要特别指出%#v格式化动词。因为它以Go代码中的显示方式而不是通常的显示方式来打印值，%#v可以显示一些值，如果不使用%#v的话，这些值可能会在输出中被隐藏，例如，在这段代码中，%#v显示了一个空字符串、一个制表符和一个换行符，所有这些在用%v打印时都是不可见的。在本书的后面，我们将更多地使用%#v！

```
fmt.Printf("%v %v %v", "", "\t", "\n")
fmt.Printf("%#v %#v %#v", "", "\t", "\n")
```

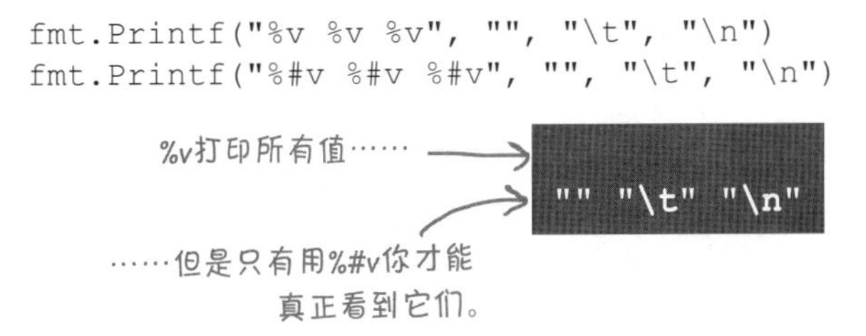

格式化值宽度

所以%f格式化动词是用于浮点数的。可以在我们的程序中使用%f来格式化所需的油漆量。

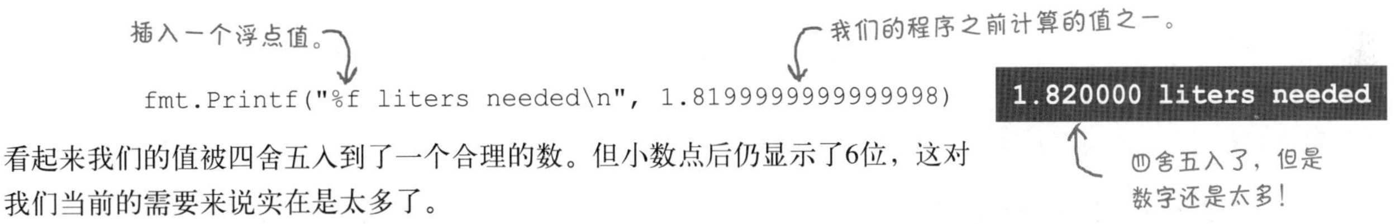

看起来我们的值被四舍五入到了一个合理的数。但小数点后仍显示了6位，这对我们当前的需要来说实在是太多了。

对于这种情况，格式化动词允许你指定格式化值的宽度。

假设我们想在纯文本表中格式化一些数据。我们需要确保格式化的值填充最少数量的空格，以便列能够正确对齐。

可以在格式化动词的百分号后面指定最小宽度。如果匹配该动词的参数比最小宽度短，则将使用空格进行填充，直到达到最小宽度为止。

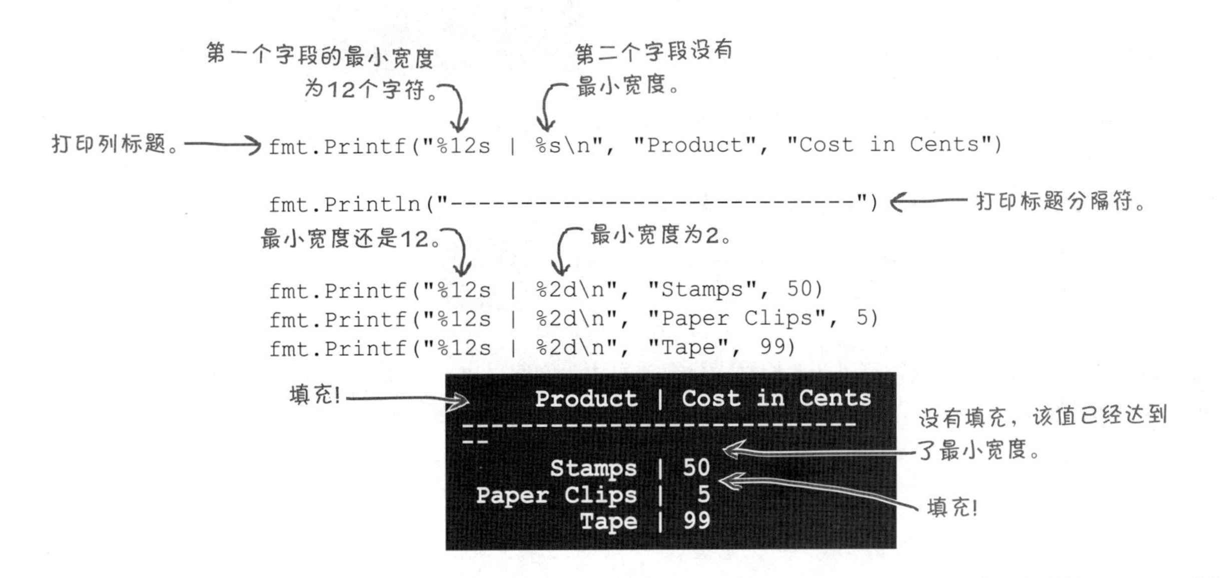

格式化小数宽度

现在我们来谈谈今天任务中最重要的部分：你可以使用值宽度来指定浮点数的精度（显示的位数）。格式如下：

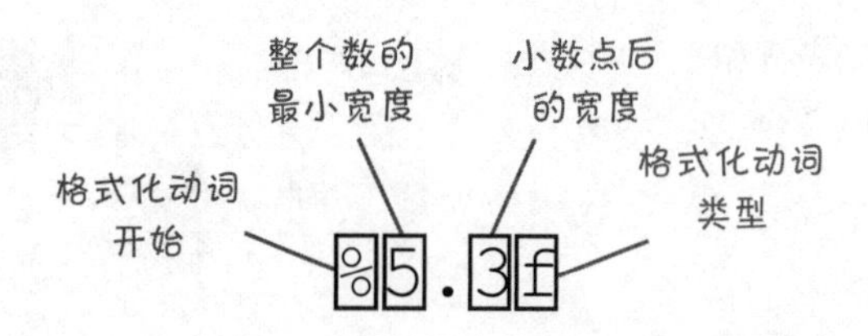

整个数的最小宽度包括数字位和小数点。如果包括的话，较短的数将在开始处填充空格，直到达到这个宽度。如果省略的话，就不会添加任何空格。

小数点后的宽度是要显示的小数位数。如果给出更精确的数字，它将被四舍五入（向上或向下）以适应给定的小数位数。

下面是运行中的各种宽度值的快速演示：

不显示实际值；只显示动词是什么。

这些显示实际值。

```
fmt.Printf("%%7.3f: %7.3f\n", 12.3456)
fmt.Printf("%%7.2f: %7.2f\n", 12.3456)
fmt.Printf("%%7.1f: %7.1f\n", 12.3456)
fmt.Printf("%%.1f: %.1f\n", 12.3456)
fmt.Printf("%%.2f: %.2f\n", 12.3456)
```

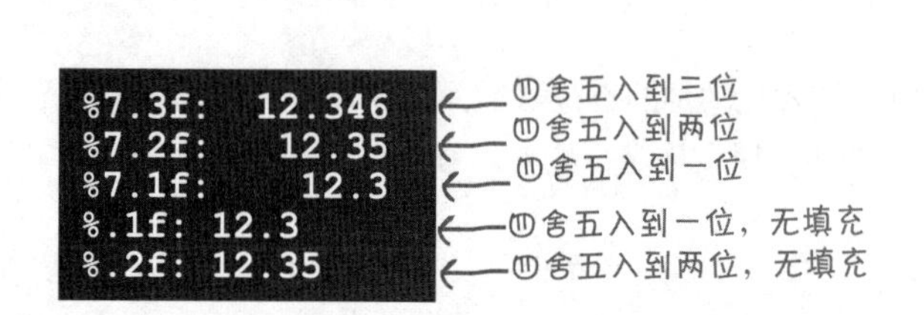

最后一种格式是"%.2f"，将允许我们取任意精度的浮点数，并将它们四舍五入到小数点后两位。（它也不会做任何不必要的填充。）让我们在程序中尝试用极度精确的值来计算油漆量。

四舍五入到两位

```
fmt.Printf("%.2f\n", 1.2600000000000002)
fmt.Printf("%.2f\n", 1.8199999999999998)
```

```
1.26
1.82
```

这样更易读。似乎Printf函数可以为我们格式化数字。让我们回到油漆计算器程序，应用我们所学到的知识。

在油漆计算器中使用Printf

现在我们有了一个Printf动词"%.2f"，它允许我们将浮点数四舍五入到小数点后两位。让我们更新油漆量计算程序来使用它。

```
// package and imports omitted
func main() {
	var width, height, area float64
	width = 4.2
	height = 3.0
	area = width * height
	fmt.Printf("%.2f liters needed\n", area/10.0)
	width = 5.2
	height = 3.5
	area = width * height
	fmt.Printf("%.2f liters needed\n", area/10.0)
}
```

格式化该值并将其插入字符串中。

在这里同样这样做！

```
1.26 liters needed
1.82 liters needed
```

四舍五入到两位

最后，我们得到了看起来合理的输出！由浮点算法引入的微小误差已被四舍五入。

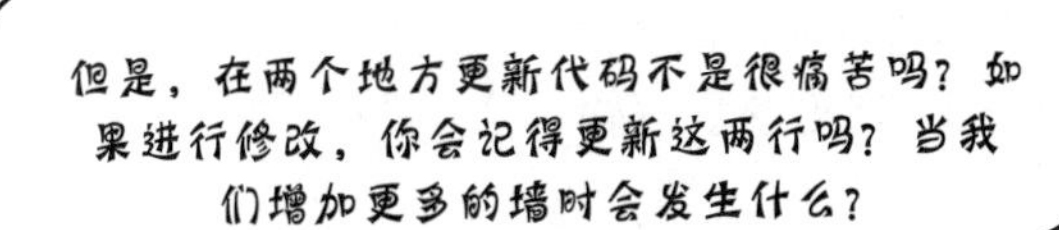

但是，在两个地方更新代码不是很痛苦吗？如果进行修改，你会记得更新这两行吗？当我们增加更多的墙时会发生什么？

问得好。Go允许我们声明自己的函数，所以也许我们应该将此代码移到一个函数中。

正如我们在第1章开头提到的，函数是由一行或多行代码组成的集合，你可以从程序中的其他位置调用它。我们的程序有两组看起来非常相似的行：

```
var width, height, area float64
width = 4.2
height = 3.0
area = width * height
fmt.Printf("%.2f liters needed\n", area/10.0)
width = 5.2
height = 3.5
area = width * height
fmt.Printf("%.2f liters needed\n", area/10.0)
```

计算第一面墙所需的油漆。

计算第二面墙所需的油漆。

让我们看看是否可以将这两段代码转换成一个函数。

声明函数

一个简单的函数声明看起来是这样的：

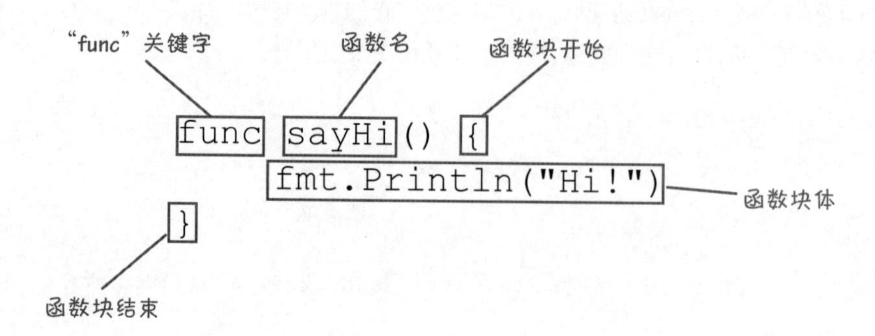

声明以func关键字开头，后跟希望函数具有的名称、一对圆括()，然后是包含函数代码的块。

一旦声明了一个函数，你就可以在包的其他地方调用它，只需输入它的名称，后面跟着一对圆括号。当你执行此操作时，函数块中的代码将会运行。

```
package main
import "fmt"
func sayHi() {
	fmt.Println("Hi!")
}
func main() {
	sayHi()
}
```

声明一个"sayHi"函数。

调用"sayHi"

Hi!

注意，当调用sayHi时，我们没有在函数名之前输入包名和点。当调用当前包中定义的函数时，不应该指定包名。（输入main.sayHi()将导致编译错误。）

函数名的规则与变量名的规则相同：

- 名称必须以字母开头，后跟任何数量的附加字母和数字。（如果违反此规则，将出现编译错误。）
- 名称以大写字母开头的函数是可导出的，并且可以在当前包之外使用。如果只需要在当前包中使用函数，则应该以小写字母开头。
- 包含多个单词的名称应该使用驼峰式大小写。

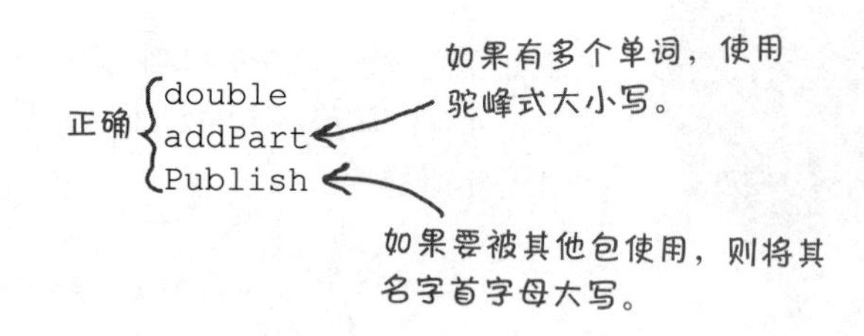

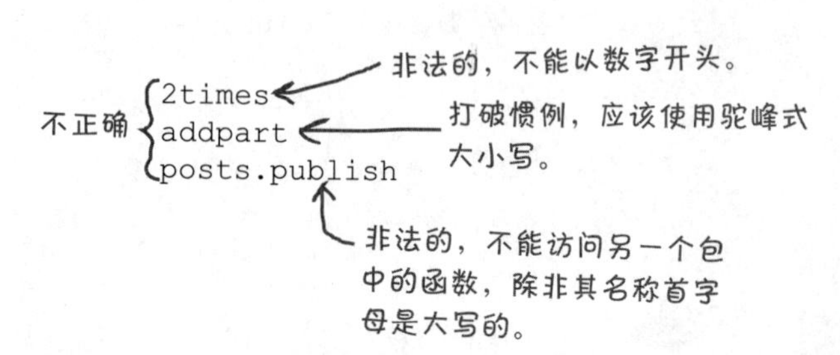

声明函数参数

如果希望对函数的调用包含参数，则需要声明一个或多个参数。参数是函数的局部变量，其值是在调用函数时设置的。

参数1的名称　参数1的类型　参数2的名称　参数2的类型

```
func repeatLine(line string, times int) {
    for i := 0; i < times; i++ {
        fmt.Println(line)
    }
}
```

你可以在函数声明中的圆括号之间声明一个或多个参数，用逗号分隔。与任何变量一样，你需要为声明的每个参数提供一个名称，后面跟着一个类型（float64、bool等）。

参数是函数的局部变量，其值在调用函数时被设置。

如果函数定义了参数，那么在调用它时需要传递一组匹配的参数。当函数运行时，每个参数都将被设置为对应参数中值的副本。然后这些参数值在函数块的代码中被使用。

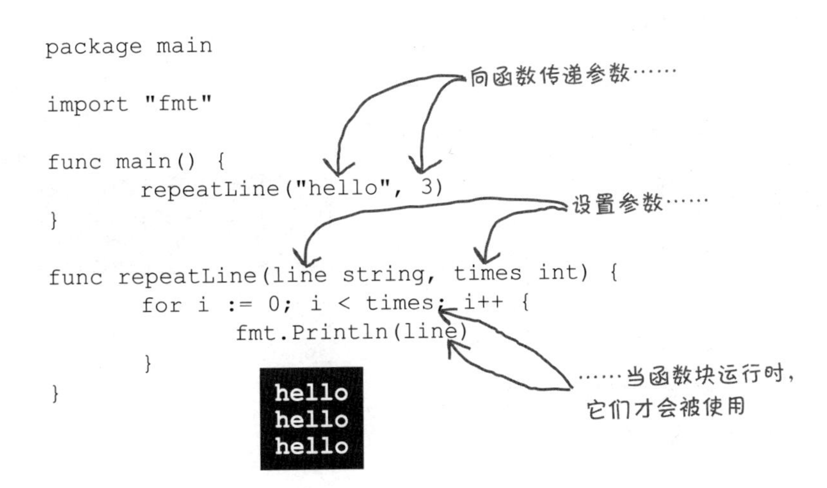
package main
import "fmt"
func main() {
repeatLine("hello", 3)
}
func repeatLine(line string, times int) {
for i := 0; i < times; i++ {
fmt.Println(line)
}
}
向函数传递参数……
设置参数……
……当函数块运行时，它们才会被使用
hello
hello
hello

在油漆计算器中使用函数

现在我们知道了如何声明自己的函数，那么让我们看看是否可以消除油漆计算器中的重复代码。

```
// package and imports omitted
func main() {
        var width, height, area float64
        width = 4.2
        height = 3.0
        area = width * height
        fmt.Printf("%.2f liters needed\n", area/10.0)
        width = 5.2
        height = 3.5
        area = width * height
        fmt.Printf("%.2f liters needed\n", area/10.0)
}
```

重复的代码！

重复的代码！

```
1.26 liters needed
1.82 liters needed
```

我们将把计算油漆量的代码移到一个名为paintNeeded的函数中。我们将去掉单独的宽度和高度变量，而把它们作为函数参数来使用。然后，在main函数中，我们只需对每一面需要粉刷的墙调用paintNeeded。

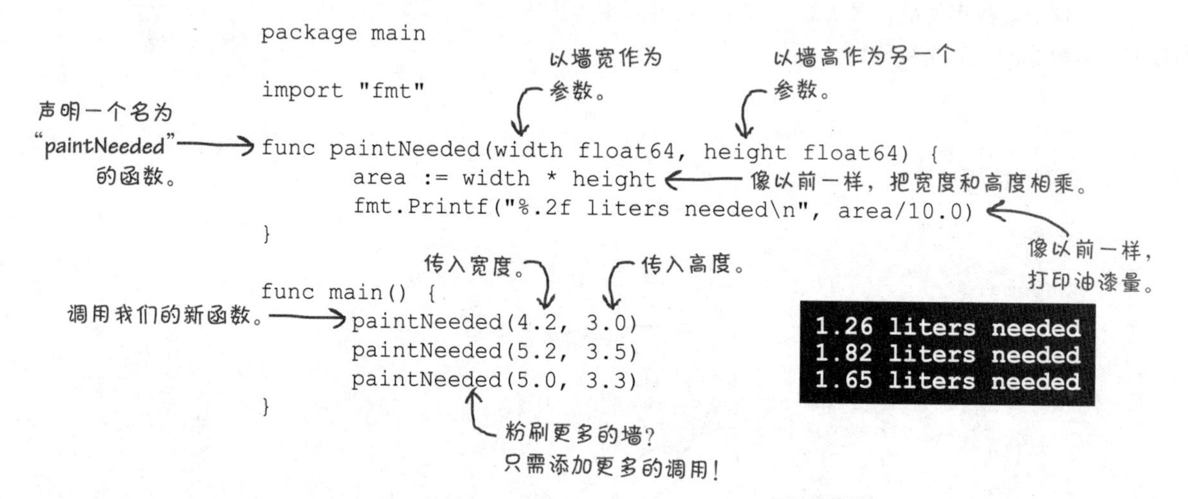

package main
import "fmt"
func paintNeeded(width float64, height float64) {
area := width * height
fmt.Printf("%.2f liters needed\n", area/10.0)
}
func main() {
paintNeeded(4.2, 3.0)
paintNeeded(5.2, 3.5)
paintNeeded(5.0, 3.3)
}
以墙宽作为参数。
以墙高作为另一个参数。
声明一个名为"paintNeeded"的函数。
像以前一样，把宽度和高度相乘。
像以前一样，打印油漆量。
传入宽度。
传入高度。
调用我们的新函数。
粉刷更多的墙？只需添加更多的调用！
1.26 liters needed
1.82 liters needed
1.65 liters needed

不再有重复的代码，如果我们想计算额外墙壁所需的油漆，我们只需添加更多的对paintNeeded的调用。这干净多了！

下面是一个程序，它声明了几个函数，然后在main中调用这些函数。写下程序的输出是什么。

（我们已经为你完成了第一行。）

```
package main

import "fmt"

func functionA(a int, b int) {
	fmt.Println(a + b)
}
func functionB(a int, b int) {
	fmt.Println(a * b)
}
func functionC(a bool) {
	fmt.Println(!a)
}
func functionD(a string, b int) {
	for i := 0; i < b; i++ {
		fmt.Print(a)
	}
	fmt.Println()
}

func main() {
	functionA(2, 3)
	functionB(2, 3)
	functionC(true)
	functionD("$", 4)
	functionA(5, 6)
	functionB(5, 6)
	functionC(false)
	functionD("ha", 3)
}
```

输出：

5

答案在第111页。

函数和变量的作用域

我们的paintNeeded函数在其函数块中声明了一个area变量：

```
        func paintNeeded(width float64, height float64) {
声明一个“area”变量。——> area := width * height
            fmt.Printf("%.2f liters needed\n", area/10.0)
        }
                                                 ↑ 访问该变量。
```

与条件块和循环块一样，函数块中声明的变量只在该函数块的作用域内。因此，如果我们试图从paintNeeded函数的外部访问area变量，我们会收到一个编译错误：

```
func paintNeeded(width float64, height float64) {
        area := width * height
        fmt.Printf("%.2f liters needed\n", area/10.0)
}

func main() {
        paintNeeded(4.2, 3.0)
        fmt.Println(area)
}               ↑ 超出作用域!      错误 ——> undefined: area
```

但是，与条件块和循环块一样，在函数块外部声明的变量将在该函数块的作用域内。这意味着我们可以在包级别上声明一个变量，并且可以在该包中的任何函数内访问它。

```
package main

import "fmt"
                                   如果我们在包级别上声明
                                   一个变量……
var meterPerLiter float64 <——

func paintNeeded(width, height float64) float64 {
        area := width * height
        return area / metersPerLiter <——……这里仍在作用域内
}
                                   ……这里仍在作用域内
func main() {
        metersPerLiter = 10.0 <——
        fmt.Printf("%.2f", paintNeeded(4.2, 3.0))    1.26
}
```

函数返回值

假设我们要计算所有要粉刷的墙壁所需的总油漆量。我们不能用当前的paintNeeded函数做到这一点，它只是打印油漆数量，然后就丢弃了！

```
func paintNeeded(width float64, height float64) {
	area := width * height
	fmt.Printf("%.2f liters needed\n", area/10.0)
}
```

打印油漆量，但是然后我们就不能用它做任何进一步的工作了！

因此，让我们修改paintNeeded函数来返回一个值。然后，无论谁调用它，都可以打印出油漆量，用它做额外的计算，或者做任何其他需要做的事情。

函数总是返回特定类型的值（并且只返回该类型）。若要声明函数返回值，请在函数声明中的参数后面添加该返回值的类型。然后在函数块中使用return关键字，后面跟着要返回的值。

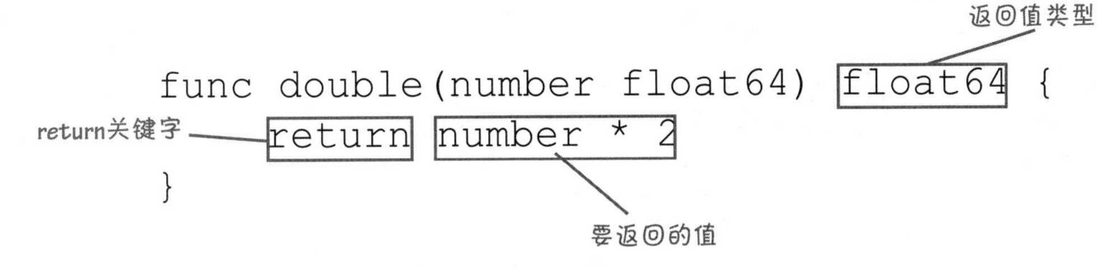

然后，函数的调用者可以将返回值分配给一个变量，直接将它传递给另一个函数，或者用它做任何其他需要做的事情。

```
package main

import "fmt"

func double(number float64) float64 {
	return number * 2
}

func main() {
	dozen := double(6.0)
	fmt.Println(dozen)
	fmt.Println(double(4.2))
}
```

将返回值赋给一个变量。

将返回值传递给另一个函数。

```
12
8.4
```

函数返回值（续）

当return语句运行时，函数立即退出，而不运行它后面的任何代码。你可以将其与if语句一起使用，在没有必要运行剩余代码的情况下（由于错误或一些其他情况）退出函数。

```
func status(grade float64) string {   // 如果成绩不及格，立即返回。
	if grade < 60.0 {
		return "failing"
	}
	return "passing"   // 只有当成绩>=60时才运行。
}

func main() {
	fmt.Println(status(60.1))
	fmt.Println(status(59))
}
```

```
passing
failing
```

这意味着，如果包含一个不属于if块的return语句，那么就有可能使代码在任何情况下都不会运行。这几乎可以肯定地表明代码中有一个bug，所以Go要求声明了返回类型的任何函数都必须以return语句结束，从而帮助你检测这种情况。以任何其他语句结束将导致编译错误。

```
func double(number float64) float64 {
	return number * 2        // 函数总是在这里退出……
	fmt.Println(number * 2)  // 这一行永远不会运行！
}
```

错误 →
```
missing return at end of function
```

如果返回值的类型与声明的返回类型不匹配，你也会收到一个编译错误。

```
func double(number float64) float64 {   // 期望一个浮点数……
	return int(number * 2)   // ……返回一个整数！
}
```

错误 →
```
cannot use int(number * 2) (type int)
as type float64 in return argument
```

在油漆计算器中使用返回值

既然我们知道了如何使用函数返回值，那么看看是否可以更新我们的油漆程序，以打印所需的油漆总量以及每面墙所需的油漆数量。

我们将更新paintNeeded函数以返回所需的数量。我们将在main函数中使用该返回值，这样既可以打印当前墙面所需的油漆量，也可以添加到total变量中来跟踪所需油漆的总量。

```
package main

import "fmt"

func paintNeeded(width float64, height float64) float64 {
	area := width * height
	return area / 10.0
}

func main() {
	var amount, total float64
	amount = paintNeeded(4.2, 3.0)
	fmt.Printf("%0.2f liters needed\n", amount)
	total += amount
	amount = paintNeeded(5.2, 3.5)
	fmt.Printf("%0.2f liters needed\n", amount)
	total += amount
	fmt.Printf("Total: %0.2f liters\n", total)
}
```

声明paintNeeded将返回一个浮点数。

返回area而不是打印它。

声明变量来保存当前墙面的用量，以及所有墙面的总用量。

调用paintNeeded，并存储返回值。

打印这面墙的用量。

将这面墙的用量添加到total中。

对第二面墙重复上述步骤。

打印所有墙面的总量。

```
1.26 liters needed
1.82 liters needed
Total: 3.08 liters
```

它起作用了！返回值允许我们的main函数来决定用所计算的数量做什么，而不是依赖paintNeeded函数来打印它。

实践出真知！

这是paintNeeded函数的更新版本，它返回一个值。尝试进行以下更改之一，并尝试编译它。然后撤销你的更改并尝试下一个更改。看看会发生什么！

```
func paintNeeded(width float64, height float64) float64
{
        area := width * height
        return area / 10.0
}
```

如果你这样做……	……它会失败，因为……

删除return语句：
`func paintNeeded(width float64, height float64) float64`
`{`
`        area := width * height`
~~`        return area / 10.0`~~
`}`
	如果函数声明了返回类型，Go要求它包含一个return语句

在return语句后面添加一行：
`func paintNeeded(width float64, height float64) float64`
`{`
`        area := width * height`
`        return area / 10.0`
`        fmt.Println(area / 10.0)`
`}`
	如果函数声明了返回类型，Go要求它的最后一个语句是return语句

删除返回类型声明：
`func paintNeeded(width float64, height float64)` ~~`float64`~~
`{`
`        area := width * height`
`        return area / 10.0`
`}`
	Go不允许返回未声明的值

更改要返回的值的类型：
`func paintNeeded(width float64, height float64) float64`
`{`
`        area := width * height`
`        return int(area / 10.0)`
`}`
	Go要求返回值的类型与声明的类型匹配

paintNeeded函数需要错误处理

大多数情况下，你的paintNeeded函数工作得很好。但是我们的一个用户最近不小心给它传递了一个负数，结果得到了一个负数的油漆量！

如果我们不小心传入了一个负数……

```
func main() {
	amount := paintNeeded(4.2, -3.0)
	fmt.Printf("%0.2f liters needed\n", amount)
}

func paintNeeded(width float64, height float64) float64 {
	area := width * height
	return area / 10.0
}
```

4.2 * -3.0是 -12.6!

-12.6 / 10.0是-1.26!

```
-1.26 liters needed
```

看起来paintNeeded函数不知道传递给它的参数是无效的。它继续前行，在计算中使用了那个无效的参数，并返回了一个无效的结果。这是一个问题，即使你知道有一家商店，可以在那里购买负数升的油漆，你真的想把它应用到你的房子上吗？我们需要一种检测无效参数并报告错误的方法。

在第2章中，我们看到了几个不同的函数，除了它们的主返回值之外，还返回第二个值，该值指示是否存在错误。例如，strconv.Atoi函数试图将字符串转换为整数。如果转换成功，它将返回一个错误值nil，这意味着我们的程序可以继续进行。但如果错误值不是nil，则意味着字符串不能转换为数字。在这种情况下，我们选择打印错误值并退出程序。

```
guess, err := strconv.Atoi(input)
if err != nil {
	log.Fatal(err)
}
```

将输入字符串转换为整数。

如果出现错误，打印信息并退出。

如果我们想在调用paintNeeded函数时也这样做，我们需要两件事：

- 能够创建一个表示错误的值
- 能够从paintNeeded返回额外的值

让我们开始解决这个问题吧！

错误值

在可以从paintNeeded函数返回错误值之前，我们需要返回一个错误值。一个错误值是一个可以返回字符串的名为Error的方法返回的任何值。创建错误值的最简单方法是将字符串传递给errors包的New函数，该函数将返回一个新的错误值。如果对该错误值调用Error方法，将会得到传递给errors.New的字符串。

```
package main

import (
	"errors"
	"fmt"
)

func main() {
	err := errors.New("height can't be negative")   ← 创建一个新的错误值
	fmt.Println(err.Error())   ← 返回错误信息
}
```

```
height can't be negative
```

但是，如果要将错误值传递给fmt或log包中的函数，则可能不需要调用它的Error方法。fmt和log中的函数已经被编写成能够检查是否传递给它们的值有Error方法，如果有，则打印Error的返回值。

```
err := errors.New("height can't be negative")
fmt.Println(err)   ← 打印错误信息
log.Fatal(err)   ← 再次打印错误信息，然后退出程序
```

```
height can't be negative
2018/03/12 19:49:27 height can't be negative
```

如果需要格式化数字或其他值以便在错误信息中使用，可以使用fmt.Errorf函数。就像fmt.Printf或fmt.Sprintf一样，它将值插入格式字符串中，但是，它不会打印或返回一个字符串，而是返回一个错误值。

```
返回一个错误值 → err := fmt.Errorf("a height of %0.2f is invalid", -2.33333)
打印错误信息 → fmt.Println(err.Error())
再次打印错误信息 → fmt.Println(err)
```

插入一个浮点数，四舍五入到小数点后两位。

```
a height of -2.33 is invalid
a height of -2.33 is invalid
```

声明多个返回值

现在我们需要一种方法来指定paintNeeded函数将返回一个错误值以及所需的油漆量。

要声明函数的多个返回值，需将返回值类型放在函数声明的第二组圆括号中（在函数参数的圆括号之后），用逗号分隔。（当只有一个返回值时，返回值周围的圆括号是可选的，但如果有多个返回值，则必须使用圆括号。）

以后，当调用该函数时，你将需要考虑额外的返回值，通常通过将它们分配给额外的变量来实现。

```
package main

import "fmt"

func manyReturns() (int, bool, string) {
	return 1, true, "hello"
}

func main() {
	myInt, myBool, myString := manyReturns()
	fmt.Println(myInt, myBool, myString)
}
```

该函数返回一个整数、一个布尔值和一个字符串。

将每个返回值存储在一个变量中。

```
1 true hello
```

如果要使返回值的目的更清楚，你可以为每个返回值提供名称，类似于参数名称。命名返回值的主要用途是作为程序员阅读代码的文档。

```
package main

import (
	"fmt"
	"math"
)

func floatParts(number float64) (integerPart int, fractionalPart float64) {
	wholeNumber := math.Floor(number)
	return int(wholeNumber), number - wholeNumber
}

func main() {
	cans, remainder := floatParts(1.26)
	fmt.Println(cans, remainder)
}
```

第一个返回值的名称

第二个返回值的名称

```
1 0.26
```

在paintNeeded函数中使用多个返回值

正如在前一页看到的，可以返回任何类型的多个值。但是对于多个返回值，最常见的用法是返回一个主返回值，后跟一个额外值，表示函数是否遇到错误。如果没有问题，通常将额外值设置为nil，如果发生错误，则设置为错误值。

我们的paintNeeded函数也将遵循这个约定。我们将声明它返回两个值，一个float64和一个error。（错误值有一种error类型。）我们在函数块中要做的第一件事是检查参数是否有效。如果width或height参数小于0，我们将返回油漆量为0（这是没有意义的，但我们必须返回一些东西），以及通过调用fmt.Errorf产生的错误值。在函数开始的地方检查错误，如果有问题，可以允许我们通过调用return轻松跳过函数的其余代码。

如果参数没有问题，我们会像以前一样继续计算并返回油漆量。函数代码中唯一的不同之处是，我们返回第二个值nil以及油漆量，以表示没有错误。

```
package main

import "fmt"

func paintNeeded(width float64, height float64) (float64, error) {
	if width < 0 {
		return 0, fmt.Errorf("a width of %0.2f is invalid", width)
	}
	if height < 0 {
		return 0, fmt.Errorf("a height of %0.2f is invalid", height)
	}
	area := width * height
	return area / 10.0, nil
}

func main() {
	amount, err := paintNeeded(4.2, -3.0)
	fmt.Println(err)
	fmt.Printf("%0.2f liters needed\n", amount)
}
```

和之前一样，这是油漆量的返回值。

这是第二个返回值，它将指示是否有任何错误。

如果width无效，返回0和一个错误。

如果height无效，返回0和一个错误。

返回油漆数量，以及“nil”，表示没有错误。

添加第二个变量来保存第二个返回值。

打印错误（或“nil”，如果没有错误的话）。

```
a height of -3.00 is invalid
0.00 liters needed
```

在main函数中，添加第二个变量来记录paintNeeded中的错误值。我们打印错误（如果有的话），然后打印油漆量。

如果将一个无效的参数传递给paintNeeded，我们将得到一个错误返回值，并打印该错误。但是我们也得到油漆量为0。（正如我们所说，当出现错误时，这个值是没有意义的，但是我们必须为第一个返回值使用一些东西。）因此我们最后打印了信息“需要0.00升”！我们需要解决这个问题……

始终处理错误

当将一个无效的参数传递给paintNeeded时，我们得到了一个错误返回值，并将其打印出来给用户看。但是我们也得到了（无效的）油漆量，而且也打印了！

```
func main() {
    amount, err := paintNeeded(4.2, -3.0)
    fmt.Println(err)
    fmt.Printf("%0.2f liters needed\n", amount)
}
```

这将被设置为一个错误值。

这将被设置为0（一个无意义的值）。

打印错误。

打印无意义的值！

```
a height of -3.00 is invalid
0.00 liters needed
```

当函数返回一个错误值时，它通常也必须返回一个主返回值。但是伴随错误值的任何其他返回值都应该被认为是不可靠的，并被忽略。

当你调用返回错误值的函数时，在继续前行之前测试该值是否为nil是非常重要的。如果它不是nil，则意味着有一个错误必须进行处理。

如何处理错误取决于具体情况。对于我们的paintNeeded函数，也许最好是简单地跳过当前的计算，并继续执行程序的其余部分：

```
func main() {
    amount, err := paintNeeded(4.2, -3.0)
    if err != nil {
        fmt.Println(err)
    } else {
        fmt.Printf("%0.2f liters needed\n", amount)
    }
    // Additional calculations here...
}
```

如果错误值不是nil，则一定有问题……

……因此打印错误

否则，错误值将为nil……

……因此可以打印我们得到的数量。

```
a height of -3.00 is invalid
```

但由于这是一个如此短的程序，所以你可以调用Log.Fatal来显示错误信息并退出程序。

```
func main() {
    amount, err := paintNeeded(4.2, -3.0)
    if err != nil {
        log.Fatal(err)
    }
    fmt.Printf("%0.2f liters needed\n", amount)
}
```

如果错误值不是nil，则一定有问题……

……因此，打印错误并退出程序。

如果出现错误，将永远无法走到此代码。

```
2018/03/12 19:49:27 a height of -3.00 is invalid
```

要记住的重要一点是，你应该始终检查返回值以查看是否存在错误。这个时候如何处理错误取决于你自己！

实践出真知！

这是一个计算一个数的平方根的程序。但是如果一个负数传递给了squareRoot函数，它将返回一个错误值。进行下面的更改之一，并尝试编译它。然后撤销该更改并尝试下一个更改。看看会发生什么！

```
package main

import (
	"fmt"
	"math"
)

func squareRoot(number float64) (float64, error) {
	if number < 0 {
		return 0, fmt.Errorf("can't get square root of negative number")
	}
	return math.Sqrt(number), nil
}

func main() {
	root, err := squareRoot(-9.3)
	if err != nil {
		fmt.Println(err)
	} else {
		fmt.Printf("%0.3f", root)
	}
}
```

如果你这样做……	……它会失败，因为……
删除要返回的参数之一： return math.Sqrt(number)~~, nil~~	要返回的参数的数量必须始终与函数声明中的返回值的数量匹配
删除返回值所赋值给的变量之一： root~~, err~~ := squareRoot(-9.3)	如果你使用函数的任何一个返回值，Go要求你使用所有的返回值
删除使用其中一个返回值的代码： root, err := squareRoot(-9.3) ~~if err != nil {~~ ~~fmt.Println(err)~~ ~~} else {~~ fmt.Printf("%0.3f", root) ~~}~~	Go要求使用声明的每个变量。当涉及错误返回值时，这实际上是一个非常有用的特性，因为它有助于你避免意外地忽略错误

拼图板

你的工作是从池中提取代码段，并将它们放入代码中的空白行中。同一个代码段只能使用一次，你也不需要使用所有的代码段。你的目标是使代码能够运行并产生如下的输出。

```
package main

import (
	"errors"
	"fmt"
)

func divide(dividend float64, divisor float64) (float64, ______) {
	if divisor == 0.0 {
		return 0, ________.New("can't divide by 0")
	}
	return dividend / divisor, _____
}

func main() {
	__________, ______ := divide(5.6, 0.0)
	if err != nil {
		fmt.Println(err)
	} else {
		fmt.Printf("%0.2f\n", quotient)
	}
}
```

输出

```
can't divide by 0
```

注意：池中的每个代码段只能使用一次！

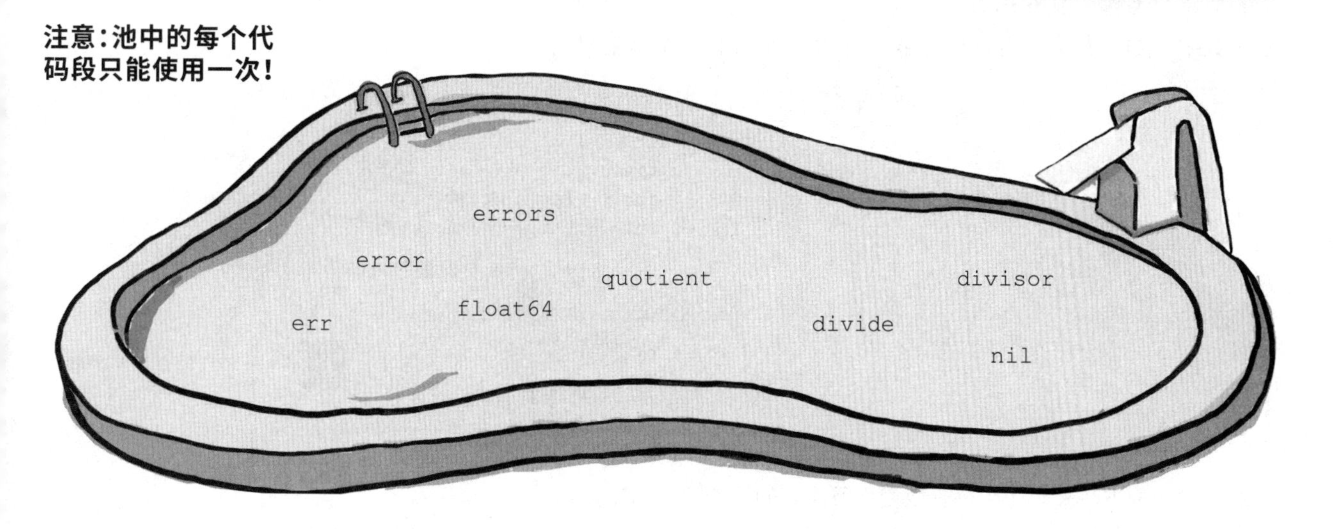

答案在第112页。

函数形参接收实参的副本

正如我们提到的，当你调用一个声明了形参的函数时，你需要为调用提供实参。每个实参中的值被复制到相应的形参变量。（执行此操作的编程语言有时称为“值传递”。）

Go是一种“值传递”语言；函数形参从函数调用中接收实参的副本。

这在大多数情况下是可以的。但是如果你想把一个变量的值传递给一个函数并让它以某种方式改变这个值，你就会遇到麻烦。函数只能更改形参中的该值的副本，而不能更改原始值。因此，在函数内部所做的任何更改在函数外部都将不可见！

这是我们前面展示的double函数的更新版本。它接受一个数字，将其乘以2，然后输出结果。（它使用*=运算符，其工作方式与+=类似，但是它会乘以变量所保存的值，而不是将其相加。）

```
package main

import "fmt"

func main() {
	amount := 6
	double(amount)    ← 向函数传递一个实参。
}
    ↓ 形参设置为实参的一个副本。
func double(number int) {
	number *= 2
	fmt.Println(number)
}
```

12 ← 打印双倍数

假设我们想将打印双倍值的语句从double函数移回到调用它的函数。它不会工作，因为double函数只会更改其值的副本。回到调用函数中，当我们尝试打印时，我们将得到原始值，而不是双倍值！

```
func main() {
	amount := 6
	double(amount)         ← 向函数传递一个实参。
	fmt.Println(amount)    ← 打印原始值！
}
    ↓ 形参设置为实参的一个副本。
func double(number int) {
	number *= 2
	↑ 更改副本值，而不是原始值！
}
```

6 ← 打印未变化的数！

我们需要一种方法来允许函数改变变量所保存的原始值，而不是副本。为了学习如何做到这一点，我们需要再绕开函数一次，去了解指针。

指针

你可以使用一个&符号获取变量的地址，它是Go的“地址”运算符。例如，这段代码初始化一个变量，打印它的值，然后打印变量的地址……

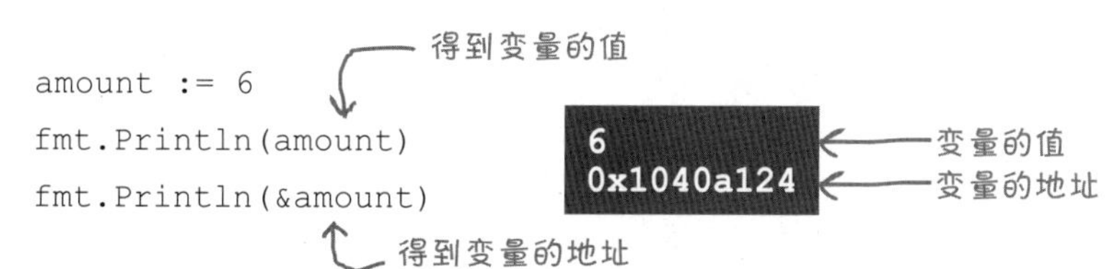

我们可以得到任何类型变量的地址。注意，每个变量的地址不同。

```
var myInt int
fmt.Println(&myInt)
var myFloat float64
fmt.Println(&myFloat)
var myBool bool
fmt.Println(&myBool)
```

```
0x1040a128
0x1040a140
0x1040a148
```

这些“地址”到底是什么？嗯，如果你想在拥挤的城市里找到一所房子，你可以用它的地址……

就像城市一样，计算机为程序留出的内存是一个拥挤的地方。它充满了变量值：布尔值、整数、字符串等。就像房子的地址一样，如果有一个变量的地址，你可以用它来找到变量所包含的值。

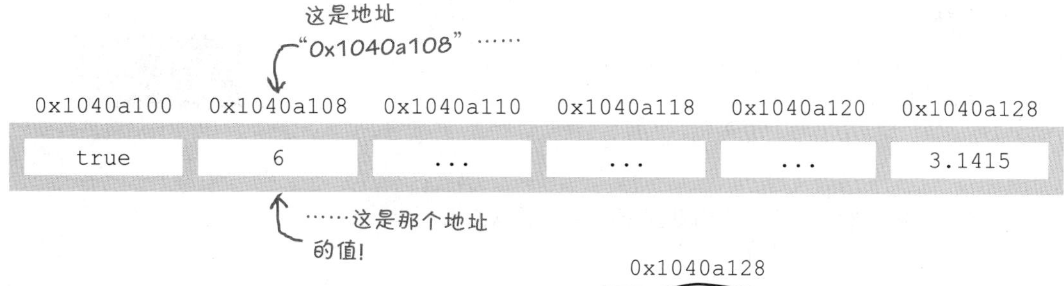

表示变量地址的值称为指针，因为它指向可以找到变量的位置。

指针类型

指针的类型可以写为一个*符号，后面跟着指针指向的变量的类型。例如，指向一个int变量的指针的类型将被写为*int（你可以将其大声读作“指向int的指针”）。

我们可以使用reflect.TypeOf函数来显示之前程序中指针的类型：

```
package main

import (
        "fmt"
        "reflect"
)

func main() {
        var myInt int
        fmt.Println(reflect.TypeOf(&myInt))
        var myFloat float64
        fmt.Println(reflect.TypeOf(&myFloat))
        var myBool bool
        fmt.Println(reflect.TypeOf(&myBool))
}
```

得到指向myInt的指针并打印该指针的类型。

得到指向myFloat的指针并打印该指针的类型。

得到指向myBool的指针并打印该指针的类型。

这是指针类型。

```
*int
*float64
*bool
```

我们可以声明保存指针的变量。指针变量只能保存指向一种类型值的指针，因此变量可能只保存*int指针，只保存*float64指针，依此类推。

```
var myInt int
var myIntPointer *int
myIntPointer = &myInt
fmt.Println(myIntPointer)

var myFloat float64
var myFloatPointer *float64
myFloatPointer = &myFloat
fmt.Println(myFloatPointer)
```

声明一个指向int的指针变量。

给变量分配一个指针。

声明一个指向float64的指针变量。

给变量分配一个指针。

```
0x1040a128
0x1040a140
```

与其他类型一样，如果要立即为指针变量赋值，可以使用短变量声明：

```
var myBool bool
myBoolPointer := &myBool
fmt.Println(myBoolPointer)
```

指针变量的短变量声明

```
0x1040a148
```

获取或更改指针的值

你可以通过在代码中的指针之前输入*运算符来获得指针引用的变量的值。例如，要获得myIntPointer处的值，可以输入*myIntPointer。（对于如何读出*没有官方的一致意见，但是我们喜欢把它读成“处的值”，所以*myIntPointer就是“myIntPointer处的值”。）

```
myInt := 4
myIntPointer := &myInt
fmt.Println(myIntPointer)
fmt.Println(*myIntPointer)

myFloat := 98.6
myFloatPointer := &myFloat
fmt.Println(myFloatPointer)
fmt.Println(*myFloatPointer)

myBool := true
myBoolPointer := &myBool
fmt.Println(myBoolPointer)
fmt.Println(*myBoolPointer)
```

fmt.Println(myIntPointer) ← 打印指针本身。
fmt.Println(*myIntPointer) ← 打印指针处的值。
fmt.Println(myFloatPointer) ← 打印指针本身。
fmt.Println(*myFloatPointer) ← 打印指针处的值。
fmt.Println(myBoolPointer) ← 打印指针本身。
fmt.Println(*myBoolPointer) ← 打印指针处的值。

```
0x1040a124
4
0x1040a140
98.6
0x1040a150
true
```

*运算符还可用于更新指针处的值：

```
myInt := 4
fmt.Println(myInt)
myIntPointer := &myInt
*myIntPointer = 8
fmt.Println(*myIntPointer)
fmt.Println(myInt)
```

*myIntPointer = 8 ← 给指针处的变量（myInt）赋一个新值。
fmt.Println(*myIntPointer) ← 打印指针处变量的值。
fmt.Println(myInt) ← 直接打印变量的值。

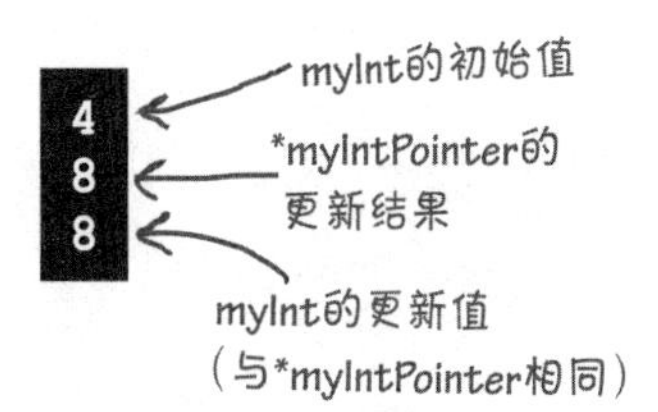

在上面的代码中，*myIntPointer = 8访问myIntPointer处的变量（即myInt变量）并为其分配一个新值。所以不仅更新了*myIntPointer的值，而且myInt的值也更新了。

代码贴

一个使用指针变量的Go程序被打乱放在冰箱上。你能重构代码段，使其成为一个能够产生给定输出的工作程序吗？

程序应该声明myInt为整数变量，myIntPointer为保存整数指针的变量。然后它应该给myInt赋值，并将指向myInt的指针置为myIntPointer的值。最后，它应该能打印在myIntPointer处的值。

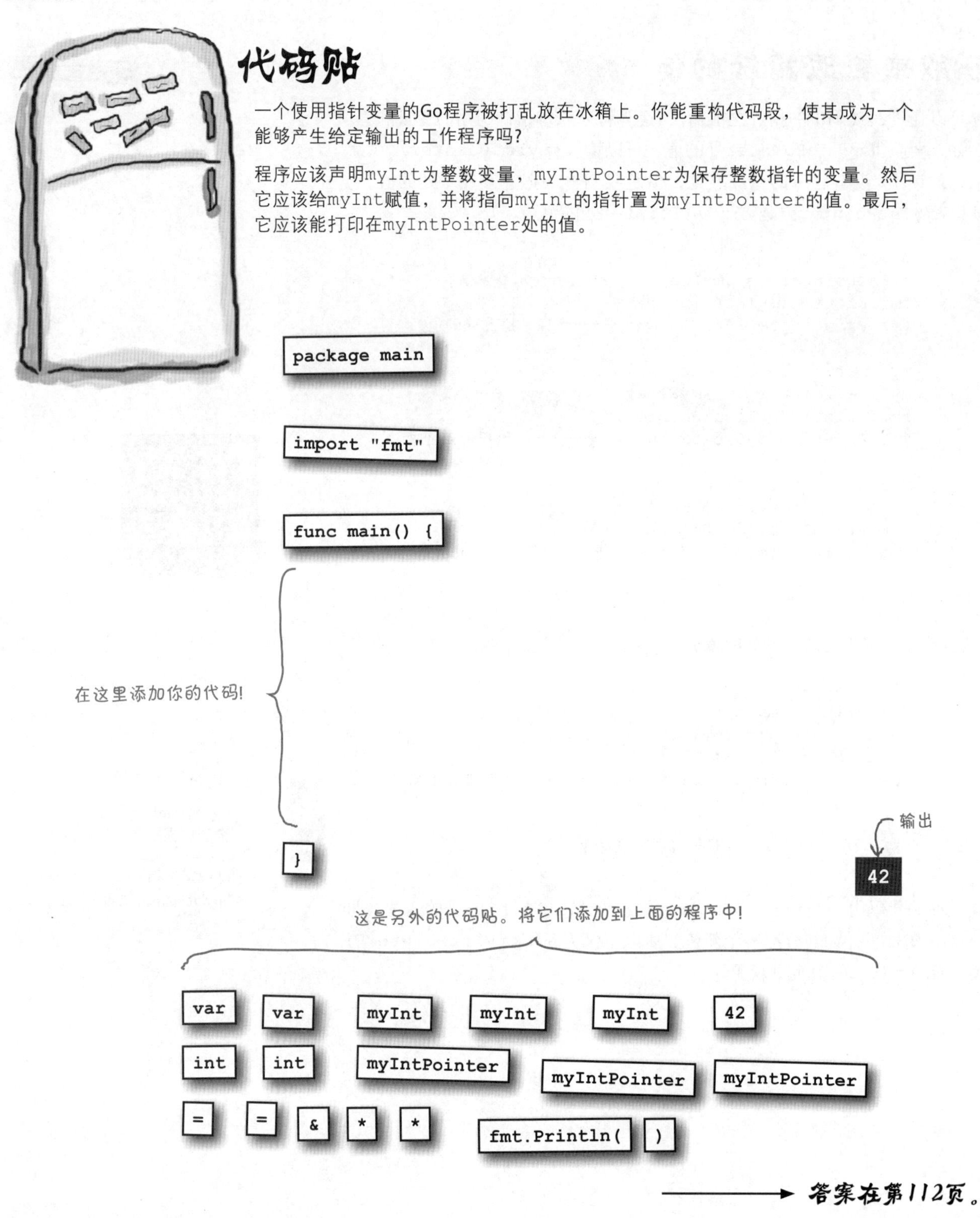

答案在第112页。

函数指针

可以从函数返回指针，只需声明函数的返回类型是指针类型。

```
func createPointer() *float64 {      ← 声明函数返回一个float64指针。
	var myFloat = 98.5
	return &myFloat    ← 返回指定类型的指针。
}

func main() {
	var myFloatPointer *float64 = createPointer()   ← 将返回的指针赋给一个变量。
	fmt.Println(*myFloatPointer)   ← 打印指针处的值。
}
```

```
98.5
```

（顺便说一下，与其他语言不同，在Go中，返回一个指向函数局部变量的指针是可以的。即使该变量不在作用域内，只要你仍然拥有指针，Go将确保你仍然可以访问该值。）

你还可以将指针作为参数传递给函数。只需说明一个或多个参数的类型应该是指针。

```
func printPointer(myBoolPointer *bool) {      ← 为该参数使用一个指针类型。
	fmt.Println(*myBoolPointer)   ← 打印传入指针处的值。
}

func main() {
	var myBool bool = true
	printPointer(&myBool)   ← 向函数传递一个指针。
}
```

```
true
```

确保只使用指针作为参数，如果函数声明它将使用指针。如果试图将值直接传递给期望指针的函数，将会收到编译错误。

```
func main() {
	var myBool bool = true
	printPointer(myBool)
}
```

错误 →

```
cannot use myBool (type bool)
as type *bool in argument
to printPointer
```

现在你已经了解了在Go中使用指针的基本知识。我们已经准备好结束绕行，去修复double函数!

使用指针修复我们的“double”函数

我们有一个double函数，它接受一个int值并将其乘以2。我们希望能够传入一个值并使该值加倍。但是，正如我们所了解的，Go是一种值传递语言，这意味着函数参数从调用方接收任何参数的副本。我们的函数将值的副本加倍，而原始值保持不变！

```
func main() {
	amount := 6
	double(amount)
	fmt.Println(amount)
}

func double(number int) {
	number *= 2
}
```

向函数传递实参。

打印原始值！

形参设置为实参的一个副本。

改变副本值，而不是原始值！

6 打印未改变的amount！

这就是绕行学习指针将会有用的地方。如果向函数传递一个指针，然后更改该指针处的值，那么这些更改在函数外部仍然有效！

我们只需要做一些小的改动就可以让它工作起来。在double函数中，我们需要更新number参数的类型来获取*int而不是int，然后需要修改函数代码来更新number指针处的值，而不是直接更新变量。最后，在main函数中，只需要更新对double的调用来传递一个指针，而不是一个直接的值。

```
func main() {
	amount := 6
	double(&amount)
	fmt.Println(amount)
}

func double(number *int) {
	*number *= 2
}
```

传递一个指针而不是一个变量值。

接受一个指针而不是一个int值。

更新指针处的值。

12 打印双倍的amount。

当我们运行这个更新后的代码时，指向amount变量的指针将被传递给double函数。double函数将获取该指针处的值并使其加倍，从而更改amount变量中的值。当我们返回主函数并打印amount变量时，我们将看到双倍的值！

在本章中，你已经学到了很多关于编写自己的函数的知识。其中一些特性的好处目前可能还不清楚。别担心，随着程序在后面的章节中变得越来越复杂，我们将充分利用你所学到的一切！

我们在下面编写了negate函数，它应该将truth变量的值更新为它的相反值（false），并将lies变量的值更新为它的相反值（true）。但当我们对truth和lies变量调用negate，然后打印它们的值时，我们看到它们是不变的！

```
package main

import "fmt"

func negate(myBoolean bool) bool {
	return !myBoolean
}

func main() {
	truth := true
	negate(truth)
	fmt.Println(truth)
	lies := false
	negate(lies)
	fmt.Println(lies)
}
```

实际输出

```
true
false
```

填充下面的空白处，使negate接受一个指向布尔值的指针，而不是直接接受布尔值，然后将该指针处的值更新为相反的值。一定要修改negate的调用来传递指针，而不是直接传递值！

```
package main

import "fmt"

func negate(myBoolean ________) {
	____________ = !____________
}

func main() {
	truth := true
	negate(________)
	fmt.Println(truth)
	lies := false
	negate(________)
	fmt.Println(lies)
}
```

我们想要的输出

```
false
true
```

答案在第112页。

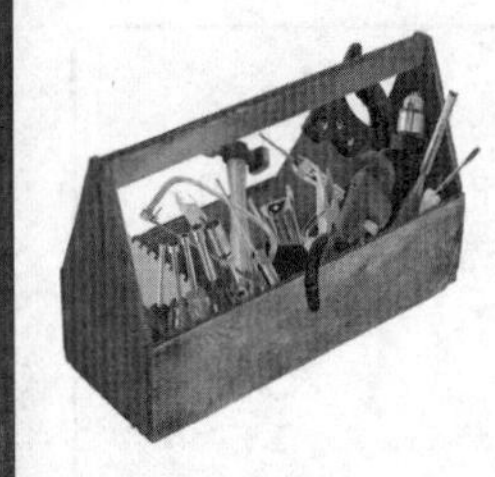

你的Go工具箱

这是第3章的内容！你已经向工具箱添加了函数声明和指针。

函数

类型

条件

循环

函数声明

你可以声明自己的函数，然后在同一个包的其他地方调用它们，方法是输入函数名，后跟一对圆括号，括号中包含函数所需的参数（如果有的话）。

你可以声明一个函数，该函数将向其调用者返回一个或多个值。

指针

你可以通过在变量名前面输入Go的“地址”运算符（&）获得指向变量的指针：&myVariable。

指针类型写为一个*，后跟指针指向的值的类型（*int、*bool，等等）。

要点

- fmt.Printf和fmt.Sprintf函数格式化给定的值。第一个参数应该是一个包含动词（%d、%f、%s等）的格式化字符串，其值将被替换。
- 在格式化动词中，可以包含宽度：格式化值将占用的最小字符数。例如，%12s的结果是一个12个字符的字符串（用空格填充），%2d的结果是一个2个字符的整数，%.3f的结果是一个四舍五入到小数点后3位的浮点数。
- 如果希望调用函数来接受参数，必须在函数声明中声明一个或多个参数，包括每个参数的类型。所传递的参数的数量和类型必须始终与规定的参数的数量和类型相匹配，否则将出现编译错误。
- 如果希望函数返回一个或多个值，则必须在函数声明中声明返回值的类型。
- 不能在函数的外部访问在该函数内声明的变量。但是你可以在函数内访问在该函数外部声明的变量（通常在包级别）。
- 当函数返回多个值时，最后一个值通常具有一个error类型。错误值有一个Error()方法，该方法返回描述错误的字符串。
- 按照惯例，函数返回一个错误值nil，表示没有错误。
- 你可以通过在指针前面加一个*来访问指针所保留的值：*myPointer。
- 如果函数接收一个指针作为参数，并更新该指针处的值，那么更新后的值在函数外部仍然可见。

下面是一个程序，它声明了几个函数，然后在main中调用这些函数。写下程序的输出是什么。

```
package main

import "fmt"

func functionA(a int, b int) {
	fmt.Println(a + b)
}
func functionB(a int, b int) {
	fmt.Println(a * b)
}
func functionC(a bool) {
	fmt.Println(!a)
}
func functionD(a string, b int) {
	for i := 0; i < b; i++ {
		fmt.Print(a)
	}
	fmt.Println()
}

func main() {
	functionA(2, 3)
	functionB(2, 3)
	functionC(true)
	functionD("$", 4)
	functionA(5, 6)
	functionB(5, 6)
	functionC(false)
	functionD("ha", 3)
}
```

输出：

5

6

false

$$$$

11

30

true

hahaha

拼图板答案

```
package main

import (
	"errors"
	"fmt"
)

func divide(dividend float64, divisor float64) (float64, error) {
	if divisor == 0.0 {
		return 0, errors.New("can't divide by 0")
	}
	return dividend / divisor, nil
}

func main() {
	quotient, err := divide(5.6, 0.0)
	if err != nil {
		fmt.Println(err)
	} else {
		fmt.Printf("%0.2f\n", quotient)
	}
}
```

代码贴答案

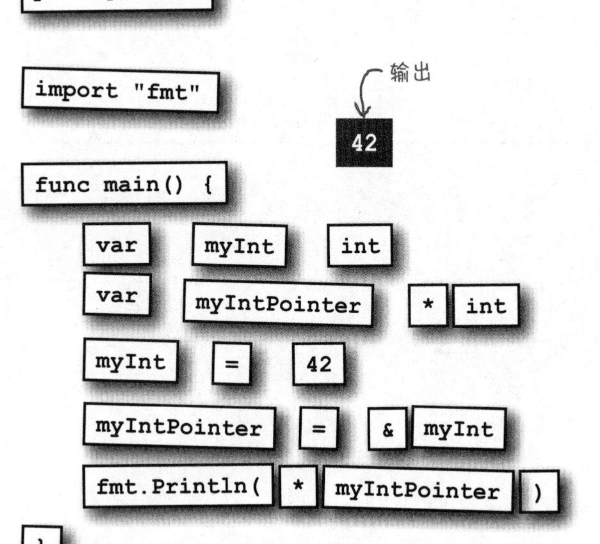

package main
import "fmt"
输出
42
func main() {
var myInt int
var myIntPointer * int
myInt = 42
myIntPointer = & myInt
fmt.Println(* myIntPointer)
}

练习答案

```
package main

import "fmt"

func negate(myBoolean *bool) {
	*myBoolean = !*myBoolean
}

func main() {
	truth := true
	negate(&truth)
	fmt.Println(truth)
	lies := false
	negate(&lies)
	fmt.Println(lies)
}
```

4 代码集

包

是时候整理一下了。到目前为止，我们一直将所有代码放在一个文件中。随着我们的程序变得越来越大、越来越复杂，这很快就会变得一团糟。

在本章中，我们将向你展示如何创建自己的包，以帮助将相关代码集中放在一个地方。但是包不仅仅对组织结构有益，它还是在程序之间共享代码的一种简单方法，同时也是与其他开发人员共享代码的一种简单方法。

不同的程序，相同的函数

我们已经编写了两个程序，每个程序都有一个相同的函数的副本，这正在变成一个令人头疼的维护问题……

在本页，我们对第2章中的*pass_fail.go*程序有了一个新的版本。从键盘读取分数的代码已经被移到一个新的getFloat函数中。getFloat返回用户输入的浮点数，在有错误的情况下，它返回0和错误值。如果返回错误，程序将报告错误并退出；否则，它将像以前一样报告分数是通过还是不通过。

pass_fail.go

```
// pass_fail reports whether a grade is passing or failing.
package main

import (
	"bufio"
	"fmt"
	"log"
	"os"
	"strconv"
	"strings"
)

func getFloat() (float64, error) {
	reader := bufio.NewReader(os.Stdin)
	input, err := reader.ReadString('\n')
	if err != nil {
		return 0, err
	}

	input = strings.TrimSpace(input)
	number, err := strconv.ParseFloat(input, 64)
	if err != nil {
		return 0, err
	}
	return number, nil
}

func main() {
	fmt.Print("Enter a grade: ")
	grade, err := getFloat()
	if err != nil {
		log.Fatal(err)
	}

	var status string
	if grade >= 60 {
		status = "passing"
	} else {
		status = "failing"
	}
	fmt.Println("A grade of", grade, "is", status)
}
```

与下一页的getFloat函数相同!

几乎和第2章的代码一样，除了……

……如果读取输入出错，我们将从函数中返回该错误。

我们还返回将字符串转换为float64时出现的任何错误。

我们调用getFloat来得到一个分数……

如果返回一个错误，我们把它记录下来并退出。

与第2章的代码相同。

```
Enter a grade: 89.7
A grade of 89.7 is passing
```

不同的程序，相同的函数（续）

在这里，我们有一个新的*tocelsius.go*程序，它允许用户输入一个华氏测量系统的温度，并将其转换为摄氏系统的温度。

注意，*tocelsius.go*中的getFloat函数与*pass_fail.go*中的getFloat函数相同。

tocelsius.go

```
// tocelsius converts a temperature from Fahrenheit to Celsius.
package main

import (
	"bufio"
	"fmt"
	"log"
	"os"
	"strconv"
	"strings"
)

func getFloat() (float64, error) {
	reader := bufio.NewReader(os.Stdin)
	input, err := reader.ReadString('\n')
	if err != nil {
		return 0, err
	}

	input = strings.TrimSpace(input)
	number, err := strconv.ParseFloat(input, 64)
	if err != nil {
		return 0, err
	}
	return number, nil
}

func main() {
	fmt.Print("Enter a temperature in Fahrenheit: ")
	fahrenheit, err := getFloat()
	if err != nil {
		log.Fatal(err)
	}
	celsius := (fahrenheit - 32) * 5 / 9
	fmt.Printf("%0.2f degrees Celsius\n", celsius)
}
```

与前一页的getFloat函数相同！

我们调用getFloat来得到一个温度。

如果返回一个错误，我们把它记录下来并退出。

将温度转换为摄氏度。

……以两个小数位的精度打印它。

```
Enter a temperature in Fahrenheit: 98.6
37.00 degrees Celsius
```

使用包在程序之间共享代码

更多重复代码……如果我们在getFloat函数中发现了一个bug，那么在两个地方修复它将是一件痛苦的事情。虽然，这是两个不同的程序，但我想这也没有什么可以改善的……

```
func getFloat() (float64, error) {
        reader := bufio.NewReader(os.Stdin)
        input, err := reader.ReadString('\n')
        if err != nil {
                return 0, err
        }

        input = strings.TrimSpace(input)
        number, err := strconv.ParseFloat(input, 64)
        if err != nil {
                return 0, err
        }
        return number, nil
}
```

实际上，我们可以做一些事情，将共享函数移到新的包中！

Go允许我们定义自己的包。正如我们在第1章中讨论过的，包是一组代码，它们都做类似的事情。`fmt`包格式化输出，`math`包处理数字，`strings`包处理字符串，等等。我们已经在多个程序中使用了来自每一个包的函数。

能够在程序之间使用相同的代码是包存在的主要原因之一。如果你的部分代码在多个程序之间共享，你应该考虑将它们移到包中。

如果你的部分代码在多个程序之间共享，你应该考虑将它们移到包中。

Go工作区目录保存包代码

Go工具在你的计算机上名为工作区的特殊目录（文件夹）中查找包代码。默认情况下，工作区是当前用户主目录中名为*go*的目录。

工作区目录包含三个子目录：

- *bin*，保存已编译的二进制可执行程序。（我们将在本章后面详细讨论*bin*。）
- *pkg*，保存已编译的二进制包文件。（我们也会在本章后面详细讨论*pkg*。）
- *src*，保存Go的源代码。

在*src*中，每个包的代码都位于它自己单独的子目录中。按照惯例，子目录名应该与包名相同（因此`gizmo`包的代码将放在*gizmo*子目录中）。

每个包目录应该包含一个或多个源代码文件。文件名不重要，但它们应该以*.go*扩展名结尾。

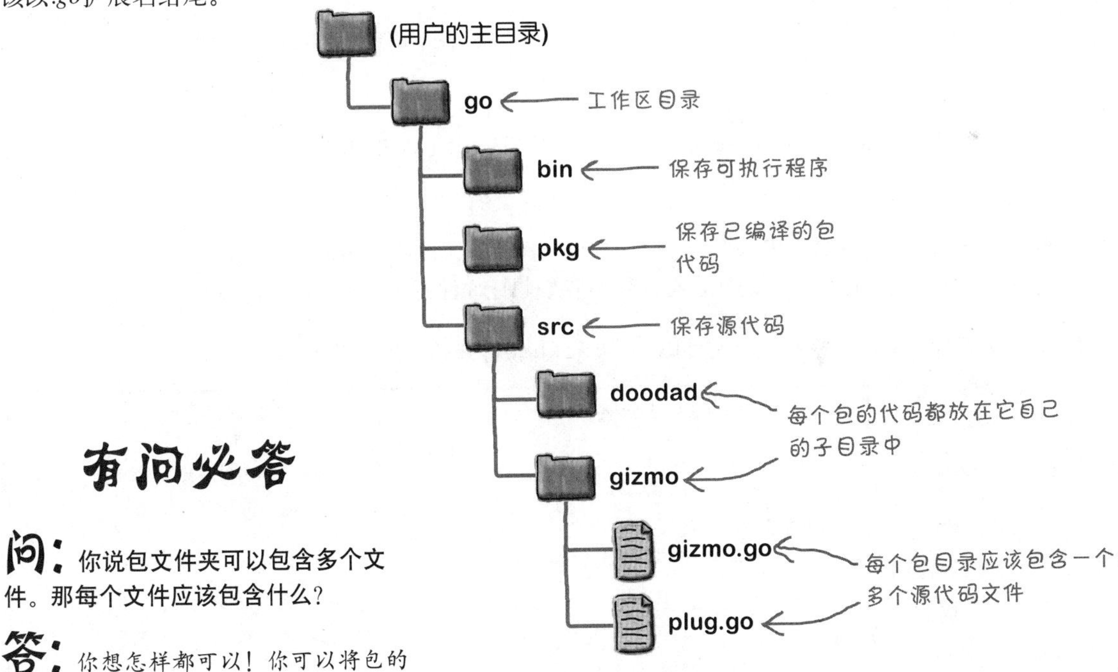

有问必答

问： 你说包文件夹可以包含多个文件。那每个文件应该包含什么？

答： 你想怎样都可以！你可以将包的所有代码保存在一个文件里，或者把它们拆分在多个文件中。无论哪种方式，它都将成为同一个包的一部分。

创建一个新包

让我们尝试在工作区中设置自己的包。我们将制作一个名为greeting的简单包，用不同语言打印问候语。

默认情况下，安装Go时不会创建工作区目录，因此需要自己创建它。首先转到主目录。（在大多数Windows系统上，路径是*C:\Users\ <yourname>*，在Mac上是*/Users/<yourname>*,在大多数Linux系统上是*/home/<yourname>*。）在主目录中，创建一个名为*go*的目录——这将是我们新的工作区目录。在*go*目录中，创建一个名为*src*的目录。

最后，我们需要一个目录来保存我们的包代码。按照惯例，包的目录应该与包同名。因为包将被命名为greeting，所以你应该使用这个名称来作为目录。

(用户的主目录)
go ← 在主目录中创建它。
src ← 在“go”中创建它。
greeting ← 在“src”中创建它。
greeting.go ← 将此文件保存在“greeting”中。

我们知道，这看起来像有很多嵌套目录（实际上，我们很快就会把它们嵌套得更深）。但是请相信我们，一旦你建立了自己的包以及其他包的集合，这个结构将帮助你保持代码的有序性。

更重要的是，这个结构帮助Go工具找到代码。因为它总是在*src*目录中，所以Go工具可以准确地知道在哪里查找要导入的包的代码。

下一步是在*greeting*目录中创建一个文件，并将其命名为*greeting.go*。该文件应该包含下面的代码。我们稍后会更详细地讨论它，但是现在有几件事我们想让你注意……

迄今为止，与所有的Go源代码文件一样，这个文件以一个package行开始。但与其他代码不同的是，这段代码不是main包的一部分，它是一个名为greeting的包的一部分。

还要注意两个函数定义。它们和我们目前看到的其他函数没有太大的区别。但是，由于我们希望这些函数可以在greeting包之外访问，请注意，我们将它们名称的第一个字母大写，这样这些函数就是可导出的。

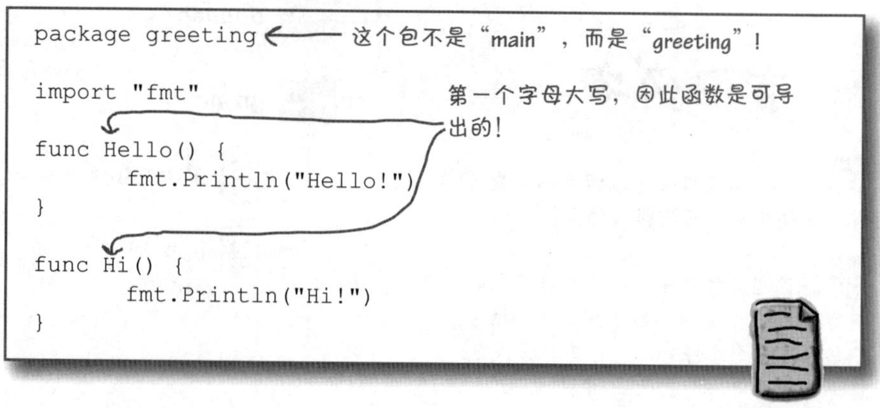

```
package greeting

import "fmt"

func Hello() {
	fmt.Println("Hello!")
}

func Hi() {
	fmt.Println("Hi!")
}
```

这个包不是“main”，而是“greeting”！
第一个字母大写，因此函数是可导出的！
greeting.go

将包导入程序

现在让我们尝试在程序中使用我们的新包。

在工作区目录的*src*子目录中，创建另一个名为*hi*的子目录。（我们不必在工作区中存储可执行程序的代码，但这是一个好主意。）

(用户的主目录)
go
src
greeting
greeting.go
hi ← 在“src”中，在“greeting”目录旁边创建这个。
main.go ← 将此文件保存在“hi”中。

然后，在新的*hi*目录中，我们需要创建另一个源文件。我们可以随意命名它，只要它以*.go*扩展名结尾，但由于这将是一个可执行命令，所以我们将其命名为*main.go*。在文件中保存下面的代码。

与每个Go源代码文件一样，这段代码从一个`package`行开始。但是，因为我们希望这是一个可执行的命令，所以需要使用`main`的包名。通常，包名应该与保存它的目录名相匹配，但是`main`包是该规则的一个例外。

```
package main

import "greeting"

func main() {
        greeting.Hello()
        greeting.Hi()
}
```

我们需要先导入包，然后才能使用它的函数。

在调用不同的包中的函数之前，我们需要包名和一个点。

main.go

接下来，我们需要导入`greeting`包，以便使用它的函数。Go工具在工作区的*src*目录中的文件夹中查找包代码，该文件夹的名称与`import`语句中的名称匹配。要告诉Go在工作区的*src/greeting*目录中查找代码，我们使用`import "greeting"`。

最后，因为这是可执行文件的代码，所以我们需要一个`main`函数，它在程序运行时将被调用。在`main`中，我们调用`greeting`包中定义的两个函数。这两个调用前面都有包名和一个点，这样Go就知道函数是哪个包的一部分。

我们都准备好了，让我们试着运行这个程序。在终端或命令提示符窗口中，使用**cd**命令切换到工作区目录中的*src/hi*目录。（路径将根据主目录的位置而变化。）然后，使用**`go run main.go`**去运行程序。

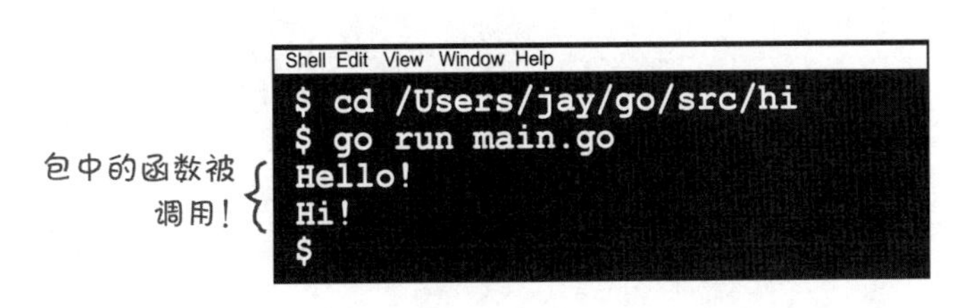

Shell Edit View Window Help
$ cd /Users/jay/go/src/hi
$ go run main.go
Hello!
Hi!
$
包中的函数被调用！

当它看到`import "greeting"`行时，Go将在工作区*src*目录中的*greeting*目录中查找包源代码。代码被编译并导入，我们就可以调用`greeting`包的函数了！

包使用相同的文件布局

还记得在第1章中，我们讨论了几乎每个Go源代码文件都有三部分吗？

你将很快就会习惯在几乎每个Go文件中，按照这个顺序看到这三个部分：

1. package子句
2. 任何import语句
3. 实际代码

```
package子句 {package main

import部分 {import "fmt"

           {func main() {
实际代码    {        fmt.Println("Hello, Go!")
           {}
```

当然，这条规则也适用于*main.go*文件中的main包。在我们的代码中，你可以看到一个package子句，后面是import部分，再后面是包的实际代码。

```
package子句 {package main

import部分 {import "greeting"

           {func main() {
实际代码    {        greeting.Hello()
           {        greeting.Hi()
           {}
```

除main以外的包遵循相同的格式。你可以看到我们的*greeting.go*文件也包含package子句、import部分，最后是实际的包代码。

```
package子句 {package greeting

import部分 {import "fmt"

           {func Hello() {
           {        fmt.Println("Hello!")
           {}
实际代码    {
           {func Hi() {
           {        fmt.Println("Hi!")
           {}
```

实践出真知！

使用greeting包的代码，以及导入它的程序的代码。尝试进行以下更改之一并运行它。然后撤销该更改并尝试下一个更改。看看会发生什么！

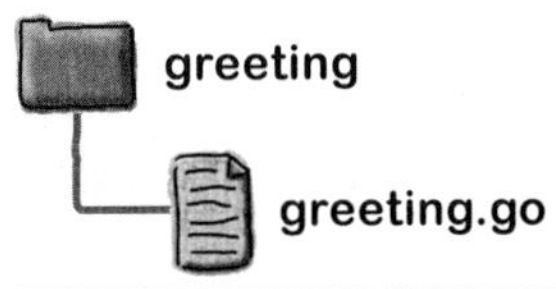


```
package greeting

import "fmt"

func Hello() {
	fmt.Println("Hello!")
}

func Hi() {
	fmt.Println("Hi!")
}
```

```
package main

import "greeting"

func main() {
	greeting.Hello()
	greeting.Hi()
}
```

如果你这样做……		……它会失败，因为……
更改*greeting*目录的名称	~~greeting~~ salutation	Go工具使用导入路径中的名称作为目录的名称来从那里加载包源代码。如果它们不匹配，代码将无法加载
更改*greeting.go*中package行上的名称	`package salutation`	将实际加载greeting目录的内容作为名为salutation的包。因为*main.go*中函数的调用仍然引用greeting包，所以我们会收到错误

将*greeting.go*和*main.go*中的函数名全部改为小写	`func ~~H~~hello()`
	`func ~~H~~hi()`
	`greeting.~~H~~hello()`
	`greeting.~~H~~hi()`
		名称以小写字母开头的函数是不可导出的，这意味着它们只能在自己的包中使用。要使用其他包中的函数，其名称必须以大写字母开头，这样它才是可导出的

拼图板

你的工作是从池中提取代码段，并将它们放入代码的空白行中。同一个代码段只能使用一次，你也不需要使用所有的代码段。你的目标是在Go工作区中设置一个calc包，以便可以在*main.go*中使用calc的函数。

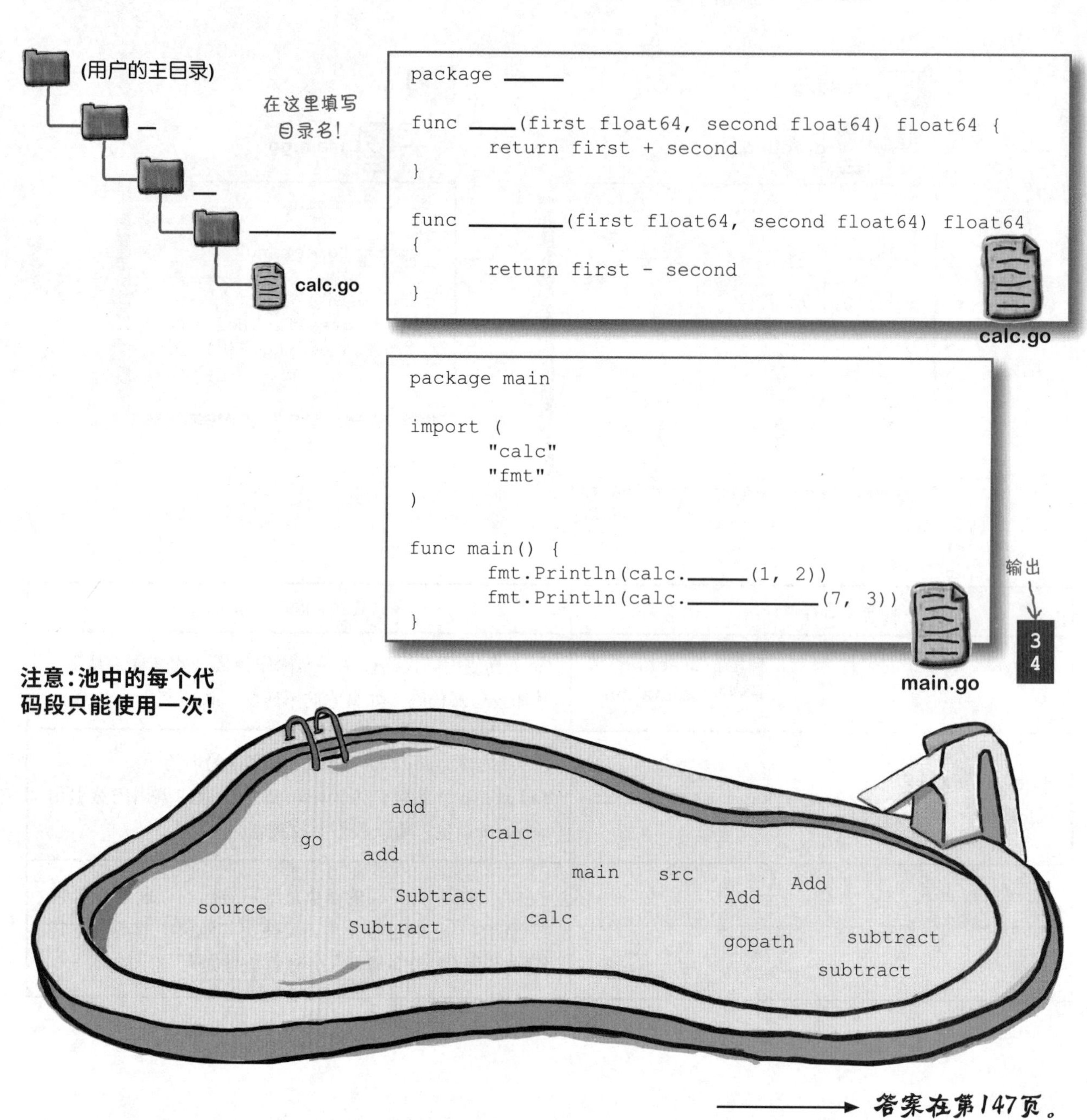
(用户的主目录)
在这里填写目录名!
calc.go
package ____

func ____(first float64, second float64) float64 {
return first + second
}

func ________(first float64, second float64) float64
{
return first - second
}
calc.go
package main

import (
"calc"
"fmt"
)

func main() {
fmt.Println(calc.____(1, 2))
fmt.Println(calc.__________(7, 3))
}
main.go
输出
3
4
注意：池中的每个代码段只能使用一次！
add
go
add
calc
main
src
Add
Add
source
Subtract
Subtract
calc
gopath
subtract
subtract

答案在第147页。

包命名规范

使用包的开发人员每次调用包中的函数时都需要输入包名。（想想fmt.Printf、fmt.Println、fmt.Print等）为了尽可能地使之不那么痛苦，包名应该遵循以下几个规则：

- 包名应全部为小写。
- 如果含义相当明显，名称应该缩写（如fmt）。
- 如果可能的话，应该是一个词。如果需要两个词，不应该用下划线分隔，第二个词也不应该大写。（strconv包就是一个例子。）
- 导入的包名可能与本地变量名冲突，所以不要使用包用户可能也想使用的名称。（例如，如果fmt包被命名为format，那么导入该包的任何人如果把一个局部变量也命名为format，则将面临冲突的风险）。

包限定符

当访问从不同包导出的函数、变量或类似的东西时，你需要通过在函数或变量前面输入包名来限定它们的名称。但是，当访问定义在当前包中的函数或变量时，则不应该限定包名。

在*main.go*文件中，由于我们的代码在main包中，我们需要通过输入**greeting.Hello**和**greeting.Hi**来指定Hello和Hi函数来自greeting包。

hi
main.go
package main
import "greeting"
func main() {
包限定符
greeting.Hello()
greeting.Hi()
}

greeting

greeting.go

```
package greeting

import "fmt"

func Hello() {
        fmt.
Println("Hello!")
}

func Hi() {
        fmt.Println("Hi!")
}

func AllGreetings() {
  没有限定符 {Hello()
             Hi()
}
```

假设我们从greeting包中的另一个函数调用了Hello和Hi函数。在那里，我们只需要输入Hello和Hi（不带包名称限定符），因为我们将从定义它们的同一个包中调用函数。

将共享代码移动到包中

现在我们了解了如何将包添加到Go工作区，我们终于准备好将getFloat函数移动到一个包中，并且我们的*pass_fail.go*和*tocelsius.go*程序都可以使用该包。

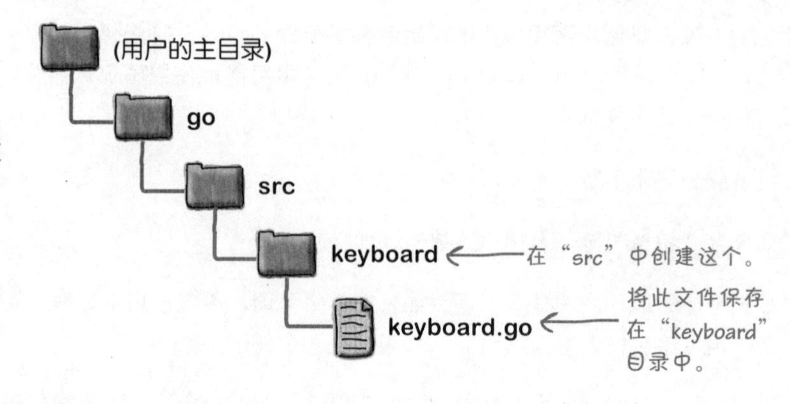

让我们将包命名为keyboard，因为它从键盘读取用户输入。我们首先在工作区的*src*目录中创建一个名为*keyboard*的新目录。

接下来，我们将在*keyboard*目录中创建一个源代码文件。我们可以给它命名为任何我们想要的名字，但是我们只会以包的名字来命名它：*keyboard.go*。

在文件的顶部，我们需要一个包名为keyboard的package子句。

然后，由于这是一个单独的文件，我们需要一个import语句，其中包含代码中使用的所有包：bufio、os、strconv和strings。（我们需要忽略fmt和log包，因为它们只在*pass_fail.go*和*tocelsius.go*文件中使用。）

最后，可以按原样复制旧的getFloat函数的代码。但是需要确保将函数重新命名为GetFloat，因为除非函数名称的第一个字母是大写，否则它不会被导出。

```
package keyboard  ← 添加一个package子句。

import (
    "bufio"       } 只导入此文件中
    "os"          } 使用的包。
    "strconv"
    "strings"
)
                  将函数名首字母大写，这样它就是可导出的。
func GetFloat() (float64, error) {
    reader := bufio.NewReader(os.Stdin)
    input, err := reader.ReadString('\n')
    if err != nil {
        return 0, err
    }
                                  此代码与以前复制的函数的代码相同。
    input = strings.TrimSpace(input)
    number, err := strconv.ParseFloat(input, 64)
    if err != nil {
        return 0, err
    }
    return number, nil
}
```

keyboard.go

将共享代码移动到包中（续）

现在可以更新*pass_fail.go*程序以使用我们的新keyboard包。

```
// pass_fail reports whether a grade is passing or failing.
package main

import (
	"fmt"
	"keyboard"
	"log"
)

func main() {
	fmt.Print("Enter a grade: ")
	grade, err := keyboard.GetFloat()
	if err != nil {
		log.Fatal(err)
	}

	var status string
	if grade >= 60 {
		status = "passing"
	} else {
		status = "failing"
	}
	fmt.Println("A grade of", grade, "is", status)
}
```

只导入此文件中使用的包。

一定要导入我们的新包。

我们可以删除这里的getFloat函数。

改为调用"keyboard"包的函数。

因为我们要删除旧的getFloat函数，所以需要删除未使用的bufio、os、strconv和strings导入。在它们的位置上，我们将导入新的keyboard包。

在main函数中，我们将调用新的keyboard.GetFloat函数，以替代对getFloat的旧的调用。其余的代码不变。

如果运行更新后的程序，我们将看到与以前相同的输出。

```
Enter a grade: 89.7
A grade of 89.7 is passing
```

我们可以对*tocelsius.go*程序进行同样的更新。

```
// tocelsius converts a temperature...
package main

import (
	"fmt"
	"keyboard"
	"log"
)

func main() {
	fmt.Print("Enter a temperature in Fahrenheit: ")
	fahrenheit, err := keyboard.GetFloat()
	if err != nil {
		log.Fatal(err)
	}
	celsius := (fahrenheit - 32) * 5 / 9
	fmt.Printf("%0.2f degrees Celsius\n", celsius)
}
```

只导入此文件中使用的包。

一定要导入我们的新包。

我们可以删除这里的getFloat函数。

改为调用"keyboard"包的函数。

我们更新导入，删除旧的getFloat，改为调用keyboard.GetFloat。

同样，如果我们运行更新后的程序，我们会得到与之前相同的输出。但是这一次，我们不再依赖于冗余的函数代码，而是使用新包中的共享函数！

```
Enter a temperature in Fahrenheit: 98.6
37.00 degrees Celsius
```

常量

许多包导出常量：从不更改的命名值。

常量声明看起来很像变量声明，具有名称、可选的类型和常量值。但规则略有不同：

- 使用const关键字而不是var关键字。
- 必须在声明常量时赋值；不能像变量那样以后赋值。
- 变量有:=短变量声明语法，但是常量没有等效的语法。

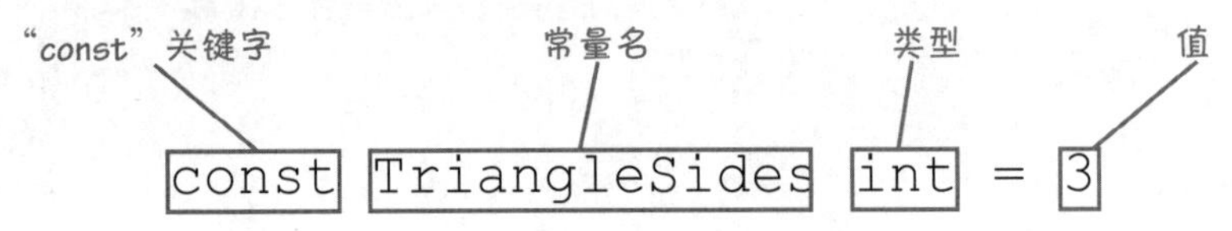

与变量声明一样，你可以省略类型，它将从分配的值推断出来：

```
const SquareSides = 4
```

我们赋值一个整数，所以常量的类型将是"int"。

变量的值可以变化，但是常量的值必须保持不变。试图为常量分配新值将导致编译错误。这是一个安全特性：常量应该用于不会更改的值。

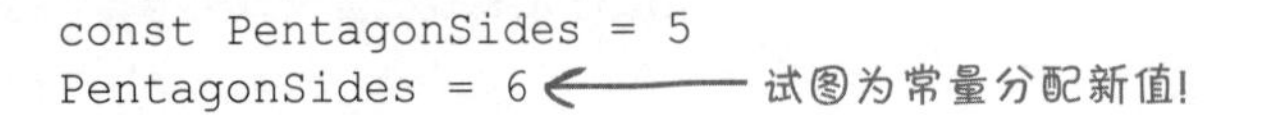

编译错误

```
cannot assign to PentagonSides
```

如果你的程序包含"硬编码的"字面值，特别是如果这些值在多个地方使用，那么你应该考虑用常量替换它们（即使程序没有分成多个包）。这是一个包含两个函数的包，它们都使用整数字面量7表示一周的天数：

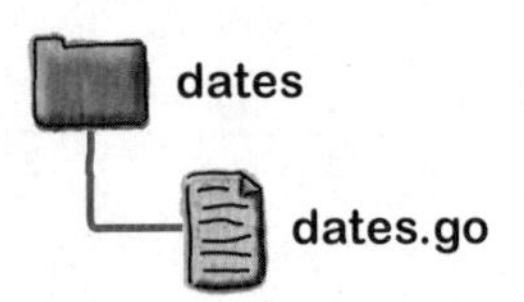


```
package dates

func WeeksToDays(weeks int) int {
	return weeks * 7
}
func DaysToWeeks(days int) float64 {
	return float64(days) / float64(7)
}
```

接受一个星期数。

乘以一周中的天数得到总天数。

接受一个天数。

除以一周的天数，得到周数。

常量（续）

通过用常量DaysInWeek替换字面值，我们可以记录它们的含义。（其他开发人员将会看到DaysInWeek的名称，并立即知道我们没有随机选择数字7以在函数中使用。）此外，如果稍后添加更多的函数，我们也可以通过让它们引用DaysInWeek来避免不一致。

注意，我们在包级别的任何函数的外部声明常量。虽然可以在函数中声明常量，但这将把它的作用域限制在该函数块内。在包级别声明常量更为典型，这样包中的所有函数都可以访问它。

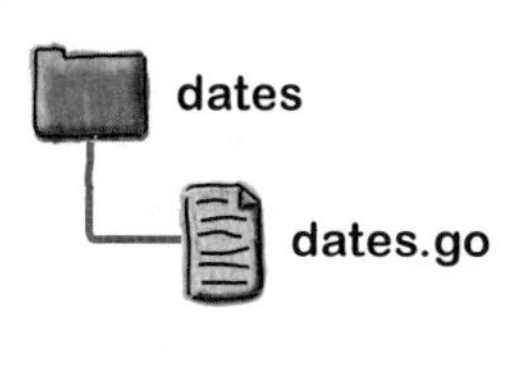


```
package dates

const DaysInWeek int = 7

func WeeksToDays(weeks int) int {
  return weeks * DaysInWeek
}
func DaysToWeeks(days int) float64 {
  return float64(days) / float64(DaysInWeek)
}
```

声明一个常量。

使用常量代替整数字面量。

使用常量代替整数字面量。

与变量和函数一样，名称以大写字母开头的常量是可导出的，我们可以通过限定其名称来从其他包中访问它。在这里，程序通过导入dates包并将常量名称限定为dates.DaysInWeek，来在main包中使用DaysInWeek常量。

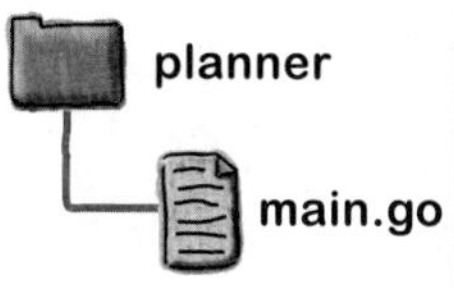


```
package main

import (
  "dates"
  "fmt"
)

func main() {
  days := 3
  fmt.Println("Your appointment is in", days, "days")
  fmt.Println("with a follow-up in", days + dates.DaysInWeek, "days")
}
```

导入常量声明所在的包。

限定包名。

使用“dates”包中的常量。

```
Your appointment is in 3 days
with a follow-up in 10 days
```

嵌套的包目录和导入路径

当你使用Go附带的包（如fmt和strconv）时，包名称通常与它的导入路径（在import语句中用于导入包的字符串）相同。但正如我们在第2章看到的，情况并非总是这样……

但是导入路径和包名不必相同。许多Go包都属于类似的类别，比如压缩或复杂的数学。因此，它们被分组在类似的导入路径前缀下，例如"archive/"或"math/"。

（可以将它们视为与硬盘上目录的路径类似。）

导入路径	包名
"archive"	archive
"archive/tar"	tar
"archive/zip"	zip
"math"	math
"math/cmplx"	cmplx
"math/rand"	rand

一些包集通过导入路径前缀，如"archive/"和"math/"分组在一起。我们说过把这些前缀视为与硬盘上目录的路径类似……这不是巧合。这些导入路径的前缀是使用目录创建的！

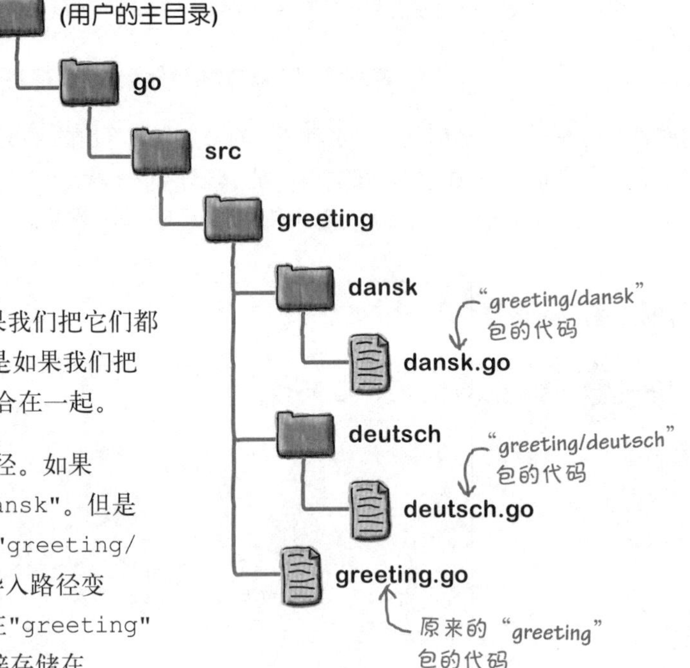

你可以将类似的包组嵌套在Go工作区的一个目录中。然后，该目录将成为它包含的所有包的导入路径的一部分。

例如，假设我们想添加其他语言的问候语包。如果我们把它们都直接放在*src*目录中，这很快就会变得一团糟。但是如果我们把新的包放在*greeting*目录下，它们就会被整齐地组合在一起。

将包放置在*greeting*目录下也会影响它们的导入路径。如果dansk包直接存储在*src*下，它的导入路径将是"dansk"。但是将其放在*greeting*目录中，它的导入路径就变成了"greeting/dansk"。将deutsch包移到*greeting*目录下，其导入路径变为"greeting/deutsch"。原来的greeting包在"greeting"的导入路径中仍然有效，只要它的源代码文件直接存储在*greeting*目录（而不是子目录）下。

嵌套的包目录和导入路径（续）

假设我们在*greeting*包目录下嵌套了一个deutsch包，它的代码如下：

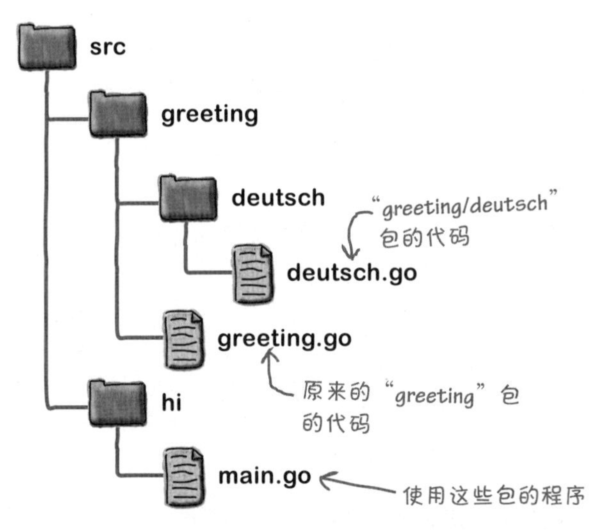


```go
package deutsch

import "fmt"

func Hallo() {
	fmt.Println("Hallo!")
}

func GutenTag() {
	fmt.Println("Guten
Tag!")
}
```

deutsch.go

让我们更新*hi/main.go*代码来也使用deutsch包。因为它嵌套在*greeting*目录下，所以需要使用"greeting/deutsch"的导入路径。但一旦它被导入，我们将只使用包名来引用它：deutsch。

```go
package main

import (
	"greeting"
	"greeting/deutsch"
)

func main() {
	greeting.Hello()
	greeting.Hi()
	deutsch.Hallo()
	deutsch.GutenTag()
}
```

像以前一样导入“greeting”包。

也导入“deutsch”包。

添加对新包的函数的调用。

main.go

与以前一样，我们通过使用**cd**命令切换到工作区目录中的*src/hi*目录来运行代码。然后，我们使用**go run main.go**来运行程序。我们将在输出中看到调用deutsch包函数的结果。

```
Shell Edit View Window Help
$ cd /Users/jay/go/src/hi
$ go run main.go
Hello!
Hi!
Hallo!
Guten Tag!
```

这是“deutsch”包的输出。

使用“go install”安装程序可执行文件

当我们使用go run时，Go必须编译程序以及它所依赖的所有包，然后才能执行。当编译完成后，它会丢弃编译后的代码。

在第1章中，我们向你展示了go build命令，该命令进行编译并把可执行二进制文件（即使没有安装Go也可以执行的文件）保存在当前目录中。但是使用太多，就会有将Go工作区与可执行程序随意地、杂乱地丢在不方便的地方的风险。

go install命令也保存编译后的可执行程序的二进制版本，但保存在定义良好、易于访问的位置：Go工作区中的*bin*目录。只需给go install指定*src*中包含可执行程序代码（即，以package main开头的*.go*文件）的目录名。程序将被编译，可执行文件将被保存在这个标准目录中。

（请确保将“src”中的目录名传递给“go install”，而不是.go文件名！默认情况下，“go install”未设置成直接处理.go文件。）

让我们尝试为*hi/main.go*程序安装一个可执行文件。和以前一样，在终端中，我们输入**go install**、空格以及在*src*目录中的文件夹名（**hi**）。同样，从哪个目录执行此操作并不重要，go工具将在*src*目录中查找该目录。

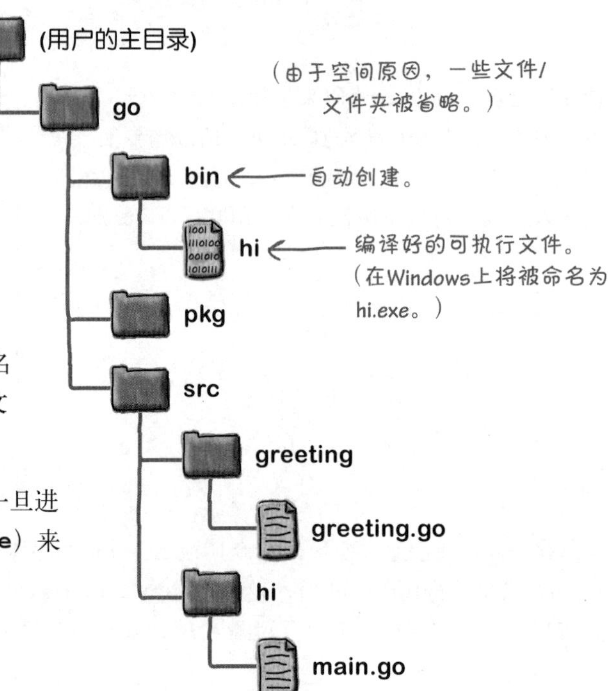

当Go看到*hi*目录中的文件包含一个package main声明时，它会知道这是一个可执行程序的代码。它将编译一个可执行文件，并将其存储在Go工作区中名为*bin*的目录中。（如果*bin*目录不存在，则会自动创建它。）

与go build命令（其以所基于的*.go*文件来命名可执行文件）不同，而go install命令则以包含代码的目录来命名可执行文件。由于我们编译了*hi*目录的内容，所以可执行文件将被命名为hi（或在Windows上是hi.exe）。

现在，你可以使用**cd**命令切换到Go工作区中的*bin*目录。一旦进入*bin*，你就可以通过输入**./hi**（或在Windows上是**hi.exe**）来运行可执行文件。

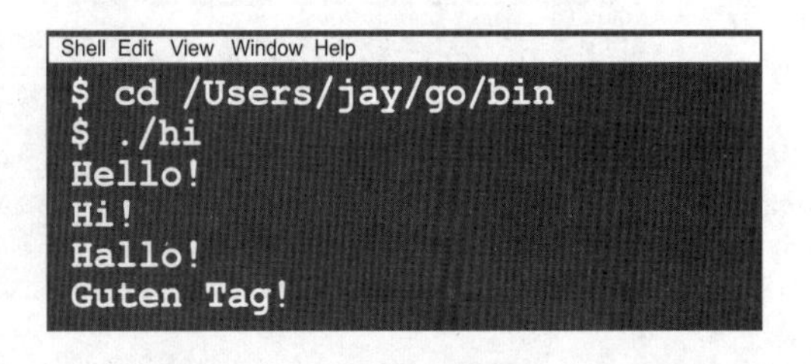

你还可以将工作区的“bin”目录添加到系统的“PATH”环境变量中。然后，就可以从系统的任何地方运行“bin”中的可执行文件了！Mac和Windows的最新的Go安装程序将会为你更新“PATH”。

使用GOPATH环境变量更改工作区

你可能会在不同的网站上看到，开发人员在讨论Go工作区时谈论"设置GOPATH"。GOPATH是一个环境变量，Go 工具会参考它来查找工作区位置。大多数Go开发人员将他们所有代码都保存在一个工作区中，并且不会更改其默认位置。但是如果你愿意，可以使用GOPATH将你的工作区转移到其他目录。

环境变量允许存储和取回值，有点像Go变量，但它是由操作系统维护的，而不是Go。你可以通过设置环境变量来配置一些程序，其中包括Go工具。

假设不是在主目录中，而是在硬盘根目录中的名为*code*的目录中设置了greeting包。现在想要运行*main.go*文件，该文件依赖于greeting。

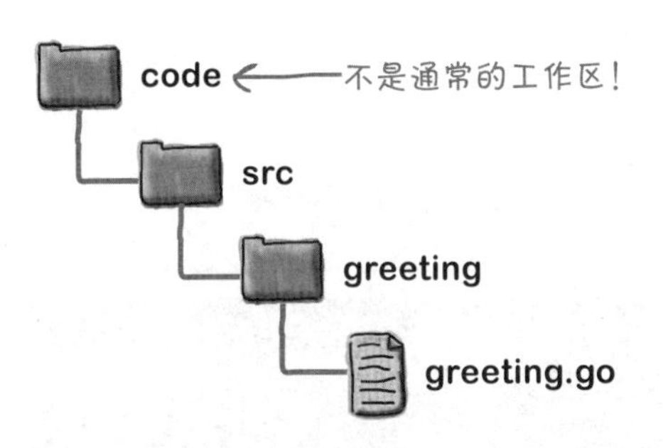


```
package main

import "greeting"

func main() {
	greeting.
Hello()
	greeting.Hi()
}
```

main.go

但是你会收到一个错误，说greeting包找不到，因为Go工具仍然会在你的主目录下的*go*目录中进行查找：

```
Shell Edit View Window Help
$ go run main.go
command.go:3:8: cannot find package "greeting" in any of:
	/usr/local/go/libexec/src/greeting (from $GOROOT)
	/Users/jay/go/src/greeting (from $GOPATH)
```

设置GOPATH

如果你的代码存储在默认目录之外的目录中，则需要配置go工具以到正确的位置进行查找。可以通过设置GOPATH环境变量来实现这一点。如何做到这一点取决于操作系统。

在Mac或Linux系统上：

可以使用export命令设置环境变量。在终端提示符处，输入：

```
export GOPATH="/code"
```

对于硬盘根目录中名为*code*的目录，需要使用“/code”的路径。如果代码位于不同的位置，可以替换成不同的路径。

在Windows系统上：

你可以使用set命令设置环境变量。在命令提示符处，输入：

```
set GOPATH="C:\code"
```

对于硬盘根目录中名为*code*的目录，需要使用“C:\code”的路径。如果代码位于不同的位置，你可以替换成不同的路径。

完成后，go run应该立即开始使用你指定的目录作为其工作区（其他Go工具也是如此）。这意味着greeting库将被找到，程序将运行！

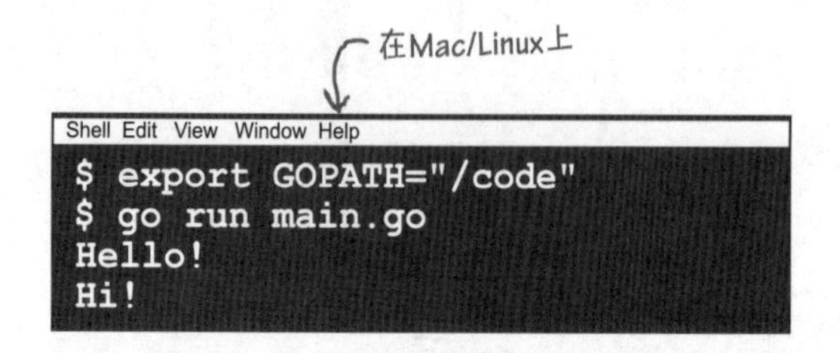

在Mac/Linux上
Shell Edit View Window Help
$ export GOPATH="/code"
$ go run main.go
Hello!
Hi!

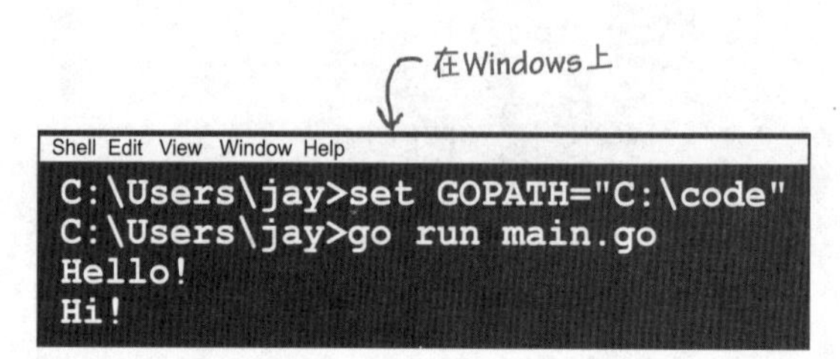

在Windows上
Shell Edit View Window Help
C:\Users\jay>set GOPATH="C:\code"
C:\Users\jay>go run main.go
Hello!
Hi!

注意，上面的方法只会为当前终端/命令提示符窗口设置GOPATH。你需要为每个打开的新窗口重新设置它。但是，如果你愿意，也有方法可以永久地设置环境变量。每个操作系统的方法都不一样，因此我们没有足够的空间来研究它们。如果在你喜欢的搜索引擎中输入“environment variables”，后跟操作系统的名称，那么搜索结果应该会包括一些有用的操作指南。

发布包

我们从keyboard包中得到了如此多的使用，我们想知道其他人是否也会发觉它很有用。

```
package keyboard

import (
	"bufio"
	"os"
	"strconv"
	"strings"
)

func GetFloat() (float64, error) {
	// GetFloat code here...
}
```

(用户的主目录)
go
src
keyboard
keyboard.go

让我们在GitHub（一个流行的代码共享网站）上创建一个存储库来保存代码。这样，其他开发人员就可以下载并在自己的项目中使用它！我们的GitHub用户名是headfirstgo，我们将存储库命名为*keyboard*，所以其URL是：

https://github.com/headfirstgo/keyboard

我们只将*keyboard.go*文件上传到存储库，而不将其嵌套在任何目录中。

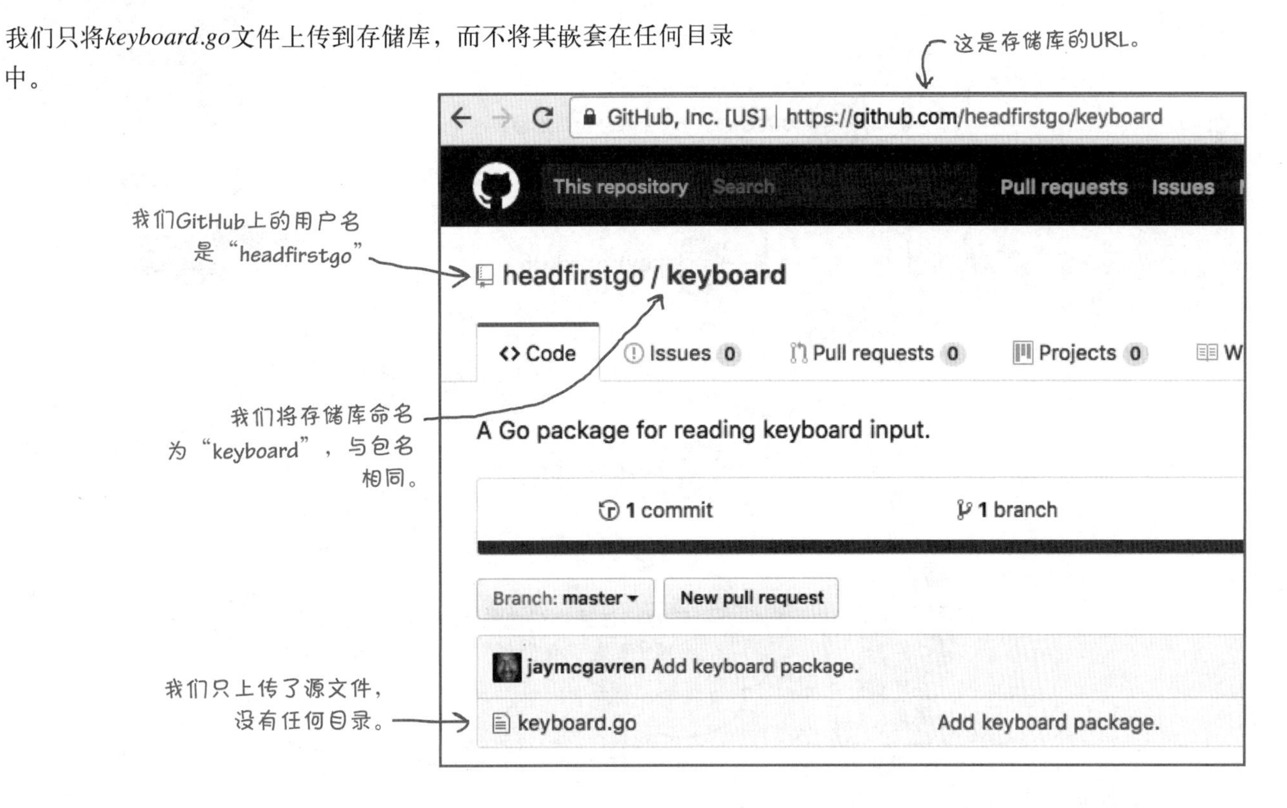

发布包（续）

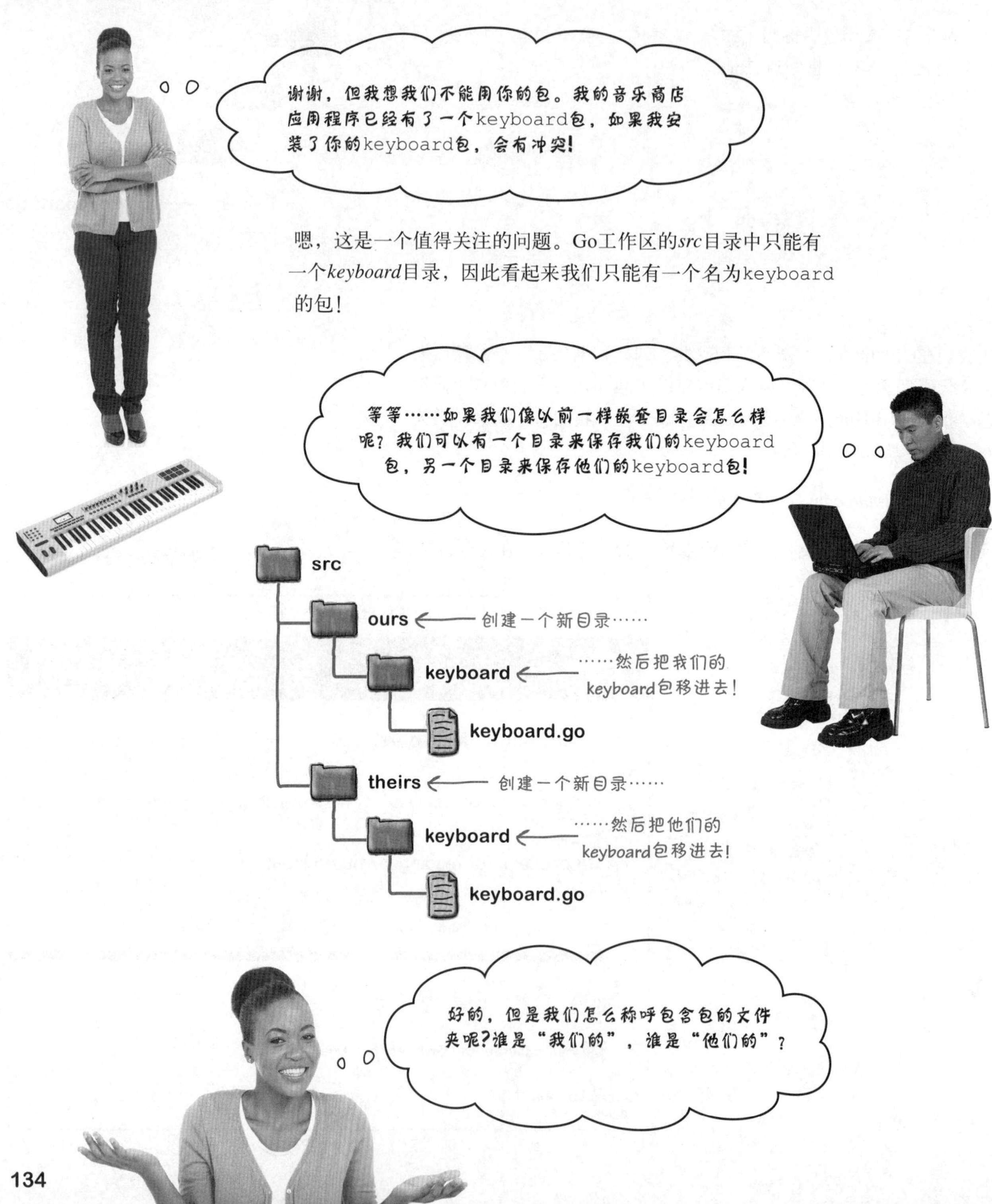

谢谢，但我想我们不能用你的包。我的音乐商店应用程序已经有了一个keyboard包，如果我安装了你的keyboard包，会有冲突！
嗯，这是一个值得关注的问题。Go工作区的src目录中只能有一个keyboard目录，因此看起来我们只能有一个名为keyboard的包！
等等……如果我们像以前一样嵌套目录会怎么样呢？我们可以有一个目录来保存我们的keyboard包，另一个目录来保存他们的keyboard包！
src
ours
创建一个新目录……
keyboard
……然后把我们的keyboard包移进去！
keyboard.go
theirs
创建一个新目录……
keyboard
……然后把他们的keyboard包移进去！
keyboard.go
好的，但是我们怎么称呼包含包的文件夹呢？谁是“我们的”，谁是“他们的”？

发布包（续）

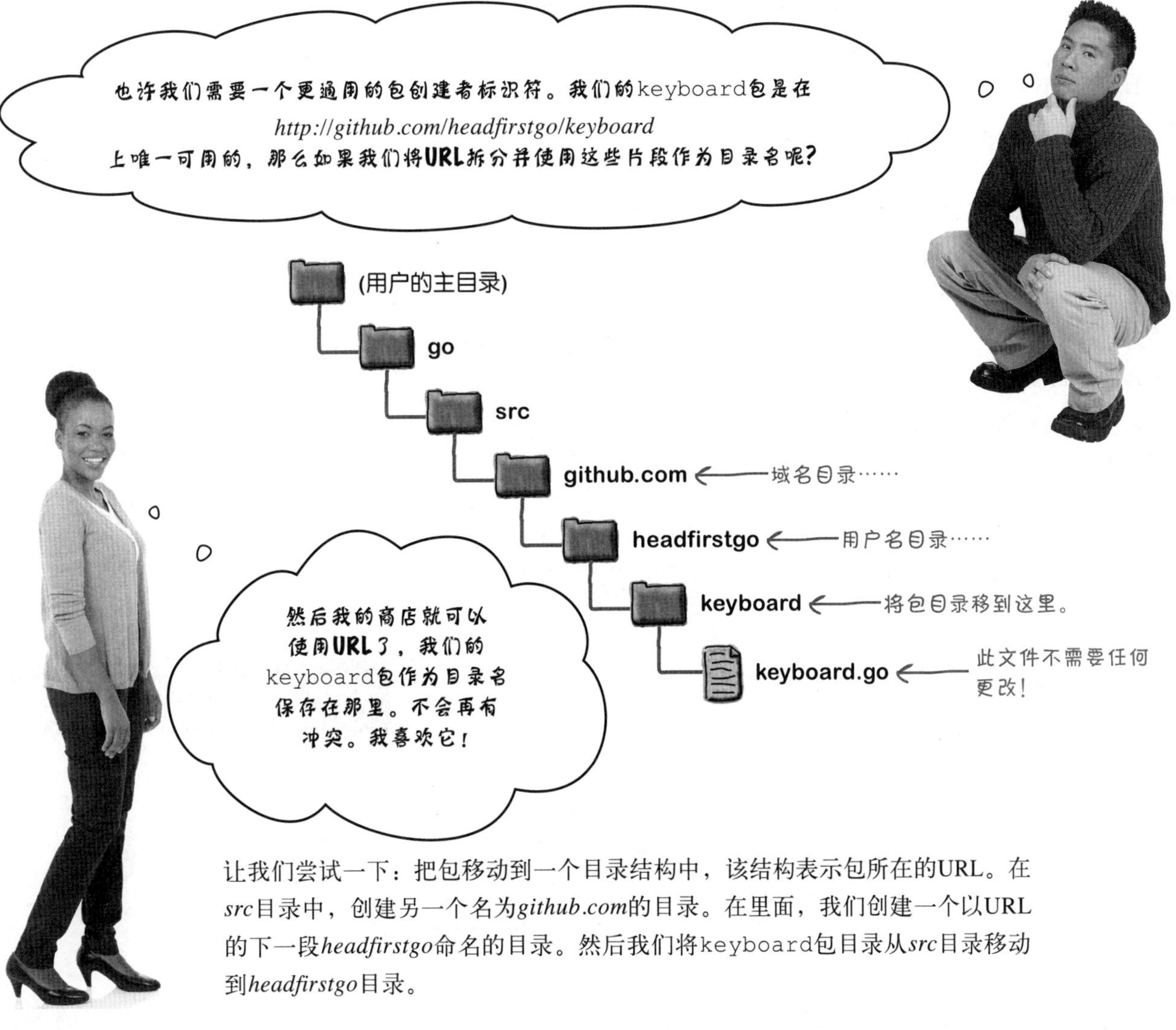

也许我们需要一个更通用的包创建者标识符。我们的keyboard包是在
http://github.com/headfirstgo/keyboard
上唯一可用的，那么如果我们将URL拆分并使用这些片段作为目录名呢？
(用户的主目录)
go
src
github.com
域名目录……
headfirstgo
用户名目录……
keyboard
将包目录移到这里。
keyboard.go
此文件不需要任何更改！
然后我的商店就可以使用URL了，我们的keyboard包作为目录名保存在那里。不会再有冲突。我喜欢它！

让我们尝试一下：把包移动到一个目录结构中，该结构表示包所在的URL。在*src*目录中，创建另一个名为*github.com*的目录。在里面，我们创建一个以URL的下一段*headfirstgo*命名的目录。然后我们将keyboard包目录从*src*目录移动到*headfirstgo*目录。

虽然将包移动到新的子目录中会更改其导入路径，但不会更改包名。由于包本身只包含对名称的引用，所以我们不需要对包代码做任何更改！

```
package keyboard

import (
	"bufio"
	"os"
	"strconv"
	"strings"
)

// More keyboard.go code here...
```

包名没有改变，所以我们不必更改包代码

keyboard.go

发布包（续）

不过，我们需要更新依赖于包的程序，因为包导入路径已经更改。因为我们用包所在的URL部分来命名每个子目录，所以我们新的导入路径看起来很像这个URL：

```
"github.com/headfirstgo/keyboard"
```

我们只需要更新每个程序中的import语句。由于包名相同，剩下的代码中对包的引用将保持不变。

进行了这些更改后，所有依赖于keyboard包的程序都应该恢复正常工作。

```
// pass_fail reports whether a grade is passing or failing.
package main

import (
	"fmt"
	"github.com/headfirstgo/keyboard"   ← 更新导入路径。
	"log"
)

func main() {
	fmt.Print("Enter a grade: ")
	grade, err := keyboard.GetFloat()
	if err != nil {              ↑ 不需要更改：包名是相同的。
		log.Fatal(err)
	}
	// More code here...
}
```

```
Enter a grade: 89.7
A grade of 89.7 is passing
```

```
// tocelsius converts a temperature...
package main

import (
	"fmt"
	"github.com/headfirstgo/keyboard"   ← 更新导入路径。
	"log"
)

func main() {
	fmt.Print("Enter a temperature in Fahrenheit: ")
	fahrenheit, err := keyboard.GetFloat()
	if err != nil {              ↑ 不需要更改：包名是相同的。
		log.Fatal(err)
	}
	// More code here...
}
```

```
Enter a temperature in Fahrenheit: 98.6
37.00 degrees Celsius
```

顺便说一下，我们希望通过使用域名和路径来确保包导入路径是唯一的，但是我们并没有真正做到这一点。Go社区从一开始就将其用作包命名标准。类似的想法已经在像Java这样的语言中使用了几十年。

使用“go get”下载和安装包

使用包所在的URL作为导入路径还有另一个好处。go工具还有一个名为go get的子命令，它可以自动为你下载和安装包。

我们已经为之前展示过的greeting包建立了一个Git存储库，URL是：

https://github.com/headfirstgo/greeting

这意味着，在任何一台安装了Go的计算机上，你都可以在终端上输入：

```
go get github.com/headfirstgo/greeting
```

go get后面跟着存储库URL，但是“模式”部分（“https://”）被去掉了。go工具将连接到*github.com*，在*/headfirstgo/greeting*路径下载Git存储库，并将其保存在Go工作区的*src*目录中。（注意：如果你的系统没有安装Git，则在运行go get命令时会提示你安装它。只需按照屏幕上的说明操作即可。go get命令还可以用于Subversion、Mercurial和Bazaar存储库。）

（注意：在安装Git之后，“go get”可能仍然无法找到它。如果发生这种情况，请尝试关闭旧的终端或命令提示窗口，然后打开一个新窗口。）

go get命令将自动创建为设置合适的导入路径所需的任何子目录（*github.com*目录、*headfirstgo*目录等）。保存在*src*目录中的包如下所示：

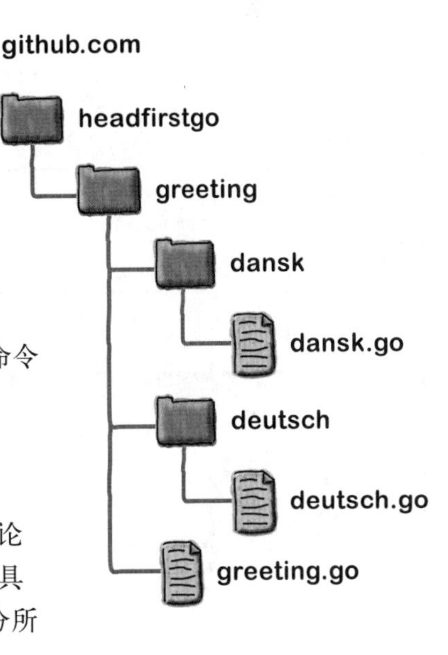

包保存在Go工作区中后，就可以在程序中使用了。你可以用如下的import语句在程序中使用greeting、dansk和deutsch包：

```
import (
	"github.com/headfirstgo/greeting"
	"github.com/headfirstgo/greeting/dansk"
	"github.com/headfirstgo/greeting/deutsch"
)
```

go get命令也适用于其他包。如果你还没有之前展示过的keyboard包，此命令将安装它：

```
go get github.com/headfirstgo/keyboard
```

事实上，go get命令适用于已经在主机服务上进行了正确设置的任何包，无论其创建者是谁。你所需要做的就是运行go get并给它提供包导入路径。该工具将查看与主机地址对应的路径部分，连接到该主机，并在导入路径的其余部分所表示的URL处下载包。这使得使用其他开发人员的代码变得非常容易！

我们已经用一个名为mypackage的简单包设置了一个Go工作区。完成下面的程序来导入mypackage并调用其MyFunction函数。

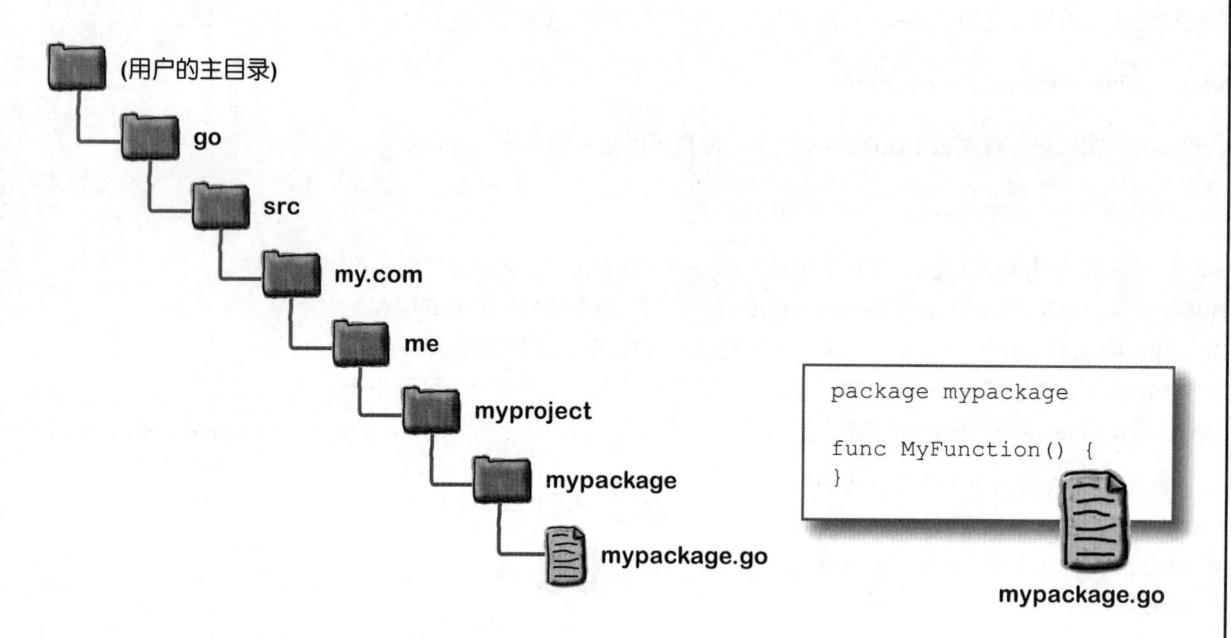

你的代码在这里：

```
package main

import ______________________________

func main() {

     __________________
}
```

答案在第147页。

使用“go doc”阅读包文档

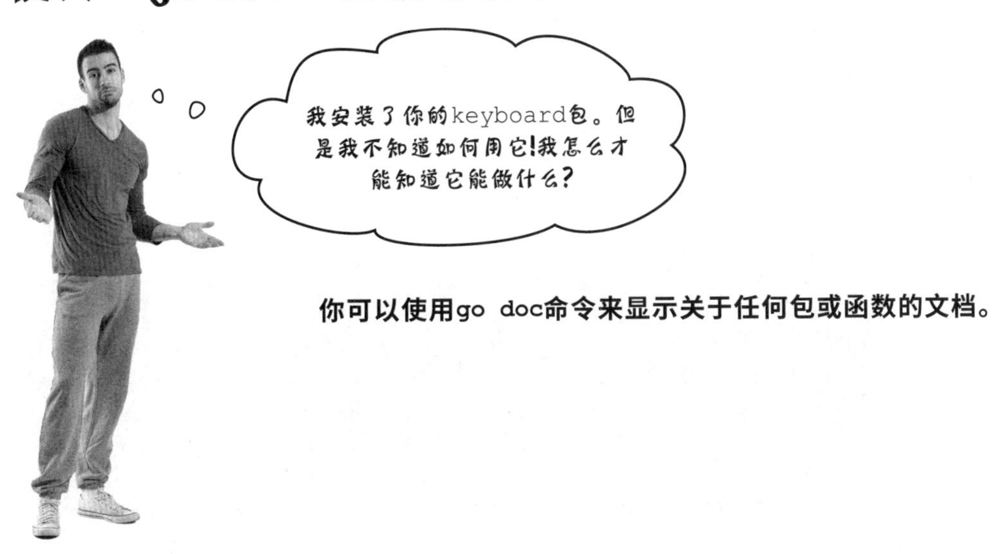

我安装了你的keyboard包。但是我不知道如何用它!我怎么才能知道它能做什么?

你可以使用go doc命令来显示关于任何包或函数的文档。

你可以通过将包的导入路径传递到go doc来获得包的文档。例如，我们可以通过运行go doc strconv获得关于strconv包的信息。

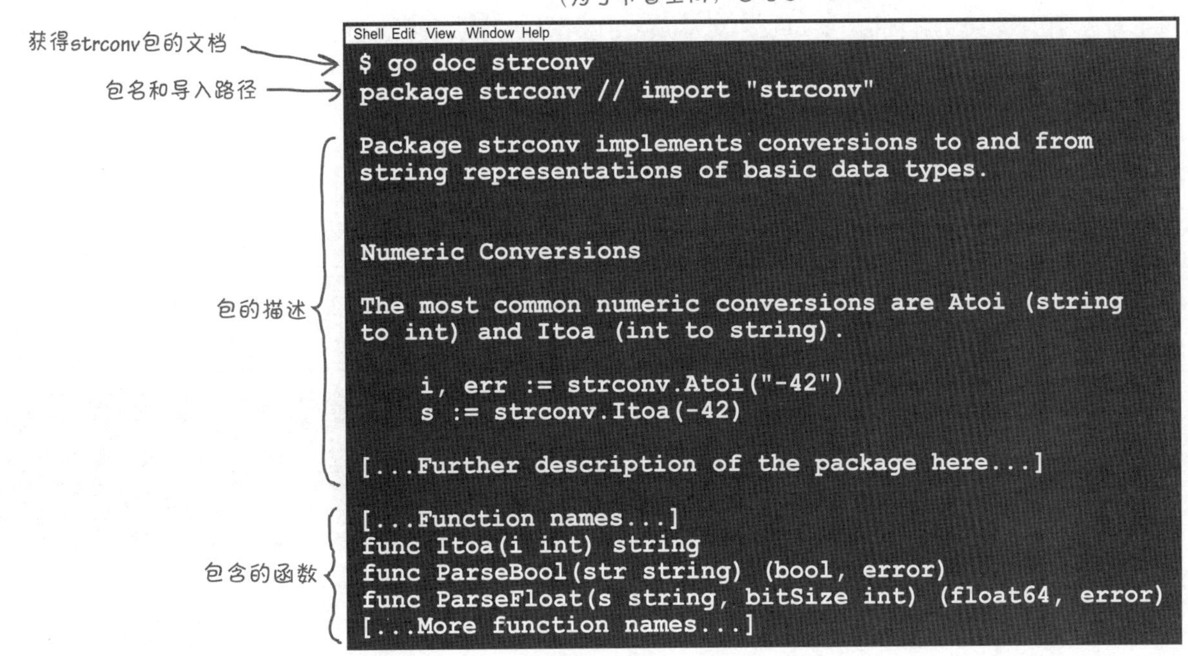

输出包括包名和导入路径（在本例中是相同的）、包的整体描述以及包输出的所有函数的列表。

使用"go doc"阅读包文档（续）

通过在包名后面提供函数名，你还可以使用go doc获取关于特定函数的详细信息。假设我们在strconv包的函数列表中看到ParseFloat函数，我们想了解更多关于它的信息。我们可以使用go doc strconv ParseFloat来调出它的文档。

你将得到一个函数及其功能的描述：

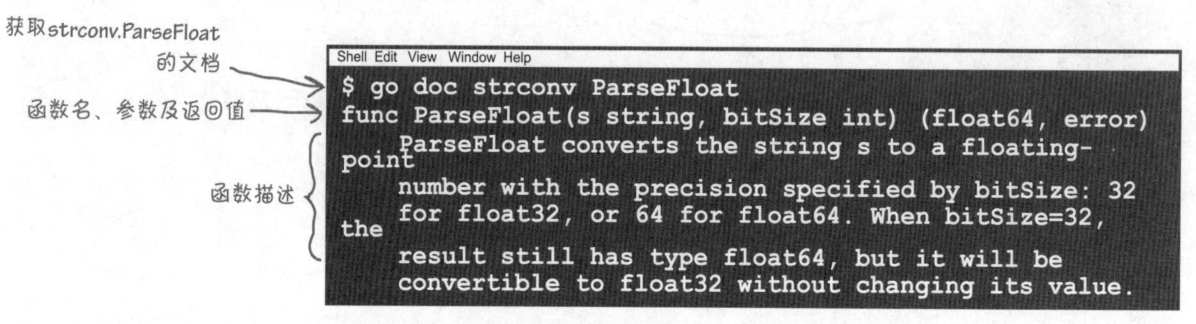

获取strconv.ParseFloat的文档
函数名、参数及返回值
函数描述
Shell Edit View Window Help
$ go doc strconv ParseFloat
func ParseFloat(s string, bitSize int) (float64, error)
ParseFloat converts the string s to a floating-point
number with the precision specified by bitSize: 32
for float32, or 64 for float64. When bitSize=32, the
result still has type float64, but it will be
convertible to float32 without changing its value.

第一行看起来就像代码中的函数声明。它包括函数名，后面跟着圆括号，其中包含函数所接受的参数的名称和类型（如果有的话）。如果有任何返回值，这些值将出现在参数之后。

接下来是对函数功能的详细描述，以及开发人员使用该函数所需的任何其他信息。

我们可以用同样的方法获取keyboard包的文档，方法是向go doc提供其导入路径。让我们看看是否有什么可以帮助我们的潜在用户。从终端运行：

```
go doc github.com/headfirstgo/keyboard
```

go doc工具能够从代码中获取包名和导入路径等基本信息。但是没有包的描述，所以没有多大帮助。

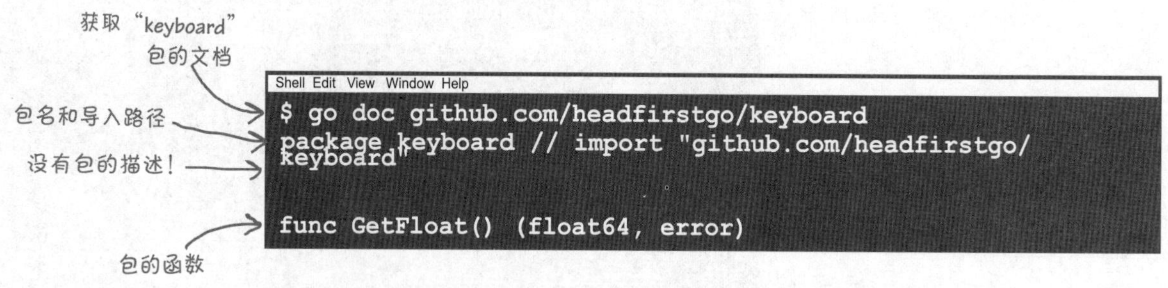

对GetFloat函数的查询也没有给我们提供描述信息：

使用doc注释记录包

go doc工具通过检查代码，努力向其输出中添加有用的信息。为你添加包名和导入路径。函数名、参数和返回类型也是如此。

但go doc并不是那么神奇。如果希望用户看到有关包或函数目的的文档，则需要你自己添加。

幸运的是，这很容易做到：只需在代码中添加文档注释。直接出现在package子句或函数声明之前的普通Go注释被视为文档注释，将显示在go doc的输出中。

让我们尝试为keyboard包添加文档注释。在*keyboard.go*文件的顶部，紧挨着package行的前面，我们将添加一条注释来描述包的功能。在GetFloat声明之前，我们将添加几行注释来描述该函数。

在“package”行之前添加普通注释行。

```
// Package keyboard reads user input from the keyboard.
package keyboard

import (
	"bufio"
	"os"
	"strconv"
	"strings"
)
```

在函数声明之前添加普通注释行。

```
// GetFloat reads a floating-point number from the keyboard.
// It returns the number read and any error encountered.
func GetFloat() (float64, error) {
	// No changes to GetFloat code
}
```

下次我们运行包的go doc时，它将在package行之前找到注释并将其转换为包描述。当我们为GetFloat函数运行go doc时，我们将看到基于我们在GetFloat声明之上所添加的注释行的描述。

包的描述

```
File Edit Window Help
$ go doc github.com/headfirstgo/keyboard
package keyboard // import "github.com/headfirstgo/keyboard"

Package keyboard reads user input from the keyboard.

func GetFloat() (float64, error)
```

函数描述

```
File Edit Window Help
$ go doc github.com/headfirstgo/keyboard GetFloat
func GetFloat() (float64, error)
    GetFloat reads a floating-point number from the
    keyboard. It returns the number read and any error
    encountered.
```

使用doc注释记录包（续）

能够通过go doc来显示文档使安装包的开发人员感到高兴。

啊，正是我需要的！这个文档可以让我满怀信心地使用你的代码！

而且文档注释也让开发包代码的开发人员感到高兴!这些是普通的注释，所以很容易添加，并且在对代码进行更改时，你可以轻松地参考它们。

包注释

```
// Package keyboard reads user input from the keyboard.
package keyboard

import (
	"bufio"
	"os"
	"strconv"
	"strings"
)
```

函数注释

```
// GetFloat reads a floating-point number from the keyboard.
// It returns the number read and any error encountered.
func GetFloat() (float64, error) {
	// GetFloat code here
}
```

添加文档注释时，需要遵循一些惯例：

- 注释应该是完整的句子。
- 包注释应以“Package”开头，后跟包名：

  ```
  // Package mypackage enables widget management.
  ```

- 函数注释应以它们描述的函数的名称开头：

  ```
  // MyFunction converts widgets to gizmos.
  ```

- 你可以通过缩进在注释中包含代码示例。
- 除了代码示例的缩进，不要为了强调或格式化添加额外的标点符号。文档注释将显示为纯文本，并应以这种方式进行格式化。

在Web浏览器中查看文档

如果你更习惯使用Web浏览器而不是终端，那么还有其他方法可以查看包文档。

最简单的方法是在你最喜欢的搜索引擎中输入“golang”，后面跟着你想要的包的名称。（“golang”通常用于与Go语言相关的网络搜索，因为“go”这个词太常见了，所以不能用来过滤不相关的结果。）如果我们想要fmt包的文档，我们可以搜索“golang fmt”：

结果应该包括提供HTML格式Go文档的站点。如果你在Go标准库（比如fmt）中搜索一个包，最靠前的结果之一可能来自*golang.org*，这是一个由Go开发团队运行的站点。文档的内容与go doc工具的输出大致相同，包括包名、导入路径和描述。

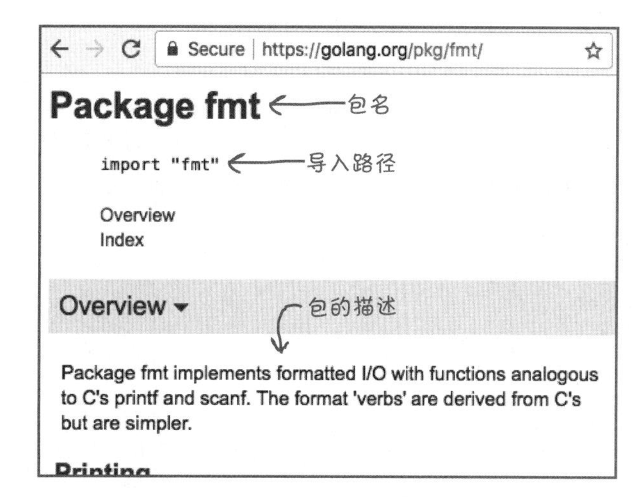

HTML文档的一个主要优点是，包函数列表中的每个函数名都是指向函数文档的一个方便的可点击链接。

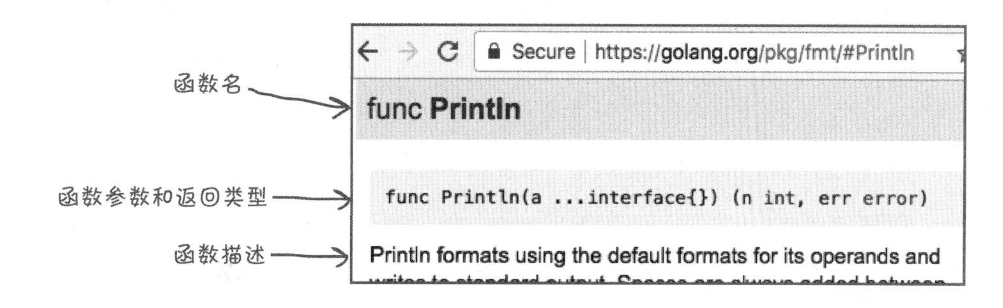

但是内容和你在终端上运行go doc时看到的是一样的。这都是基于代码中相同的简单文档注释。

使用“godoc”提供HTML文档

*golang.org*网站文档部分的驱动软件也可以在你的计算机上使用。这是一个名为godoc的工具（不要与go doc命令混淆），它与Go一起自动安装。godoc工具根据主要的Go安装和工作区中的代码生成HTML文档。它包括一个可以与浏览器共享结果页面的Web服务器。（不用担心，使用默认设置时，godoc不会接受来自除你自己之外的任何计算机的连接。）

要在Web服务器模式下运行godoc，我们将在终端中输入godoc命令（同样，不要将其与go doc混淆），然后输入一个特殊选项：-http=:6060。

运行godoc Web服务器

```
$ godoc -http=:6060
```

然后，在godoc运行的情况下，你可以输入URL：

```
http://localhost:6060/pkg
```

……进入Web浏览器的地址栏，然后按<Enter>。你的浏览器将连接到你自己的计算机，godoc服务器将以HTML页面进行响应。你将看到机器上安装的所有包的列表。

输入这个URL

http://localhost:6060/pkg/

Standard library

Name	Synopsis
archive	
tar	Package tar implements access
zip	Package zip provides support fo
bufio	Package bufio implements buffe another object (Reader or Write and some help for textual I/O.
builtin	Package builtin provides docum
bytes	Package bytes implements func

到包文档的链接

列表中的每个包名都是指向该包文档的链接。点击它，你将看到与在*golang.org*上相同的包文档。

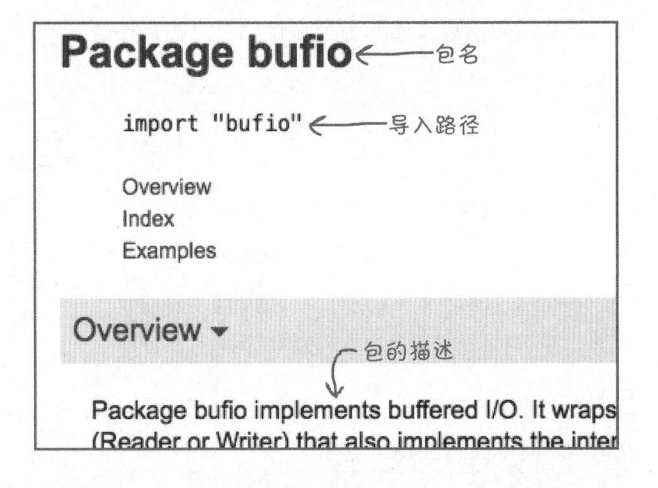

"godoc"服务器包含你的包

如果进一步滚动本地godoc服务器的包列表，我们将看到一些有趣的东西:我们的keyboard包!

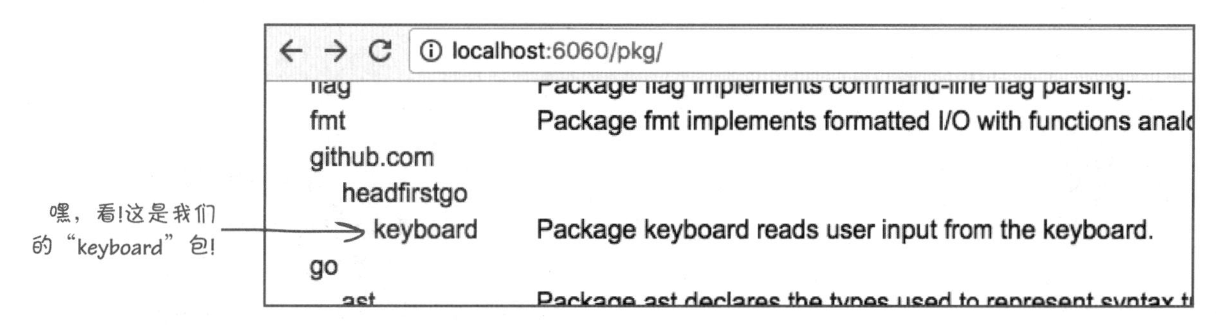
localhost:6060/pkg/
fmt
Package fmt implements formatted I/O with functions analo
github.com
headfirstgo
keyboard
Package keyboard reads user input from the keyboard.
go
嘿，看!这是我们的"keyboard"包!

除了来自Go标准库的包之外，godoc工具还为Go工作区中的任何包构建HTML文档。这些包可能是你安装的第三方的包，也可能是你自己编写的包。

单击*keyboard*链接，你将进入包文档。这些文档将包含来自我们代码的任何文档注释!

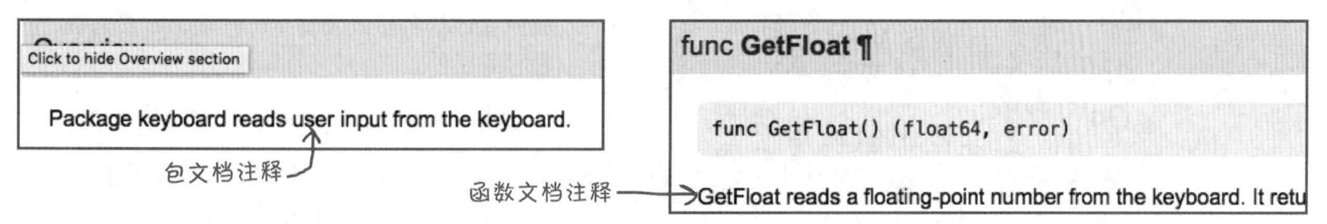
Click to hide Overview section
Package keyboard reads user input from the keyboard.
包文档注释
func GetFloat ¶
func GetFloat() (float64, error)
函数文档注释
GetFloat reads a floating-point number from the keyboard. It retu

当你准备停止godoc服务器时，返回到终端窗口，然后按住<Ctrl>键并按<C>。你将返回到系统提示符。

File Edit Window Help
$ godoc -http=:6060
^C
$
按<Ctrl-C>停止godoc。

Go使文档化包变得很容易，这使包更容易共享，从而使其他开发人员更容易使用它们。这只是使包成为一种很好的共享代码方式的又一个特性!

你的Go工具箱

这是第4章的内容！你已将包添加到工具箱中。

函数
类型
条件
循环
函数声明
指针
包
Go工作区是计算机上保存Go代码的一个特殊目录。
通过在工作区中创建包含一个或多个源代码文件的目录，可以为程序设置一个要使用的包。

要点

- 默认情况下，工作区目录是用户主目录中名为*go*的目录。
- 通过设置GOPATH环境变量，可以使用另一个目录作为工作区。
- Go在工作区中使用三个子目录：*bin*目录保存编译过的可执行程序；*pkg*目录保存编译过的包代码；*src*目录保存Go源代码。
- *src*目录中的目录名用于构成包的导入路径。嵌套的目录名在导入路径中用/字符分隔。
- 包名由包目录中源代码文件顶部的`package`子句确定。除了`main`包之外，包名应该与包含它的目录名相同。
- 包名应该都是小写的，理想情况下由一个单词组成。
- 包的函数只有在导出后才能从包外部调用。如果函数的名称以大写字母开头，则该函数是可导出的。
- 常量是指一个永远不会改变的值的名称。
- `go install`命令编译包的代码，并将其存储在通用包的*pkg*目录或可执行程序的*bin*目录中。
- 一个常见的约定是使用包所在的URL作为其导入路径。这样在只提供包的导入路径的情况下`go get`工具就可以查找、下载和安装包。
- `go doc`工具显示包的文档。代码中的文档注释也包含在`go doc`的输出中。

拼图板答案

你的工作是从池中提取代码段，并将它们放入空白行中。同一代码段只能使用一次，你也不需要使用所有的代码段。你的目标是在Go工作区中设置一个calc包，以便可以在*main.go*中使用calc的函数。

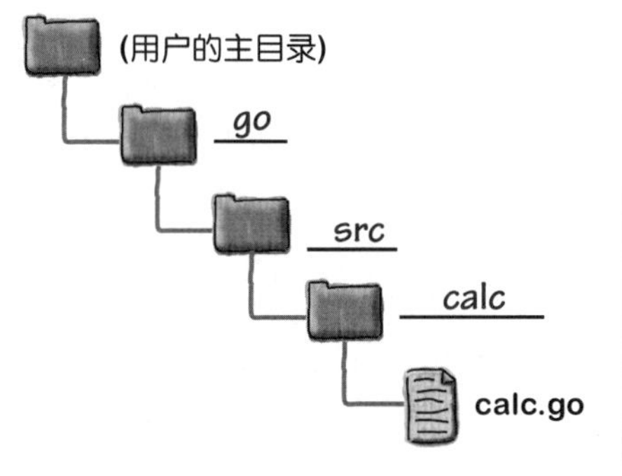


```
package calc
        确保名称的首字母是大写，这样函数是可导出的！
func Add(first float64, second float64) float64 {
        return first + second
}
        确保名称的首字母是大写，这样函数是可导出的！
func Subtract(first float64, second float64) float64
{
        return first - second
}
```

calc.go

```
package main

import (
        "calc"
        "fmt"
)

func main() {
        fmt.Println(calc.Add(1, 2))
        fmt.Println(calc.Subtract(7, 3))
}
```

main.go

输出

```
3
4
```

我们已经用一个名为mypackage的简单包设置了一个Go工作区。完成下面的程序来导入mypackage并调用其MyFunction函数。

```
package mypackage

func MyFunction() {
}
```

mypackage.go

```
package main

import "my.com/me/myproject/mypackage"

func main() {
        mypackage.MyFunction()
}
```

5 列表

数组

很多程序都处理列表。地址列表、电话号码列表、产品列表。Go有两种内置的存储列表的方法。本章将介绍第一种：数组。你将了解如何创建数组，如何用数据填充数组，以及如何重新获取这些数据。然后你将学习如何处理数组中的所有元素，首先是使用`for`循环的困难些的方法，然后是使用`for...range`循环的简单些的方法。

数组保存值的集合

当地一家餐馆的老板有个问题。他需要知道下周要订多少牛肉。如果订得太多，多余的就会浪费掉。如果订得不够的话，就得告诉顾客不能做他们喜欢吃的菜。

他保存了前三周用了多少肉的数据。

他需要一个程序来告诉他需要订购多少。

周A:
71.8磅

周B:
56.2磅

周C:
89.5磅

(1磅≈0.45359千克)

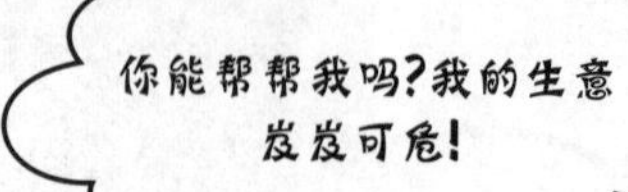

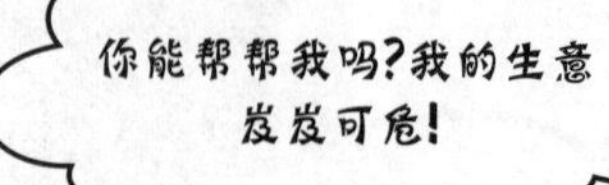

这应该很简单：我们可以通过把三个量相加，然后除以3来计算平均值。平均值应该能提供很好的订货数量的预估。

(周A + 周B + 周C) ÷ 3 = 平均值

第一个问题是存储样本值。声明三个单独的变量是一件痛苦的事情，如果我们以后想要对更多的值进行平均，就更痛苦了。但是，和大多数编程语言一样，Go提供了一种非常适合这种情况的数据结构……

数组是所有共享同一类型的值的集合。可以把它想象成一个有隔间的药盒——你可以从每个隔间分别储存和取回药片，但也可以很容易把容器作为一个整体运输。

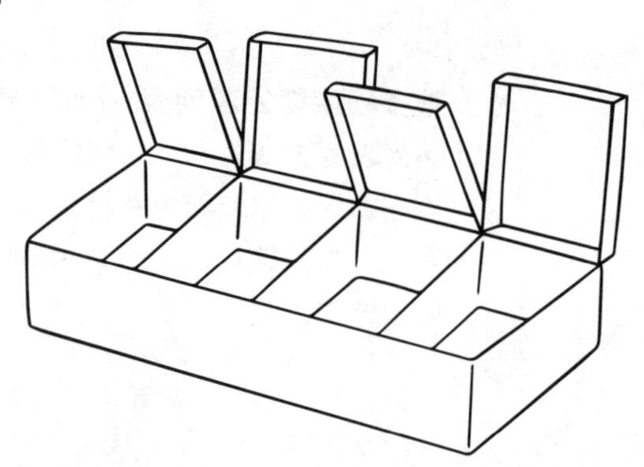

数组中包含的值称为它的元素。你可以有一个字符串数组、一个布尔数组或任何其他Go类型的数组（甚至数组的数组）。你可以将整个数组存储在单个变量中，然后访问数组中所需要的任何元素。

数组保存值的集合（续）

数组保存特定数量的元素，不能增长或收缩。要声明保存数组的变量，需要在方括号（[]）中指定它所保存的元素数量，后跟数组所保存的元素类型。

数组中将保存的元素数

数组中将保存的元素类型

```
var myArray [4]string
```

要设置数组元素的值或稍后检索值，你需要一种方法来指定你指的是哪个元素。数组中的元素从0开始编号。一个元素的编号称为其索引。

索引0
索引1
索引2
索引3

例如，如果你想用音阶上的音符名称组成一个数组，那么第一个音符将被指定为索引0，第二个音符将被指定为索引1，依此类推。索引在方括号中指定。

创建一个由7个字符串组成的数组。

```
var notes [7]string
notes[0] = "do"   ← 给第一个元素赋值。
notes[1] = "re"   ← 给第二个元素赋值。
notes[2] = "mi"   ← 给三个元素赋值。
fmt.Println(notes[0])   ← 打印第一个元素。
fmt.Println(notes[1])   ← 打印第二个元素。
```

```
do
re
```

这是一个整型数组：

创建一个由5个整数组成的数组。

```
var primes [5]int
primes[0] = 2   ← 给第一个元素赋值。
primes[1] = 3   ← 给第二个元素赋值。
fmt.Println(primes[0])   ← 打印第一个元素。
```

```
2
```

以及time.Time值的数组：

```
var dates [3]time.Time   ← 创建一个由3个Time值组成的数组。
dates[0] = time.Unix(1257894000, 0)   ← 给第一个元素赋值。
dates[1] = time.Unix(1447920000, 0)   ← 给第二个元素赋值。
dates[2] = time.Unix(1508632200, 0)   ← 给第三个元素赋值。
fmt.Println(dates[1])   ← 打印第二个元素。
```

```
2015-11-19 08:00:00 +0000 UTC
```

数组中的零值

与变量一样，当创建一个数组时，它所包含的所有值都初始化为该数组所保存类型的零值。所以默认情况下，一个int值数组用0填充：

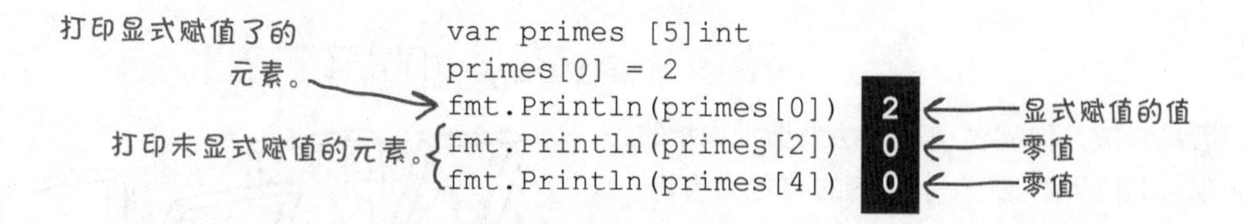

然而，字符串的零值是一个空字符串，因此默认情况下，一个字符串值数组用空字符串填充：

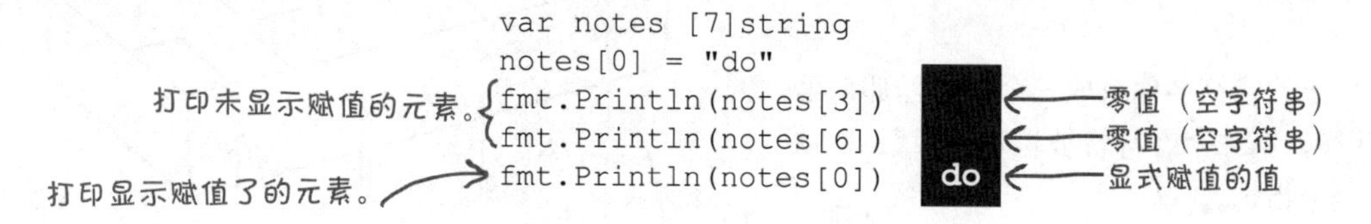

零值可以使操作数组元素变得安全，即使你没有显式地为其赋值。例如，这里有一个整数计数器数组。我们可以在不首先显式赋值的情况下给它们中的任何一个增值，因为我们知道它们都将是从0开始的。

```
var counters [3]int
counters[0]++   ← 将第一个元素从0增加到1。
counters[0]++   ← 将第一个元素从1增加到2。
counters[2]++   ← 将第三个元素从0增加到1。
fmt.Println(counters[0], counters[1], counters[2])
```

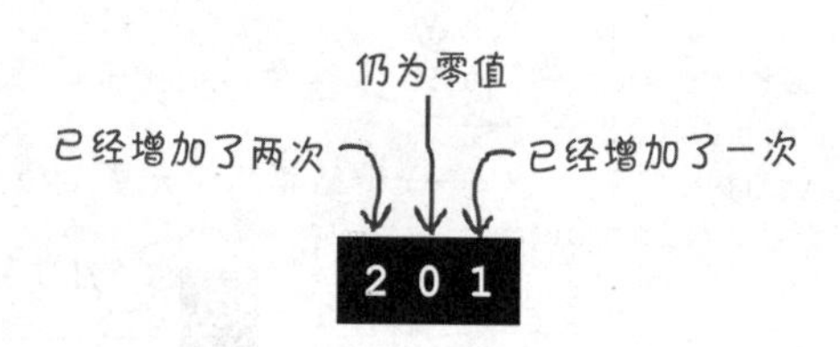

创建数组时，它所包含的所有值都初始化为数组所保存类型的零值。

数组字面量

如果事先知道数组应该保存哪些值，可以使用数组字面量来初始化数组。数组字面量的开头与数组类型类似，其元素的数量将放在方括号中，后跟元素的类型。再后面跟着大括号，里面是每个元素应该具有的初始值列表。元素值应该用逗号分隔。

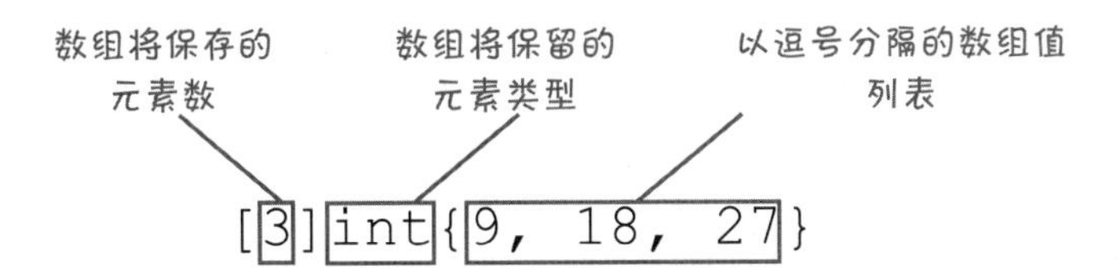

这些示例与我们前面展示的示例一样，只不过不是逐个为数组元素赋值，而是使用数组字面量初始化整个数组。

```
var notes [7]string = [7]string{"do", "re", "mi", "fa", "so", "la", "ti"} ← 使用数组字面量赋值
fmt.Println(notes[3], notes[6], notes[0])
var primes [5]int = [5]int{2, 3, 5, 7, 11} ← 使用数组字面量赋值
fmt.Println(primes[0], primes[2], primes[4])
```

```
fa ti do
2 5 11
```

使用数组字面量也允许使用:=进行短变量声明。

```
       短变量声明
notes := [7]string{"do", "re", "mi", "fa", "so", "la", "ti"}
primes := [5]int{2, 3, 5, 7, 11}
       短变量声明
```

可以将数组字面量分散到多行上，但是你必须在代码中的每个换行字符前使用逗号。如果数组字面量的最后一项后面跟着的是换行符，你甚至需要在其后面跟一个逗号。（这种风格刚开始看起来很别扭，但它使以后向代码中添加更多元素变得更容易。）

```
text := [3]string{ ← 这都是一个数组。
       "This is a series of long strings",
       "which would be awkward to place",
       "together on a single line", ← 末尾的逗号是必需的。
}
```

下面是一个程序，它声明了几个数组并打印出它们的元素。写下程序的输出是什么。

```
package main

import "fmt"

func main() {
	var numbers [3]int
	numbers[0] = 42
	numbers[2] = 108
	var letters = [3]string{"a", "b", "c"}
	                                        输出:

	fmt.Println(numbers[0])   ..........

	fmt.Println(numbers[1])   ..........

	fmt.Println(numbers[2])   ..........

	fmt.Println(letters[2])   ..........

	fmt.Println(letters[0])   ..........

	fmt.Println(letters[1])   ..........
}
```

答案在第173页。

"fmt"包中的函数知道如何处理数组

当你只是想尝试调试代码时，不必逐个将数组元素传递给fmt包中的Println和其他函数。只需传递整个数组。fmt包中有为你做格式化和打印数组的逻辑。（fmt包还可以处理切片、映射和稍后将看到的其他数据结构。）

```
var notes [3]string = [3]string{"do", "re", "mi"}
var primes [5]int = [5]int{2, 3, 5, 7, 11}
fmt.Println(notes)
fmt.Println(primes)
```

将整个数组传递给fmt.Println。

```
[do re mi]
[2 3 5 7 11]
```

你可能还记得Printf和Sprintf函数使用的"%#v"动词，它将按照在Go代码中显示的方式格式化值。当用"%#v"格式化时，数组在结果中显示为Go数组字面量。

```
fmt.Printf("%#v\n", notes)
fmt.Printf("%#v\n", primes)
```

按照在Go代码中显示的方式格式化数组。

```
[3]string{"do", "re", "mi"}
[5]int{2, 3, 5, 7, 11}
```

在循环里访问数组元素

你不必显式地编写代码中要访问的数组元素的整数索引。还可以使用整型变量中的值作为数组索引。

```
notes := [7]string{"do", "re", "mi", "fa", "so", "la", "ti"}
index := 1
fmt.Println(index, notes[index]) ←——打印索引1处的数组元素!
index = 3
fmt.Println(index, notes[index]) ←——打印索引3处的数组元素!
```

```
1 re
3 fa
```

这意味着你可以使用for循环来处理数组元素之类的操作。循环遍历数组中的索引，并使用循环变量访问当前索引处的元素。

```
notes := [7]string{"do", "re", "mi", "fa", "so", "la", "ti"}
for i := 0; i <= 2; i++ { ←——循环访问索引0、1和2。
	fmt.Println(i, notes[i])
}
```

↑ 打印当前索引处的元素。

```
0 do
1 re
2 mi
```

在使用变量访问数组元素时，需要注意使用的索引值。如前所述，数组包含特定数量的元素。试图访问数组外的索引会导致**panic**，这是在程序运行时（而不是编译时）发生的错误。

数组只有7个元素。

```
notes := [7]string{"do", "re", "mi", "fa", "so", "la", "ti"}

for i := 0; i <= 7; i++ { ←——循环访问至索引7（第8个元素），但其不存在!
	fmt.Println(i, notes[i])
}
```

通常，panic会导致程序崩溃并向用户显示错误消息。不用说，panic应该尽可能地避免。

访问索引0到6。

访问索引7导致panic!

```
0 do
1 re
2 mi
3 fa
4 so
5 la
6 ti
panic: runtime error: index out of range

goroutine 1 [running]:
main.main()
	/tmp/sandbox732328648/main.go:8 +0x140
```

使用"len"函数检查数组长度

编写只访问有效数组索引的循环可能会容易出错。幸运的是，有两种方法可以使过程更简单。

第一种方法是在访问数组之前检查数组中元素的实际数量。可以使用内置的len函数来实现这一点，该函数返回数组的长度（它包含的元素个数）。

```
notes := [7]string{"do", "re", "mi", "fa", "so", "la", "ti"}
fmt.Println(len(notes)) ←—打印"notes"数组的长度。
primes := [5]int{2, 3, 5, 7, 11}
fmt.Println(len(primes)) ←—打印"primes"数组的长度。
```

```
7
5
```

设置循环以处理整个数组时，可以使用len确定哪些索引可以安全访问。

```
notes := [7]string{"do", "re", "mi", "fa", "so", "la", "ti"}
```

变量"i"将达到的最高值是6。

返回数组的长度7。

```
for i := 0; i < len(notes); i++ {
	fmt.Println(i, notes[i])
}
```

```
0 do
1 re
2 mi
3 fa
4 so
5 la
6 ti
```

不过，这仍然有可能出错。如果len(notes)返回7，则可以访问的最高索引为6（因为数组索引是从0开始的，而不是1）。如果你试图访问索引7，你会收到一个panic。

```
notes := [7]string{"do", "re", "mi", "fa", "so", "la", "ti"}
```

变量"i"将达到的最高值是7！

返回数组的长度7。

```
for i := 0; i <= len(notes); i++ {
	fmt.Println(i, notes[i])
}
```

```
0 do
1 re
2 mi
3 fa
4 so
5 la
6 ti
panic: runtime error: index out of range

goroutine 1 [running]:
main.main()
	/tmp/sandbox094804331/main.go:11 +0x140
```

访问索引7导致panic！ →（指向 panic: runtime error: index out of range）

使用“for...range”安全遍历数组

处理数组中每个元素的一种更安全的方法是使用特殊的for...range循环。在range格式中，你提供了一个变量，该变量将保存每个元素的整数索引，另一个变量将保存元素本身的值，以及要循环的数组。循环将为数组中的每个元素运行一次，将元素的索引赋值给第一个变量，将元素的值赋值给第二个变量。你可以向循环块中添加代码来处理这些值。

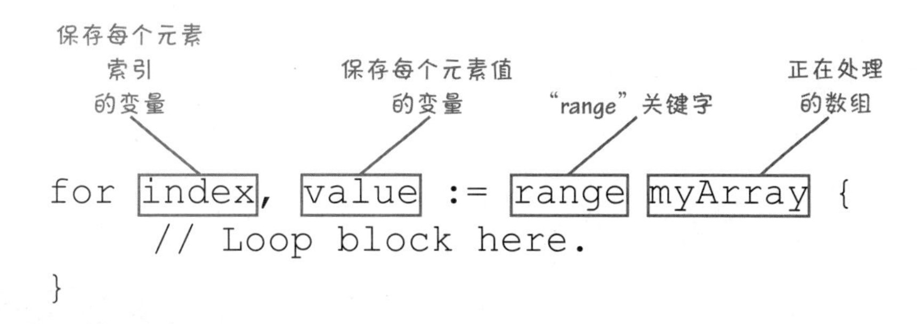

这种for循环形式没有混乱的初始化、条件和标志（post）表达式。由于元素值是自动分配给变量的，因此不会有意外访问无效数组索引的风险。因为它更安全、更容易阅读，所以在处理数组和其他集合时，你将看到for循环的range形式最常用。

这是我们之前的代码，它打印音符数组中的每个值，将其更新为使用for...range循环：

```
notes := [7]string{"do", "re", "mi", "fa", "so", "la", "ti"}
for index, note := range notes {
	fmt.Println(index, note)
}
```

保存每个索引的变量
保存每个字符串的变量
处理数组中的每个值

```
0 do
1 re
2 mi
3 fa
4 so
5 la
6 ti
```

循环运行七次，对notes数组的每个元素运行一次。对于每个元素，index变量被设置为元素的索引，note变量被设置为元素的值。然后我们打印索引和值。

在"for...range"循环中使用空白标识符

和往常一样，Go要求使用声明的每个变量。如果停止使用for...range循环中的index变量，我们将收到一个编译错误：

```
notes := [7]string{"do", "re", "mi", "fa", "so", "la", "ti"}

for index, note := range notes {
        fmt.Println(note)
}
```

"index"变量已从输出中删除。

编译错误

```
index declared and not used
```

如果我们不使用保存元素值的变量，情况也是一样的：

```
notes := [7]string{"do", "re", "mi", "fa", "so", "la", "ti"}

for index, note := range notes {
        fmt.Println(index)
}
```

不使用"note"变量

编译错误

```
note declared and not used
```

还记得在第2章中，当调用一个具有多个返回值的函数时，我们想忽略其中一个返回值吗？我们将该值赋值给空白标识符（_），这将导致Go丢弃该值，而不会产生编译器错误……

对于for...range循环的值，我们也可以这样做。如果不需要每个数组元素的索引，我们可以把它赋值给空白标识符：

使用空白标识符作为索引值的占位符。

```
notes := [7]string{"do", "re", "mi", "fa", "so", "la", "ti"}

for _, note := range notes {
        fmt.Println(note)
}
```

只使用"note"变量。

```
do
re
mi
fa
so
la
ti
```

如果不需要值变量，我们也可以把它赋值给空白标识符：

使用空白标识符作为元素值的占位符。

```
notes := [7]string{"do", "re", "mi", "fa", "so", "la", "ti"}

for index, _ := range notes {
        fmt.Println(index)
}
```

只使用"index"变量。

```
0
1
2
3
4
5
6
```

得到数组中数字之和

好的，好的，明白了。数组包含一组值。使用for...range循环来处理数组元素。现在终于可以编写程序来帮我算出要订购多少牛肉了吗？

我们最终了解了创建float64值数组并计算其平均值所需的一切。让我们看看前几周使用的牛肉量，并将它们纳入到一个名为average的程序。

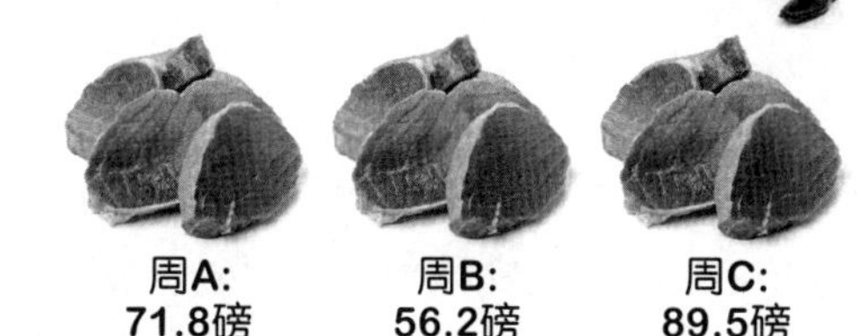

我们需要做的第一件事是建立一个程序文件。在Go工作区目录（用户主目录中的*go*目录，除非设置了GOPATH环境变量）中，创建以下嵌套目录（如果它们尚不存在）。在最里面的目录*average*中，保存一个名为*main.go*的文件。

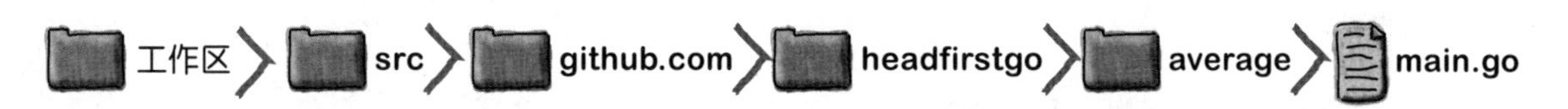

现在让我们在*main.go*文件中编写程序代码。因为这将是一个可执行程序，所以我们的代码将是main包的一部分，并且将驻留在main函数中。

我们将从计算三个样本值的总和开始；稍后可以回过头去计算平均值。我们使用数组字面量创建一个三个float64值的数组，该数组预先填充了前几周的样本值。我们声明一个名为sum的float64变量来保存总数，其值从0开始。

然后我们使用for...range循环来处理每个数。我们不需要元素索引，所以使用空白标识符_来丢弃它们。我们把每个数加在sum的值上。在合计了所有值之后，我们在退出之前打印sum。

```
// average calculates the average of several numbers.
package main   ← 这将是一个可执行程序，因此我们使用“main”包。

import "fmt"

func main() {
	numbers := [3]float64{71.8, 56.2, 89.5}   ← 使用数组字面量创建一个数组，其中包含我们要平均的三个float64值。
	var sum float64 = 0   ← 声明一个float64变量来保存这三个数的和。
	for _, number := range numbers {   ← 循环遍历数组中的每个数。
		sum += number   ← 将当前的数添加到总数中。
	}
	fmt.Println(sum)
}
```

丢弃元素索引。（指向 _）

得到数组中数字之和（续）

让我们试着编译并运行程序。我们将使用`go install`命令创建一个可执行文件。需要向`go install`提供可执行文件的导入路径。如果使用这个目录结构……

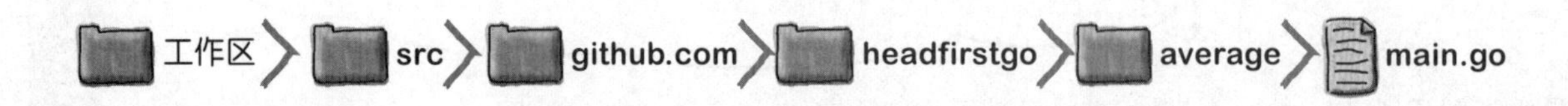

工作区
src
github.com
headfirstgo
average
main.go

……这意味着我们包的导入路径将是`github.com/headfirstgo/average`。因此，从终端输入：

```
go install github.com/headfirstgo/average
```

你可以在任何目录中这样做。go工具将在工作区的*src*目录中查找`github.com/headfirstgo/average`目录，并编译其中包含的任何*.go*文件。生成的可执行文件将被命名为`average`，并保存在Go工作区中的*bin*目录中。

然后，可以使用**cd**命令切换到Go工作区中的*bin*目录。一旦进入*bin*目录，可以通过输入**./average**（或Windows上的**average.exe**）来运行可执行文件。

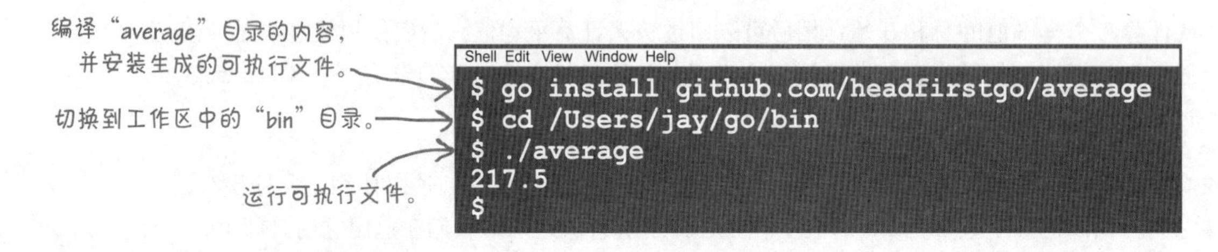

编译“average”目录的内容，并安装生成的可执行文件。
切换到工作区中的“bin”目录。
运行可执行文件。
Shell Edit View Window Help
$ go install github.com/headfirstgo/average
$ cd /Users/jay/go/bin
$ ./average
217.5
$

程序将打印数组中这三个值的总和并退出。

得到数组中数字的平均值

我们已经得到了打印数组值总和的average程序，现在让我们对它进行更新来打印实际的平均值。要做到这一点，我们将把总和除以数组的长度。

将数组传递给len函数将返回一个具有数组长度的int值。但是由于sum变量中的总和是float64值，因此我们还需要将长度转换为float64，以便在数学运算中一起使用它们。我们将结果存储在sampleCount变量中。完成后，我们所要做的就是将sum除以sampleCount，然后打印结果。

```
// average calculates the average of several numbers.
package main

import "fmt"

func main() {
	numbers := [3]float64{71.8, 56.2, 89.5}
	var sum float64 = 0
	for _, number := range numbers {
		sum += number
	}
	sampleCount := float64(len(numbers))
	fmt.Printf("Average: %0.2f\n", sum/sampleCount)
}
```

获取类型为int的数组长度，并将其转换为float64。

将数组值的总和除以数组长度得到平均值。

代码更新后，我们可以重复前面的步骤来查看新结果：运行**go install**重新编译代码，切换到*bin*目录，并运行更新后的average可执行文件。我们将看到平均值，而不是数组中值的总和。

```
Shell Edit View Window Help
$ go install github.com/headfirstgo/average
$ cd /Users/jay/go/bin
$ ./average
Average: 72.50
$
```

数组值的平均值

拼图板

你的工作是从池中提取代码段，并将它们放入此代码中的空白行中。同一代码段只能使用一次，你也不需要使用所有的代码段。你的目标是编写一个程序，该程序将打印10到20之间的所有数组元素的索引和值（它应该与显示的输出相匹配）。

```
package main

import "fmt"

func main() {
        _________ := ____int{3, 16, -2, 10, 23, 12}
        for i, ________ := ________ numbers {
                if number >= 10 && number <= 20 {
                        fmt.Println(__, number)
                }
        }
}
```

输出

```
1 16
3 10
5 12
```

注意：池中的每个代码段只能使用一次！

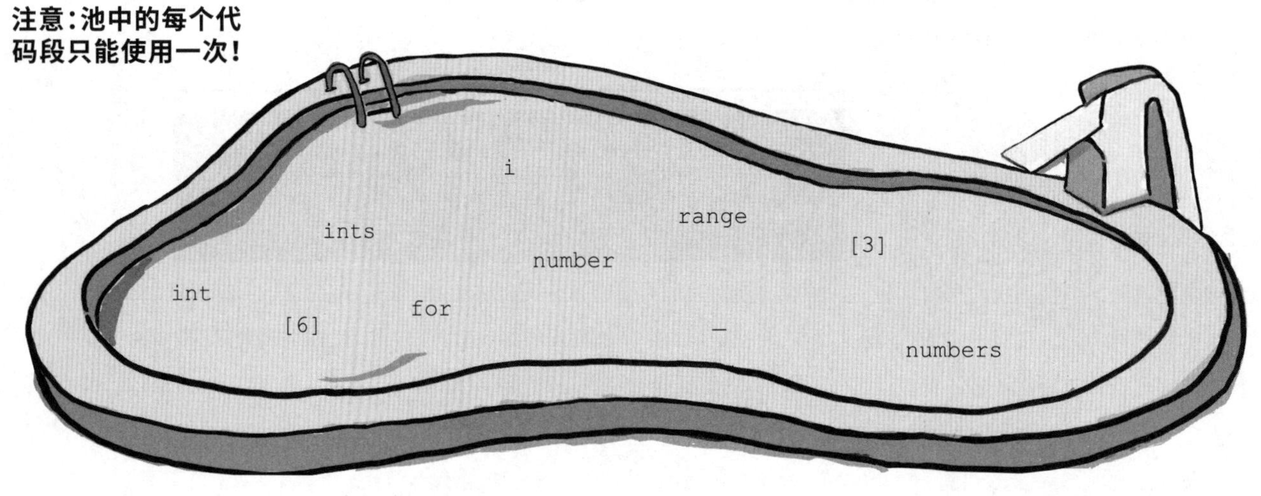

答案在第173页。

读取文本文件

太好了，但是你的程序只告诉我这周要订多少。当我有更多周的数据时，我该怎么办?我不能编辑代码来更改数组值，我甚至没有安装Go!

这是事实——用户必须自己编辑和编译源代码的程序不是很友好。

以前，我们使用标准库的os和bufio包从键盘一次读取一行数据。我们可以使用相同的包从文本文件中一次读取一行数据。让我们来绕个小弯，学习一下如何做到这一点。

然后，我们将返回并更新average程序，以便从文本文件中读取数字。

在你喜欢的文本编辑器中，创建一个名为*data.txt*的新文件。暂时将其保存在Go工作区目录之外的某个地方。

在该文件中，输入我们的三个浮点样本值，每行一个数。

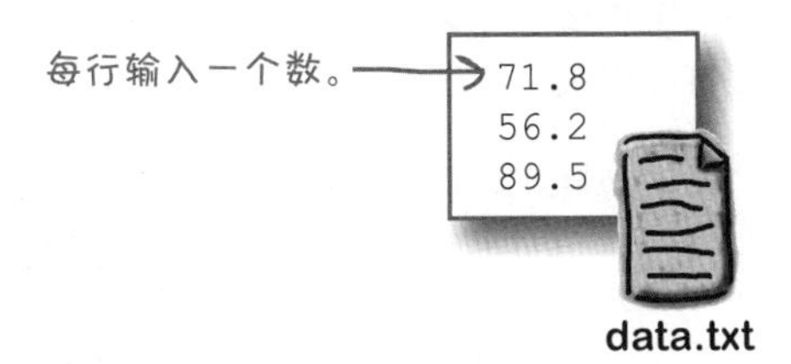

读取文本文件（续）

继续绕行

在将程序更新为对文本文件中的数进行平均之前，我们需要能够读取文件的内容。首先，让我们编写一个只读取文件的程序，然后把所学到的内容合并到平均程序中。

71.8
56.2
89.5
data.txt

在与*data.txt*相同的目录中，创建一个名为*readfile.go*的新程序。我们只需要用`go run`来运行*readfile.go*，而不是安装它，因此可以将其保存在Go工作区目录之外。将以下代码保存在*readfile.go*中。（我们将在下面仔细看看这段码是如何工作的。）

readfile.go

```
package main

import (
	"bufio"
	"fmt"
	"log"
	"os"
)

func main() {
	file, err := os.Open("data.txt")
	if err != nil {
		log.Fatal(err)
	}
	scanner := bufio.NewScanner(file)
	for scanner.Scan() {
		fmt.Println(scanner.Text())
	}
	err = file.Close()
	if err != nil {
		log.Fatal(err)
	}
	if scanner.Err() != nil {
		log.Fatal(scanner.Err())
	}
}
```

打开数据文件进行读取。

如果打开文件时出现错误，报告错误并退出。

为文件创建一个新的扫描器。

循环到文件结尾，scanner.Scan返回false。

从文件中读取一行。

打印该行。

关闭文件以释放资源。

如果关闭文件时出现错误，报告错误并退出。

如果扫描文件时出现错误，报告错误并退出。

然后，从终端切换到保存这两个文件的目录，并运行**`go run readfile.go`**。程序将读取*data.txt*的内容并打印出来。

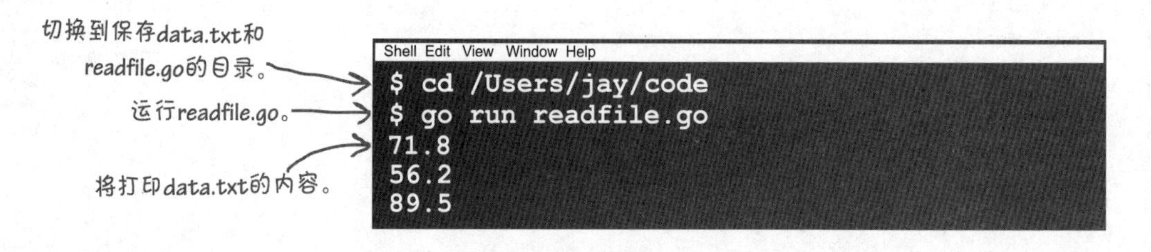

切换到保存data.txt和readfile.go的目录。
运行readfile.go。
将打印data.txt的内容。
Shell Edit View Window Help
$ cd /Users/jay/code
$ go run readfile.go
71.8
56.2
89.5

读取文本文件（续）

我们的 *readfile.go*测试程序成功读取了*data.txt*文件的行并将其打印出来。让我们仔细看看这个程序是如何工作的。

我们首先向os.Open函数传递一个带有要打开文件的名字的字符串。从os.Open会返回两个值：指向代表被打开文件的os.File值的指针，以及一个错误值。正如我们在许多其他函数中看到的那样，如果错误值为nil，则表示文件被成功打开，但是任何其他值都表示存在错误。（如果文件丢失或不可读，就可能会发生这种情况。）如果是这种情况，我们会记录错误信息并退出程序。

打开数据文件进行读取。

```
file, err := os.Open("data.txt")
if err != nil {
        log.Fatal(err)
}
```

如果打开文件时出现错误，报告错误并退出。

然后我们将os.File值传递给bufio.NewScanner函数。这将返回一个从文件中读取的bufio.Scanner值。

为文件创建一个新的Scanner。

```
scanner := bufio.NewScanner(file)
```

bufio.Scanner上的Scan方法是用来作为for循环的一部分。它将从文件中读取一行文本，如果读取数据成功则返回true，否则返回false。如果将Scan用作for循环的条件，那么只要有更多的数据需要读取，循环就会继续运行。一旦到达文件的末尾（或出现错误），Scan将返回false，循环将退出。

在bufio.Scanner上调用Scan方法后，调用Text方法将返回一个包含已读取数据的字符串。对于这个程序，我们只简单地在循环中调用Println来打印每一行。

```
for scanner.Scan() {
        fmt.Println(scanner.Text())
}
```

循环到文件结尾，scanner.Scan返回false。 从文件中读取一行。 打印该行。

一旦循环退出，我们就完成了对文件的处理。保持文件打开会消耗操作系统的资源，因此当程序完成了对文件的操作时，文件应该总是关闭的。对os.File调用Close方法将完成此操作。与Open函数一样，Close方法也返回一个error值，除非出现问题，否则该值将为nil。（与Open不同，Close只返回一个值，因为除了错误之外，它没有其他有用的值可以返回。）

```
err = file.Close()
if err != nil {
        log.Fatal(err)
}
```

关闭文件以释放资源。 如果关闭文件时出现错误，报告错误并退出。

在扫描文件时，bufio.Scanner也可能遇到错误。如果是这样，调用扫描器上的Err方法将返回该错误，我们将在退出之前记录该错误。

```
if scanner.Err() != nil {
        log.Fatal(scanner.Err())
}
```

如果扫描文件时出现错误，报告错误并退出。

将文本文件读入数组

我们的*readfile.go*程序运行得很好——我们能够将*data.txt*文件中的行作为字符串读取并打印出来。现在我们需要将这些字符串转换为数字并将它们存储在数组中。让我们创建一个名为datafile的包，它将为我们完成这一任务。

```
71.8
56.2
89.5
```

data.txt

在Go工作区目录的*headfirstgo*目录中创建一个*datafile*目录。在*datafile*目录中，保存一个名为*floats.go*的文件。（我们将其命名为*floats.go*，因为此文件将包含从文件中读取浮点数的代码。）

在*floats.go*中，保存以下代码。其中很多都是*readfile.go*测试程序中的代码，我们已经将代码相同的部分置灰。我们将在下面详细解释新代码。

```
// Package datafile allows reading data samples from files.
package datafile

import (
	"bufio"
	"os"
	"strconv"
)

// GetFloats reads a float64 from each line of a file.
func GetFloats(fileName string) ([3]float64, error) {
	var numbers [3]float64
	file, err := os.Open(fileName)
	if err != nil {
		return numbers, err
	}
	i := 0
	scanner := bufio.NewScanner(file)
	for scanner.Scan() {
		numbers[i], err = strconv.ParseFloat(scanner.Text(), 64)
		if err != nil {
			return numbers, err
		}
		i++
	}
	err = file.Close()
	if err != nil {
		return numbers, err
	}
	if scanner.Err() != nil {
		return numbers, scanner.Err()
	}
	return numbers, nil
}
```

将要读取的文件名作为参数。

函数将返回一个数字数组和遇到的任何错误。

声明我们将返回的数组。

打开所提供的文件名。

如果打开文件时出现错误，则返回错误。

这个变量将跟踪我们应该赋值给哪个数组索引。

将文件行字符串转换为float64。

如果将行转换为数字时发生错误，则返回该错误。

移到下一个数组索引。

如果关闭文件时出现错误，则返回该错误。

如果扫描文件时出现错误，则返回该错误。

如果我们走到这么远而没有错误，那么返回数字数组和“nil”错误。

将文本文件读入数组（续）

我们希望能够读取*data.txt*以外的文件，因此我们接受应该打开的文件名作为参数。我们将函数设置为返回两个值，一个float64值数组和一个错误值。与大多数返回错误的函数一样，只有当错误值为nil时，才应将第一个返回值视为可用。

将要读取的文件名作为参数。

函数将返回一个数字数组以及遇到的任何错误。

```
func GetFloats(fileName string) ([3]float64, error) {
```

接下来，我们声明一个由三个float64值组成的数组，它将保存从文件中读取的数字。

```
var numbers [3]float64  ← 声明我们将返回的数组。
```

就像*readfile.go*一样，我们打开文件进行读取。不同之处在于，我们打开传递给函数的任何文件名，而不是硬编码的"data.txt"字符串。如果遇到错误，我们需要返回一个数组以及错误值，所以我们只返回numbers数组（尽管还没有为其赋任何值）。

```
file, err := os.Open(fileName)  ← 打开所提供的文件名。
if err != nil {
	return numbers, err
}
```

如果打开文件时出现错误，则返回该错误。

我们需要知道将每一行赋值给哪个数组元素，因此创建一个变量来跟踪当前索引。

```
i := 0  ← 这个变量将跟踪我们应该赋值给哪个数组索引。
```

设置bufio.Scanner和循环遍历文件行的代码与*readfile.go*中的代码相同。但是，循环中的代码不同：我们需要对从文件中读取的字符串调用strconv.Parsefloat来将其转换为float64，并将结果赋给数组。如果Parsefloat导致了错误，我们需要返回该错误。如果解析成功，我们需要对i增值，以便下一个数被赋值给下一个数组元素。

```
numbers[i], err = strconv.ParseFloat(scanner.Text(), 64)
if err != nil {
	return numbers, err
}
i++  ← 移到下一个数组索引。
```

如果将行转换为数字时发生错误，请返回该错误。

将文件行字符串转换为float64。

关闭文件并报告任何错误的代码与*readfile.go*相同，除了我们返回任何错误而不是直接退出程序之外。如果没有错误，将到达GetFloats函数的末尾，并返回float64值数组以及nil错误。

```
if scanner.Err() != nil {
	return numbers, scanner.Err()
}
return numbers, nil  ← 如果我们走到这么远而没有错误，那么返回数字数组和"nil"错误。
```

如果扫描文件时出现错误，则返回该错误。

更新我们的"average"程序来读取文本文件

我们准备用从*data.txt*文件中读取数据的数组来替换average程序中硬编码的数组！

编写datafile包是最困难的部分。在这里的main程序中，我们只需要做三件事：

- 更新import声明，用以包含datafile和log包。
- 用对datafile.GetFloats("data.txt")的调用替换硬编码的数字数组。
- 检查是否从GetFloat返回了一个错误，如果是，将其记录下来并退出。

其余的代码将完全相同。

工作区 > src > github.com > headfirstgo > average > main.go

```
// average calculates the average of several numbers.
package main

import (
	"fmt"
	"github.com/headfirstgo/datafile"
	"log"
)

func main() {
	numbers, err := datafile.GetFloats("data.txt")
	if err != nil {
		log.Fatal(err)
	}
	var sum float64 = 0
	for _, number := range numbers {
		sum += number
	}
	sampleCount := float64(len(numbers))
	fmt.Printf("Average: %0.2f\n", sum/sampleCount)
}
```

导入我们的包。

导入"log"包。

加载data.txt，解析它包含的数，并保存在数组里。

如果出现错误，报告错误并退出。

更新我们的“average”程序来读取文本文件（续）

我们可以使用与之前相同的终端命令来编译程序：

```
go install github.com/headfirstgo/average
```

因为我们的程序导入了datafile包，所以它也会被自动编译。

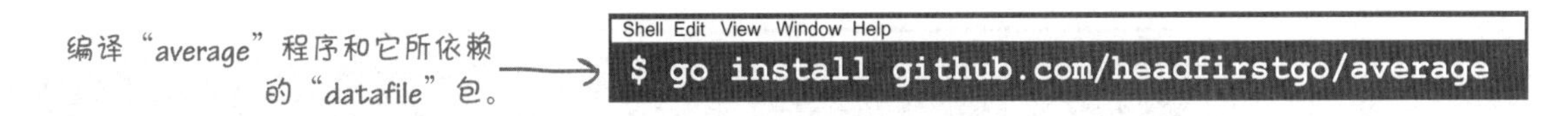

我们需要将*data.txt*文件移到Go工作区的*bin*子目录。这是因为我们将从该目录运行average可执行文件，并且它将在同一目录中查找*data.txt*。一旦移动完*data.txt*，就切换到*bin*子目录。

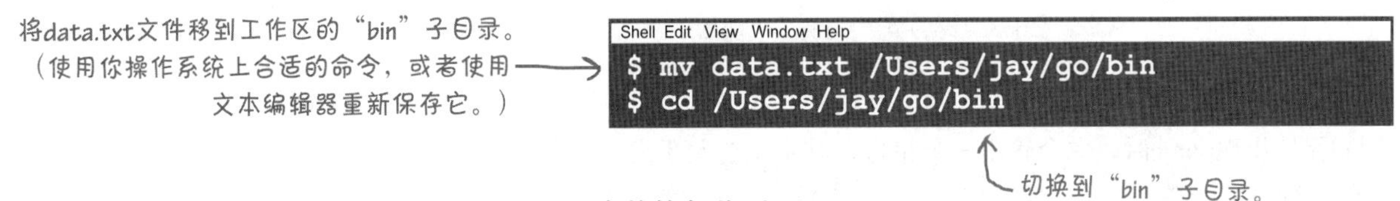

将data.txt文件移到工作区的“bin”子目录。（使用你操作系统上合适的命令，或者使用文本编辑器重新保存它。）
Shell Edit View Window Help
$ mv data.txt /Users/jay/go/bin
$ cd /Users/jay/go/bin
切换到“bin”子目录。

当我们运行average可执行文件时，它将把*data.txt*中的值加载到一个数组中，并使用这些值来计算平均值。

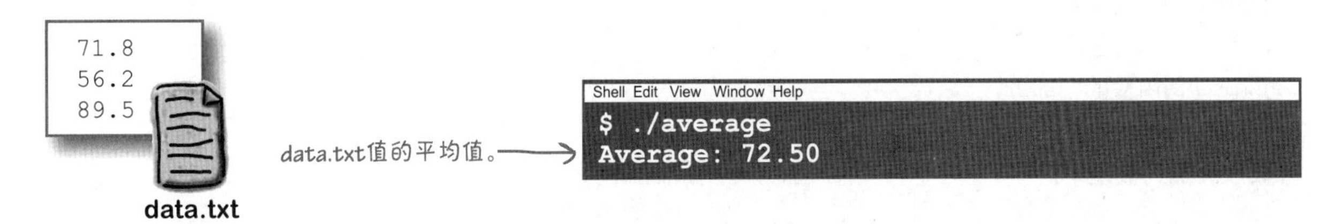

如果我们改变*data.txt*中的值，平均值也会跟着改变。

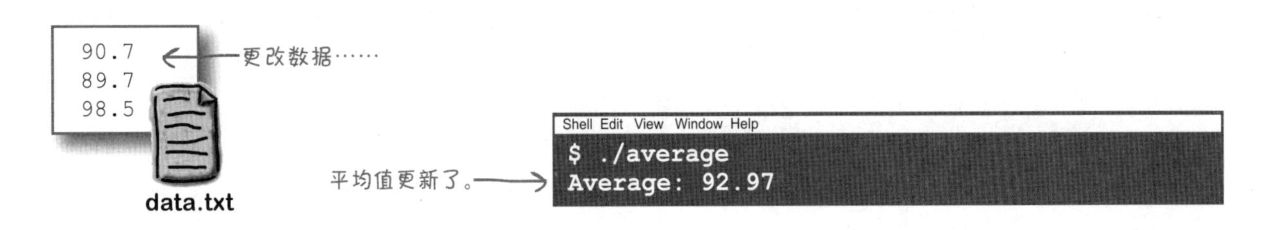

我们的程序只能处理三个值

但是有一个问题——average程序只有在*data.txt*中有三行或更少行时才运行。如果有四行或更多，当运行时，average将会报panic，并退出！

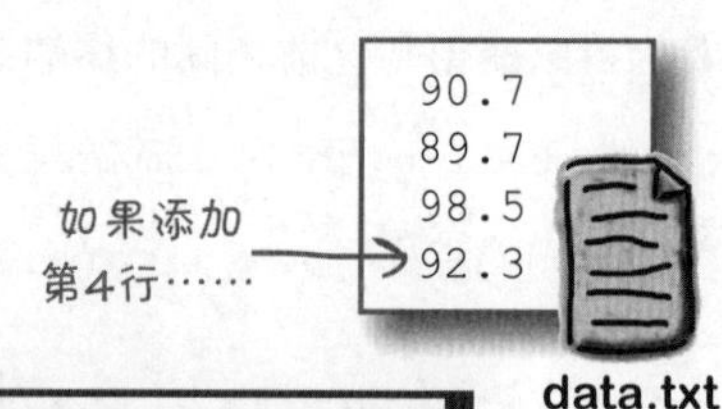

程序将会报panic并退出！

```
Shell Edit View Window Help
$ ./average
panic: runtime error: index out of range

goroutine 1 [running]:
github.com/headfirstgo/datafile.GetFloats(0x10cd018, ...)
        /Users/jay/go/src/github.com/headfirstgo/
        datafile/floats.go:20 +0x39d
```

它报告在floats.go的第20行有一个错误……

当Go程序出现panic时，它会输出一个报告，其中包含关于发生问题的代码行信息。在本例中，问题似乎出现在*floats.go*文件的第20行。

看看*floats.go*的第20行，我们会发现它是GetFloats函数的一部分，在该函数中文件中的数被添加到数组中！

```
// ...Preceding code omitted...
func GetFloats(fileName string) ([3]float64, error) {
        var numbers [3]float64
        file, err := os.Open(fileName)
        if err != nil {
                return numbers, err
        }
        i := 0
        scanner := bufio.NewScanner(file)
        for scanner.Scan() {
                numbers[i], err = strconv.ParseFloat(scanner.Text(), 64)
                if err != nil {
                        return numbers, err
                }
                i++
        }
        // ...Rest of GetFloats code omitted...
}
```

这是第20行，在这里有一个数被赋值给数组！

我们的程序只能处理三个值（续）

还记得之前有个代码示例中的错误导致程序试图访问有7个元素的数组的第8个元素吗?那个程序报了panic，并且也退出了。

数组只有7个元素。

```
notes := [7]string{"do", "re", "mi", "fa", "so", "la", "ti"}

for i := 0; i <= 7; i++ {
	fmt.Println(i, notes[i])
}
```

循环遍历至索引7（第8个元素），但其不存在!

访问索引0到6。

访问索引7导致panic!

```
0 do
1 re
2 mi
3 fa
4 so
5 la
6 ti
panic: runtime error: index out of range
```

同样的问题也发生在GetFloat函数中。因为我们声明了numbers数组来保存3个元素，这就是它所能保存的全部内容。当到达*data.txt*文件的第4行时，它试图赋值给numbers的第4个元素，这会导致panic。

```
func GetFloats(fileName string) ([3]float64, error) {
	var numbers [3]float64
	file, err := os.Open(fileName)
	if err != nil {
		return numbers, err
	}
	i := 0
	scanner := bufio.NewScanner(file)
	for scanner.Scan() {
		numbers[i], err = strconv.ParseFloat(scanner.Text(), 64)
		if err != nil {
			return numbers, err
		}
		i++
	}
	// ...Rest of GetFloats code omitted...
}
```

只有numbers[0]到numbers[2]的索引是有效的……

试图赋值给numbers[3]，这导致了panic!

Go数组的大小是固定的，它们不能增长或收缩。但是对*data.txt*文件用户可以添加任意多行。我们将在下一章中看到解决这种困境的方法!

你的Go工具箱

这是第5章的内容！你已将数组添加到工具箱中。

句
数组
数组是特定类型的值的列表。
数组中的每一项被称为一个数组元素。
数组包含特定数量的元素，没有任何方法可以轻松地向数组中添加更多的元素。

要点

- 要声明数组变量，包括方括号中的数组长度以及要保存的元素类型：
  `var myArray [3]int`
- 要赋值或访问数组的元素，在方括号中提供其索引。索引从0开始，因此`myArray`的第一个元素是`myArray[0]`。
- 与变量一样，所有数组元素的默认值都是该元素类型的零值。
- 可以在创建数组时使用数组字面量设置元素值：
  `[3]int{4, 9, 6}`
- 如果将对数组无效的索引存储在变量中，然后尝试使用该变量作为索引访问数组元素，你将会收到panic——运行时错误。
- 可以使用内置的`len`函数得到数组中元素的个数。
- 可以使用特殊的`for...range`循环语法来方便地处理数组的所有元素，该语法循环遍历每个元素，并将其索引和值赋给你提供的变量。
- 当使用`for...range`循环时，你可以通过将每个元素的索引或值赋值给_空白标识符来忽略它。
- `os.Open`函数打开一个文件。它返回一个指向`os.File`值的指针，该值代表那个打开的文件。
- 将`os.File`值传递给`bufio.NewScanner`会返回`bufio.Scanner`值，该值的`Scan`和`Text`方法可用于以字符串形式一次从文件中读取一行。

下面是一个程序，它声明了几个数组并打印出它们的元素。写下程序的输出是什么。

```
package main

import "fmt"

func main() {
	var numbers [3]int
	numbers[0] = 42
	numbers[2] = 108
	var letters = [3]string{"a", "b", "c"}
	                                         输出：
	fmt.Println(numbers[0])    42
	fmt.Println(numbers[1])    0
	fmt.Println(numbers[2])    108
	fmt.Println(letters[2])    c
	fmt.Println(letters[0])    a
	fmt.Println(letters[1])    b
}
```

拼图板答案

```
package main

import "fmt"

func main() {
	numbers := [6]int{3, 16, -2, 10, 23, 12}
	for i, number := range numbers {
		if number >= 10 && number <= 20 {
			fmt.Println(i, number)
		}
	}
}
```

输出

```
1 16
3 10
5 12
```

6 追加的问题

切片

我们已经知道了无法将更多的元素增加到一个数组中。对于程序的确是个问题。因为我们无法提前知道文件中包含多少个块。而这就是Go中的切片（slice）的用武之地。切片是一个可以通过增长来保存额外数据的集合类型，正好能够满足程序的需要！我们将看到切片是如何让用户以简洁的方式在程序中提供数据的，以及如何帮助你写出更加方便调用的函数。

切片

切片实际上是一个Go的数据结构，我们可以增加更多的值。与数组相同的是，切片由多个相同类型的元素构成。不同的是，切片允许我们在结尾追加更多的元素。

为了声明一个保存切片的变量，你可以使用一对空的方括号，后面跟着这个切片所保存的元素类型。

空方括号　　需要保存的元素类型

```
var mySlice []string
```

除了不指定大小，与声明一个数组变量的语法完全相同。

数组指定大小

```
var myArray [5]int
var mySlice []int
```

切片不指定大小

不像数组变量，声明切片变量并不会自动创建一个切片。为此，你可以调用内建的make函数。传递给make你想要创建的切片的类型（这个类型与你想要赋值的变量的类型相同）和需要创建的切片的长度。

声明一个切片变量。

```
var notes []string
notes = make([]string, 7)
```

创建7个字符串的切片。

当切片被创建后，切片中元素的赋值和取值操作语法与数组的相同。

```
notes[0] = "do"
notes[1] = "re"
notes[2] = "mi"
fmt.Println(notes[0])
fmt.Println(notes[1])
```

给第一个元素分配值。
给第二个元素分配值。
给第三个元素分配值。
打印第一个元素。
打印第二个元素。

```
do
re
```

你不必将声明变量和创建切片分成两步，使用一个短变量声明的make会自动帮你推导出变量的类型。

创建一个5个整数的切片，并且建立一个变量来保存它。

```
primes := make([]int, 5)
primes[0] = 2
primes[1] = 3
fmt.Println(primes[0])
```

```
2
```

切片（续）

内建的函数len对于切片也和数组有相同的效果。将一个切片的变量传入len，会返回一个整型的长度值。

```
notes := make([]string, 7)
primes := make([]int, 5)
fmt.Println(len(notes))
fmt.Println(len(primes))
```

```
7
5
```

for和for...range对于切片的操作也和数组相同：

```
letters := []string{"a", "b", "c"}
for i := 0; i < len(letters); i++ {
	fmt.Println(letters[i])
}
for _, letter := range letters {
	fmt.Println(letter)
}
```

```
a
b
c
a
b
c
```

切片字面量

与数组相同，如果你最初知道切片初始会有哪些值，你可以使用切片字面量来通过这些值初始化切片。切片字面量看起来和数组字面量非常像，但是数组字面量在方括号中有数组的长度，而切片字面量的方括号中是空的。空的括号后面是切片储存的元素的类型，还有一个在花括号中的列表，列表中是每个元素的初始值。

这里不需要调用make函数；在代码中使用一个切片字面量会创造一个预填充的切片。

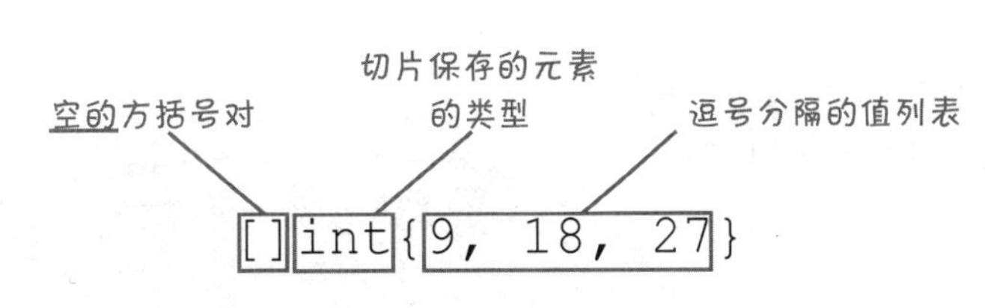

这些例子与我们之前展示的很相似，原来是一个一个地给元素赋值，而现在整个切片使用切片字面量赋初值。

```
notes := []string{"do", "re", "mi", "fa", "so", "la", "ti"}  ←使用一个切片字面量赋值。
fmt.Println(notes[3], notes[6], notes[0])
primes := []int{  ←一个多行的切片字面量。
	2,
	3,
	5,
}
fmt.Println(primes[0], primes[1], primes[2])
```

```
fa ti do
2 3 5
```

拼图板

你的工作是从池中提取代码段，并将它们放入代码中的空白行中。同一个代码段只能使用一次，你也不需要使用所有的代码段。你的目标是使代码能够运行并产生如下的输出。

```
package main

import "fmt"

func main() {
	numbers := _____(__float64, __)
	numbers____ = 19.7
	numbers[2] = 25.2
	for __, ______ := range numbers {
		fmt.Println(i, number)
	}
	var letters = __string______________
	for i, letter := range letters {
		fmt.Println(i, _______)
	}
}
```

输出

```
0 19.7
1 0
2 25.2
0 a
1 b
2 c
```

注意：池中的每个代码段只能使用一次！

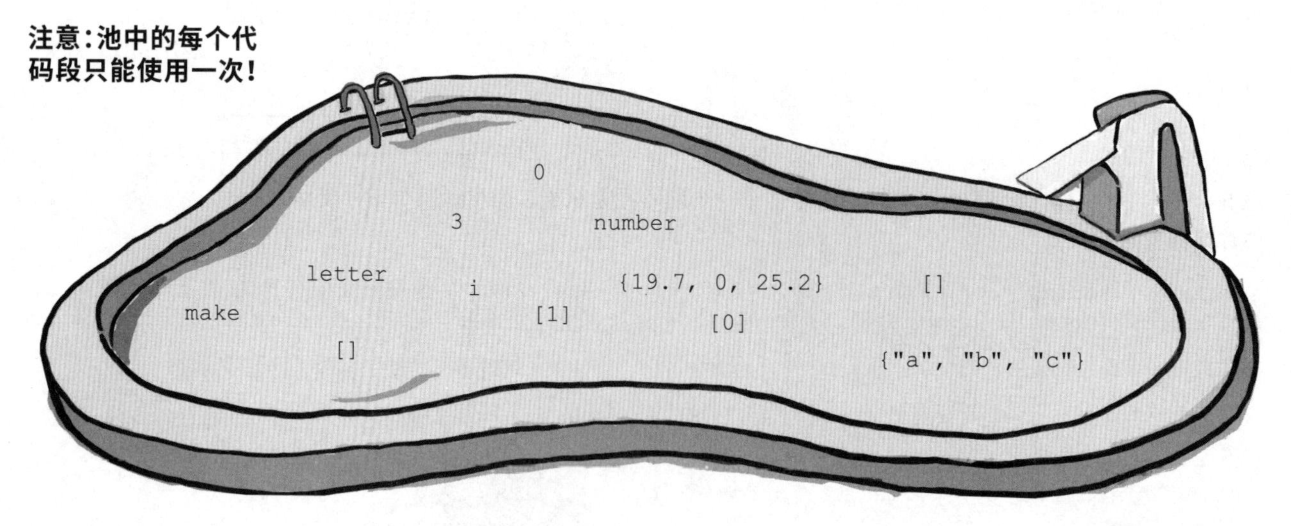

答案在第203页。

等等！看起来切片可以做数组能做的任何事，并且你说我们可以给它添加额外的元素！为什么你不直接告诉我们切片而跳过有关数组的那些废话？

因为切片是建立在数组之上的。如果不理解数组你就没法理解切片是如何工作的。让我们来告诉你为什么……

切片运算符

每一个切片都构建于一个底层的数组之上。实际上是底层的数组存储了切片的数据；切片仅仅是数组中的一部分（或者所有）元素的视图。

当你使用make函数或者切片字面量创建一个切片的时候，底层的数组会自动创建出来（只有通过切片，你才能访问它）。但是你也可以自己创建一个数组，然后再基于数组通过切片运算符创建一个切片。

切片开始的位置

切片应该在此之前结束

```
mySlice := myArray[1:3]
```

切片运算符看起来像访问一个切片或者数组的某个元素的语法，但是它有两个索引：其中一个标识切片开始的位置，另一个标识切片在此位置之前结束。

索引0——切片从这里开始

索引3——切片在此之前结束

```
underlyingArray := [5]string{"a", "b", "c", "d", "e"}
slice1 := underlyingArray[0:3]
fmt.Println(slice1)
```

```
[a b c]
```

underlyingArray的0到2号元素

注意我们强调切片需要在第二个位置之前结束。切片应该包含从开始到第二个索引之前的元素。如果你使用underlyingArray[i:j]作为切片的运算符，生成的切片实际上包含元素underlyingArray[i]到元素underlyingArray[j-1]。

（这的确有违常理。但是一个相似的符号在Python编程中使用了超过20年，并且似乎工作正常。）

索引1——切片从这里开始

索引4——切片在此之前结束

```
underlyingArray := [5]string{"a", "b", "c", "d", "e"}
i, j := 1, 4
slice2 := underlyingArray[i:j]
fmt.Println(slice2)
```

```
[b c d]
```

underlyingArray的1到3号元素

切片运算符（续）

如果你想要一个包含了底层数组最后一个元素的切片，你需要在运算符中指定越过数组的结尾的第二个索引。

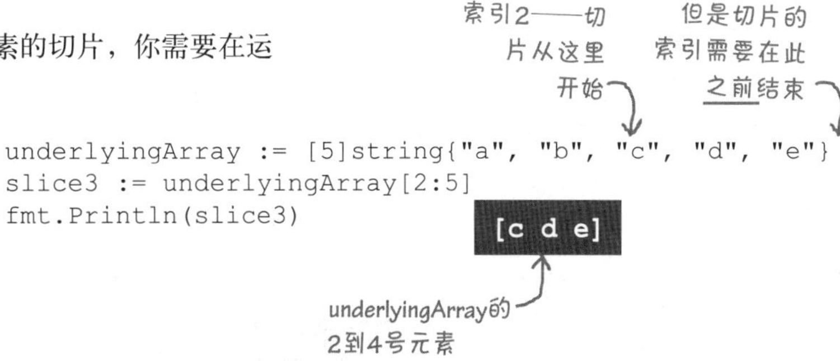


```
underlyingArray := [5]string{"a", "b", "c", "d", "e"}
slice3 := underlyingArray[2:5]
fmt.Println(slice3)
```

如果你使用了更后面的索引，你会得到一个错误：

```
underlyingArray := [5]string{"a", "b", "c", "d", "e"}
slice3 := underlyingArray[2:6]
```

```
invalid slice index 6 (out of bounds for 5-element array)
```

切片运算符默认需要两个索引。如果你忽略了开始的索引，0（数组的第一个元素）会被使用。

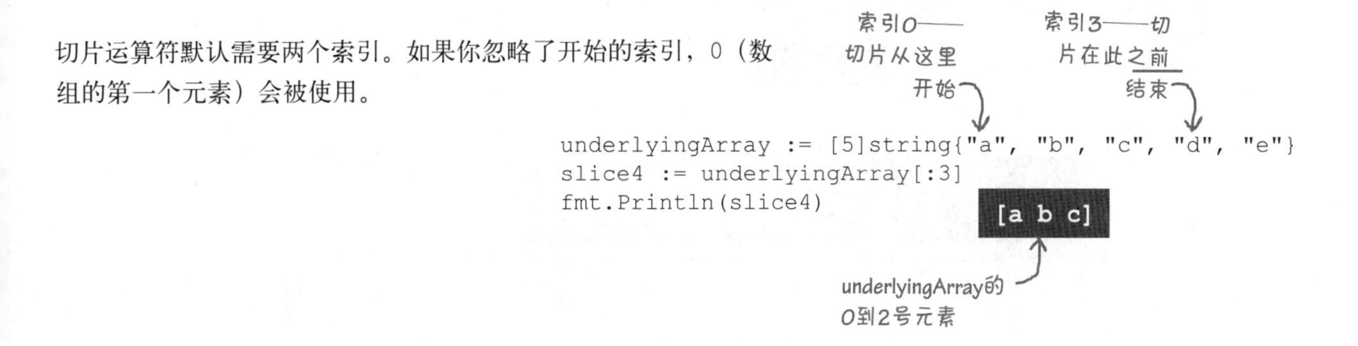


```
underlyingArray := [5]string{"a", "b", "c", "d", "e"}
slice4 := underlyingArray[:3]
fmt.Println(slice4)
```

如果你忽略了结束的索引，从底层数组的开始索引到数组结尾之间的所有元素都会被包含到结果切片中。

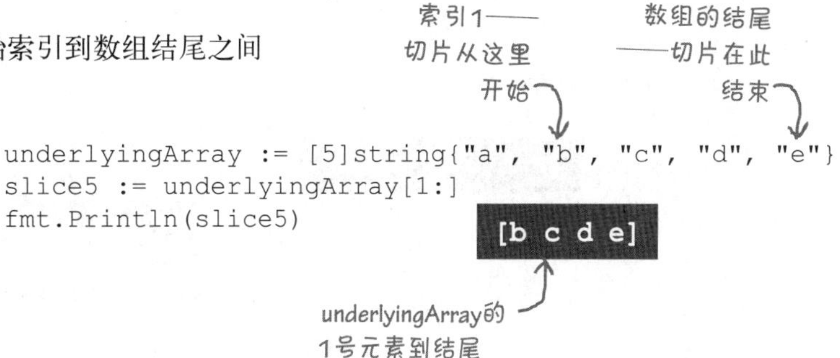


```
underlyingArray := [5]string{"a", "b", "c", "d", "e"}
slice5 := underlyingArray[1:]
fmt.Println(slice5)
```

底层数组

正如我们之前提到的，切片并不会自己保存任何数据，它仅仅是底层数组的元素的视图。你可以把切片看作一个显微镜，聚焦在胶片（底层数组）内容的特定部分。

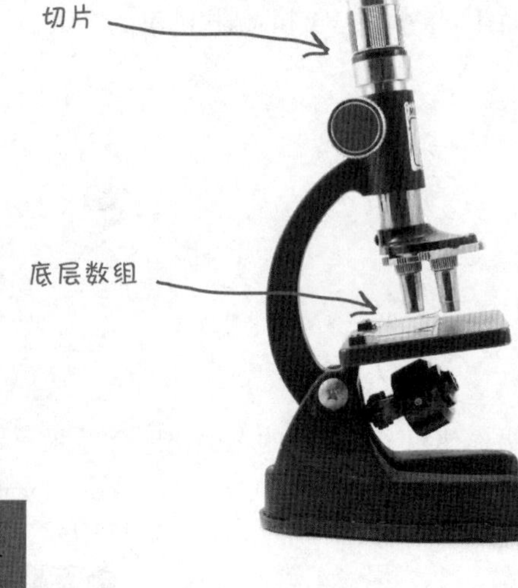

当你使用切片的时候，你仅仅可以操作通过切片可见的部分。

```
array1 := [5]string{"a", "b", "c", "d", "e"}
slice1 := array1[0:3]
fmt.Println(slice1)
```

```
[a b c]
```

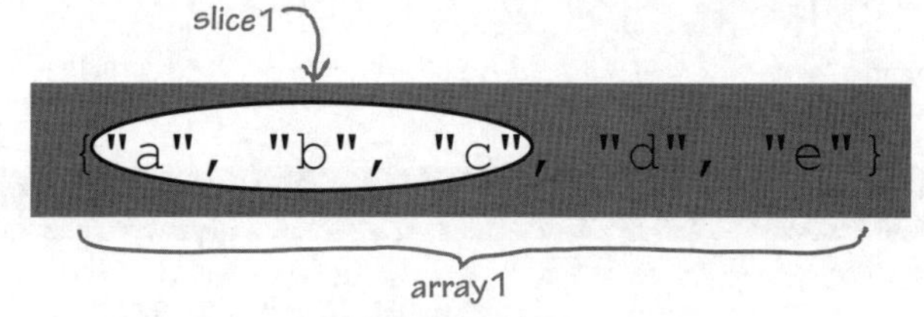


```
array2 := [5]string{"f", "g", "h", "i", "j"}
slice2 := array2[2:5]
fmt.Println(slice2)
```

```
[h i j]
```

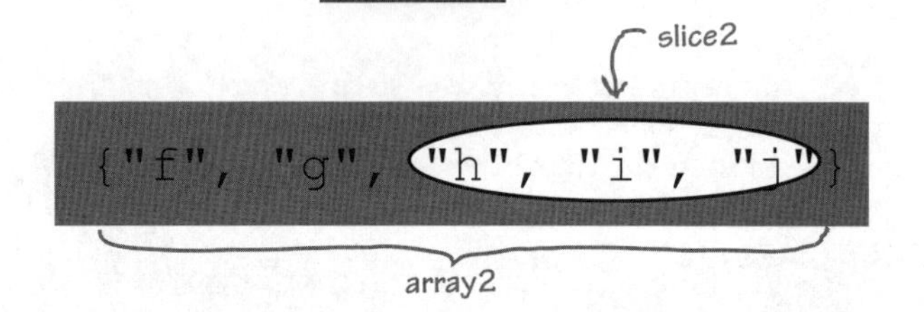

它甚至可以有多个切片都指向相同的底层数组。每一个切片会是一个指向数组元素的子集的视图。切片甚至可以有重叠！

```
array3 := [5]string{"a", "b", "c", "d", "e"}
slice3 := array3[0:3]
slice4 := array3[2:5]
fmt.Println(slice3, slice4)
```

```
[a b c] [c d e]
```

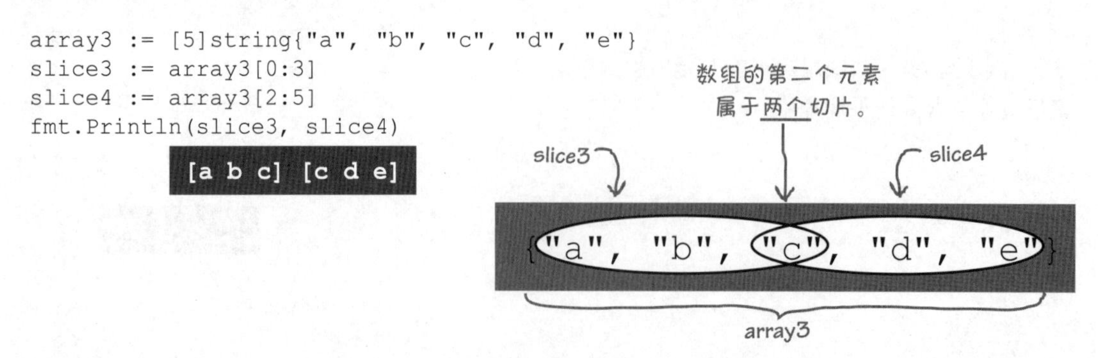

修改底层数组，修改切片

现在，请注意以下事项：由于切片只是底层数组内容的视图，如果你修改底层数组，这些变化也会反映到切片。

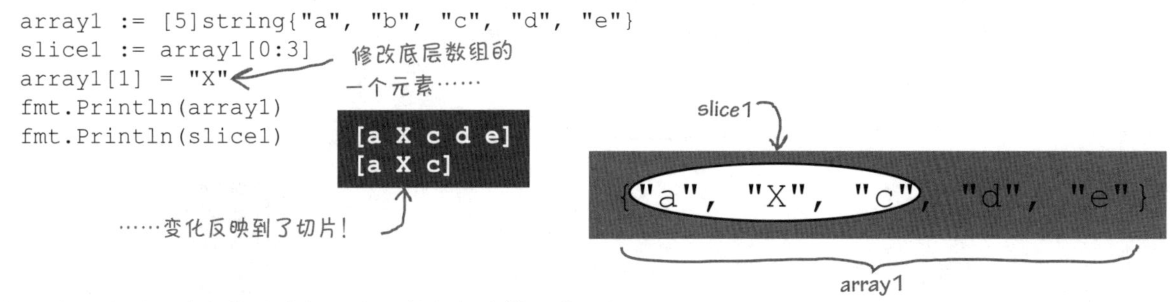

array1 := [5]string{"a", "b", "c", "d", "e"}
slice1 := array1[0:3]
array1[1] = "X"
fmt.Println(array1)
fmt.Println(slice1)
修改底层数组的一个元素……
[a X c d e]
[a X c]
……变化反映到了切片！
slice1
{"a", "X", "c", "d", "e"}
array1

给切片的一个元素赋一个新值也会修改底层数组相应的元素。

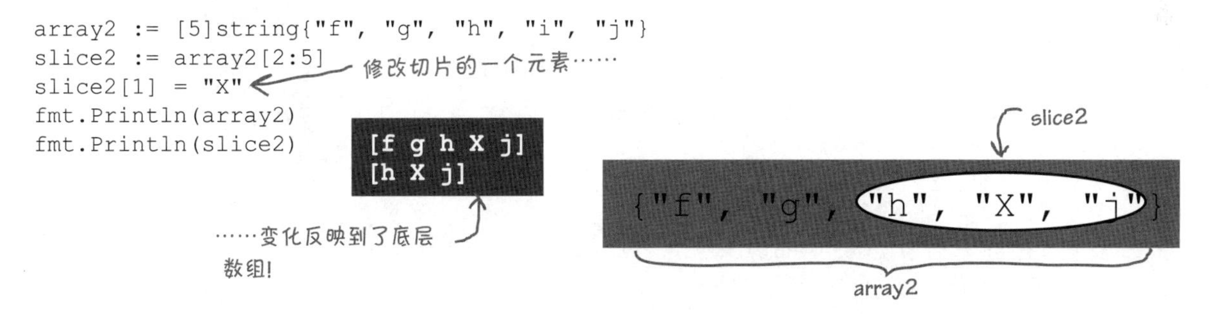

array2 := [5]string{"f", "g", "h", "i", "j"}
slice2 := array2[2:5]
slice2[1] = "X"
fmt.Println(array2)
fmt.Println(slice2)
修改切片的一个元素……
[f g h X j]
[h X j]
……变化反映到了底层数组！
slice2
{"f", "g", "h", "X", "j"}
array2

如果多个切片指向了同一个底层数组，数组的元素修改会反映给所有的切片。

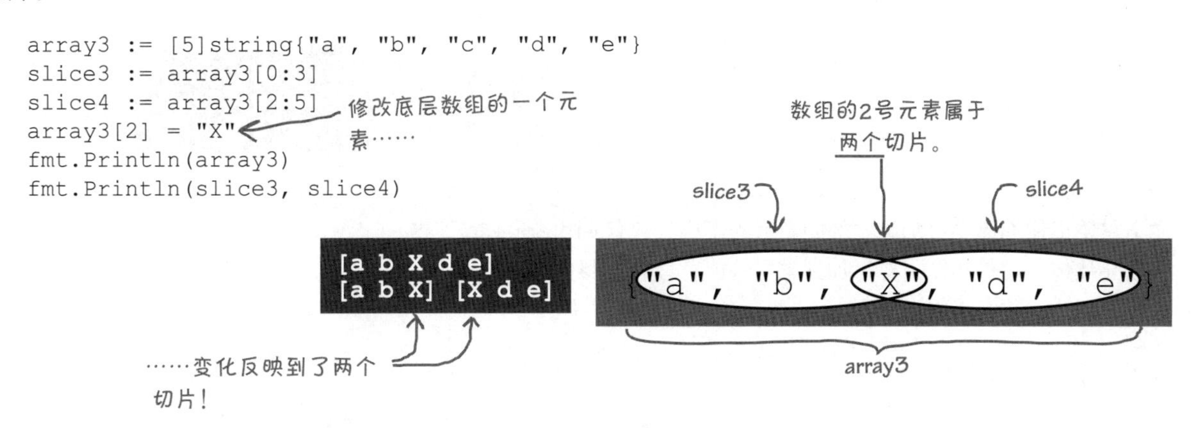

array3 := [5]string{"a", "b", "c", "d", "e"}
slice3 := array3[0:3]
slice4 := array3[2:5]
array3[2] = "X"
fmt.Println(array3)
fmt.Println(slice3, slice4)
修改底层数组的一个元素……
数组的2号元素属于两个切片。
slice3
slice4
[a b X d e]
[a b X] [X d e]
……变化反映到了两个切片！
{"a", "b", "X", "d", "e"}
array3

由于这些问题，你应该已经发现通常我们使用make和切片字面量来创建切片，而不是创建一个数组，再用一个切片在上面操作。使用了make和切片字面量，你就不用关心底层数组了。

使用"append"函数在切片上添加数据

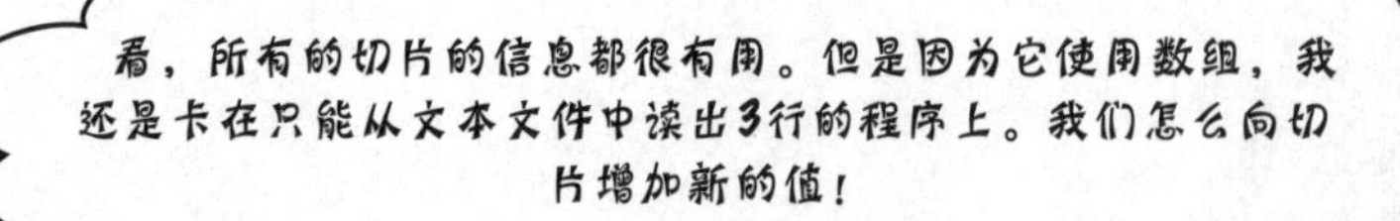

看，所有的切片的信息都很有用。但是因为它使用数组，我还是卡在只能从文本文件中读出3行的程序上。我们怎么向切片增加新的值！

Go提供一个内建的函数append来将一个或者多个值追加到切片的末尾。它返回一个与原切片元素完全相同的并且在尾部追加了新元素的新的更大的切片。

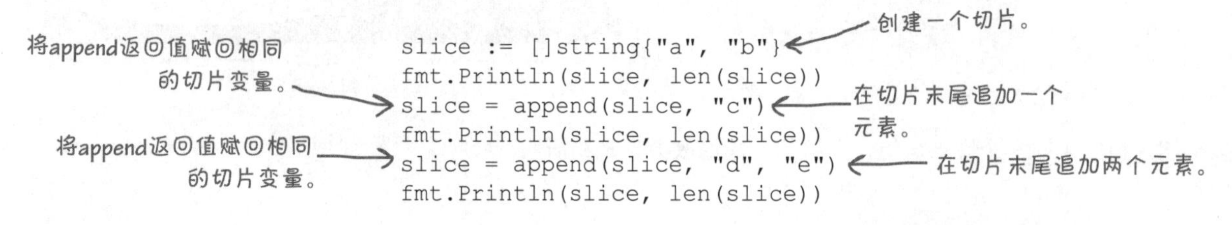

创建一个切片。
将append返回值赋回相同的切片变量。
在切片末尾追加一个元素。
将append返回值赋回相同的切片变量。
在切片末尾追加两个元素。

```
slice := []string{"a", "b"}
fmt.Println(slice, len(slice))
slice = append(slice, "c")
fmt.Println(slice, len(slice))
slice = append(slice, "d", "e")
fmt.Println(slice, len(slice))
```

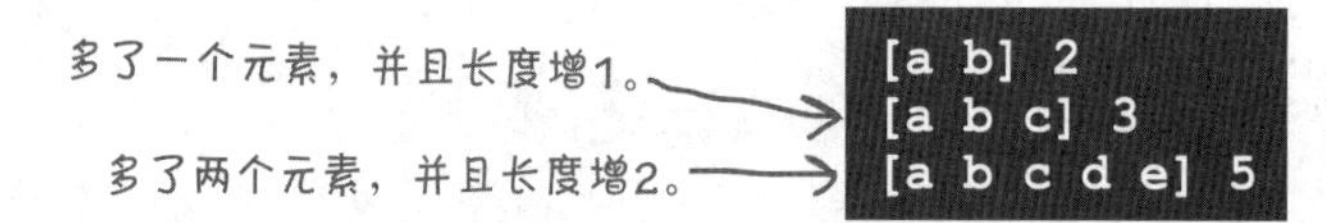

多了一个元素，并且长度增1。
多了两个元素，并且长度增2。

```
[a b] 2
[a b c] 3
[a b c d e] 5
```

你不需要记住你需要追加到尾部的新值的索引！仅仅调用append函数并且传入切片和你需要追加到末尾的值，你就会得到一个新的更长的切片。非常简单！

好吧，还有一点你要注意……

使用“append”函数在切片上添加数据（续）

注意我们需要确保将append返回的值重新赋给传递给append的那个变量。这是为了避免append返回的切片中的一些不一致行为。

切片的底层数组并不能增长大小。如果数组没有足够的空间来保存新的元素，所有的元素会被拷贝至一个新的更大的数组，并且切片会被更新为引用这个新的数组。但是由于这些场景都发生在append函数内部，无法知道返回的切片与传入append函数的切片是否具有相同的底层数组。如果你保留了两个切片，会导致一些非预期的错误。

例如我们有4个切片，后三个是通过append调用生成的。我们并没有遵循惯例将append函数的返回值赋给传入的变量。当我们给切片s4的一个元素赋值的时候，我们能看到s3中的体现。因为s4和s3碰巧都共享相同的底层数组。但是改变并没有在s2或者s1中体现，因为它们都有不同的底层数组。

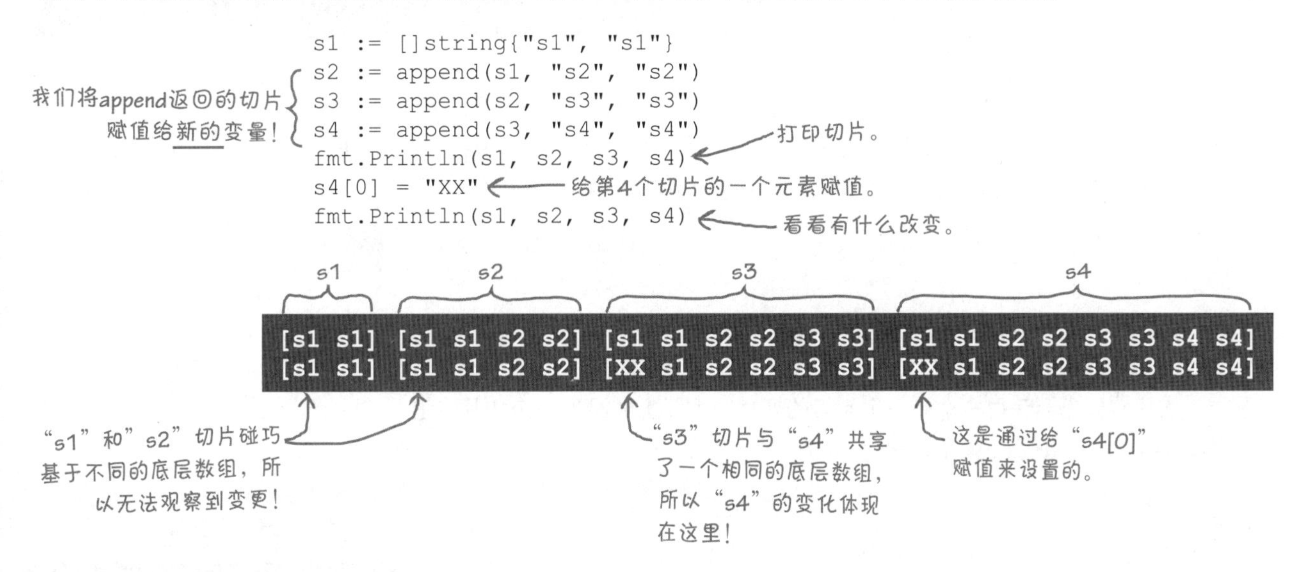

所以我们调用append函数，惯例是将函数的返回值赋给你传入的那个切片变量。如果你只保存一个切片，你就无须考虑两个切片是否共享了同一个底层数组。

```
s1 := []string{"s1", "s1"}
s1 = append(s1, "s2", "s2")
s1 = append(s1, "s3", "s3")
s1 = append(s1, "s4", "s4")
fmt.Println(s1)
```

我们将append返回的切片赋给相同的变量。

```
[s1 s1 s2 s2 s3 s3 s4 s4]
```

没有额外的惊喜！

切片和零值

与数组一样，如果你访问了一个切片中没有赋值的元素，你会得到那个元素类型的0值：

创建元素没有赋初值的切片。

```
floatSlice := make([]float64, 10)
boolSlice := make([]bool, 10)
fmt.Println(floatSlice[9], boolSlice[5])
```

```
0 false
```

不像数组，切片变量自己也有0值：nil。一个没有赋值的切片变量值为nil。

声明一个没有赋初值的切片变量。

记住，“%#v”把值格式化为它在Go代码中呈现的样子。

```
var intSlice []int
var stringSlice []string
fmt.Printf("intSlice: %#v, stringSlice: %#v\n", intSlice, stringSlice)
```

两个变量的值都是nil。

```
intSlice: []int(nil), stringSlice: []string(nil)
```

在其他的语言中，需要在使用切片变量之前先测试它是否包含切片。但是在Go中，函数有意被写成对待nil的切片就像它是一个空切片一样。例如，如果输入参数是一个nil切片那么len返回0：

把nil切片传递给len函数。

```
fmt.Println(len(intSlice))
```

```
0
```

它会返回0，就像你传入了一个空的切片一样！

append函数也会把nil 切片看作一个空的切片。如果给append传入了空的切片，它会在切片里增加一个元素，并且返回一个只有一个元素的切片。如果你传入了一个nil 切片，你也会获得一个有一个元素的切片。实际上并没有一个切片来追加元素。append函数会在幕后创建一个切片。

向append传入一个nil切片。

```
intSlice = append(intSlice, 27)
fmt.Printf("intSlice: %#v\n", intSlice)
```

它会返回有一个元素的切片，就像你传入的是一个空切片一样！

```
stringSlice: []string{27}
```

这就意味着你通常并不需要担心切片是nil还是空的。你可以同样对待它们，并且你的代码工作正常！

```
var slice []string
if len(slice) == 0 {
	slice = append(slice, "first item")
}
fmt.Printf("%#v\n", slice)
```

这个变量值是nil。

len函数会返回0。

append函数会返回一个元素的切片，就像你传入的是一个空切片。

```
[]string{"first item"}
```

使用切片和“append”读取额外的文件行

现在我们了解了切片和append函数，终于可以修复平均数程序了。记住，只要在它读取的*data.txt*文件中增加了第四行，平均值就会失败：

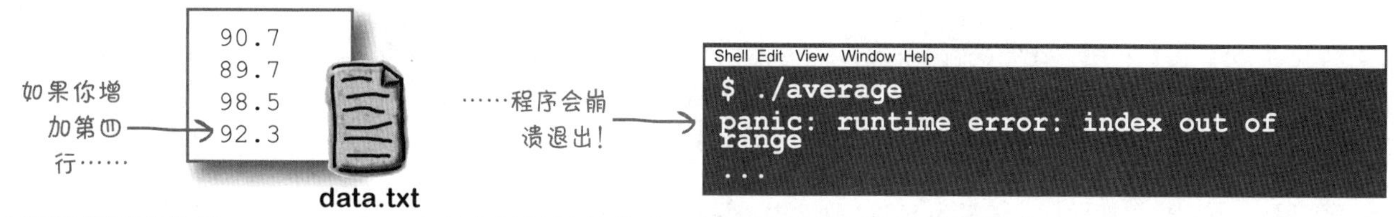

问题追溯到我们的datafile包，它将文件行保存到了一个最大元素个数为3的数组中：

工作区 > src > github.com > headfirstgo > datafile > floats.go

```
// Package datafile allows reading data samples from files.
package datafile

import (
	"bufio"
	"os"
	"strconv"
)

// GetFloats reads a float64 from each line of a file.
func GetFloats(fileName string) ([3]float64, error) {
	var numbers [3]float64
	file, err := os.Open(fileName)
	if err != nil {
		return numbers, err
	}
	i := 0
	scanner := bufio.NewScanner(file)
	for scanner.Scan() {
		numbers[i], err = strconv.ParseFloat(scanner.Text(), 64)
		if err != nil {
			return numbers, err
		}
		i++
	}
	err = file.Close()
	if err != nil {
		return numbers, err
	}
	if scanner.Err() != nil {
		return numbers, scanner.Err()
	}
	return numbers, nil
}
```

函数返回一个float64的数组。

合理的索引号是numbers[0]到numbers[2]……

这里尝试给numbers[3]赋值，导致了崩溃！

使用切片和“append”读取额外的文件行（续）

之前我们大多数工作是围绕着理解切片。现在我们使用切片来代替数组更新GetFloats函数。

首先，我们更新函数声明，让它返回一个float64的切片代替之前的数组。之前我们将数组保存在一个名为numbers的变量中，我们继续使用这个变量来保存切片。之前并不给numbers赋值，所以它的初值为nil。

我们调用append来扩展切片（如果为nil，则创建）和增加新值，代替了以前将从文件中读到的数据赋值到数组的一个特定的索引号上。这样可以免于创建和更新追踪索引值变化的变量i。我们可以把ParseFloat函数返回的float64值赋给一个临时变量，仅仅是为了判断转变过程的错误。然后将切片numbers和新值传给append，并且确保把返回值赋给了numbers变量。

除此之外，GetFloats函数中的代码保持不变——切片基本上是数组的替代品。

工作区 > src > github.com > headfirstgo > datafile > floats.go

```
// ...Preceding code omitted...
func GetFloats(fileName string) ([]float64, error) {
	var numbers []float64
	file, err := os.Open(fileName)
	if err != nil {
		return numbers, err
	}
	scanner := bufio.NewScanner(file)
	for scanner.Scan() {
		number, err := strconv.ParseFloat(scanner.Text(), 64)
		if err != nil {
			return numbers, err
		}
		numbers = append(numbers, number)
	}
	err = file.Close()
	if err != nil {
		return numbers, err
	}
	if scanner.Err() != nil {
		return numbers, scanner.Err()
	}
	return numbers, nil
}
```

修改为返回一个切片。

这个变量默认为nil。（记住append处理nil的行为与处理空切片的行为相同。）

错误处理不需要修改，这里切片的处理与数组相同。

将string转换为float64并且赋值给一个临时变量。

追加新的数字给切片。

这里也不需要修改。

尝试我们改进后的程序

GetFloats函数返回的切片的工作方式也类似于在average主程序中被替换的数组。事实上，我们不必修改主程序中的任何代码！

因为我们使用短变量声明:=来将GetFloats的返回值赋给一个变量，numbers变量自动从[3]float64（数组类型）切换到[]float64（切片类型）。并且由于for...range循环和len函数对于数组和切片的行为是一致的，所以这里也不需要做任何改变！

工作区
src
github.com
headfirstgo
average
main.go
任何地方都不需要改变！
自动获得一个[]float64来代替[3]float64。
数组和切片的行为是一致的。
这里对于切片也工作正常。

```
// average calculates the average of several
numbers.
package main

import (
	"fmt"
	"github.com/headfirstgo/datafile"
	"log"
)

func main() {
	numbers, err := datafile.GetFloats("data.txt")
	if err != nil {
		log.Fatal(err)
	}
	var sum float64 = 0
	for _, number := range numbers {
		sum += number
	}
	sampleCount := float64(len(numbers))
	fmt.Printf("Average: %0.2f\n", sum/
sampleCount)
}
```

那就意味着我们准备好尝试更改！确认你的*data.txt*文件仍然保存在Go工作区中的*bin*目录的子目录下，使用之前相同的命令编译和运行程序。它会读取*data.txt*的所有行并且显示平均值。然后尝试增加或减少*data.txt*文件的行数，它仍然正常工作！

```
90.7
89.7
98.5
92.3
```

data.txt

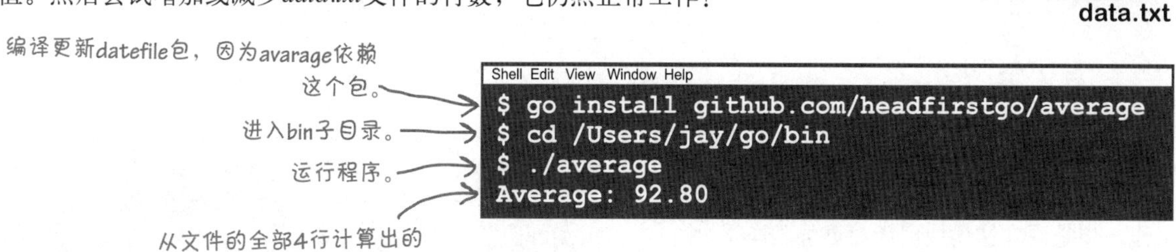

编译更新datefile包，因为avarage依赖这个包。
进入bin子目录。
运行程序。
从文件的全部4行计算出的平均值！
Shell Edit View Window Help
$ go install github.com/headfirstgo/average
$ cd /Users/jay/go/bin
$ ./average
Average: 92.80

出错时返回nil值切片

让我们进一步优化GetFloats函数。当前，即使出现了错误我们也会返回一个numbers 切片。这意味着我们会返回一个包含无效数据的切片。

```
number, err := strconv.ParseFloat(scanner.Text(), 64)
if err != nil {    我们返回了一个不该被使用的无效数据！
      return numbers, err
}
```

调用GetFloats的代码应该检查返回的错误值，如果不是nil则需要忽略返回的切片。但是，为什么还要多此一举返回一个包含无效数据的切片？让我们修改GetFloats函数，让函数出错时返回一个nil代替之前的包含无效数据的切片。

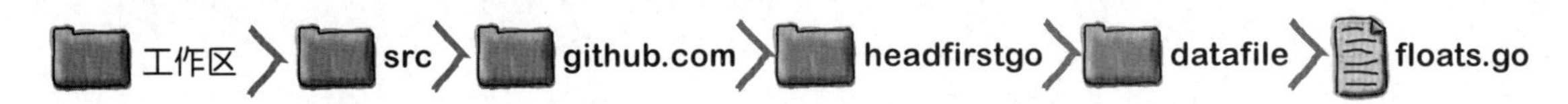


```
// ...Preceding code omitted...
func GetFloats(fileName string) ([]float64, error) {
      var numbers []float64
      file, err := os.Open(fileName)
      if err != nil {
            return nil, err ←— 返回nil而不是切片。（切片在此处的值也是nil，但是修改使之更加显而易见。）
      }
      scanner := bufio.NewScanner(file)
      for scanner.Scan() {
            number, err := strconv.ParseFloat(scanner.Text(), 64)
            if err != nil {
                  return nil, err ←— 返回nil而不是切片。
            }
            numbers = append(numbers, number)
      }
      err = file.Close()
      if err != nil {
            return nil, err ←— 返回nil而不是切片。
      }
      if scanner.Err() != nil {
            return nil, scanner.Err() ←— 返回nil而不是切片。
      }
      return numbers, nil
}
```

让我们重新编译该程序（包含了修正过的datafile包）并且运行它。它应该与之前一样工作。但是现在错误处理函数更加干净了。

```
Shell Edit View Window Help
$ go install github.com/headfirstgo/average
$ cd /Users/jay/go/bin
$ ./average
Average: 92.80
```

练习

下面程序通过数组创建了切片，并且在切片后追加了元素。写出程序的输出。

```
package main

import "fmt"

func main() {
	array := [5]string{"a", "b", "c", "d", "e"}
	slice := array[1:3]
	slice = append(slice, "x")
	slice = append(slice, "y", "z")
	for _, letter := range slice {
		fmt.Println(letter)
	}
}
```

输出：

我们提供了比你实际所需更多的空行。多多少？需要你来指出！

答案在第203页。

命令行参数

最终！它工作得很好。我只需要再追加一点……每当我需要计算一个新的平均数时，我都得修改**data.txt**。有没有一种更好的方法呢？

这里有一种替代方案——用户可以把值作为命令行参数传递给程序。

就像你可以通过传入不同的参数来控制函数的行为，你也可以给在终端下运行的程序传递参数。这称作命令行接口。

你已经看到了本书中的命令行参数的使用。我们执行cd（“更换目录”）命令，我们向它传递我们想要更换的目录的名称。当执行go命令时，我们经常传入多个参数：我们想要调用的子命令（run、install，等等），还有子命令要操作的文件或包的名称。

从os.Args切片获取命令行参数

让我们开始一个新版本的average程序，称为average2，它从命令行参数获取值。

os包有一个包级别的变量os.Args，它是一个字符串的切片，代表了当前执行程序的命令行参数。我们将从打印和弄清它包含的参数开始。

创建一个新的*average2*目录与你工作区的*average*目录平级。在其中创建一个*main.go*文件。

工作区
src
github.com
headfirstgo
average2
main.go

然后把下面的代码输入*main.go*中。它只包含fmt包和os包，并且把os.Args 切片传递给fmt.Println。

```
// average2 calculates the average of several numbers.
package main

import (
	"fmt"
	"os"
)

func main() {
	fmt.Println(os.Args)
}
```

打印os.Args 切片。

让我们试试。从你的终端或者命令提示行执行此命令来编译和安装这个程序：

```
go install github.com/headfirstgo/average2
```

那会安装一个名为*average2*的可执行程序（或者在Windows上为*average2.exe*）在你的Go工作区的*bin*子目录。使用cd命令进入*bin*目录，并且输入**average2**，不要输入回车。在程序名称后面，输入空格，然后输入1个或者多个以空格分隔的参数。然后输入回车。程序会运行并且输出os.Args的值。

使用不同的参数执行average2程序，你可以得到不同的输出。

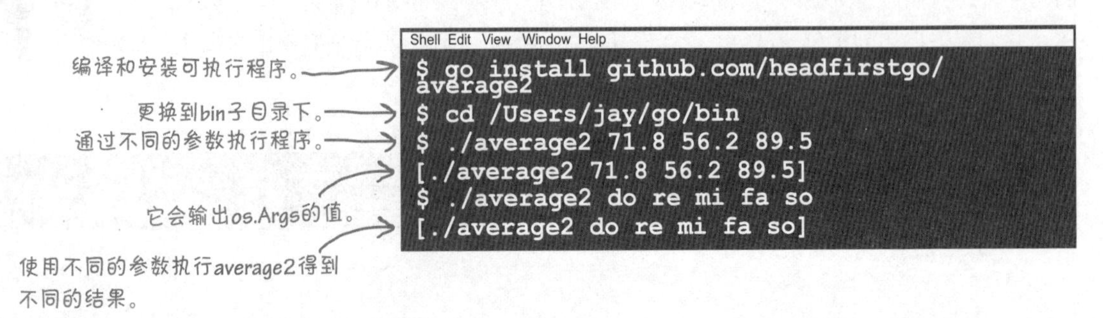
Shell Edit View Window Help
$ go install github.com/headfirstgo/average2
$ cd /Users/jay/go/bin
$ ./average2 71.8 56.2 89.5
[./average2 71.8 56.2 89.5]
$ ./average2 do re mi fa so
[./average2 do re mi fa so]
编译和安装可执行程序。
更换到bin子目录下。
通过不同的参数执行程序。
它会输出os.Args的值。
使用不同的参数执行average2得到不同的结果。

切片运算符可用于其他切片

工作得很好，但是有个问题：程序的名称是os.Args的第一个元素。

```
$ ./average2 71.8 56.2 89.5
[./average2 71.8 56.2 89.5]
```

第一个元素是程序的名称。

但这应该很容易被移除。记得我们之前如何使用切片运算符获取一个去除首元素的新的切片吗？

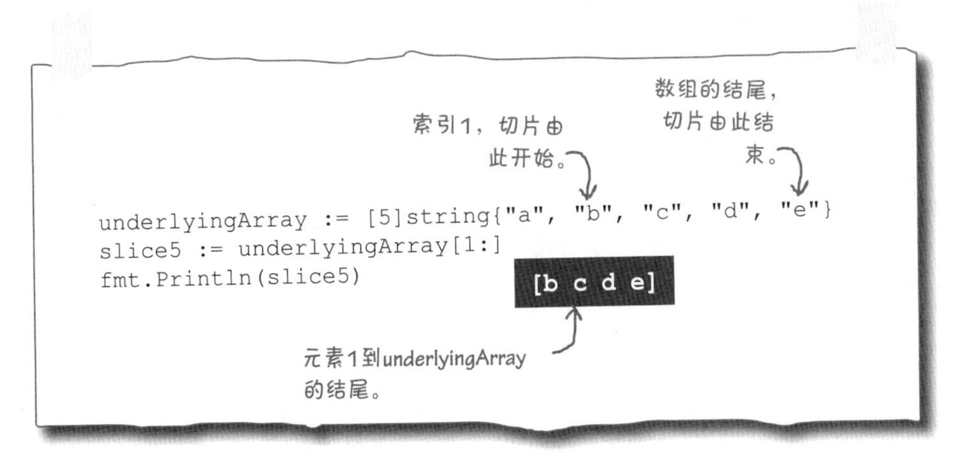

数组的结尾，切片由此结束。
索引1，切片由此开始。
underlyingArray := [5]string{"a", "b", "c", "d", "e"}
slice5 := underlyingArray[1:]
fmt.Println(slice5)
[b c d e]
元素1到underlyingArray的结尾。

切片运算符可以用于切片上，就像在数组上一样。当我们在os.Args上使用切片运算符[1:]时，它会返回一个新的没有首元素（索引0）的切片，并且包含从第二个（索引1）到结束的所有元素。

```
// average2 calculates the average of several numbers.
package main

import (
	"fmt"
	"os"
)

func main() {
	fmt.Println(os.Args[1:])
}
```

获取一个包含着os.Args的从第二个元素到最后一个元素的新的切片。

如果重新编译和重新运行average2，我们会看到输出只包含命令行参数了。

```
Shell Edit View Window Help
$ go install github.com/headfirstgo/average2
$ ./average2 71.8 56.2 89.5
[71.8 56.2 89.5]
$ ./average2 do re mi fa so
[do re mi fa so]
```

忽略程序名称 → [71.8 56.2 89.5]

忽略程序名称 → [do re mi fa so]

更新程序以使用命令行参数

现在我们可以得到字符串切片类型的命令行参数，让我们升级average2程序来将这些参数转换为实际的数字，并且计算它们的平均值。我们可以重用之前学习的最初的average程序和datafile包。

我们在os.Args上使用切片运算符来忽略程序名称，并且把返回切片赋给一个arguments变量。我们设置一个sum变量来保存所有输入数字的和。然后使用for...range循环处理arguments的元素（使用_空白标识符来忽略元素索引）。我们使用strconv.ParseFloat来将参数从字符串转换为float64。如果出现错误，我们输出并退出。如果没有，我们将数字累加到sum。

当循环处理了所有的参数时，我们使用len(arguments)来确定样本个数。然后用sum除以样本个数得到平均值。

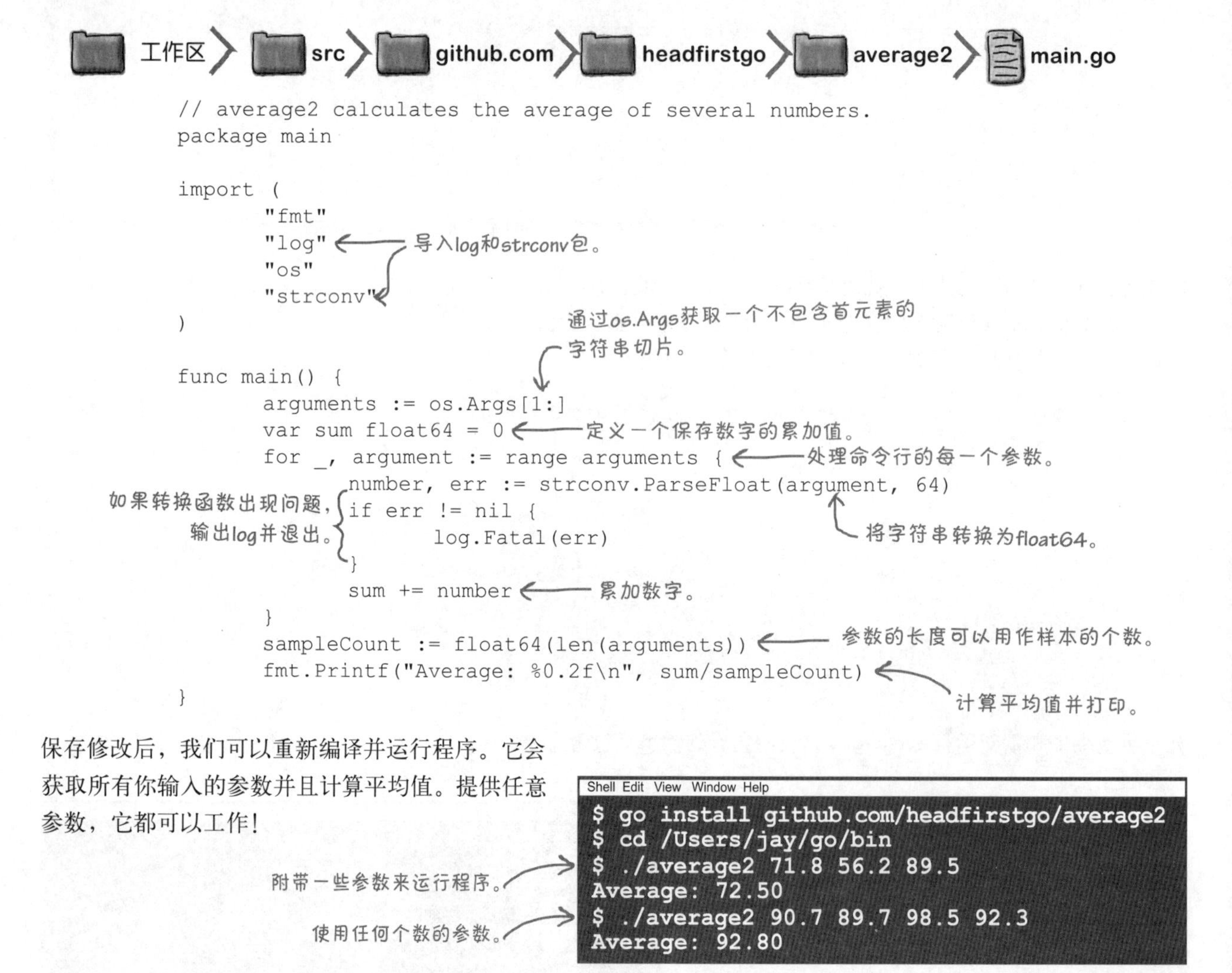
工作区
src
github.com
headfirstgo
average2
main.go
导入log和strconv包。
通过os.Args获取一个不包含首元素的字符串切片。
定义一个保存数字的累加值。
处理命令行的每一个参数。
如果转换函数出现问题，输出log并退出。
将字符串转换为float64。
累加数字。
参数的长度可以用作样本的个数。
计算平均值并打印。
附带一些参数来运行程序。
使用任何个数的参数。

```go
// average2 calculates the average of several numbers.
package main

import (
	"fmt"
	"log"
	"os"
	"strconv"
)

func main() {
	arguments := os.Args[1:]
	var sum float64 = 0
	for _, argument := range arguments {
		number, err := strconv.ParseFloat(argument, 64)
		if err != nil {
			log.Fatal(err)
		}
		sum += number
	}
	sampleCount := float64(len(arguments))
	fmt.Printf("Average: %0.2f\n", sum/sampleCount)
}
```

保存修改后，我们可以重新编译并运行程序。它会获取所有你输入的参数并且计算平均值。提供任意参数，它都可以工作！

```
Shell Edit View Window Help
$ go install github.com/headfirstgo/average2
$ cd /Users/jay/go/bin
$ ./average2 71.8 56.2 89.5
Average: 72.50
$ ./average2 90.7 89.7 98.5 92.3
Average: 92.80
```

可变长参数函数

现在我们了解了切片，我们可以介绍一个之前从未谈过的功能。你是否注意到一些函数调用可以获取任何个数的参数？例如fmt.Println或append：

```
fmt.Println(1)  ← Println可以有1个参数……
fmt.Println(1, 2, 3, 4, 5)  ← ……或者5个！
letters := []string{"a"}
letters = append(letters, "b")  ← append可以有2个参数……
letters = append(letters, "c", "d", "e", "f", "g")  ← ……或者6个！
```

不过，不要直接在任何函数中使用！截止到现在，对于我们定义的所有函数，函数定义的参数个数与函数调用的参数个数严格匹配。任何不匹配会导致编译错误。

```
func twoInts(first int, second int) {  ← 如果需要两个参数……
	fmt.Println(first, second)
}

func main() {
	twoInts(1)  ← ……那么这里我们不能只传入一个……
	twoInts(1, 2, 3)  ← ……并且我们不能传入3个。
}
```

```
tmp/sandbox815038307/main.go:10:9: not enough arguments in call to twoInts
	have (number)
	want (int, int)
tmp/sandbox815038307/main.go:11:9: too many arguments in call to twoInts
	have (number, number, number)
	want (int, int)
```

那么Println和append是如何做到的呢？它们定义了一个可变长参数函数。一个可变长参数函数可以以多种参数个数来调用。为了让函数的参数可变长，在函数声明中的最后的（或者仅有的）参数类型前使用省略号（...）。

```
                                      省略号    类型
func myFunc(param1 int, param2 ...string) {
	// function code here
}
```

可变长参数函数（续）

可变长参数函数的最后一个参数接收一个切片类型的变长参数，这个切片可以被函数当作普通切片来处理。

这里函数twoInts的有一个可变长参数的版本，并且对任意个数的参数能正常工作：

numbers变量被存储在作为参数的切片中。

```
func severalInts(numbers ...int) {
	fmt.Println(numbers)
}

func main() {
	severalInts(1)
	severalInts(1, 2, 3)
}
```

```
[1]
[1 2 3]
```

这里是带有字符串参数的类似的函数。注意如果我们不提供变长参数，它不会返回错误，函数会收到一个空的切片。

strings变量保存了一个所有参数的切片。

```
func severalStrings(strings ...string) {
	fmt.Println(strings)
}

func main() {
	severalStrings("a", "b")
	severalStrings("a", "b", "c", "d", "e")
	severalStrings()
}
```

如果没有参数，会收到一个空的切片。

```
[a b]
[a b c d e]
[]
```

函数也可以接收一个或者多个非可变长参数。即使一个函数调用可以忽略可变长参数，其中的非可变长参数是不可忽略的，如果忽略的话会导致编译失败。仅仅函数定义中的最后一个参数可以是可变长参数；你不能把它放到必需参数之前。

首先需要一个int参数。

其次需要一个Boolean参数。

其他剩下的参数必须是string并且会被保存为这里的切片。

```
func mix(num int, flag bool, strings ...string) {
	fmt.Println(num, flag, strings)
}

func main() {
	mix(1, true, "a", "b")
	mix(2, false, "a", "b", "c", "d")
}
```

```
1 true [a b]
2 false [a b c d]
```

使用可变长参数函数

这里有maximum函数会接收任意个数的float64参数并且会返回其中的最大值。这个maximum函数的所有参数被保存在一个切片类型的参数numbers中。初始我们设置当前最大值为-Inf，一个代表了负无穷的特殊值，通过调用math.Inf获得。（我们可以使用当前最大值0，但是这个最大值可能是负数。）然后我们使用for...range来处理numbers上的每个值，将它与最大值比较。如果它比最大值大，就将它设置为最大值。无论如何，处理完所有参数之后剩下的最大值就是我们要返回的。

```
package main

import (
	"fmt"
	"math"
)

func maximum(numbers ...float64) float64 {
	max := math.Inf(-1)
	for _, number := range numbers {
		if number > max {
			max = number
		}
	}
	return max
}

func main() {
	fmt.Println(maximum(71.8, 56.2, 89.5))
	fmt.Println(maximum(90.7, 89.7, 98.5, 92.3))
}
```

接收任何个数的float64参数。

以一个非常小的值开始。

处理变长参数的每一个值。

找到参数中的最大值。

```
89.5
98.5
```

下面是inRange函数，它接收一个最小值、一个最大值和任意个数的float64参数。它丢弃在给定最小值和给定最大值范围之外的参数，返回一个在范围之内的参数值的切片。

```
package main

import "fmt"

func inRange(min float64, max float64, numbers ...float64) []float64 {
	var result []float64
	for _, number := range numbers {
		if number >= min && number <= max {
			result = append(result, number)
		}
	}
	return result
}

func main() {
	fmt.Println(inRange(1, 100, -12.5, 3.2, 0, 50, 103.5))
	fmt.Println(inRange(-10, 10, 4.1, 12, -12, -5.2))
}
```

范围中的最小值

范围中的最大值

任意个数的float64参数

这个切片会保存范围内的值。

处理变长参数的每一个值。

如果参数不小于最小值并且不大于最大值……

……把它添加到待返回的切片中。

寻找>=1且<=100的参数。

寻找>=-10且<=10的参数。

```
[3.2 50]
[4.1 -5.2]
```

代码贴

一个使用可变长参数的Go 程序就像乱七八糟的冰箱贴。你能否重构代码段，使其成为一个能够产生给定输出的工作程序？

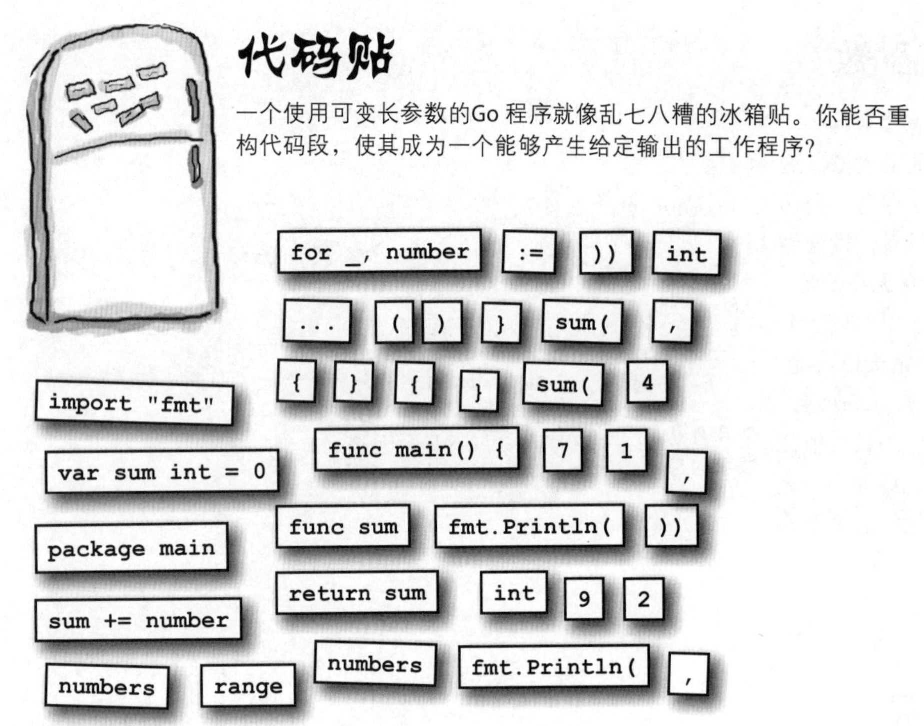

输出

```
16
7
```

答案在第204页。

使用可变长参数函数计算平均值

让我们来创造一个可以接收任意多个float64类型参数，并且返回它们的平均值的可变长参数函数。它逻辑上会与average2程序很像。我们定义一个名为sum的变量来保存所有参数值的和。然后我们遍历这些参数，把每个值都累加到sum上。最终我们使用sum除以参数的总个数来获取平均值。这是一个可以对任意个数的参数求平均值的函数。

```
package main

import "fmt"

func average(numbers ...float64) float64 {
	var sum float64 = 0
	for _, number := range numbers {
		sum += number
	}
	return sum / float64(len(numbers))
}

func main() {
	fmt.Println(average(100, 50))
	fmt.Println(average(90.7, 89.7, 98.5, 92.3))
}
```

获取任意个数的float64参数。

定义一个变量来保存参数的总和。

处理变长参数的每一个值。

累加到总和中。

除以总的参数个数来获得平均值。

```
75
92.8
```

向可变长参数函数传递一个切片

我们新的可变长参数的average函数工作得很好，我们应该尝试更新average2程序来使用它。我们可以将average函数粘贴到average2代码中。

在main函数中，我们仍然需要将每一个参数从string转换到float64。然后创建一个切片来保存转换后的值，并且使用变量numbers来保存这个切片。在每一个命令行参数被转换后，值将直接追加到numbers 切片中，而不像以前一样直接计算平均值。

现在我们尝试将numbers 切片传递给average函数。但当我们编译程序的时候，出现错误……

```
// average2 calculates the average of several numbers.
package main

import (
	"fmt"
	"log"
	"os"
	"strconv"
)

func average(numbers ...float64) float64 {
	var sum float64 = 0
	for _, number := range numbers {
		sum += number
	}
	return sum / float64(len(numbers))
}

func main() {
	arguments := os.Args[1:]
	var numbers []float64
	for _, argument := range arguments {
		number, err := strconv.ParseFloat(argument, 64)
		if err != nil {
			log.Fatal(err)
		}
		numbers = append(numbers, number)
	}
	fmt.Printf("Average: %0.2f\n", average(numbers))
}
```

```
cannot use numbers (type []float64)
as type float64 in argument to average
```

这个average函数需要一个或者多个float64类型参数，而不是一个float64的切片类型。

向可变长参数函数传递一个切片（续）

那么现在呢？我们必须在让函数参数可变长和让它可以接受切片参数之间做出选择吗？

幸运的是，Go为这种情况提供了一个特殊的语法。当我们调用一个可变长参数函数时，简单地在你传入的切片变量后增加省略号（...）即可。

```
func severalInts(numbers ...int) {
	fmt.Println(numbers)
}

func mix(num int, flag bool, strings ...string)
{
	fmt.Println(num, flag, strings)
}

func main() {
	intSlice := []int{1, 2, 3}
	severalInts(intSlice...)
	stringSlice := []string{"a", "b", "c",
"d"}
	mix(1, true, stringSlice...)
}
```

使用int切片代替可变参数。

使用string切片代替可变参数。

```
[1 2 3]
1 true [a b c d]
```

我们只需要在调用average中的numbers切片后面增加一个省略号即可。

```
func main() {
	arguments := os.Args[1:]
	var numbers []float64
	for _, argument := range arguments {
		number, err := strconv.ParseFloat(argument, 64)
		if err != nil {
			log.Fatal(err)
		}
		numbers = append(numbers, number)
	}
	fmt.Printf("Average: %0.2f\n", average(numbers...))
}
```

向可变参数函数传入切片。

修改以后，我们就可以再一次编译和执行程序了。它会把命令行参数转换为float64的切片，然后传递给可变参数的average函数。

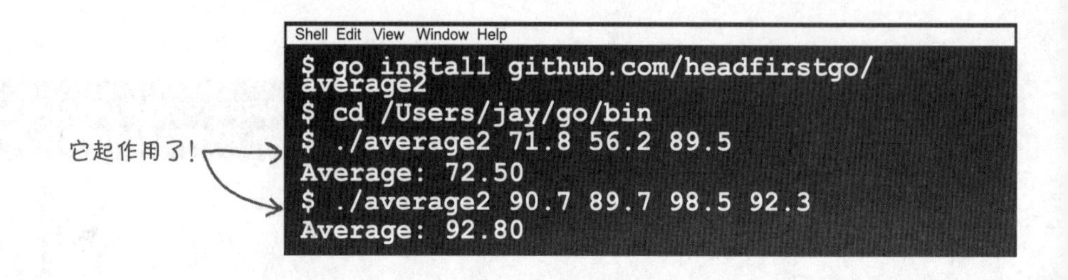
它起作用了！
Shell Edit View Window Help
$ go install github.com/headfirstgo/average2
$ cd /Users/jay/go/bin
$ ./average2 71.8 56.2 89.5
Average: 72.50
$ ./average2 90.7 89.7 98.5 92.3
Average: 92.80

切片拯救了我们

这太棒了！我可以输入我前几周的食物使用量，立即能看到平均值。并且用这种方法我可以预估出所有调料的订单。我应该会决定安装Go了。

```
Shell Edit View Window Help
$ go install github.com/headfirstgo/
average2
$ cd /Users/jay/go/bin
$ ./average2 71.8 56.2 89.5
Average: 72.50
$ ./average2 90.7 89.7 98.5 92.3
Average: 92.80
```

处理值列表对于任何语言都是必不可少的。使用数据和切片，你可以将数据保存在任意长度的集合中。Go利用`for...range`循环使处理集合中的数据更加简单。

你的Go工具箱

这是第6章的内容！你已将切片添加到工具箱中。

句

数组

数组是特定类型的值的列表。

数组中的每一项被称为一个数组元素。

数组包含特定数量的元素；没有任何方法可以轻松地向数组中添加更多的元素。

切片

切片是一个特定类型的元素的列表，但是与数组不同的是，它可以很方便地增加和删除元素。

切片自己并不会保存任何数据。切片仅仅是底层数组的元素的视图。

要点

- 同型的切片变量与数组变量的声明相同，只是它忽略了长度：

```
var mySlice []int
```

- 在大多数情况下，切片和数组的代码行为完全相同。包括元素赋值、使用0值、传递给len函数和for...range循环。
- 切片字面量的声明与数组字面量相同，但它忽略了长度：

```
[]int{1, 7, 10}
```

- 你可以获取通过切片运算符s[i:j]获取切片中i到j - 1的元素。
- os.Args包变量包含当前程序执行的命令行参数组成的string类型的切片。
- 变长参数函数是可以被不同个数的参数调用的函数。
- 为了声明一个变长参数函数，在最后一个参数之前增加省略号（...）。这个参数就可以以切片的形式接收一组参数。
- 当调用可变参数函数的时候，可以通过在切片之后追加省略号的方式来代替变长参数：

```
inRange(1, 10, mySlice...)
```

拼图板答案

```
package main

import "fmt"

func main() {
	numbers := make([]float64, 3)
	numbers[0] = 19.7
	numbers[2] = 25.2
	for i, number := range numbers {
		fmt.Println(i, number)
	}
	var letters = []string{"a", "b", "c"}
	for i, letter := range letters {
		fmt.Println(i, letter)
	}
}
```

下面的程序接收一个从数组生成的切片，然后追加元素到切片。写出下面程序运行的结果。

```
package main

import "fmt"

func main() {
	array := [5]string{"a", "b", "c", "d", "e"}
	slice := array[1:3]
	slice = append(slice, "x")
	slice = append(slice, "y", "z")
	for _, letter := range slice {
		fmt.Println(letter)
	}
}
```

输出：

b
c
x
y
z

代码贴答案

```
package main

import "fmt"

func sum(numbers ...int) int {
	var sum int = 0
	for _, number := range numbers {
		sum += number
	}
	return sum
}

func main() {
	fmt.Println(sum(7, 9))
	fmt.Println(sum(1, 2, 4))
}
```

输出

```
16
7
```

7 标签数据

映射

堆积物品是个好方法，直到你需要再次找到它。你已经看到了如何使用切片和数组来创建一列数据。但是当你需要使用一个特定的值时会怎样？为了找到它，你需要从数组或者切片的开头开始，查看每一个元素。

如果有一种集合，其中的每个值都有个标签在上面，那么你就可以快速找到你需要的值！在这一章，我们来看映射，它就是做这个的。

计票

这是另一个在*Head First Ruby*中出现过的例子，在哈希那章。Ruby哈希与Go的映射很相似，所以例子在这里也很适用。

人们正在竞争一个Sleepy Creek County学校的董事席位，民调显示结果非常接近。现在是选举之夜了，候选人们兴奋地看着候选结果。

我确信选民会选择将我们的孩子放在第一位的候选者！
现在是时候将财务责任和问责制带回我们的学校系统了！
姓名: Amber Graham
职业: 经理
姓名: Brian Martin
职业: 会计师

选票中有两位候选者，Amber Graham和Brian Martin。选民也可以选择写入其他选民的名字（对，写入一位并没有出现在选票中的候选人的名字）。这通常不会像主要候选人那样普遍，但是我们期待出现一些这样的名字。

今年电子选举器被用来将投票记录为文本文件，每行一票。（预算很少，所以城市议会选择便宜的选举器供应商。）

这里是一个包含A区所有投票的文件：

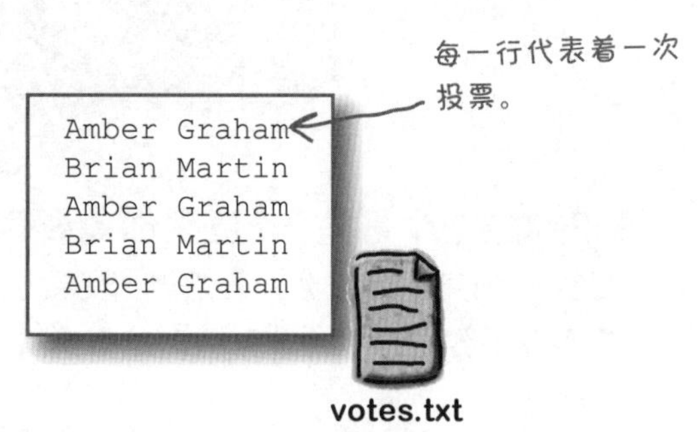
每一行代表着一次投票。
Amber Graham
Brian Martin
Amber Graham
Brian Martin
Amber Graham
votes.txt

我们需要处理文件的每一行并且统计每个名称出现的总次数。获得最多选票的名字将会胜出！

从文件中读取名字

我们的第一个业务是读取*votes.txt*文件中的内容。之前章节中的datafile包已经有了GetFloats函数来读取文件中的每一行，并且转换为一个切片，但是GetFloats仅仅读取float64值。我们需要一个单独的函数，来将文件中的行作为string类型的切片返回。

所以，让我们在datafile包中创建一个与*floats.go*并列的*stirngs.go*文件。在此文件中，我们将增加一个GetStrings函数。GetStrings代码与GetFloats代码非常相近（我们把下面相似的代码变灰了）。但是与把每一行转换成float64值不同，GetStrings直接把每行作为string值添加到我们返回的切片中。

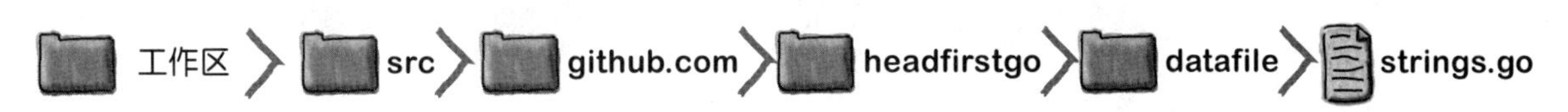


```
// Package datafile allows reading data samples from files.
package datafile

import (
	"bufio"
	"os"
)

// GetStrings reads a string from each line of a file.
func GetStrings(fileName string) ([]string, error) {
	var lines []string
	file, err := os.Open(fileName)
	if err != nil {
		return nil, err
	}
	scanner := bufio.NewScanner(file)
	for scanner.Scan() {
		line := scanner.Text()
		lines = append(lines, line)
	}
	err = file.Close()
	if err != nil {
		return nil, err
	}
	if scanner.Err() != nil {
		return nil, scanner.Err()
	}
	return lines, nil
}
```

- package datafile：仍然是与GetFloats相同的包。
- "os"：不要引用strconv包，在这个文件里我们不需要。
- var lines []string：这个变量包含了一个string类型的切片。
- ([]string, error)：返回一个string类型的切片，而不是float64值的切片。
- line := scanner.Text() / lines = append(lines, line)：直接追加到切片，而不用做从string到float64的转换。
- return lines, nil：返回string类型的切片。

从文件中读取名字（续）

现在让我们创建一个实际计算投票的程序count。在Go的工作区中进入*src/github.com/headfirstgo*目录，并且创建一个新的目录*count*。然后在*count*目录中创建一个名为*main.go*的函数。

在写程序之前，让我们确认GetStrings函数工作正常。在main函数的顶端，调用datafile.GetStrings，把"votes.txt"作为需要读取的文件参数传入。我们把返回string切片的结果保存在变量lines中，并且把错误保存在变量err中。像往常一样，如果err非空，我们会记录错误并且退出。或者我们仅仅调用fmt.Println来打印出lines切片的内容。

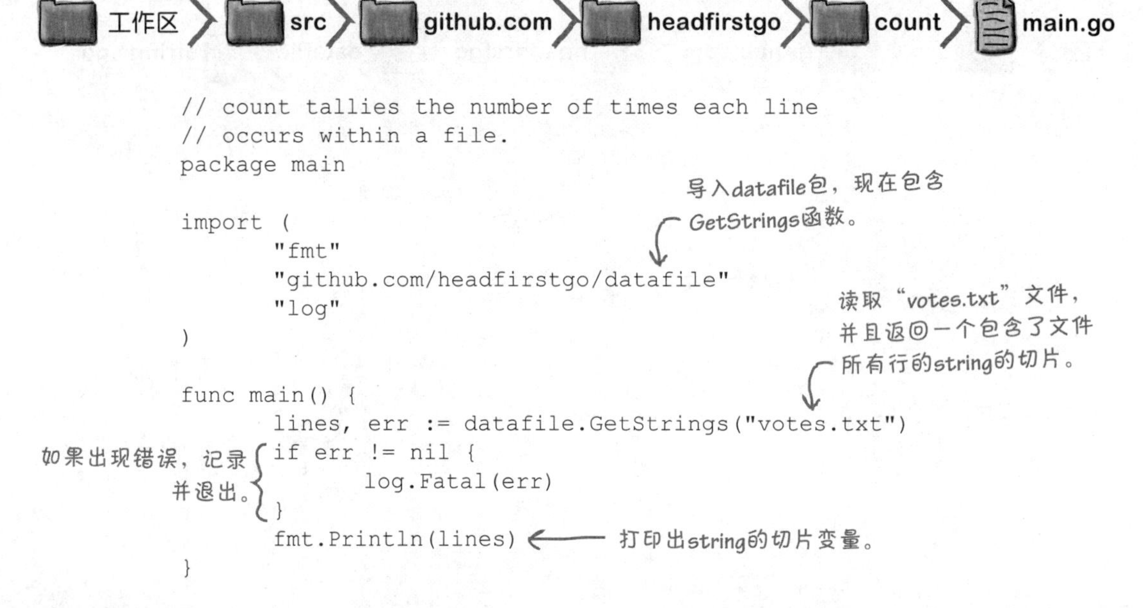

工作区
src
github.com
headfirstgo
count
main.go
导入datafile包，现在包含GetStrings函数。
读取“votes.txt”文件，并且返回一个包含了文件所有行的string的切片。
如果出现错误，记录并退出。
打印出string的切片变量。

```go
// count tallies the number of times each line
// occurs within a file.
package main

import (
	"fmt"
	"github.com/headfirstgo/datafile"
	"log"
)

func main() {
	lines, err := datafile.GetStrings("votes.txt")
	if err != nil {
		log.Fatal(err)
	}
	fmt.Println(lines)
}
```

就像我们在其他程序中看到的一样，你可以通过运行go install并向它提供包导入路径来编译这个程序（加上它依赖的包，在这里是datafile）。如果你使用上面显示的目录，那么路径应该是github.com/headfirstgo/count。

编译count目录下的内容，并且安装生成的可执行文件。

```
Shell Edit View Window Help
$ go install github.com/headfirstgo/count
```

那会将一个名为*count*（Windows里面是*count.exe*）的可执行文件保存在你Go工作区下面的*bin*目录中。

从文件中读取名字（续）

就像之前的*data.txt*文件，我们需要确认*votes.txt*文件被保存在我们执行程序的目录中。在Go 工作区的*bin*子目录中，保存一个文件，内容就像右图那样。在终端中，使用**cd**命令来转到*bin*子目录下。

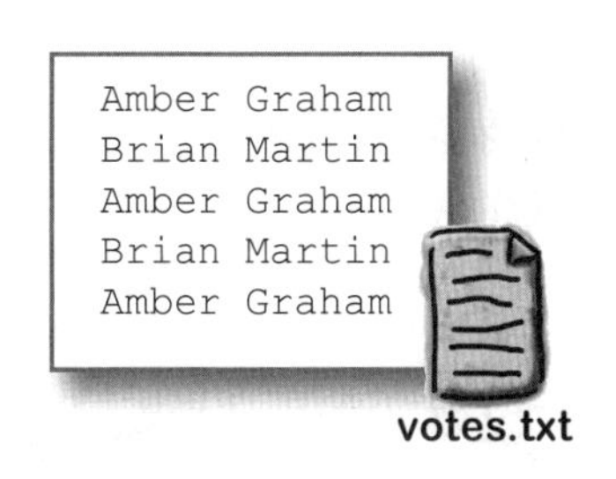

现在你应该可以通过键入**./count**（在Windows中是*count.exe*）来执行程序。它应该将*votes.txt*中的每一行读取到一个string的切片，并且输出那个切片。

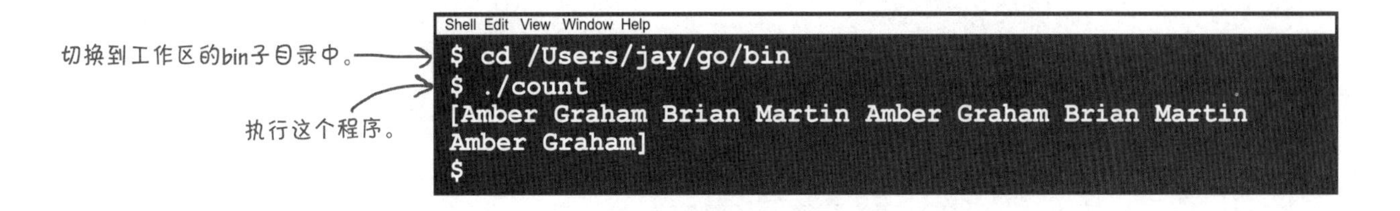

使用困难的切片方法对名字计数

从文件中读取名字并不需要学到新的知识。但挑战来了：我们如何计算名字出现了多少次？我们将展示两种方式，首先是切片，另一种是新的数据结构映射。

对于第一种解法，我们创建两个切片，每个的长度都是元素的总个数，并且是指定的顺序。第一个切片用来保存我们在文件中找到的名字，每个名字只出现一次。命名为names。第二个切片，命名为counts，会保存文件中的名字的出现次数。元素counts[0]保存names[0]出现的次数，counts[1]保存names[1]出现的次数，以此类推。

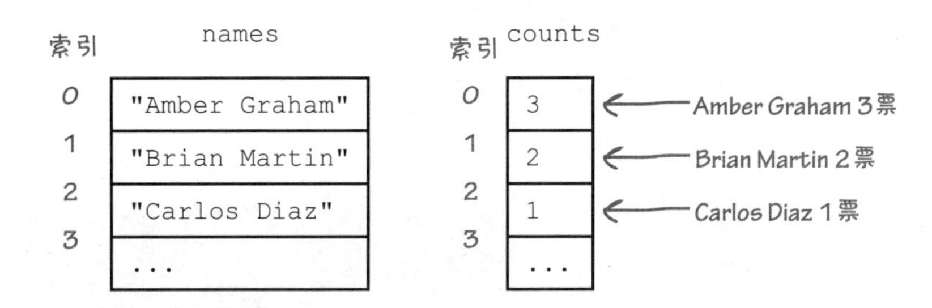

使用困难的切片方法对名字计数（续）

让我们更新count程序来计算每个名字出现的次数。我们使用names切片来保存不同的候选人名字，对应的counts切片来记录每一个名字出现的次数。

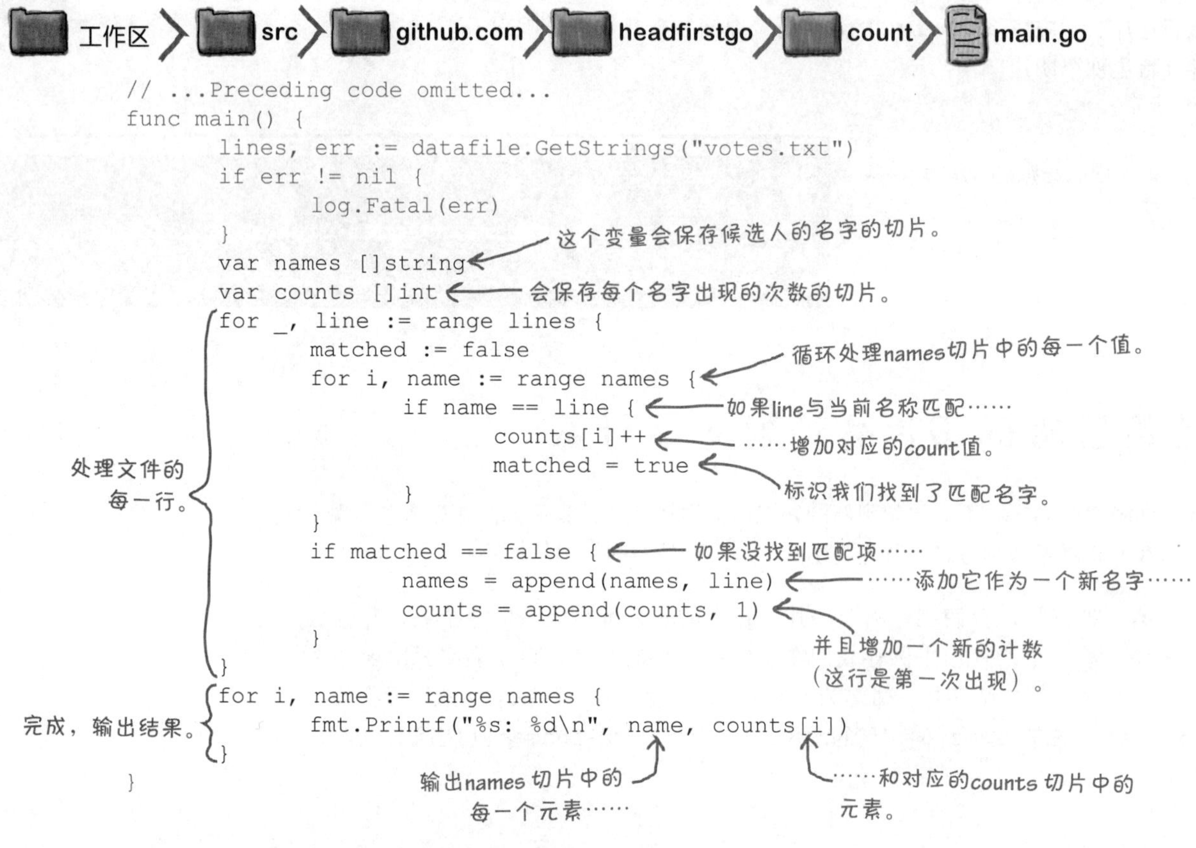

工作区
src
github.com
headfirstgo
count
main.go
这个变量会保存候选人的名字的切片。
会保存每个名字出现的次数的切片。
循环处理names切片中的每一个值。
如果line与当前名称匹配……
……增加对应的count值。
标识我们找到了匹配名字。
处理文件的每一行。
如果没找到匹配项……
……添加它作为一个新名字……
并且增加一个新的计数（这行是第一次出现）。
完成，输出结果。
输出names 切片中的每一个元素……
……和对应的counts 切片中的元素。

```go
// ...Preceding code omitted...
func main() {
	lines, err := datafile.GetStrings("votes.txt")
	if err != nil {
		log.Fatal(err)
	}
	var names []string
	var counts []int
	for _, line := range lines {
		matched := false
		for i, name := range names {
			if name == line {
				counts[i]++
				matched = true
			}
		}
		if matched == false {
			names = append(names, line)
			counts = append(counts, 1)
		}
	}
	for i, name := range names {
		fmt.Printf("%s: %d\n", name, counts[i])
	}
}
```

像往常一样，我们可以使用go install重新编译程序。如果执行程序，它会读取*votes.txt*文件，并且输出它找到的每一个名字，以及名字出现的次数。

编译程序。
确保我们在bin文件夹下。
执行重新编译后的程序。
每个名字和数量会被打印出来。

```
Shell Edit View Window Help
$ go install github.com/headfirstgo/count
$ cd /Users/jay/go/bin
$ ./count
Amber Graham: 3
Brian Martin: 2
```

让我们来仔细看看它如何工作……

使用困难的切片方法对名字计数（续）

我们的程序使用一个循环嵌套在另一个循环中的方式来统计名字的次数。外面的循环把文件中的每行以每次一行的方式赋值给line变量。

处理文件中的每一行。

```
for _, line := range lines {
        // ...
}
```

内部循环通过遍历names 切片中的每个元素，来查找与文件中的当前行匹配的名称。

在names切片中搜索与当前文件行匹配的行。

```
for i, name := range names {
        if name == line {
                counts[i] += 1
                matched = true
        }
}
```

假设某人在他的选票上写入了一个候选人，会导致文件中加载一个字符串"Carlos Diaz"。程序会一个一个地确认names的元素中是否有等于"Carlos Diaz"的人名。

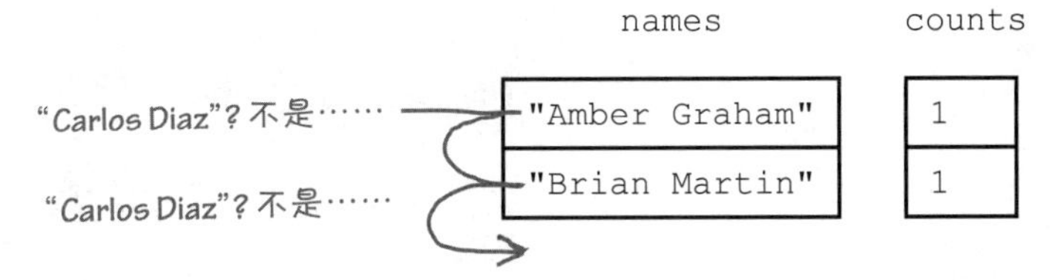

如果没有找到匹配项，程序会在names 切片的末尾追加一个"Carlos Diaz"，并且在counts 切片中相应的位置增加1（因为这一行代表"Carlos Diaz"的第一个投票）。

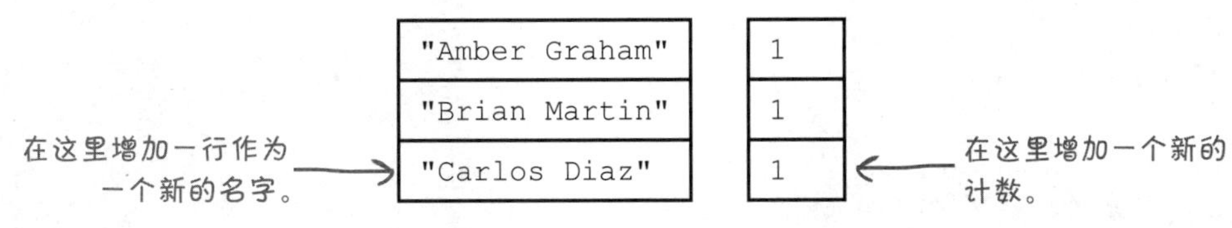

但是假如下一行的值是"Brian Martin"。由于那个名字已经存在于names切片中了，程序会找到位置，并且在对应值的位置增加1。

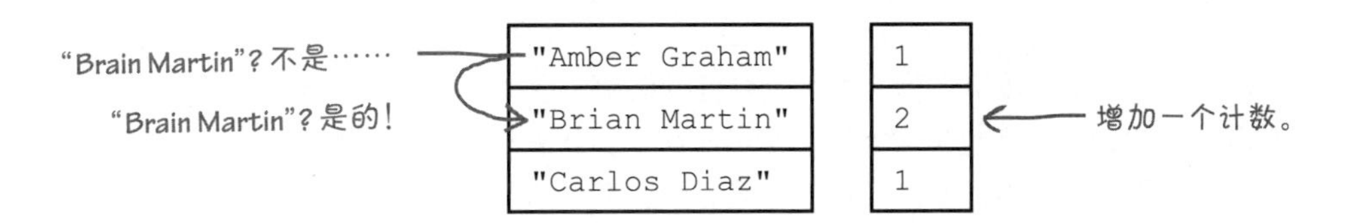

映射

但问题是保存名字使用的是切片：对于文件中的每一行，你必须在许多names切片的值中寻找以进行比较。这对于Sleepy Creek County这样的小社区里是可以使用的。但是在一个有更多选票的大社区，这个方式就会特别慢！

names	counts
"Amber Graham"	1
"Brian Martin"	1
"Carlos Diaz"	1

"Mike Moose"？不是……

"Mike Moose"？不是……

"Mike Moose"？不是……

把数据放到切片就像把它们堆叠在一堆，你可以获取特定的元素，但是你不得不搜索所有的才能找到它。

Go有另一种方法来保存数据集合：映射。一个映射是通过键来访问每一个值的集合。键是一个简单的方式来从映射中找出数据。就像一个整齐标记的文件夹，而不是乱糟糟的堆叠。

从顶端开始搜索整个堆。

切片

键让你快速地再次找到数据。

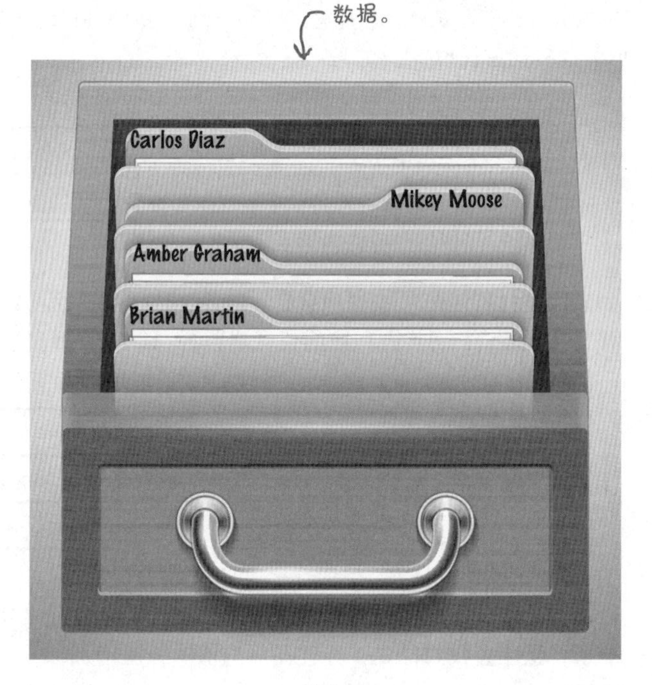

映射

相对于数组和切片只能使用整型数字作为索引，映射可以使用任意类型的键（只要这个类型可以使用==来比较）。那包括数字、字符串和其他。所有的值只能是相同的类型，所有的键也需要是相同的类型，但是键和值的类型不必相同。

映射（续）

为了声明一个保存映射的变量，请输入一个map关键字，后面跟着一对包含键类型的方括号（[]）。然后在方括号后面提供值的类型。

“map”关键字　　键类型　　值类型

```
var myMap map[string]float64
```

与切片一样，声明一个映射变量并不会自动创建一个映射，你需要调用make函数（与你创建切片相同的函数）。你可以传递给make你想要创建的映射类型（与你需要赋值到的类型相同）。

```
var ranks map[string]int          ← 声明一个映射变量。
ranks = make(map[string]int)      ← 真正创建一个映射。
```

下面短变量声明的方式更加方便：

```
ranks := make(map[string]int)     ← 创建一个映射并声明一个用于保存它的变量。
```

映射的赋值及取值的语法与数组和切片的赋值及取值方式有点像。但是数组和切片仅允许使用整型作为元素索引，而映射可以选择几乎所有的类型来作为键。这个名为ranks的映射使用string作为键类型：

```
ranks["gold"] = 1
ranks["silver"] = 2
ranks["bronze"] = 3
fmt.Println(ranks["bronze"])
fmt.Println(ranks["gold"])
```

```
3
1
```

这是另一个键和值都使用string的映射：

```
elements := make(map[string]string)
elements["H"] = "Hydrogen"
elements["Li"] = "Lithium"
fmt.Println(elements["Li"])
fmt.Println(elements["H"])
```

```
Lithium
Hydrogen
```

这个映射使用了整型作为键，boolean类型作为值：

```
isPrime := make(map[int]bool)
isPrime[4] = false
isPrime[7] = true
fmt.Println(isPrime[4])
fmt.Println(isPrime[7])
```

```
false
true
```

数组和切片仅允许你使用整型作为索引。而你几乎可以使用任意类型来作为映射的键。

映射字面量

就像切片和数组一样，如果预先知道映射的键和值，你可以使用字面量来创建映射。映射字面量以映射类型（以“映射[键类型]值类型”的形式）开始。后面跟着花括号，内含你想要映射初始就包含的键/值对。对于每一个键/值对，包含一个键、一个冒号和值。多个键/值对之间以逗号分隔。

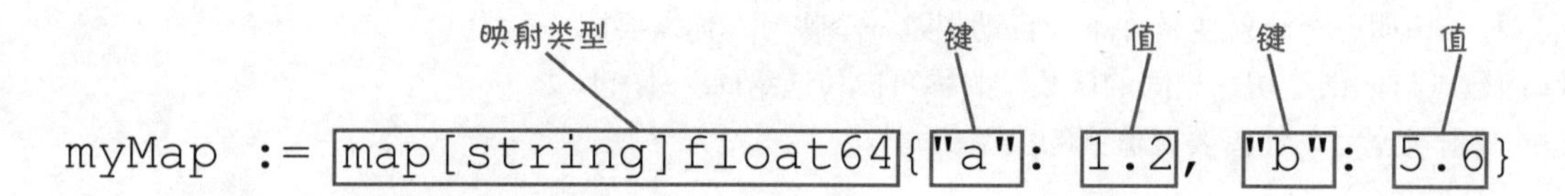

下面是几个映射的例子，使用了映射字面量来创建：

```
ranks := map[string]int{"bronze": 3, "silver": 2, "gold": 1}   ← 映射字面量
fmt.Println(ranks["gold"])
fmt.Println(ranks["bronze"])
elements := map[string]string{   ← 多行映射字面量
	"H": "Hydrogen",
	"Li": "Lithium",
}
fmt.Println(elements["H"])
fmt.Println(elements["Li"])
```

```
1
3
Hydrogen
Lithium
```

就像切片字面量，让花括号为空来创建一个空的映射。

```
emptyMap := map[string]float64{}
```

↑ 创建一个空的映射

填写下面程序的空白，让它的执行可以产生如下输出。

```
jewelry := ______(map[string]float64)
jewelry["necklace"] = 89.99
jewelry[______________] = 79.99
clothing := ____[string]float64{__________: 59.99, "shirt":
39.99}
fmt.Println("Earrings:", jewelry["earrings"])
fmt.Println("Necklace:", jewelry[______________])
fmt.Println("Shirt:", clothing[__________])
fmt.Println("Pants:", clothing["pants"])
```

输出

```
Earrings: 79.99
Necklace: 89.99
Shirt: 39.99
Pants: 59.99
```

→ 答案在第228页。

映射中的零值

对于数组和切片，如果你访问一个没有赋值过的键，你会得到一个零值。

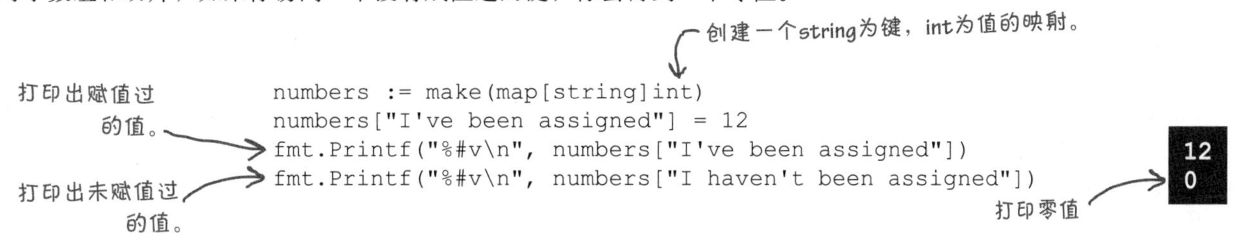

创建一个string为键，int为值的映射。
打印出赋值过的值。
打印出未赋值过的值。
打印零值
12
0

```
numbers := make(map[string]int)
numbers["I've been assigned"] = 12
fmt.Printf("%#v\n", numbers["I've been assigned"])
fmt.Printf("%#v\n", numbers["I haven't been assigned"])
```

根据值的类型不同，零值可能不一定是0。例如映射的值类型是string，零值就是空字符串。

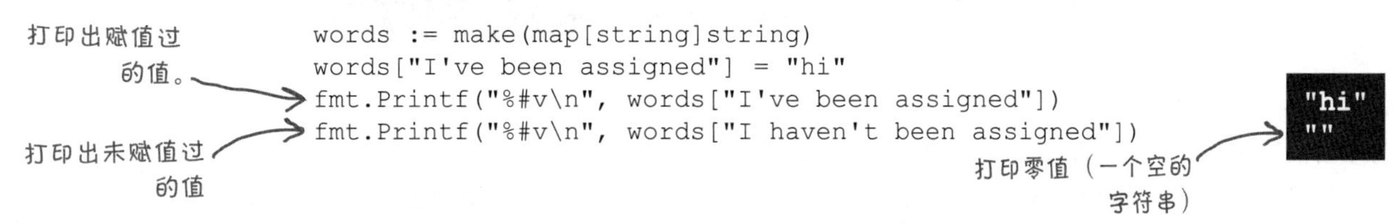


```
words := make(map[string]string)
words["I've been assigned"] = "hi"
fmt.Printf("%#v\n", words["I've been assigned"])
fmt.Printf("%#v\n", words["I haven't been assigned"])
```

与数组和切片相同，零值可以让你更加安全地修改映射的值，即使在没有赋值给它的情况下。

```
counters := make(map[string]int)
counters["a"]++
counters["a"]++
counters["c"]++
fmt.Println(counters["a"], counters["b"], counters["c"])
```

增加过两次　仍然是零值　增加过一次

```
2 0 1
```

映射变量的零值是nil

就像跟切片一样，映射变量的零值是nil。如果你声明了一个映射变量但是未赋值，它的值是nil。那意味着没有映射存在来增加键或者值。如果你尝试这么做，会产生一个panic：

```
var nilMap map[int]string
fmt.Printf("%#v\n", nilMap)
nilMap[3] = "three"
```

映射是nil，无法添加新值。

```
map[int]string(nil)
panic: assignment to entry in nil map
```

在增加一个新的键/值对之前，需要使用make或者映射字面量来创建一个映射，并且赋值给映射变量。

```
var myMap map[int]string = make(map[int]string)
myMap[3] = "three"
fmt.Printf("%#v\n", myMap)
```

首先需要创建一个映射……
……然后向它增加值。

```
map[int]string{3:"three"}
```

如何区分已经赋值的值和零值

虽然零值很有用，但是却无法判断一个键是被赋值成了零值还是未赋值。

这里是一个可能产生问题的例子。下面的程序错误地输出了名为Carl的学生没有通过，实际上并没有记录他的成绩。

```
func status(name string) {
        grades := map[string]float64{"Alma": 0, "Rohit": 86.5}
        grade := grades[name]
        if grade < 60 {
                fmt.Printf("%s is failing!\n", name)
        }
}

func main() {
        status("Alma")   ← 一个映射中已经被赋值为0的键。
        status("Carl")   ← 一个映射中未被赋值的键。
}
```

```
Alma is failing!
Carl is failing!
```

为了解决这个问题，访问映射键的时候可选地获取第2个布尔类型的值。如果这个键已经被赋过值，那么返回true，否则返回false。大多数Go开发者会将这个布尔值赋给一个名为ok的变量（因为名字简短有效）。

```
counters := map[string]int{"a": 3, "b": 0}
var value int
var ok bool
value, ok = counters["a"]   ← 访问一个已经赋值过的值。
fmt.Println(value, ok)      ← ok会返回true。
value, ok = counters["b"]   ← 访问一个赋值过的值。
fmt.Println(value, ok)      ← ok会返回true。
value, ok = counters["c"]   ← 访问一个未赋值的值。
fmt.Println(value, ok)      ← ok会返回false。
```

Go维护者称之为“逗号ok短语”。我们将在第11章类型断言中再次看到。

```
3 true
0 true
0 false
```

如果你仅仅想要测试值是否存在，你可以通过将它赋值给_空白标识符来忽略值。

```
counters := map[string]int{"a": 3, "b": 0}
var ok bool
_, ok = counters["b"]   ← 测试值是否存在，但是忽略值。
fmt.Println(ok)
_, ok = counters["c"]   ← 测试值是否存在，但是忽略值。
fmt.Println(ok)
```

```
true
false
```

如何区分已经赋值的值和零值（续）

第二个返回值可以用来判断你如何处理这个值，是已经赋值了但是恰好等于零值，还是从未被赋值过。

下面修改了代码，我们会在输出不及格之前测试请求的名字是否已经被赋过值了：

获取值和一个来判断是否已经被赋值了的布尔值。

如果对于键没有赋值……

……报告这个学生没有记录。

否则根据逻辑来报告没有及格。

```
func status(name string) {
	grades := map[string]float64{"Alma": 0, "Rohit": 86.5}
	grade, ok := grades[name]
	if !ok {
		fmt.Printf("No grade recorded for %s.\n", name)
	} else if grade < 60 {
		fmt.Printf("%s is failing!\n", name)
	}
}

func main() {
	status("Alma")
	status("Carl")
}
```

```
Alma is failing!
No grade recorded for Carl.
```

写出下面的程序片段的输出。

```
data := []string{"a", "c", "e", "a", "e"}
counts := make(map[string]int)
for _, item := range data {
	counts[item]++
}
letters := []string{"a", "b", "c", "d", "e"}
for _, letter := range letters {
	count, ok := counts[letter]
	if !ok {
		fmt.Printf("%s: not found\n", letter)
	} else {
		fmt.Printf("%s: %d\n", letter, count)
	}
}
```

输出：

....

....

....

....

....

答案在第228页。

使用"delete"函数删除键/值对

在分配了值之后的某个时候，你希望将它从你的映射中移除。Go提供了内建的delete函数。只需要传递给delete两个参数：你希望删除数据的映射和你希望删除的键。然后键和它关联的值都会被删除。

在下面的代码中，我们给两个映射的键分配了值，然后将它们删除。在那之后，我们尝试访问这些键，然后获取到了零值。（对于ranks 映射是0，对于isPrime 映射是false）。第二个布尔返回值也是false，意味着键已经被删除。

```
var ok bool
ranks := make(map[string]int)
var rank int
ranks["bronze"] = 3   ← 给"bronze"键分配值。
rank, ok = ranks["bronze"]   ← 由于值存在，ok会返回true。
fmt.Printf("rank: %d, ok: %v\n", rank, ok)
delete(ranks, "bronze")   ← 删除键"bronze"和相关的值。
rank, ok = ranks["bronze"]   ← 由于值已经被删除了ok返回false。
fmt.Printf("rank: %d, ok: %v\n", rank, ok)

isPrime := make(map[int]bool)
var prime bool
isPrime[5] = true   ← 给键5分配值。
prime, ok = isPrime[5]   ← 由于值存在，ok返回true。
fmt.Printf("prime: %v, ok: %v\n", prime, ok)
delete(isPrime, 5)   ← 删除键5和相关的值。
prime, ok = isPrime[5]   ← 由于值被删除，ok返回false。
fmt.Printf("prime: %v, ok: %v\n", prime, ok)
```

```
rank: 3, ok: true
rank: 0, ok: false
prime: true, ok: true
prime: false, ok: false
```

使用映射来更新计票程序

```
Amber Graham
Brian Martin
Amber Graham
Brian Martin
Amber Graham
```

votes.txt

现在我们明白映射更适合，让我们来看看是否能使用学到的知识来简化程序。

之前，我们使用一对切片，一个叫作names来保存候选人的名字，另一个叫counts来保存投票的计数。对于从文件中读取的每一个名字，需要从names 切片中一个一个地找寻匹配的。然后我们增加存储在counts 切片中对应的元素那个名字的投票计数。

```
// ...
var names []string          // 变量会保存一个候选人的切片。
var counts []int            // 变量会保存一个每一个候选人的出现次数的切片。
for _, line := range lines {
	matched := false
	for i, name := range names {   // 循环遍历在names切片中的每一个值。
		if name == line {          // 如果匹配到当前的名字……
			counts[i] += 1         // ……增加相应的计数。
// ...
```

使用映射会更加简单。我们可以使用一个映射来替换两个切片。（我们也称之为counts）。我们的映射会使用候选人的名字作为映射的键，使用整型来作为映射的值（保存名字的次数）。一旦设置完成，我们需要做的只是使用候选人的名字作为映射的键从文件中读取，并且增加那个键对应的值。

这里是创建一个映射并且直接增加候选人的名字对应的值的简化代码：

```
counts := make(map[string]int)
counts["Amber Graham"]++
counts["Brian Martin"]++
counts["Amber Graham"]++
fmt.Println(counts)
```

```
map[Amber Graham:2 Brian Martin:1]
```

之前的程序需要增加单独的逻辑在名字没被找到的时候给两个切片增加元素。

```
if matched == false {              // 如果没有匹配上……
	names = append(names, line)    // ……增加新的名字……
	counts = append(counts, 1)     // ……增加新的计数（这个算作第一次出现）。
}
```

但是对于映射我们就不需要这么做了。如果键不存在，我们获取一个零值（在这个例之中就是0，因为我们的值类型是整型）。然后我们增加值得到1，赋给映射。当我们再碰到那个名字的时候，我们获取之前的值，加1。

使用映射来更新计票程序（续）

下面让我们将counts 映射加入真正的程序中，那样它就可以从文件中统计投票数了。

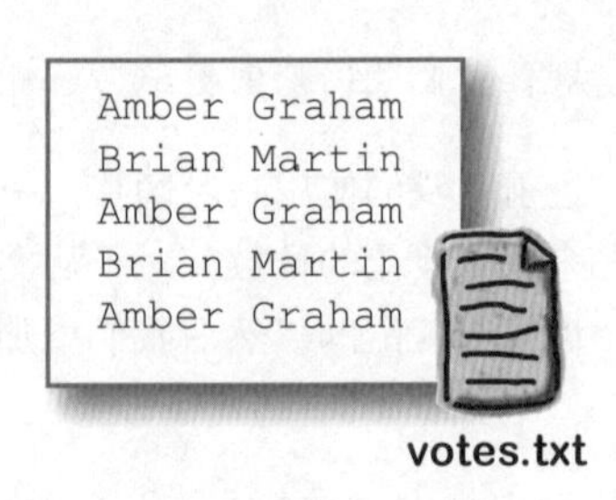

诚实地说，在我们学了映射以后，最终的代码有点虎头蛇尾！我们使用一个映射的声明替换了两个切片的声明。下一步就是在循环中处理从文件读取字符串的代码。我们用1行代码就替换了之前的11行代码，即为找到当前候选人名称并加1的那段。最后我们用打印整个counts 映射的一行替换了输出所有人名字和计数的循环。

工作区 > src > github.com > headfirstgo > count > main.go

```
package main

import (
	"fmt"
	"github.com/headfirstgo/datafile"
	"log"
)

func main() {
	lines, err := datafile.GetStrings("votes.txt")
	if err != nil {
		log.Fatal(err)
	}
	counts := make(map[string]int)   ← 声明一个以候选人名字作为键，以得票数作为值的映射。
	for _, line := range lines {
		counts[line]++   ← 为当前候选人增加计数。
	}
	fmt.Println(counts)   ← 输出填充的映射。
}
```

相信我们，代码只是看起来虎头蛇尾。里面仍然有很多复杂的逻辑。但是映射帮你处理了，这意味着你不需要编写很多逻辑。

与之前一样，你可以使用go install重新编译程序。当执行程序时*votes.txt*会被加载和处理。我们能看到包含着每个名字和出现次数的counts 映射被打印出来。

```
Shell Edit View Window Help
$ go install github.com/headfirstgo/count
$ cd /Users/jay/go/bin
$ ./count
map[Amber Graham:3 Brian Martin:2]
```

对映射进行for...range循环

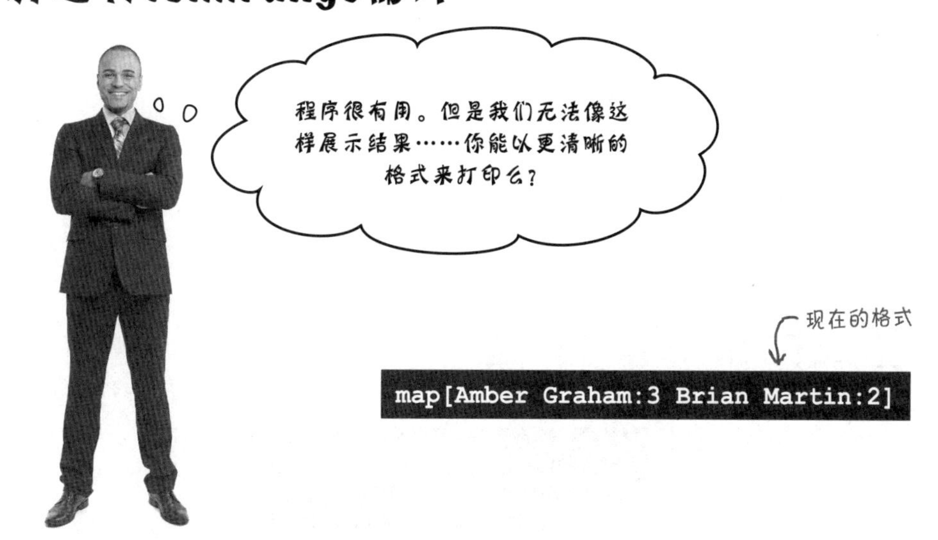

程序很有用。但是我们无法像这样展示结果……你能以更清晰的格式来打印么？
现在的格式
map[Amber Graham:3 Brian Martin:2]
名字: Kevin Wagner
职位: 选举志愿者

我们想要的格式

```
Amber Graham: 3
Brian Martin: 2
```

对，一个名字和选票数在一行会更加合适：

为了从映射中格式化每个键和值作为一行，我们需要使用循环遍历映射中的每一条目。

与数组和切片的`for...range`循环相同。与将一个整数索引赋值给第一个变量不同，映射将键赋给了第一个变量。

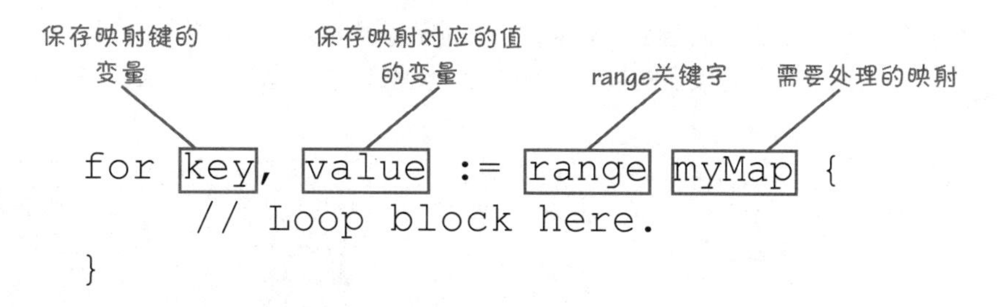


```
for key, value := range myMap {
    // Loop block here.
}
```

对映射进行for...range循环（续）

for...range循环让遍历映射中的键和值更加方便。仅仅使用一个变量来保存键，再使用一个变量来保存对应的值，并且会自动遍历映射中的每一个条目。

```
package main

import "fmt"

func main() {
	grades := map[string]float64{"Alma": 74.2, "Rohit": 86.5, "Carl": 59.7}
	for name, grade := range grades {
		fmt.Printf("%s has a grade of %0.1f%%\n", name, grade)
	}
}
```

循环遍历每一个键/值对。

打印每一个键和它对应的值。

```
Carl has a grade of 59.7%
Alma has a grade of 74.2%
Rohit has a grade of 86.5%
```

如果需要循环所有的键，你可以忽略它对应的值变量：

仅仅处理键。

```
fmt.Println("Class roster:")
for name := range grades {
	fmt.Println(name)
}
```

```
Class roster:
Alma
Rohit
Carl
```

而如果你仅仅需要值，你可以将键付给_空白标识符：

仅仅处理值。

```
fmt.Println("Grades:")
for _, grade := range grades {
	fmt.Println(grade)
}
```

```
Grades:
59.7
74.2
86.5
```

但是这个例子潜在的问题是。如果你将之前的结果存入一个文件，并且在此执行go run，你会发现映射的键和值是按照随机顺序打印的。如果你多次执行程序，每次都会获得不同的顺序。

（注意，在在线Go Playground网站上运行代码也是如此。顺序仍然是不同的，但是统计结果是相同的。）

```
Shell Edit View Window Help
$ go run temp.go
Alma has a grade of 74.2%
Rohit has a grade of 86.5%
Carl has a grade of 59.7%
$ go run temp.go
Carl has a grade of 59.7%
Alma has a grade of 74.2%
Rohit has a grade of 86.5%
```

循环每次都输出不同顺序的结果。

for...range循环以随机顺序处理映射

for...range以随机的顺序遍历映射的键和值，因为映射是一个非有序的键/值对集合。当你使用for...range遍历一个映射时，你无法知道你获取的是何种顺序。有时这样可以，但当需要按照特定的顺序遍历时，你需要自己写一些代码。

这里有一些之前程序的更新，使名字按照字母表的顺序输出。它使用了两个for循环。第一个循环遍历映射里面所有的键，忽略值，并且把它们增加到一个字符串的切片上。然后把切片传递给sort包中的Strings函数来以字母表顺序排序。

第二个for循环并不是遍历映射，而是变量排序后的名字的切片。（感谢之前的代码，现在映射中的键都按字母表排好序了。）它输出名字，并且从映射中获取与名字对应的值。它仍然处理映射中的每一个键和值，但却是从已排序的切片而不是映射获取的键。

```
package main

import (
	"fmt"
	"sort"
)

func main() {
	grades := map[string]float64{"Alma": 74.2, "Rohit": 86.5, "Carl": 59.7}
	var names []string
	for name := range grades {
		names = append(names, name)
	}
	sort.Strings(names)
	for _, name := range names {
		fmt.Printf("%s has a grade of %0.1f%%\n", name, grades[name])
	}
}
```

创建一个包含映射所有键的切片。

按照字母表给切片排序。

按照字母表顺序处理名字。

使用当前学生的名字来从映射中获取成绩。

如果我们保存上面的代码并且执行，这次学生的名字是按照字母表顺序排列的。不管执行多少次程序都是如此。

如果不在乎映射中的数据如何处理，使用for...range循环就可以了。但是如果需要顺序，那么你需要考虑建立你自己的代码来处理排序。

```
Shell Edit View Window Help
$ go run temp.go
Alma has a grade of 74.2%
Carl has a grade of 59.7%
Rohit has a grade of 86.5%
$ go run temp.go
Alma has a grade of 74.2%
Carl has a grade of 59.7%
Rohit has a grade of 86.5%
```

名字每次都是按照字母表顺序处理的。

使用for...range循环来更新计票程序

Sleepy Creek County没有多少候选人，所以不需要在输出时排序名称。我们仅仅使用for...range循环来直接处理映射中的键和值就可以了。

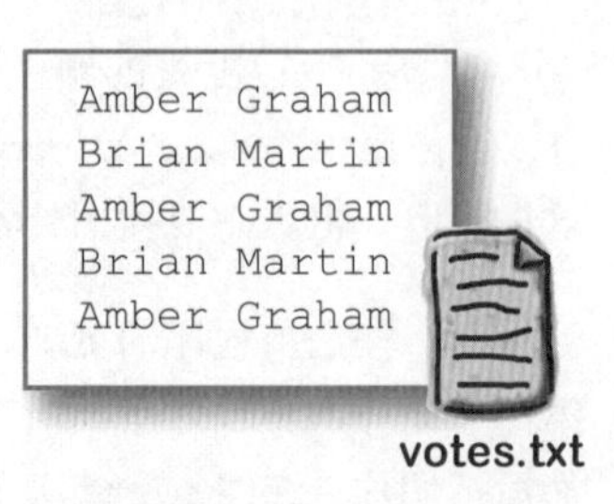

这是个简单的修改。我们仅仅将打印整个映射的行用for...range替换。我们将键赋给了name变量，将映射的值赋值给了count变量。然后调用Printf来输出当前候选人的名字和得票数。

工作区 > src > github.com > headfirstgo > count > main.go

```
package main

import (
	"fmt"
	"github.com/headfirstgo/datafile"
	"log"
)

func main() {
	lines, err := datafile.GetStrings("votes.txt")
	if err != nil {
		log.Fatal(err)
	}
	counts := make(map[string]int)
	for _, line := range lines {
		counts[line]++
	}
	for name, count := range counts {
		fmt.Printf("Votes for %s: %d\n", name, count)
	}
}
```

处理映射中的每一个键和值。

打印键（候选人的名字）。

打印值（得票数）。

再一次通过go install的编译，再一次执行，然后我们可以看到新的格式化输出。每一个候选人和他们的得票数，整洁地显示在一行上。

Shell Edit View Window Help

```
$ go install github.com/headfirstgo/count
$ cd /Users/jay/go/bin
$ ./count
Votes for Amber Graham: 3
Votes for Brian Martin: 2
```

计票程序完成

我知道选民们做了正确的选择！我恭喜我的对手参加了一次激烈的竞争……

```
Shell Edit View Window Help
$ go install github.com/headfirstgo/count
$ cd /Users/jay/go/bin
$ ./count
Votes for Amber Graham: 3
Votes for Brian Martin: 2
```

统计选票程序完成！

当可用的数据集合是数组和切片时，我们需要很多额外的代码和处理时间来查找。但是映射让处理更加简单！任何你需要再次找到集合中的值的时候，你可以考虑映射！

代码贴

一个使用for...range循环打印映射内容的Go程序就像乱七八糟的冰箱贴。你能否重构代码段，使其成为一个能够产生给定输出的工作程序？（程序每次运行的输出顺序不同没关系。）

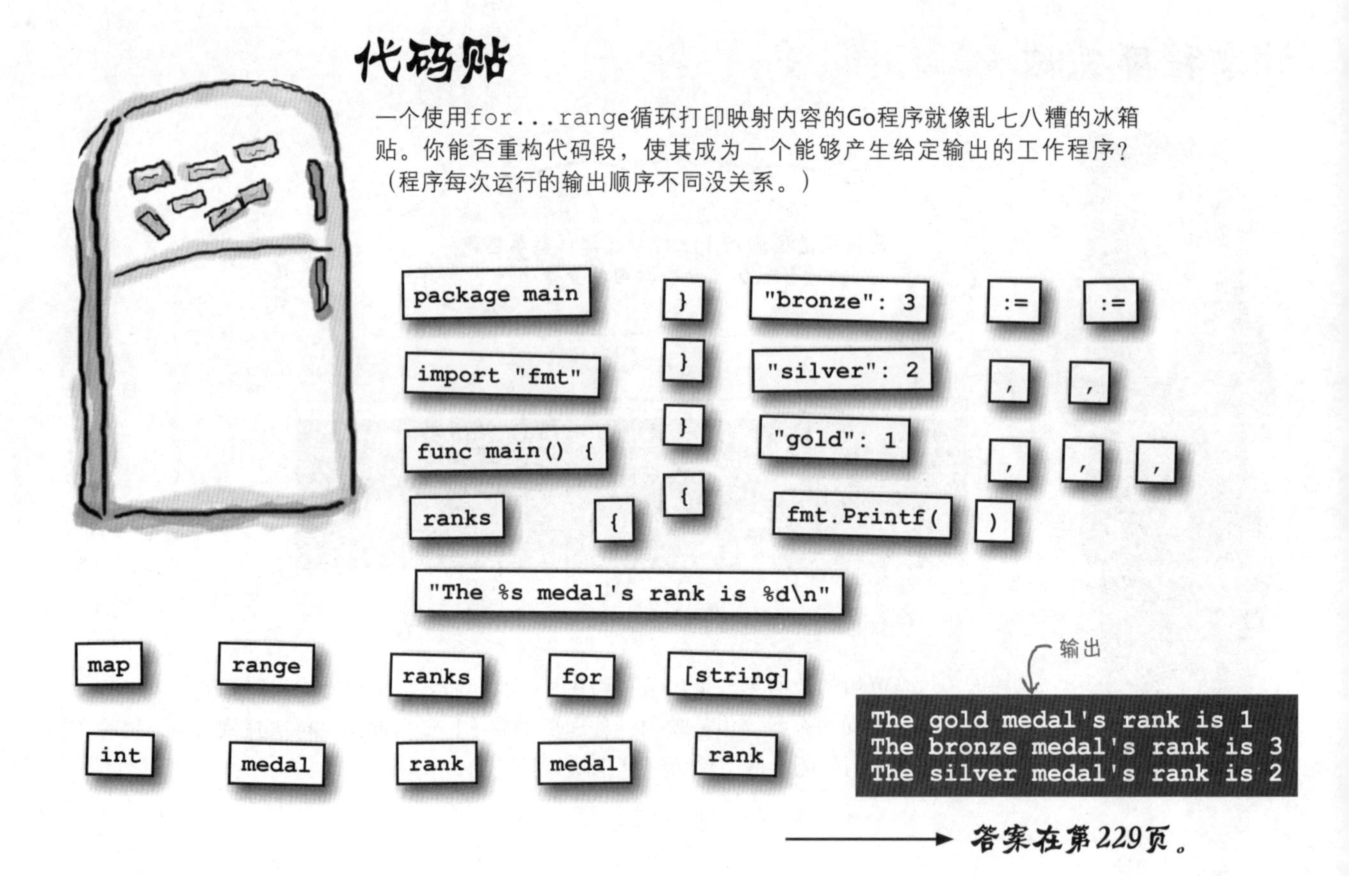

答案在第229页。

你的Go工具箱

这就是第7章的内容！你已经把映射放到你的工具箱中了。

数组

切片

映射

映射是一个数据集合，每一个值都与一个相关的键保存在一起。

数组和切片只能使用整型作为索引，而映射可以使用（几乎）所有类型作为键。

映射所有的键都必须是同种类型，所有值也都需要是同种类型，但是键和值并不需要是同种类型。

要点

- 声明一个映射变量的时候，你必须提供键和值的类型：
  `var myMap map[string]int`
- 为了创建一个新的映射，调用make函数并传入需要创建的映射的类型：
  `myMap = make(map[string]int)`
- 为了将一个值传入映射，需要提供一个对应的键并用方括号括起来：
  `myMap["my key"] = 12`
- 为了获取值，你需要像上面一样提供一个键：
  `fmt.Println(myMap["my key"])`
- 你可以使用映射字面量来创建和初始化一个映射：
  `map[string]int{"a": 2, "b": 3}`
- 与数组和切片相同，如果你访问一个还没有赋值的值，你会获得零值。
- 从映射中获取一个值能得到第二个可选的布尔值，用来标识这个值是否被赋值过，还是这个值就仅仅代表一个零值：
  `value, ok := myMap["c"]`
- 如果你想要测试一个键是否被赋值过，你可以使用_空白标识符来忽略真实的值。
  `_, ok := myMap["c"]`
- 你可以通过delete内建函数来删除键和它对应的值：
  `delete(myMap, "b")`
- 你可以像在数组和切片中使用for...range循环一样来使用映射。你需要提供两个变量，每轮中，第一个变量获取键的值，另一个变量获取值的值。

```
for key, value := range myMap {
    fmt.Println(key, value)
}
```

填写下面程序的空白，让它得到下面的输出。

```
jewelry := make(map[string]float64)  ← 创建一个新的空映射。
jewelry["necklace"] = 89.99  } Assign values to keys.
jewelry["earrings"] = 79.99  }
clothing := map[string]float64{"pants": 59.99, "shirt": 39.99}  ← 使用映射的字面量创建一个新的预填充的映射。
fmt.Println("Earrings:", jewelry["earrings"])    }
fmt.Println("Necklace:", jewelry["necklace"])    } 从映射中输出值。
fmt.Println("Shirt:", clothing["shirt"])         }
fmt.Println("Pants:", clothing["pants"])         }
```

输出

```
Earrings: 79.99
Necklace: 89.99
Shirt: 39.99
Pants: 59.99
```

写下程序代码片段的输出结果。

```
data := []string{"a", "c", "e", "a", "e"}  ← 我们要计算在切片中的每个字母的次数。
counts := make(map[string]int)  ← 一个保存计数的映射。
for _, item := range data {     } 处理每个字符。
    counts[item]++  ← 增加当前字母的次数。
}
letters := []string{"a", "b", "c", "d", "e"}  ← 我们要看是否这些字符都在映射中存在。
for _, letter := range letters {
    count, ok := counts[letter]  ← 获取当前字符的计数，以及它是否出现的指示。
    if !ok {  ← 如果字母未找到……
        fmt.Printf("%s: not found\n", letter)  ← ……这么说。
    } else {  ← 否则，找到了...
        fmt.Printf("%s: %d\n", letter, count)  ← ……所以输出字母和记录的次数。
    }
}
```

输出：

a: 2

b: not found

c: 1

d: not found

e: 2

代码贴答案

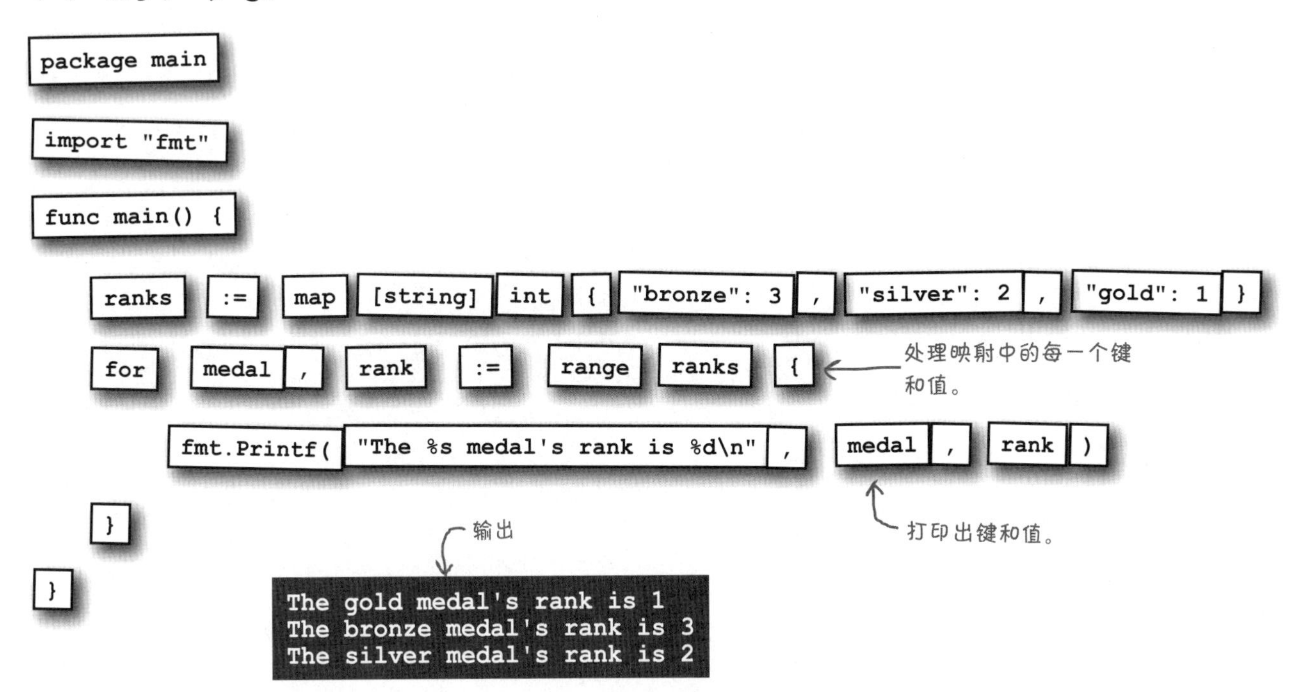
package main
import "fmt"
func main() {
ranks := map [string] int { "bronze": 3 , "silver": 2 , "gold": 1 }
for medal , rank := range ranks {
fmt.Printf("The %s medal's rank is %d\n" , medal , rank)
}
}
处理映射中的每一个键和值。
打印出键和值。
输出
The gold medal's rank is 1
The bronze medal's rank is 3
The silver medal's rank is 2

8 构建存储

struct

我们决定将string、int和bool连接在一起。
这样工作很好，将这些值作为结构传递更加简单。

有时你需要保存超过一种类型的数据。我们学习了切片，它能够保存一组数据。然后学习了映射，它能保存一组键和一组值。这两种数据结构都只能保存一种类型。有时，你需要一组不同类型的数据，例如邮件地址，混合了街道名（字符串类型）和邮政编码（整型）；又如学生记录，混合保存学生名字和成绩（浮点数）。你无法用切片或者映射来保存。但是你可以使用其他的名为struct的类型来保存。本章会介绍struct的所有信息！

切片和映射保存一种类型的值

*Gopher Fancy*是一个致力于可爱的啮齿类动物的新杂志。他们当前致力于一个系统来追踪他们的客户。

我们需要保存订阅者的名字、他们每月的订阅费率和他们是否在订阅中。但是名字是string类型，费率是float64类型，并且是否订阅的标识是bool类型。我们不能让1个切片保存所有这些类型！

```
subscriber := []string{}
subscriber = append(subscriber, "Aman Singh")
subscriber = append(subscriber, 4.99)
subscriber = append(subscriber, true)
```

一个切片只能保存一个类型的值。

不能增加float64。

不能增加bool。

```
cannot use 4.99 (type float64) as type string in append
cannot use true (type bool) as type string in append
```

然后我们测试了映射。我们希望能够工作，我们能用键来标记每一个值的含义。就像切片一样，映射仅仅可以保存一个类型的值。

```
subscriber := map[string]float64{}
subscriber["name"] = "Aman Singh"
subscriber["rate"] = 4.99
subscriber["active"] = true
```

一个切片只能保存一个类型的值。

不能保存这个string值。

不能保存这个bool值。

```
cannot use "Aman Singh" (type string)
as type float64 in assignment
cannot use true (type bool)
as type float64 in assignment
```

这是真的，数组、切片和映射对于混合不同类型的值没有帮助。它们只能保存一种类型。但是Go的确有方法来解决这个问题……

struct是由多种类型的值构建的

一个**struct**（structure的简称）是一个由其他不同的多种值构造出来的。鉴于切片可能只能保存string类型，而映射可能只能保存int类型，你可以创建一个struct保存string、int、float64、bool等多种类型——所有的都在一个方便的组中。

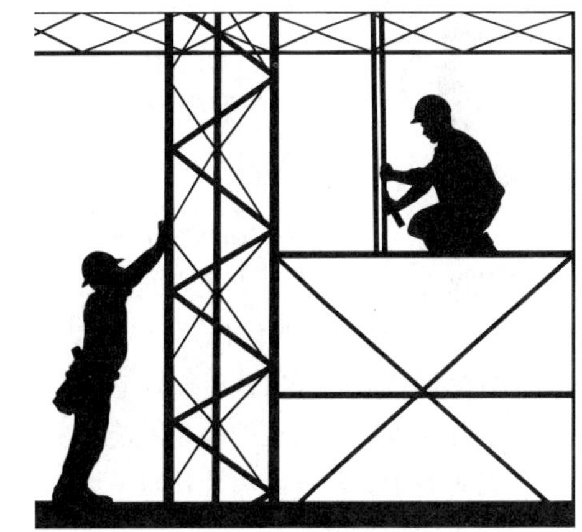

使用struct关键字来声明一个struct类型，后面跟着花括号。在括号中，你可以定义一个或多个字段：struct组合的值。每一个字段定义在一个单独的行，由字段名称、后面跟着的字段需要保存的值类型组成。

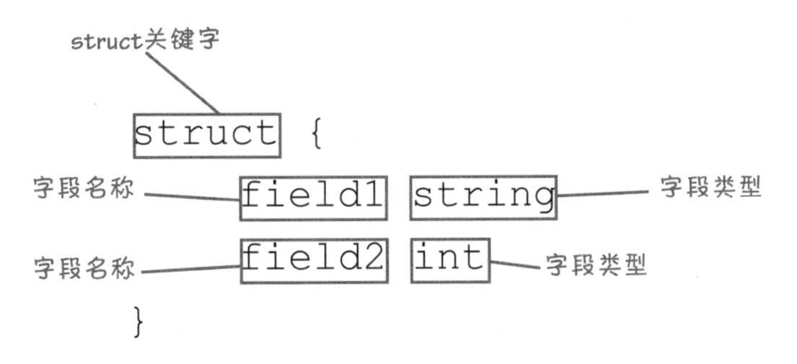

你可以使用一个struct类型来作为你定义的变量的类型。下面的代码定义了一个名为myStruct的struct变量，它保存着float64类型的number字段、string类型的word字段和bool类型的toggle字段：

（使用已经定义好的类型来定义struct变量更加常见，但是此处我们不会涵盖更多的类型定义，所以我们先这么写。）

声明一个变量myStruct。

```
var myStruct struct {
        number float64
        word   string
        toggle bool
}
fmt.Printf("%#v\n", myStruct)
```

这个myStruct变量可以保存float64类型的number字段、string类型的word字段和bool类型的toggle字段。

以Go代码风格打印struct值。

struct中的每个字段都被设置成其类型的零值。

```
struct { number float64; word string; toggle bool }
{number:0, word:"", toggle:false}
```

当我们调用Printf中的%#v的时候，它将myStruct中的值作为struct字面量打印。我们将在本章后面讲到struct字面量，但是现在你能看到struct的number字段被设置为0，word字段被设置为空字符串，toggle字段被设置为false。每一个字段被设置为各自类型的零值。

放松

不要担心字段名称和它们类型之间的空格。

当你写struct字段时，仅仅在字段名称和类型之间插入一个空格即可。当你执行`go fmt`命令后（应该经常执行），它会增加额外的空格这样类型就能垂直对齐了。对齐能够让代码易读而不改变含义！

```
var aStruct struct {
	shortName   int
	longerName  float64
	longestName string
}
```

额外的空白对齐了字段类型。

使用点运算符访问struct字段

现在我们可以定义一个struct，但是我们需要有一种方式来将新的值保存到struct字段中以及再找回它们。

一直以来，我们使用点运算符来表示函数属于另一个包，或者方法属于一个值。

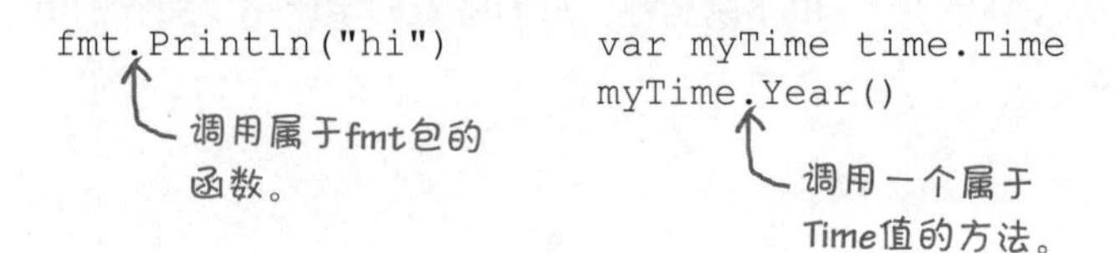

fmt.Println("hi")
调用属于fmt包的函数。
var myTime time.Time
myTime.Year()
调用一个属于Time值的方法。

与此类似，我们可以使用点运算符来标识属于struct的字段。这也可以用于对它们的赋值和检索。

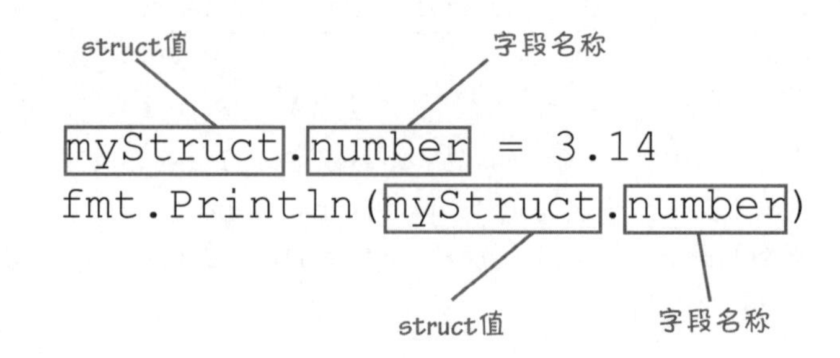

struct值
字段名称
myStruct.number = 3.14
fmt.Println(myStruct.number)
struct值
字段名称

我们可以使用点运算符给 `myStruct`的字段赋值，也可以将它们输出：

```
var myStruct struct {
	number float64
	word   string
	toggle bool
}
myStruct.number = 3.14
myStruct.word = "pie"
myStruct.toggle = true
fmt.Println(myStruct.number)
fmt.Println(myStruct.word)
fmt.Println(myStruct.toggle)
```

给struct字段赋值。

从struct字段获取值。

```
3.14
pie
true
```

在struct中保存订阅者的数据

现在我们知道如何声明一个保存了struct的变量和如何给它的字段赋值，我们可以创建一个来保存杂志订阅者的数据。

首先定义一个名为subsriber的变量，它是struct类型，有name(string)、rate(float64)和active(bool)字段。

当变量和类型被声明后，我们可以使用点运算符来访问struct字段。我们分配值给合适的字段，然后输出值。

声明一个订阅者……　……来保存struct。

```
var subscriber struct {
    name   string    // struct有一个name字段来保存string……
    rate   float64   // ……一个rate字段来保存float64……
    active bool      // ……和一个active字段来保存bool。
}
subscriber.name = "Aman Singh"        // 给struct的字段赋值。
subscriber.rate = 4.99
subscriber.active = true
fmt.Println("Name:", subscriber.name)          // 从struct字段中获取值。
fmt.Println("Monthly rate:", subscriber.rate)
fmt.Println("Active?", subscriber.active)
```

```
Name: Aman Singh
Monthly rate: 4.99
Active? true
```

尽管订阅者的数据使用了多种方式存储，struct让我们把这些都集中在一个方便的包里！

练习

右边是一个创建struct变量来保存宠物的名称（string）和年龄（int）的程序。在空白处填入代码，让程序按照显示输出。

```
package main

import "fmt"

func main() {
    var pet ________ {
        name ______
        ____ int
    }
    pet.______ = "Max"
    pet.age = 5
    fmt.Println("Name:", ____.name)
    fmt.Println("Age:", pet.____)
}
```

```
Name: Max
Age: 5
```

答案在第262页。

定义类型和struct

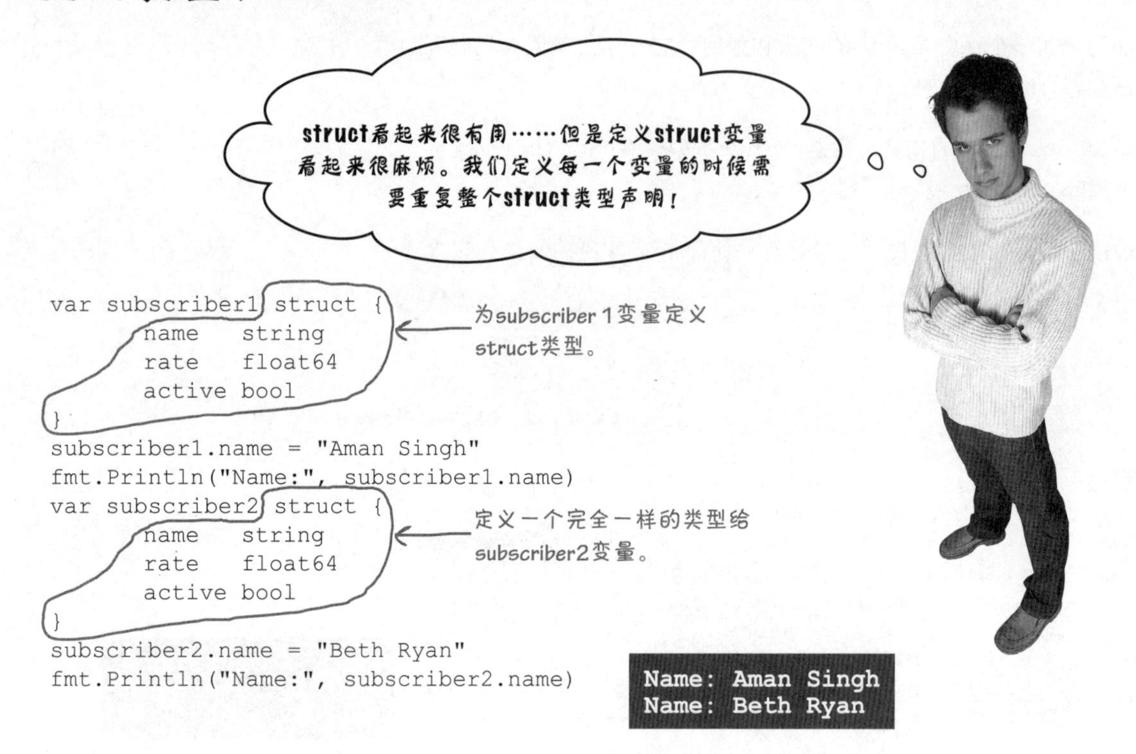

struct看起来很有用……但是定义struct变量看起来很麻烦。我们定义每一个变量的时候需要重复整个struct类型声明！
var subscriber1 struct {
name string
rate float64
active bool
}
subscriber1.name = "Aman Singh"
fmt.Println("Name:", subscriber1.name)
var subscriber2 struct {
name string
rate float64
active bool
}
subscriber2.name = "Beth Ryan"
fmt.Println("Name:", subscriber2.name)
为subscriber 1变量定义struct类型。
定义一个完全一样的类型给subscriber2变量。
Name: Aman Singh
Name: Beth Ryan

遍及整本书，我们已经使用了多种类型，像是`int`、`string`、`bool`、切片、映射和struct。但是你无法创建全新类型。

类型定义允许你自己创建新的类型。你可以基于基础类型来创建新的定义类型。

虽然你可以像使用基础类型那样创建任何类型，像`float64`、`string`，或者切片和映射，本章专注于使用struct作为基础类型。在下一章中研究定义的类型时，我们会尝试其他的基础类型。

为了定义一个类型，需要使用type关键字，后面跟着新类型的名字，然后是你希望基于的基础类型。如果你使用struct类型作为你的基础类型，你需要使用`struct`关键字，后面跟着以花括号包裹的一组字段定义，就像你声明struct变量时所做的那样。

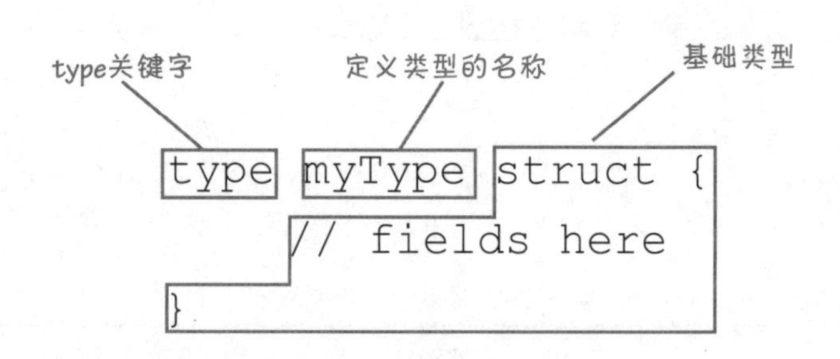

定义类型和struct（续）

就像变量，类型定义可以被放在一个函数中。但是把它的作用域限定在该函数块中，意味着你不能在函数外面使用。所以类型经常定义在函数外的包级别。

作为一个快速的实例，下面的代码定义了两种类型，part和car。每一个类型都是用struct作为基础类型。

然后在主函数，我们定义car类型的porsche变量，和part类型的blots变量。你不需要在定义变量的时候写冗长的结构定义，我们仅仅使用已定义类型的名称。

```
package main

import "fmt"

type part struct {
	description string
	count       int
}

type car struct {
	name     string
	topSpeed float64
}

func main() {
	var porsche car
	porsche.name = "Porsche 911 R"
	porsche.topSpeed = 323
	fmt.Println("Name:", porsche.name)
	fmt.Println("Top speed:", porsche.topSpeed)
	var bolts part
	bolts.description = "Hex bolts"
	bolts.count = 24
	fmt.Println("Description:", bolts.description)
	fmt.Println("Count:", bolts.count)
}
```

定义一个名为part的类型。

part的基础类型是有这些字段的struct。

定义一个名为car的类型。

car的基础类型是有这些字段的struct。

定义一个car类型的变量。

访问struct的字段。

定义一个part类型的变量。

访问struct的字段。

```
Name: Porsche 911 R
Top speed: 323
Description: Hex bolts
Count: 24
```

当这些变量被声明后，我们可以设置这些字段的值和取回这些值，就像我们在之前的程序中一样。

为杂志订阅者定义一个类型

之前，为了创建一个或多个变量来保存杂志订阅者在struct中的数据。我们不得为每一个变量都写下完整的struct定义（包含所有的字段）。

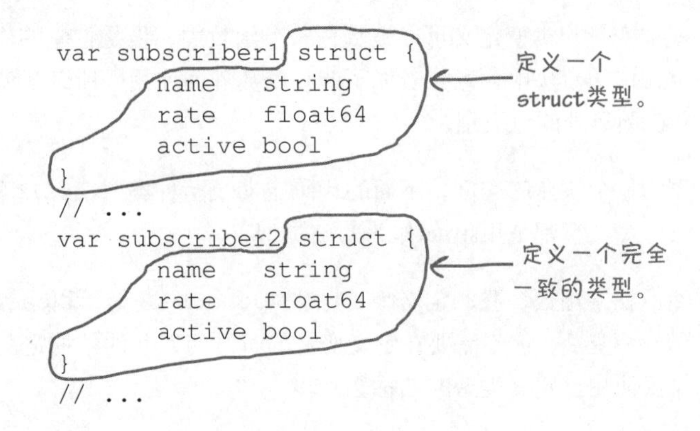

var subscriber1 struct {
name string
rate float64
active bool
}
// ...
var subscriber2 struct {
name string
rate float64
active bool
}
// ...
定义一个struct类型。
定义一个完全一致的类型。

但是现在，我们可以简单在包级别定义一个subscriber类型。我们只定义一次struct类型作为基础类型。当我们准备声明变量时，不需要再把类型写一遍了；我们只需要简单地使用subscriber作为它们的类型。不用重复定义整个类型！

```
package main

import "fmt"

type subscriber struct {
	name   string
	rate   float64
	active bool
}

func main() {
	var subscriber1 subscriber
	subscriber1.name = "Aman Singh"
	fmt.Println("Name:", subscriber1.name)
	var subscriber2 subscriber
	subscriber2.name = "Beth Ryan"
	fmt.Println("Name:", subscriber2.name)
}
```

定义一个名为subscriber的类型。

使用变量上的struct类型作为类型定义的基本类型。

定义一个subscriber类型的变量。

使用subscriber类型定义第二个变量。

```
Name: Aman Singh
Name: Beth Ryan
```

与函数一起使用已定义类型

已定义类型可以用于变量类型以外的地方。它们也可以用于函数参数和返回值。

这里是part类型，一起的还有一个新的showInfo函数用来输出part的字段。函数接受一个单独的参数，使用part作为参数的类型。在showInfo内部，我们可以像其他struct变量一样通过参数变量来访问字段。

```
package main

import "fmt"

type part struct {
	description string
	count       int
}                        ← 声明一个以part作为类型的参数。

func showInfo(p part) {
	fmt.Println("Description:", p.description)   ← 访问参数的字段。
	fmt.Println("Count:", p.count)
}
                         ← 创建一个part值。
func main() {
	var bolts part
	bolts.description = "Hex bolts"
	bolts.count = 24
	showInfo(bolts)      ← 将part传递给函数。
}
```

```
Description: Hex bolts
Count: 24
```

并且这里还有一个minimumOrder函数来根据特定的描述创建part和预赋值其中的count字段。我们将minimumOrder的返回值类型定义为part，这样它就能返回一个新的struct。

```
// Package, imports, type definition omitted
                                                  ← 声明一个part类型的返回值。
func minimumOrder(description string) part {
	var p part  ← 创建一个part值。
	p.description = description
	p.count = 100
	return p  ← 返回part。
}

func main() {
	p := minimumOrder("Hex bolts")  ← 调用minimumOrder。使用一个变量的短声明来保存返回的part。
	fmt.Println(p.description, p.count)
}
```

```
Hex bolts 100
```

与函数一起使用已定义类型（续）

让我们来看看与杂志订阅者相关的一组函数……

printInfo函数接受subscriber作为参数，并且输出它的字段值。

我们也有一个defaultSubscriber函数来建立一个新的subscriber struct并赋一些初始的值。它们接受一个名为name的字符串参数并且使用它来设置新的subscriber的name字段。然后把rate和active字段设置为默认值。最终，它将整个subscriber struct返回给调用者。

```
package main

import "fmt"

type subscriber struct {
	name   string
	rate   float64
	active bool
}
声明一个参数…… ……使用subscriber类型。
func printInfo(s subscriber) {
	fmt.Println("Name:", s.name)
	fmt.Println("Monthly rate:", s.rate)
	fmt.Println("Active?", s.active)
}
                                         返回一个subscriber值。
func defaultSubscriber(name string) subscriber {
	var s subscriber  ← 创建一个新的subscriber。
设置struct 字段。
	s.name = name
	s.rate = 5.99
	s.active = true
	return s  ← 返回subscriber。
}

func main() {
	subscriber1 := defaultSubscriber("Aman Singh")  ← 使用名字来建立一个subscriber。
	subscriber1.rate = 4.99  ← 使用一个特定的费率。
	printInfo(subscriber1)  ← 打印字段值。

	subscriber2 := defaultSubscriber("Beth Ryan")  ← 使用名字来建立一个subscriber。
	printInfo(subscriber2)  ← 打印字段值。
}
```

```
Name: Aman Singh
Monthly rate: 4.99
Active? true
Name: Beth Ryan
Monthly rate: 5.99
Active? true
```

在主函数中，我们可以将subscriber的名称传递给defaultSubscriber来创建一个新的subscriber struct。一个subscriber获取一个打折的费率，所以我们直接重设那个struct的字段。我们传递一个已经填充完全的subscriber struct给printInfo函数来打印它的内容。

BANG!

当心！

不要使用一个已经存在的类型名称作为变量的名称！

如果你已经在当前包定义了一个名为car的类型，并且你同时也声明了一个名为car的变量，这个变量会遮盖类型名称，使后者无法被访问。

引用这个类型。

```
var car car
var car2 car
```

引用这个变量，返回一个错误！

这在实践中并不是一个常见的错误，因为已经定义的类型都是从它们的包中导出的（它们的名字是大写），而变量不是（它们的名字是小写）。Car（一个导出的类型名称）不会与car混淆（一个未导出的变量名称）。我们会在本章见到更多的导出类型。当然，类型遮盖是一个令人疑惑的问题，所以最好知道它是会发生的。

代码贴

一个Go程序就像乱七八糟的冰箱贴。你能否重构代码段，使其成为一个能够产生给定输出的工作程序？完成的代码中需要有一个名为student的struct类型和一个printInfo函数可以接收student值作为参数。

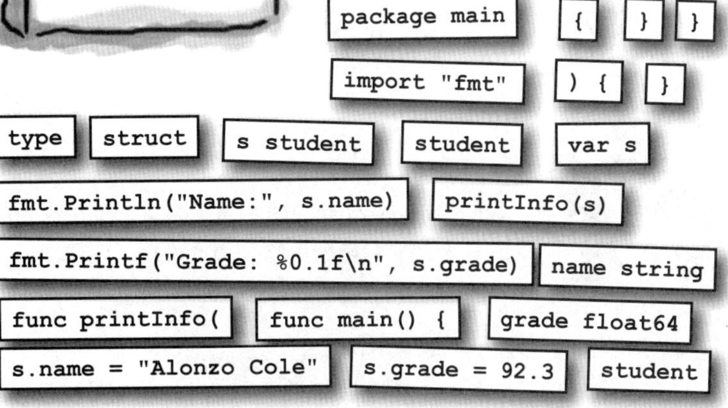
package main
{
}
}
import "fmt"
) {
}
type
struct
s student
student
var s
fmt.Println("Name:", s.name)
printInfo(s)
fmt.Printf("Grade: %0.1f\n", s.grade)
name string
func printInfo(
func main() {
grade float64
s.name = "Alonzo Cole"
s.grade = 92.3
student

输出

```
Name: Alonzo Cole
Grade: 92.3
```

答案在第262页。

使用函数修改struct

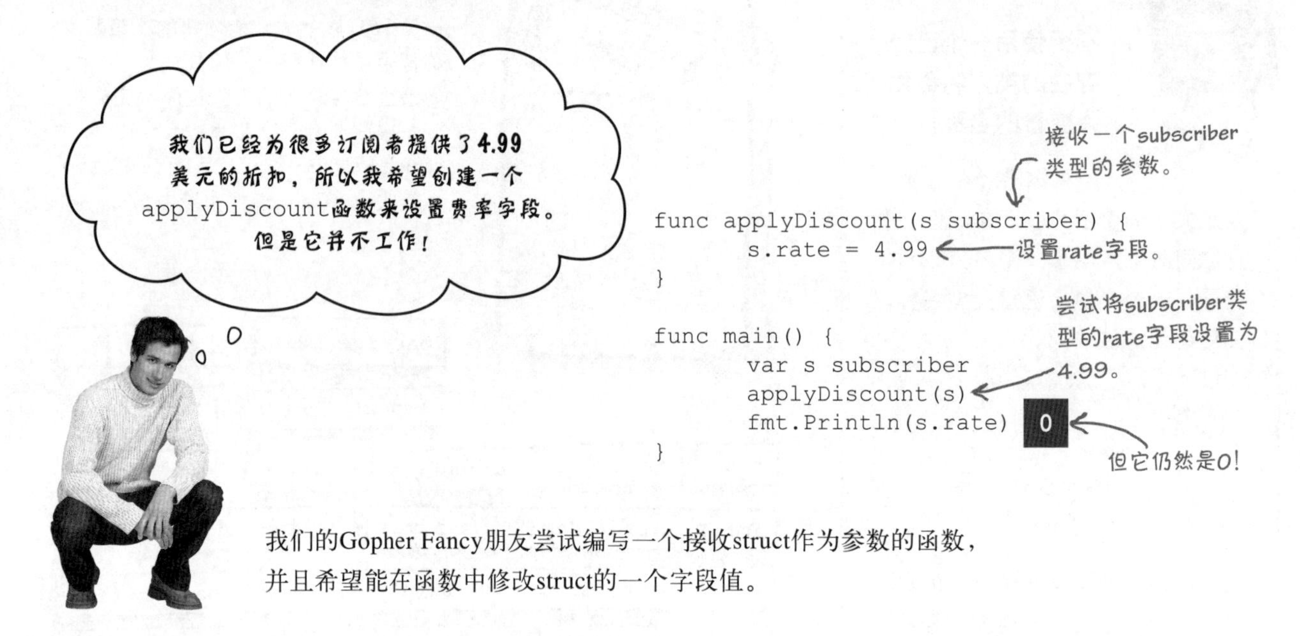
我们已经为很多订阅者提供了4.99美元的折扣，所以我希望创建一个applyDiscount函数来设置费率字段。但是它并不工作！
接收一个subscriber类型的参数。
func applyDiscount(s subscriber) {
s.rate = 4.99
}
设置rate字段。
func main() {
var s subscriber
applyDiscount(s)
fmt.Println(s.rate)
}
尝试将subscriber类型的rate字段设置为4.99。
0
但它仍然是0！

我们的Gopher Fancy朋友尝试编写一个接收struct作为参数的函数，并且希望能在函数中修改struct的一个字段值。

记得在第3章中当我们尝试写一个接收参数然后加倍的函数double吗？当double返回后，数字又变回了原始的值！

那时我们学到了Go是一个按值传递的语言，意味着函数调用时接收的是一个参数的拷贝。如果函数修改了参数值，它修改的只是拷贝，而不是原始值。

```
func main() {
	amount := 6
	double(amount)
	fmt.Println(amount)
}

func double(number int) {
	number *= 2
}
```

传递给函数一个参数。

打印原始值！

形参设置为实参的拷贝。

修改副本值，不是原始值！

6 ← 输出未修改的值！

对于struct也是相同的。当我们传递subscriber struct给applyDiscount时，函数接收了一个strcut的拷贝。所以当我们设置了struct的rate字段时，我们设置的是拷贝的struct，而不是原始的。

接收一个struct的拷贝！

```
func applyDiscount(s subscriber) {
	s.rate = 4.99
}
```

修改拷贝，而不是原始值！

使用函数修改struct（续）

回到第3章，我们的解决方案是修改函数，使它能够接收一个值的指针来代替直接接收值。当调用这个函数时，我们使用取址运算符（&）来传送我们需要更新的值的指针。然后在函数内部，我们使用*来更新指针指向的值。

所以，更新后的值在函数返回后仍然可见。

```
func main() {
        amount := 6
        double(&amount)    ← 传递一个指针来取代变量的值。
        fmt.Println(amount)
}
                  接受一个指针来代替int值。
func double(number *int) {
        *number *= 2
}
        使用指针来更新值。
```

12 ← 输出加倍后的值。

我们可以使用指针来让函数也能更新struct。

这里是一个applyDiscount的升级版本，它应该能正常工作。我们更新了s参数类型来接受一个subscriber struct的指针，而不是直接使用strcut。然后我们更新了strcut中的rate字段。

在main中，我们调用applyDiscount并传入subscriber strcut的指针。在输出rate字段的时候，我们能看到它被成功更新了！

```
package main

import "fmt"

type subscriber struct {
        name   string
        rate   float64
        active bool
}
                      获取struct的指针，而不是struct。
func applyDiscount(s *subscriber) {
        s.rate = 4.99    ← 更新struct字段。
}

func main() {
        var s subscriber
        applyDiscount(&s)    ← 传入一个指针，而不是struct。
        fmt.Println(s.rate)
}
```

4.99

等等，这是如何工作的？在double函数中，我们需要使用*运算符来获取指针指向的值。当你在applyDiscount函数中设置rate字段时不需要*吗？

事实上，不！使用点运算符在struct指针和struct上都可访问字段。

通过指针访问struct的字段

如果你尝试打印一个变量的指针，你会看到它指向的内存地址。这通常不是你想要的。

```
func main() {
        var value int = 2          ← 创建一个值。
        var pointer *int = &value  ← 得到一个指向该值的指针。
        fmt.Println(pointer)       ← 噢！输出的是这个指针，而不是值！
}
```

```
0xc420014100
```

你应该使用*运算符（就像我们调用取值运算符）来获取指针指向的值。

```
func main() {
        var value int = 2
        var pointer *int = &value
        fmt.Println(*pointer)      ← 输出指针指向的值。
}
```

```
2
```

所以你可能想到你也需要对指向struct的指针使用*运算符。但是直接把*放到指针前是无法工作的：

```
type myStruct struct {
        myField int
}

func main() {
        var value myStruct                ← 创建一个struct值。
        value.myField = 3
        var pointer *myStruct = &value    ← 获取一个指向struct值的指针。
        fmt.Println(*pointer.myField)
}
```

↑ 尝试获取指针所指向的struct的值。

错误！

```
invalid indirect of
pointer.myField (type int)
```

如果是`*pointer.myField`，Go认为`myField`必须是一个指针。但它不是，所以返回一个错误。为了让代码工作，你需要使用括号包裹住`*pointer`。那会导致`myStruct`值被返回，之后你就可以访问struct的字段了。

```
func main() {
        var value myStruct
        value.myField = 3
        var pointer *myStruct = &value
        fmt.Println((*pointer).myField)   ← 获取指针指向的struct的值，然后访问struct的字段。
}
```

```
3
```

通过指针访问struct的字段（续）

这么一直写(*pointer).myField很快就会很乏味。所以，点运算符允许你通过strcut的指针来访问字段，就像你可以通过struct值直接访问一样。你可以不需要括号和*运算符。

```
func main() {
	var value myStruct
	value.myField = 3
	var pointer *myStruct = &value
	fmt.Println(pointer.myField)
}
```

通过指针访问struct字段。

3

也可以通过指针来赋值给struct字段：

```
func main() {
	var value myStruct
	var pointer *myStruct = &value
	pointer.myField = 9
	fmt.Println(pointer.myField)
}
```

也可以通过指针来赋值给struct字段。

9

这就是applyDiscount函数如何可以更新struct字段而不用*运算符。它通过struct指针赋值给rate字段。

```
func applyDiscount(s *subscriber) {
	s.rate = 4.99
}

func main() {
	var s subscriber
	applyDiscount(&s)
	fmt.Println(s.rate)
}
```

通过指针赋值给struct字段。

4.99

有问必答

问： 我们在设置struct字段之前展示了defaultSubscriber函数，但是它不需要任何指针！为什么？

答： defaultSubscriber函数返回了一个struct的值。如果调用者保存了返回的值，那么struct值中的字段同时会被保存。只有函数修改已经存在的struct而没有返回它们的时候需要使用指针来保存修改项。

但是，如果需要的话，defaultSubscriber可以返回一个struct的指针。事实上，我们会在下一章做改变！

使用指针传递大型struct

那么函数形参接收一个函数调用的实参的拷贝，即使是struct也是如此。如果你传递一个有很多字段的大的struct，那样会不会占用很多电脑内存？

是的，它会。它会为原始的struct和被拷贝的struct都划分空间。

函数接收一个它们被调用时的参数的拷贝，即使它们是像struct那样的大值。

那就是为什么，除非你的struct只有一些小字段，否则向函数传入struct的指针是一个好主意。（即使函数并不想修改struct也是一样的。）当你传递一个struct指针的时候，内存中只有一个原始的struct，并且你可以读取它，修改它，或者做任何你想要的操作，都不会产生一个额外的拷贝。

这里是`defaultSubscriber`函数，更改为返回一个指针，并且我们的`printInfo`函数，也改为接受一个指针。这些函数都不需要像`applyDiscount`一样修改struct。但是使用指针确保对于每个struct值，只有一个拷贝在内存中。也能保证程序正常工作。

```
// Code above here omitted
type subscriber struct {
        name   string
        rate   float64
        active bool
}

func printInfo(s *subscriber) {
        fmt.Println("Name:", s.name)
        fmt.Println("Monthly rate:", s.rate)
        fmt.Println("Active?", s.active)
}

func defaultSubscriber(name string) *subscriber {
        var s subscriber
        s.name = name
        s.rate = 5.99
        s.active = true
        return &s
}

func applyDiscount(s *subscriber) {
        s.rate = 4.99
}

func main() {
        subscriber1 := defaultSubscriber("Aman Singh")
        applyDiscount(subscriber1)
        printInfo(subscriber1)

        subscriber2 := defaultSubscriber("Beth Ryan")
        printInfo(subscriber2)
}
```

修改为获取指针。（`printInfo(s *subscriber)`）

修改为返回指针。（`*subscriber`）

返回一个指向struct的指针，而不是struct自己。（`return &s`）

这里不再是一个struct，而是一个struct指针……（`main`）

由于这里已经是一个struct的指针，去掉取址运算符。（`printInfo(subscriber1)`）

```
Name: Aman Singh
Monthly rate: 4.99
Active? true
Name: Beth Ryan
Monthly rate: 5.99
Active? true
```

下面的两个程序工作得并不正确。左手的nitroBoost函数原希望把car的最高时速设置为50km/h，但是并没有。右手的doublePack函数本想把part值的count字段加倍的，但是也没有。

看看你是否能够修复程序。只需进行微小的修改，我们在代码中留下了额外的空间来让你做必要的修改。

```
package main

import "fmt"

type car struct {
	name      string
	topSpeed  float64
}

func nitroBoost( c  car ) {
	c.topSpeed += 50
}

func main() {
	var mustang car
	mustang.name = "Mustang Cobra"
	mustang.topSpeed = 225
	nitroBoost( mustang )
	fmt.Println( mustang.name )
	fmt.Println( mustang.topSpeed )
}
```

这里应该是50 km/h! →

```
Mustang Cobra
225
```

```
package main

import "fmt"

type part struct {
	description  string
	count        int
}

func doublePack( p  part ) {
	p.count *= 2
}

func main() {
	var fuses part
	fuses.description = "Fuses"
	fuses.count = 5
	doublePack( fuses )
	fmt.Println( fuses.description )
	fmt.Println( fuses.count )
}
```

这里应该被加倍了! →

```
Fuses
5
```

→ 答案在第263页。

将struct类型移动到另一个包

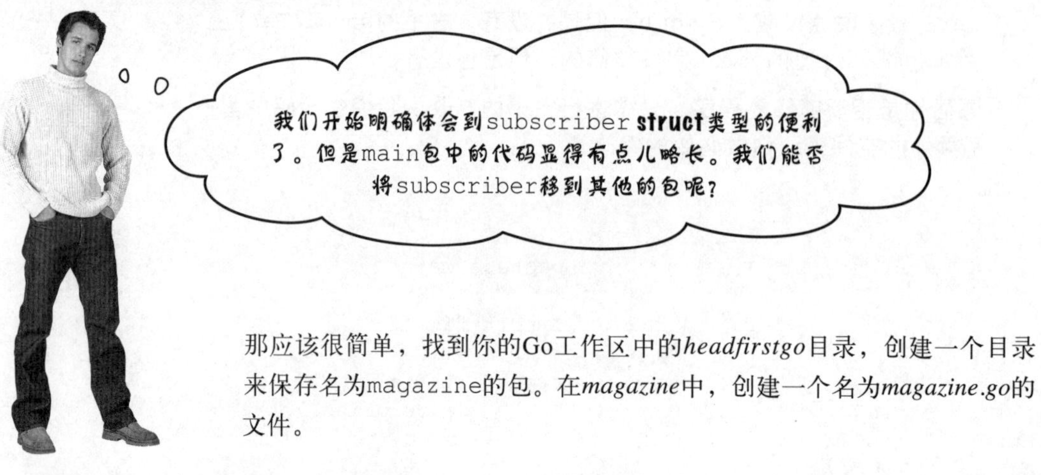

我们开始明确体会到subscriber struct类型的便利了。但是main包中的代码显得有点儿略长。我们能否将subscriber移到其他的包呢？

那应该很简单，找到你的Go工作区中的*headfirstgo*目录，创建一个目录来保存名为magazine的包。在*magazine*中，创建一个名为*magazine.go*的文件。

工作区 > src > github.com > headfirstgo > magazine > magazine.go

确定增加package magazine声明到*magazine.go*的文件头。然后，将已经存在的subscriber struct定义代码粘贴到*magazine.go*文件中。

```
package magazine

type subscriber struct {
	name   string
	rate   float64
	active bool
}
```

我们尝试不修改任何地方，把类型定义粘贴过去。

下面让我们创建一个程序来测试新的包。既然是测试程序，我们就不为代码创建单独的包文件夹，我们仅仅使用go run命令。创建一个名为*main.go*的文件。它可以保存在任何目录下，但是确认保存在非Go 工作区，所以它并不会影响其他的包。

工作区外的目录 > main.go

（如果需要，你可以将这些代码移动到你的Go 工作区，只要你创建了一个单独的目录来保存它！）

在*main.go*中，保存这些仅仅是创建一个新的subscriber struct并访问其中一个字段的代码。

这里与之前的例子有两个不同。首先，我们需要在文件头导入magazine 包。第二，我们需要使用magazine.subscriber作为类型名称。 因为它现在已经属于不同的包了。

```
package main

import (
	"fmt"
	"github.com/headfirstgo/magazine"
)

func main() {
	var s magazine.subscriber
	s.rate = 4.99
	fmt.Println(s.rate)
}
```

导入我们需要的包……

……导入我们的新“magazine”包。

类型名称必须以包名称为前缀。

定义类型的名称首字母必须大写才能导出该类型

让我们看看实验代码能否访问新包中的`subscriber` struct类型。在你的终端上，进入你保存*main.go*的目录，然后执行**go run main.go**。

```
Shell Edit View Window Help
$ cd temp
$ go run main.go
./main.go:9:18: cannot refer to unexported name magazine.
subscriber
./main.go:9:18: undefined: magazine.subscriber
```

我们会得到两个错误，但是主要的错误是：`cannot refer to unexported name magazine.subscriber`。

如果一个类型希望在它被定义的包之外访问，它必须是被导出的：它的名字必须以大写字母开头。

Go类型名称与变量和函数名称遵循相同的规则：如果变量、函数或者类型以大写字母开头，它就会被认为是导出的，并且可以从外部包来访问。但是我们的`subscriber`类型名称以小写字母开头。那意味着它只能在`magazine`包内部使用。

好吧，这看起来很好解决。我们仅仅打开*magazine.go*文件并且将定义类型的首字母大写。然后我们打开*main.go*并且把引用那个类型的名称首字母也大写。（当前只有一个。）

magazine.go

```
package magazine
                    ← 大写类型名称的首字母。
type Subscriber struct {
        name   string
        rate   float64
        active bool
}
```

main.go

```
package main

import (
        "fmt"
        "github.com/headfirstgo/magazine"
)
                                    大写类型名称
func main() {                       的首字母。
        var s magazine.Subscriber
        s.rate = 4.99
        fmt.Println(s.rate)
}
```

如果我们尝试使用`go run main.go`执行修改后的代码，我们不会再获得一个`magazine.subscriber`类型未被定义的错误了。所以看来那里是被修复了。但是我们得到了一组新的错误……

```
Shell Edit View Window Help
$ go run main.go
./main.go:10:13: s.rate undefined
(cannot refer to unexported field or method rate)
./main.go:11:25: s.rate undefined
(cannot refer to unexported field or method rate)
```

struct字段的名称首字母必须大写才能导出该字段

Subscriber类型名称被首字母大写后，看起来我们能在main包中访问它了。但是现在我们得到了一个错误说我们不能访问rate字段，因为它是未导出的。

```
Shell Edit View Window Help
$ go run main.go
./main.go:10:13: s.rate undefined
(cannot refer to unexported field or method rate)
./main.go:11:25: s.rate undefined
(cannot refer to unexported field or method rate)
```

即使一个struct类型被从包中导出，如果它的字段名称没有首字母大写的话，它的字段也不会被导出。让我们尝试首字母大写的Rate（同时在*magazine.go*和*main.go*中）……

如果你想要从它的包导出struct字段，它们名称的首字母也必须大写的。

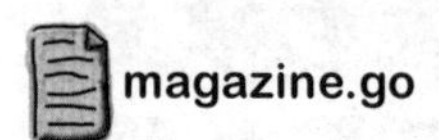

```
package magazine

type Subscriber struct {
        name   string
        Rate   float64     ← 首字母大写。
        active bool
}
```

```
package main

import (
        "fmt"
        "github.com/headfirstgo/magazine"
)

func main() {
        var s magazine.Subscriber
        s.Rate = 4.99 ←—首字母大写。
        fmt.Println(s.Rate) ←—首字母大写。
}
```

再次执行*main.go*，这次你会看到执行正常了。现在它们都是导出的，我们可以从main 包中访问Subscriber类型和它的Rate字段。

```
Shell Edit View Window Help
$ go run main.go
4.99
```

注意，代码工作正常，但name和active字段还是未导出的。如果你愿意，你可以在单一的struct中既有导出的字段也有未导出的字段。

这种情况可能在Subscriber类型中不值得推荐。从其他包中能访问费率而不能访问名称和地址是没有意义的。所以我们再到*magazine.go*中将其他字段也导出。只需要将它们的首字母大写：Name和Active。

```
package magazine

type Subscriber struct {
        Name   string      ← 首字母大写。
        Rate   float64
        Active bool        ← 首字母大写。
}
```

struct字面量

代码定义一个struct并且一个一个地给它的字段赋值，看起来很乏味。

```
var subscriber magazine.Subscriber
subscriber.Name = "Aman Singh"
subscriber.Rate = 4.99
subscriber.Active = true
```

所以，就像切片和映射一样，Go提供了struct字面量来让你创建一个struct并同时给它的字段赋值。

这个语法看起来和映射很相似。类型列在前面，跟着一对花括号。在花括号内部，你可以给一些或者所有的struct字段赋值。使用字段名称、冒号和值。如果你定义多个字段，使用逗号分隔。

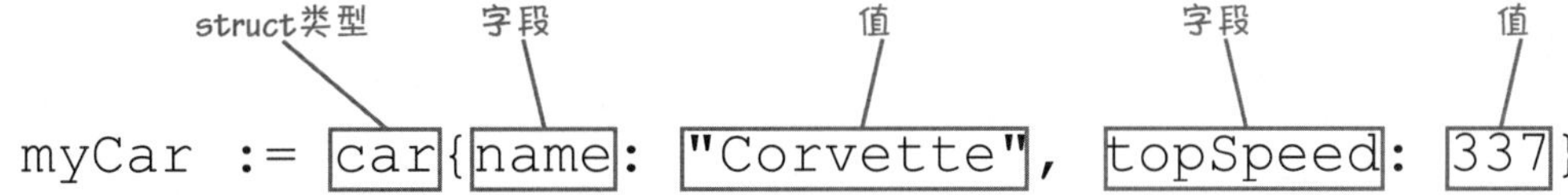

前面我们展示了创建`Subscriber`和一个一个设置字段值的代码。下面的代码使用struct字面量，用一行达到了目的：

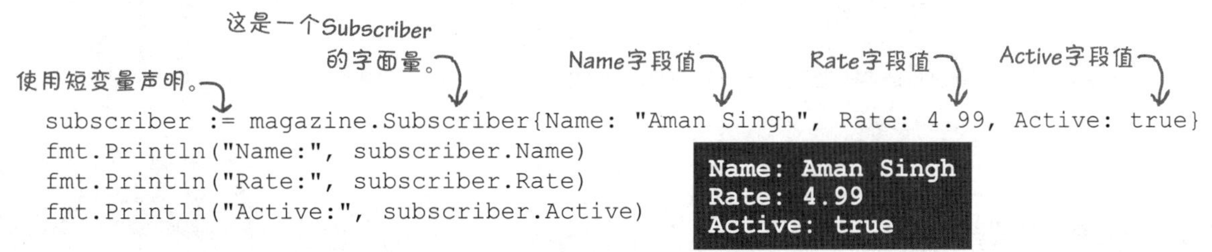


```
subscriber := magazine.Subscriber{Name: "Aman Singh", Rate: 4.99, Active: true}
fmt.Println("Name:", subscriber.Name)
fmt.Println("Rate:", subscriber.Rate)
fmt.Println("Active:", subscriber.Active)
```

```
Name: Aman Singh
Rate: 4.99
Active: true
```

你可能注意到了，在大多数章节，我们不得不对于struct变量使用长声明的方式（除非struct是从一个函数中返回的）。struct字面量允许我们对刚创建的struct使用短变量声明。

你可以在花括号中忽略一些甚至所有的字段。被忽略的字段会被设置为它们类型的零值。

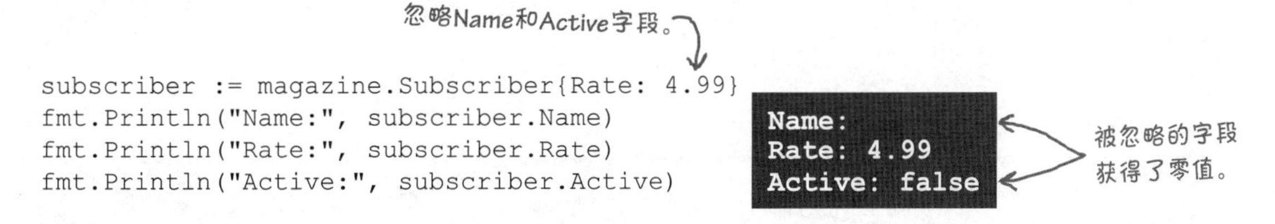


```
subscriber := magazine.Subscriber{Rate: 4.99}
fmt.Println("Name:", subscriber.Name)
fmt.Println("Rate:", subscriber.Rate)
fmt.Println("Active:", subscriber.Active)
```

```
Name:
Rate: 4.99
Active: false
```

拼图板

你的工作是从池中提取代码段，并将它们放入代码中的空白行中。同一个代码段只能使用一次，你也不需要使用所有的代码段。你的目标是使代码能够运行并产生如下的输出。

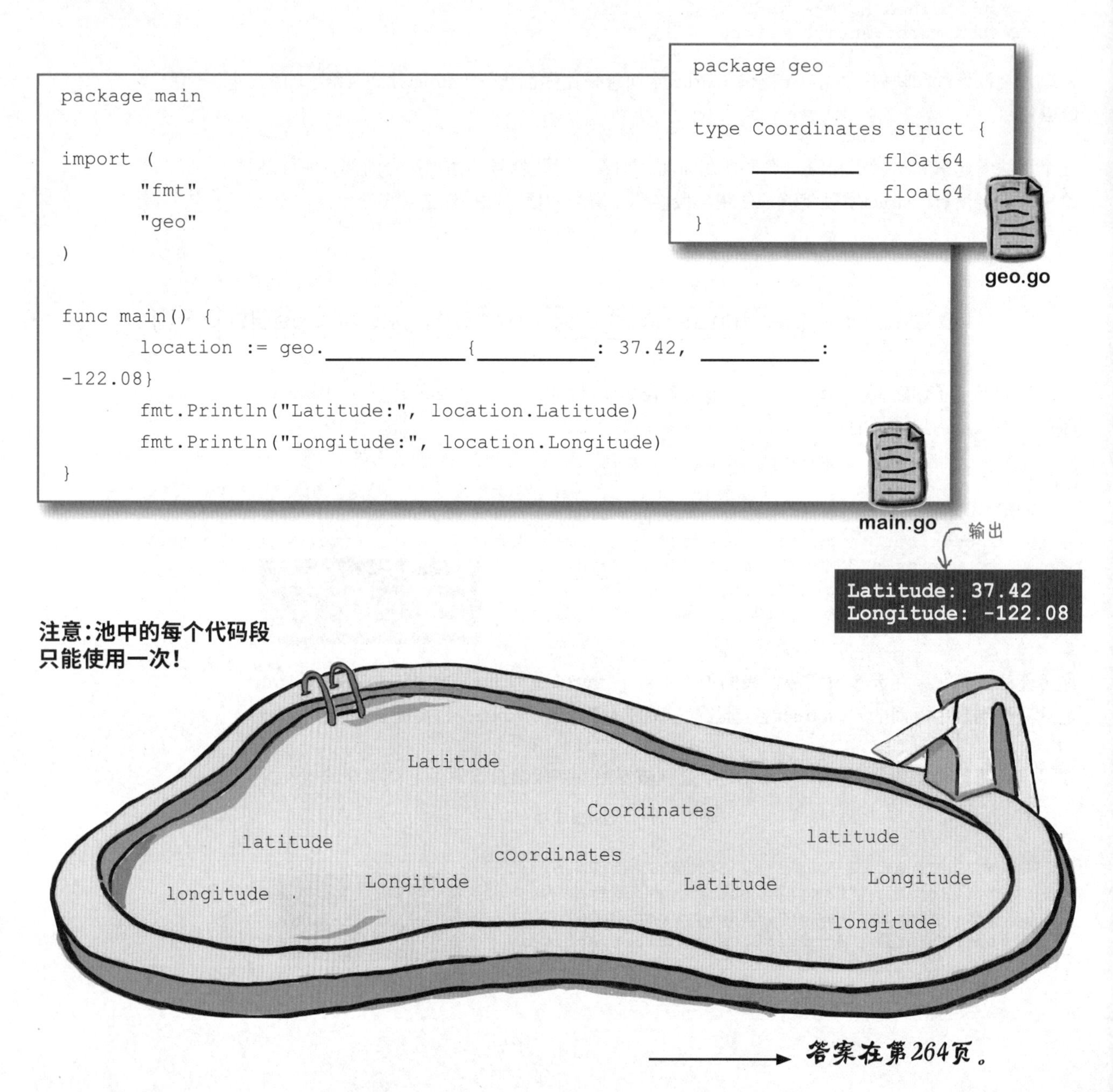

```
package geo

type Coordinates struct {
    ________ float64
    ________ float64
}
```

geo.go

```
package main

import (
	"fmt"
	"geo"
)

func main() {
	location := geo.__________{_________: 37.42, _________:
-122.08}
	fmt.Println("Latitude:", location.Latitude)
	fmt.Println("Longitude:", location.Longitude)
}
```

main.go

输出

```
Latitude: 37.42
Longitude: -122.08
```

注意：池中的每个代码段只能使用一次！

答案在第264页。

创建一个Employee struct类型

这个新的magazine包工作得很好！在我们发布之前还需要做一点事情……我们需要一个Employee **struct**类型来追踪营业员的名称和薪水。并且我们需要把邮件地址放到雇员和订阅者的结构中。

增加一个Employee struct类型很简单。我们仅仅在magazine包的Subscriber类型旁边增加上它。这个类型需要string类型的Name字段和float64类型的Salary字段。确认所有字段名称首字母大写了，这样它们就会被导出到magazine包之外。

我们可以在*main.go*中更新main函数来试试新的类型。首先声明一个magazine.Employee类型的变量。然后给每个字段都赋一个合适的值。最终，输出这些值。

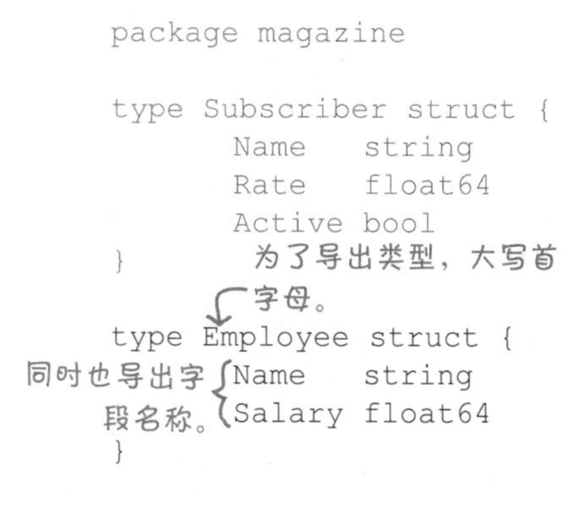

magazine.go

```
package magazine

type Subscriber struct {
	Name   string
	Rate   float64
	Active bool
}

type Employee struct {
	Name   string
	Salary float64
}
```

为了导出类型，大写首字母。

同时也导出字段名称。

main.go

```
package main

import (
	"fmt"
	"github.com/headfirstgo/magazine"
)

func main() {
	var employee magazine.Employee
	employee.Name = "Joy Carr"
	employee.Salary = 60000
	fmt.Println(employee.Name)
	fmt.Println(employee.Salary)
}
```

尝试创建一个Employee值。

如果你在终端执行了go run main.go，它可以正常运行，创建一个新的magazine.Employee struct，设置它的字段，然后输出所有的值。

创建一个Address struct类型

下面我们需要在Subscriber和Employee类型中增加一个地址类型。我们需要增加街道、城市、州和邮政编码。

我们可以分别给Subscriber和Employee类型各增加独立的多个字段。像这样：

```
type Subscriber struct {
        Name   string
        Rate   float64
        Active bool
        Street     string
        City       string
        State      string
        PostalCode string
}
```

如果在这里增加字段……

……我们需要重复添加……

```
type Employee struct {
        Name   string
        Salary float64
        Street     string
        City       string
        State      string
        PostalCode string
}
```

但是邮政地址都有相同的格式，无论它属于哪个类型。将所有字段在多个类型中重复是痛苦的事情。

struct字段可以保存任何类型，甚至是struct类型。所以，让我们创建一个Address struct类型，然后在Subscriber和Employee类型中都增加一个Address类型的字段。那会提高一些效率，并且如果之后我们想要修改地址格式，可以保证类型之间的一致性。

我们首先创建Address类型，这样我们可以确保它正常工作。把它放到magazine包中，在Subscriber和Employee类型旁边。然后，在*main.go*函数中修改一些代码，来创建一个Address类型并确保字段是可访问的。

magazine.go

```
package magazine

// Subscriber and Employee
// code omitted...

type Address struct {
        Street     string
        City       string
        State      string
        PostalCode string
}
```

增加一个新的类型。

main.go

```
package main

import (
        "fmt"
        "github.com/headfirstgo/magazine"
)

func main() {
        var address magazine.Address
        address.Street = "123 Oak St"
        address.City = "Omaha"
        address.State = "NE"
        address.PostalCode = "68111"
        fmt.Println(address)
}
```

尝试创建一个Address的变量。

在终端键入**go run main.go**，它会创建一个Address struct，填充其字段。然后输出整个struct。

```
{123 Oak St Omaha NE 68111}
```

将struct作为字段增加到另一个类型中

现在我们确认Address struct类型工作正常，让我们给Subscriber和Employee类型增加一个HomeAddress字段。

在struct类型中增加一个struct类型字段与增加其他类型字段相同。你提供一个字段名称，后面跟上字段类型（在这里的例子中是一个struct类型）。

为Subscriber struct增加一个名为HomeAddresss的字段。确认字段名称首字母大写了，那样它才能在magazine包之外被访问到。然后设置字段类型为Address。

然后再在Employess类型里也增加一个HomeAddress字段。

magazine.go

```
package magazine

type Subscriber struct {
        Name        string
        Rate        float64
        Active      bool
        HomeAddress Address
}

type Employee struct {
        Name        string
        Salary      float64
        HomeAddress Address
}

type Address struct {
        // Fields omitted
}
```

字段首字母大写 → HomeAddress；字段类型 → Address

在另一个struct中设置struct

现在看看我们能否在Subscriber struct中设置Address struct的字段值。这里有两种方式。

第一种是创建一个独立的Address struct并且使用它填充Subscriber的整个Address字段。下面是按照这个方法修改的*main.go*。

main.go

```
package main

import (
        "fmt"
        "github.com/headfirstgo/magazine"
)

func main() {
        address := magazine.Address{Street: "123 Oak St",
                City: "Omaha", State: "NE", PostalCode: "68111"}
        subscriber := magazine.Subscriber{Name: "Aman Singh"}
        subscriber.HomeAddress = address
        fmt.Println(subscriber.HomeAddress)
}
```

创建一个Address的值并且填充字段。

创建一个Address所属的Subscriber struct。

设置HomeAddress字段。

打印HomeAddress字段。

在终端中键入**go run main.go**，并且你会看到订阅者的HomeAddress字段被赋值了。

```
{123 Oak St Omaha NE 68111}
```

在另一个struct中设置struct（续）

另一个方法是通过外部struct来设置内部struct的字段。

当一个Subscriber struct被创建后，它的HomeAddress字段也被设置：它是一个Address struct，所有的字段都被设置为零值。如果你对fmt.Printf使用"%#v"动词来打印HomeAddress，它会打印出它在Go代码中的样子，也就是说像struct字面量一样。我们将看到每一个Address字段被设置为空字符串，也就是string类型的零值。

```
subscriber := magazine.Subscriber{}
fmt.Printf("%#v\n", subscriber.HomeAddress)
```

每一个Address struct字段都设置为空字符串（字符串的零值）。

字段已经像新Address struct一样被设置了。

```
magazine.Address{Street:"", City:"", State:"", PostalCode:""}
```

如果subscriber是一个包含Subscriber struct的变量，当你输入subscriber.HomeAddress时，你会获得一个Address struct，即使你并没有明确地设置HomeAddress。

你可以使用点运算符“链”的方式来访问Address struct中的字段。简单使用**subscriber.HomeAddress**来访问Address struct，后面跟着另一个点运算符和你想要访问的Address struct中的字段名称。

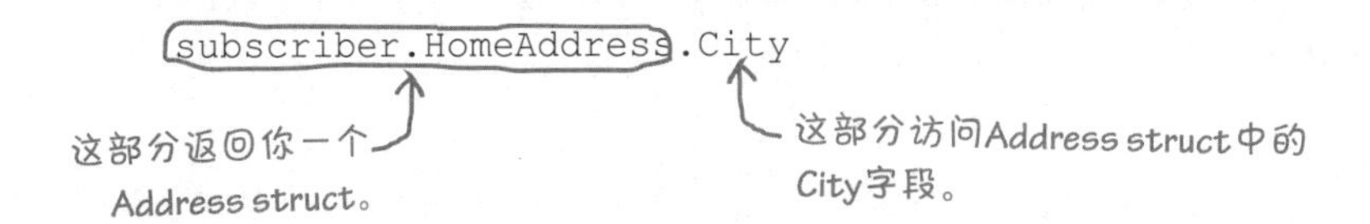
subscriber.HomeAddress.City
这部分返回你一个Address struct。
这部分访问Address struct中的City字段。

这个也可以用来给内部 struct的字段赋值……

```
subscriber.HomeAddress.PostalCode = "68111"
```

……和其后获取这些值。

```
fmt.Println("Postal Code:", subscriber.HomeAddress.PostalCode)
```

在另一个struct中设置struct（续）

这里修改了*main.go*来使用点运算符链。首先，我们在subscriber变量中保存一个Subscriber struct。那会在subscriber的HomeAddress字段中自动创建一个Address struct。我们设置subscriber.HomeAddress.Street、subscriber.HomeAddress.City和其他的值，然后输出这些值。

然后我们在employee变量中保存Employee struct，并且在HomeAddress struct中做相同的操作。

main.go

```
package main

import (
	"fmt"
	"github.com/headfirstgo/magazine"
)

func main() {
	subscriber := magazine.Subscriber{Name: "Aman Singh"}
	subscriber.HomeAddress.Street = "123 Oak St"
	subscriber.HomeAddress.City = "Omaha"
	subscriber.HomeAddress.State = "NE"
	subscriber.HomeAddress.PostalCode = "68111"
	fmt.Println("Subscriber Name:", subscriber.Name)
	fmt.Println("Street:", subscriber.HomeAddress.Street)
	fmt.Println("City:", subscriber.HomeAddress.City)
	fmt.Println("State:", subscriber.HomeAddress.State)
	fmt.Println("Postal Code:", subscriber.HomeAddress.PostalCode)

	employee := magazine.Employee{Name: "Joy Carr"}
	employee.HomeAddress.Street = "456 Elm St"
	employee.HomeAddress.City = "Portland"
	employee.HomeAddress.State = "OR"
	employee.HomeAddress.PostalCode = "97222"
	fmt.Println("Employee Name:", employee.Name)
	fmt.Println("Street:", employee.HomeAddress.Street)
	fmt.Println("City:", employee.HomeAddress.City)
	fmt.Println("State:", employee.HomeAddress.State)
	fmt.Println("Postal Code:", employee.HomeAddress.PostalCode)
}
```

设置subscriber.HomeAddress的字段。

从subscriber.HomeAddress的字段中获取值。

设置employee.HomeAddress的字段。

从employee.HomeAddress的字段中获取值。

在你的终端中尝试执行**go run main.go**，程序会输出subsciber.HomeAddress和employee.HomeAddress的所有字段。

```
Subscriber Name: Aman Singh
Street: 123 Oak St
City: Omaha
State: NE
Postal Code: 68111
Employee Name: Joy Carr
Street: 456 Elm St
City: Portland
State: OR
Postal Code: 97222
```

匿名struct字段

然而，通过外部struct访问内部struct的字段的代码有点乏味。你想要访问内部struct的字段的时候，不得不每次都输入代表struct的字段的名称（HomeAddress）。

```
subscriber := magazine.Subscriber{Name: "Aman Singh"}
subscriber.HomeAddress.Street = "123 Oak St"
subscriber.HomeAddress.City = "Omaha"
subscriber.HomeAddress.State = "NE"
subscriber.HomeAddress.PostalCode = "68111"
```

你不得不输入代表内部struct的字段的名称……

……只有这样你才能访问它的字段。

Go允许你定义一个匿名字段：struct字段没有名字，仅仅有类型。我们可以使用匿名字段来让内部struct访问更加简单。

这里更新了Subscriber和Employee类型，让HomeAddress字段作为一个匿名字段。我们只需要移除字段名称，仅保留字段类型。

magazine.go

```
package magazine

type Subscriber struct {
	Name   string
	Rate   float64
	Active bool
	Address
}

type Employee struct {
	Name   string
	Salary float64
	Address
}

type Address struct {
	// Fields omitted
}
```

删除字段名称（“HomeAddress”），仅保留类型。

删除字段名称（“HomeAddress”），仅保留类型。

当你声明一个匿名字段时，你可以使用字段类型名称作为字段名称。所以subsciber.Address和employee.Address在下面的代码中仍然访问Address struct：

```
subscriber := magazine.Subscriber{Name: "Aman Singh"}
subscriber.Address.Street = "123 Oak St"
subscriber.Address.City = "Omaha"
fmt.Println("Street:", subscriber.Address.Street)
fmt.Println("City:", subscriber.Address.City)
employee := magazine.Employee{Name: "Joy Carr"}
employee.Address.State = "OR"
employee.Address.PostalCode = "97222"
fmt.Println("State:", employee.Address.State)
fmt.Println("Postal Code:", employee.Address.PostalCode)
```

通过新名称“Address”访问内部struct字段。

```
Street: 123 Oak St
City: Omaha
State: OR
Postal Code: 97222
```

嵌入struct

但是匿名字段不只是使struct定义中省略了字段名称。

一个内部struct使用匿名字段的方式存储在了外部的struct中，这被称为嵌入了外部struct。嵌入struct的字段被提升到了外部struct，你可以像访问外部struct的字段一样访问它们。

所以Address struct类型被嵌入了Subscriber struct和Employee struct类型。你不需要写下subscriber.Address.City来获取City字段；你可以只写subscriber.City。你不需要写下employee.Address.State；你可以只写employee.State。

这是*main.go*的最后版本，修改为将Address当作一个内嵌类型。你可以将代码写成完全没有Address类型；就像Address的字段属于它嵌入的struct类型。

main.go

```
package main

import (
	"fmt"
	"github.com/headfirstgo/magazine"
)

func main() {
	subscriber := magazine.Subscriber{Name: "Aman Singh"}
	subscriber.Street = "123 Oak St"
	subscriber.City = "Omaha"
	subscriber.State = "NE"
	subscriber.PostalCode = "68111"
	fmt.Println("Street:", subscriber.Street)
	fmt.Println("City:", subscriber.City)
	fmt.Println("State:", subscriber.State)
	fmt.Println("Postal Code:", subscriber.PostalCode)

	employee := magazine.Employee{Name: "Joy Carr"}
	employee.Street = "456 Elm St"
	employee.City = "Portland"
	employee.State = "OR"
	employee.PostalCode = "97222"
	fmt.Println("Street:", employee.Street)
	fmt.Println("City:", employee.City)
	fmt.Println("State:", employee.State)
	fmt.Println("Postal Code:", employee.PostalCode)
}
```

设置Address的字段就像它们在Subscriber上被定义过。

通过Subscriber得到Address的字段。

设置Address的字段就像它们在Employee上被定义过。

通过Employee得到Address的字段。

```
Street: 123 Oak St
City: Omaha
State: NE
Postal Code: 68111
Street: 456 Elm St
City: Portland
State: OR
Postal Code: 97222
```

注意你不是必须内嵌内部struct。你也不是必须要使用内部struct。有时给外部struct增加新字段会使代码更干净。考虑你当前的情况，并且使用你和你的用户的最佳解决方案。

我们定义的类型完成了

这些你创建的类型太棒了！不再需要传递一堆变量来代表一个订阅者。我们需要的每一个变量被保存在一起。谢谢你，我们准备启动印刷机然后邮寄我们的第一期。

干得好！你已经定义了Subscriber和Employee struct类型，并且嵌入Address strcut了。你已经找到了杂志需要的所有数据的表示方式。

但是你仍然缺少定义类型的一个重要方面。在之前的章节中，你使用了诸如time.Time和strings.Replacer，它们有方法：你可以调用它们的值的函数。但是你还没有学习如何为你自己的类型定义方法。不要担心，我们将在下一章学习！

练习

这里有个geo包的源文件，来自于我们之前的练习。你需要让代码在*main.go*中正常工作。但是需要注意：你需要在*geo.go*中给Landmark struct类型只增加两个字段来做到这一点。

```
package geo

type Coordinates struct {
	Latitude  float64
	Longitude float64
}

type Landmark struct {
	__________
	__________
}
```

在此增加两个字段！

geo.go

```
package main

import (
	"fmt"
	"geo"
)

func main() {
	location := geo.Landmark{}
	location.Name = "The Googleplex"
	location.Latitude = 37.42
	location.Longitude = -122.08
	fmt.Println(location)
}
```

main.go

输出 →

```
{The Googleplex {37.42 -122.08}}
```

答案在第264页。

你的Go工具箱

这是第8章的内容，你已经把struct和定义类型放入了你的工具箱。

数组

切片

映射

struct

struct是通过将不同类型的值合并在一起而构建的值。

来自struct的独立的值被称为字段。

每个字段都有自己的名字和类型。

定义类型

类型定义允许你创建一个你自己的新类型。

每一个类型基于一个定义值如何存储的基础类型。

虽然struct最常用，定义类型可以使用任何类型作为基础类型。

要点

- 你可以使用struct类型声明一个变量。使用struct关键字定义一个struct类型，后面跟着花括号和其中的一组字段名称和类型。

```
var myStruct struct {
    field1 string
    field2 int
}
```

- 重复写struct类型很乏味，所以经常基于一个基础类型来定义一个类型。然后使用定义好的类型来创建变量、函数参数和返回值。

```
type myType struct {
    field1 string
}
var myVar myType
```

- 通过点运算符来访问struct字段。

```
myVar.field1 = "value"
fmt.Println(myVar.field1)
```

- 如果函数需要修改struct或者struct过大，应该向函数传递指针。
- 如果类型想要在定义它的包之外使用，它的首字母应该大写。
- 同理，如果strcut字段想要在包外被访问，它们名称的首字母需要大写。
- struct字面量让你可以同时创建struct和设置它的字段值。

```
myVar := myType{field1: "value"}
```

- 在struct字段列表中增加一个类型，没有名字，定义了一个匿名字段。
- 使用匿名字段的方式将内部struct增加到外部struct被称为嵌入了外部struct。
- 你可以像访问外部字段一样访问嵌入的strcut字段。

右边是一个创建struct变量来保存宠物的名称（string）和年龄（int）的程序。在空白处填入代码，让程序按照显示输出。

```
package main

import "fmt"

func main() {
        var pet  struct  {
                name  string
                age   int
        }
        pet. name  = "Max"
        pet.age = 5
        fmt.Println("Name:", pet .name)
        fmt.Println("Age:", pet. age )
}
```

```
Name: Max
Age: 5
```

代码贴答案

```
package main

import "fmt"

type student struct {
        name string
        grade float64
}
```

定义一个“student”struct类型。

```
func printInfo( s student ) {
        fmt.Println("Name:", s.name)
        fmt.Printf("Grade: %0.1f\n", s.grade)
}
```

定义一个函数接受“student”strcut作为参数。

```
func main() {
        var s student
        s.name = "Alonzo Cole"
        s.grade = 92.3
        printInfo(s)
}
```

给函数传入一个struct。

输出

```
Name: Alonzo Cole
Grade: 92.3
```

下面的两个程序工作得并不正确。左手的nitroBoost函数原希望把car的最高时速设置为50km/h，但是并没有。右手的doublePack函数本想把part值的count字段加倍的，但是也没有。

看看你是否能够修复程序。只需进行微小的修改，我们在代码中留下了额外的空间来让你做必要的修改。

```
package main

import "fmt"

type car struct {
        name      string
        topSpeed  float64
}                          用指向struct的指针来代替struct。

func nitroBoost( c * car ) {
        c.topSpeed += 50
}          不需要修改，指针和struct工作都正常。

func main() {
        var mustang car
        mustang.name = "Mustang Cobra"
        mustang.topSpeed = 225
        nitroBoost( &mustang )   ← 传递一个指针。
        fmt.Println( mustang.name )
        fmt.Println( mustang.topSpeed )
}
```

改好了，提高了50 km/h。→

```
Mustang Cobra
275
```

```
package main

import "fmt"

type part struct {
        description  string
        count        int
}                          用指向struct的指针来代替struct。

func doublePack( p * part ) {
        p.count *= 2
}          不需要修改，指针和struct工作都正常。

func main() {
        var fuses part
        fuses.description = "Fuses"
        fuses.count = 5
        doublePack( &fuses )   ← 传递一个指针。
        fmt.Println( fuses.description )
        fmt.Println( fuses.count )
}
```

改好了，它把原值加倍了。→

```
Fuses
10
```

拼图板答案

```
package geo

type Coordinates struct {
        Latitude    float64
        Longitude   float64
}
```

geo.go

```
package main

import (
        "fmt"
        "geo"
)

func main() {
        location := geo.Coordinates{Latitude: 37.42, Longitude:
-122.08}
        fmt.Println("Latitude:", location.Latitude)
        fmt.Println("Longitude:", location.Longitude)
}
```

main.go

这里需要导出，所以类型名称的首字母大写了。

字段名称也需要首字母大写。

输出

```
Latitude: 37.42
Longitude: -122.08
```

这里有个geo包的源文件，来自于我们之前的练习。你需要让代码在*main.go*中正常工作。但是需要注意：你需要在*geo.go*中给Landmark struct类型只增加两个字段来做到这一点。

```
package geo

type Coordinates struct {
        Latitude  float64
        Longitude float64
}

type Landmark struct {
        Name string
        Coordinates
}
```

geo.go

将Coordinates作为匿名字段嵌入，让你可以像访问Landmark中的字段一样，访问Latitude和Longitude字段。

```
package main

import (
        "fmt"
        "geo"
)

func main() {
        location := geo.Landmark{}
        location.Name = "The Googleplex"
        location.Latitude = 37.42
        location.Longitude = -122.08
        fmt.Println(location)
}
```

main.go

输出

```
{The Googleplex {37.42 -122.08}}
```

9 我喜欢的类型

定义类型

几乎完成了我的Name类型！它的基础类型是string，你可以在Name值上调用我的Capitalize方法。非常方便！

定义类型还有更多内容需要学习。在之前的章节，我们展示了如何使用strcut基础类型来定义类型。没有展示如何使用任意类型作为基础类型。

但是你记得方法—— 与特定值类型关联的特殊的函数吗？我们在整本书中都在调用多种值的方法，但是没有展示如何定义自己的方法。在本章中，我们打算介绍。让我们开始吧！

现实生活中的类型错误

如果你生活在美国，你可能已经习惯使用那里古怪的测量系统。例如，在加油站，汽油是按照加仑（1加仑≈3.785立方分米）算的，其体积大概是世界大多数地区使用的单位升的四倍。

Steve是一个美国人，从其他国家租了辆车。他到了一个加油站加油。他计划购买10加仑的汽油，算起来足够到达另外一个城市的旅馆了。

8……9……10。哇，那很快！这里的油泵真是高效。

他在返回的路上，但是仅仅走了大概距目的地的四分之一的路途就用光了燃料。

如果Steve仔细看一下加油站的标签，他会意识到这里使用升作为单位，不是加仑，所以他需要购买37.85升的油才能等同于10加仑。

当你获得了一个数字，最好能够确认一下它的单位是什么。你可能想要知道它是升，还是加仑、公斤、磅，美元还是日元。

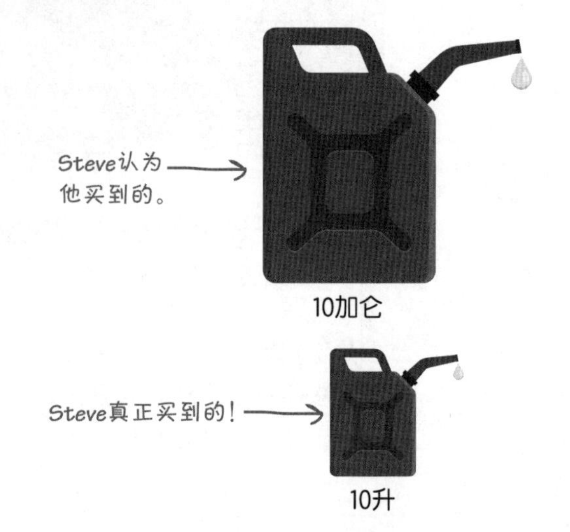

Steve认为他买到的。

Steve真正买到的！

具有底层基础类型的定义类型

如果你有以下的变量：

```
var fuel float64 = 10
```

……代表10加仑还是10升？写出声明的人知道，但是其他人都不确定。

你可以使用Go定义的类型来让这个值的用途更加清晰。定义类型大多数通常使用struct作为其基础类型，但它们也可以基于int、float64、stirng、bool或者任何其他的类型。

Go经常使用struct作为基础类型来定义类型，但是它们也能基于int、string、bool或者其他任何类型。

下面的程序定义了两个新的类型，Liters和Gallons，这两个类型都是使用float64作为基础类型的。它们被定义在了包级别，这样对于当前包下的所有函数都是可用的。

在main函数中，我们声明了一个Gallons的变量和一个Liters的变量。我们给两个类型都赋值了，然后输出它们。

```
package main

import "fmt"

type Liters float64     // 定义两个新类型，基础类型都是float64。
type Gallons float64

func main() {
	var carFuel Gallons          // 定义一个Gallons类型的变量。
	var busFuel Liters           // 定义一个Liters类型的变量。
	carFuel = Gallons(10.0)      // 把float64转换为Gallons。
	busFuel = Liters(240.0)      // 把float64转换为Liters。
	fmt.Println(carFuel, busFuel)
}
```

```
10 240
```

一旦定义了一个类型，你可以把任何基础类型的值转换为定义的类型。像其他的类型转换一样，你写下需要转换到的类型，后面跟着在小括号中的你希望转换的值。

如果需要，可以在上面的代码中使用短变量声明：

```
carFuel := Gallons(10.0)    // 与类型转换同时使用短变量声明。
busFuel := Liters(240.0)
```

具有底层基础类型的定义类型（续）

如果变量使用了已定义的类型，你不能把另一个类型的值赋给它，即使另一个类型也具有相同的基础类型。这可以帮助开发者区分两种类型。

```
carFuel = Liters(240.0)
busFuel = Gallons(10.0)
```

错误 →

```
cannot use Liters(240) (type Liters) as type Gallons in assignment
cannot use Gallons(10) (type Gallons) as type Liters in assignment
```

但是你可以在具有相同基础类型的类型之间转换。`Liters`可以与`Gallons`互相转换，因为它们的基础类型是`float64`。但是Go只在转换时考虑基础类型的值，`Gallons(Liters(240.0))`和`Liters(Gallons(240.0))`没有区别。简单地把值从一个类型转换到另一个类型使针对这个类型应该出现的错误保护机制失效。

```
carFuel = Gallons(Liters(40.0))   ← 40升不等于40加仑！
busFuel = Liters(Gallons(63.0))   ← 63加仑不等于63升！
fmt.Printf("Gallons: %0.1f Liters: %0.1f\n", carFuel, busFuel)
```

合法，但不正确！→

```
Gallons: 40.0 Liters: 63.0
```

相反，你需要执行任何必需的操作将基础类型值转换为你想要转换的类型。

一个快速的页面查找显示，一升大约等于0.264加仑，并且一加仑等于3.785升。我们可以乘上这些转换率来进行加仑到升的转换，反之亦然。

```
carFuel = Gallons(Liters(40.0) * 0.264)   ← 将升转换为加仑。
busFuel = Liters(Gallons(63.0) * 3.785)   ← 将加仑转换为升。
fmt.Printf("Gallons: %0.1f Liters: %0.1f\n", carFuel, busFuel)
```

合适的转换结果 →

```
Gallons: 10.6 Liters: 238.5
```

定义类型和运算符

一个定义类型提供所有与基础类型相同的运算。基于float64类型，提供算数运算符+、-、*、/，也提供比较运算符==、>和<。

```
fmt.Println(Liters(1.2) + Liters(3.4))
fmt.Println(Gallons(5.5) - Gallons(2.2))
fmt.Println(Liters(2.2) / Liters(1.1))
fmt.Println(Gallons(1.2) == Gallons(1.2))
fmt.Println(Liters(1.2) < Liters(3.4))
fmt.Println(Liters(1.2) > Liters(3.4))
```

```
4.6
3.3
2
true
true
false
```

并且基于基础类型string的类型，支持+、==、>和<，但是不支持-，因为-对于string不是一个合法的运算符。

```
// package and import statements omitted
type Title string   ← 定义一个基础类型为string的类型。

func main() {
    fmt.Println(Title("Alien") == Title("Alien"))
    fmt.Println(Title("Alien") < Title("Zodiac"))
    fmt.Println(Title("Alien") > Title("Zodiac"))
    fmt.Println(Title("Alien") + "s")
    fmt.Println(Title("Jaws 2") - " 2")
}
```

这些可以执行……

这一行不行！

错误

```
invalid operation:
Title("Jaws 2") - " 2"
(operator - not defined
on string)
```

一个定义类型可以被用来与字面值一起用于运算：

```
fmt.Println(Liters(1.2) + 3.4)
fmt.Println(Gallons(5.5) - 2.2)
fmt.Println(Gallons(1.2) == 1.2)
fmt.Println(Liters(1.2) < 3.4)
```

```
4.6
3.3
true
true
```

但是定义类型不能用来与不同类型的值一起运算，即使它们是来自相同的基础类型。再说，这会避免开发者意外混淆两种类型。

```
fmt.Println(Liters(1.2) + Gallons(3.4))
fmt.Println(Gallons(1.2) == Liters(1.2))
```

错误

```
invalid operation: Liters(1.2) + Gallons(3.4)
(mismatched types Liters and Gallons)
invalid operation: Gallons(1.2) == Liters(1.2)
(mismatched types Gallons and Liters)
```

如果你想要将一个Liters中的值增加到一个Gallons中的值，你需要先把其中一个类型转换为另一个类型。

拼图板

你的工作是从池中提取代码段，并将它们放入代码中的空白行中。同一个代码段只能使用一次，你也不需要使用所有的代码段。你的目标是使代码能够运行并产生如下的输出。

```
package main

import "fmt"

type ____________ int

func main() {
	var ____________ Population
	population = ____________(_____)
	fmt.Println("Sleepy Creek County population:", population)
	fmt.Println("Congratulations, Kevin and Anna! It's a girl!")
	population += ___
	fmt.Println("Sleepy Creek County population:", population)
}
```

输出

```
Sleepy Creek County population: 572
Congratulations, Kevin and Anna! It's a girl!
Sleepy Creek County population: 573
```

注意：池中的每个代码段只能使用一次！

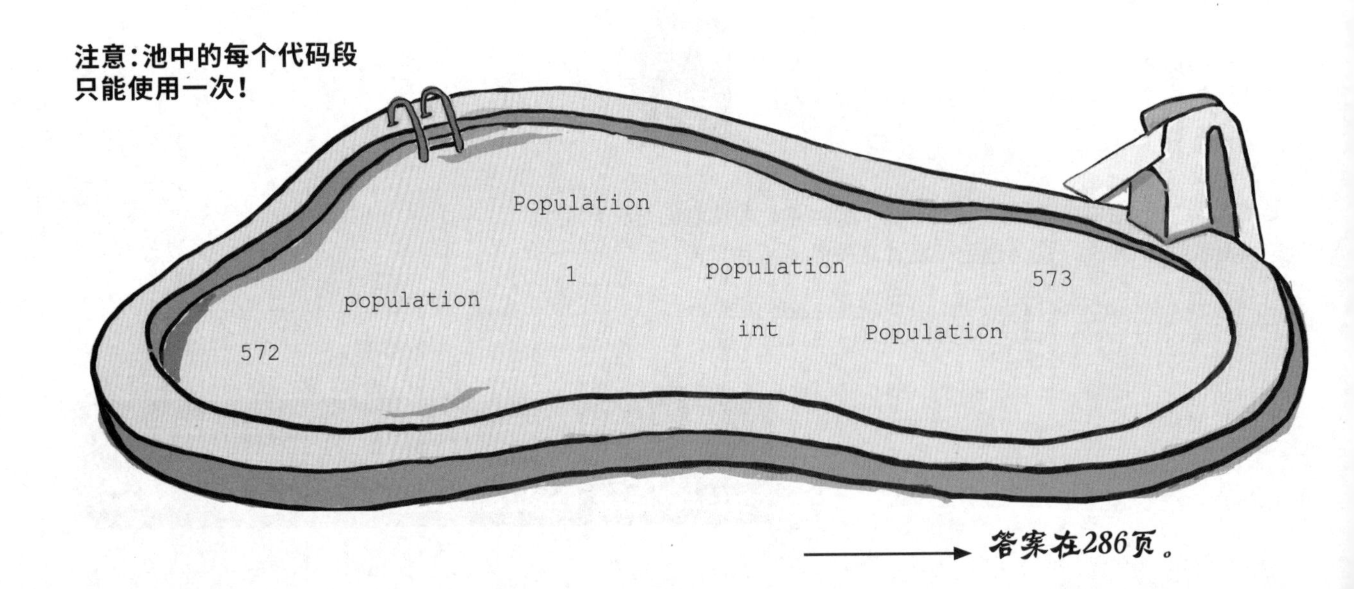

答案在286页。

使用函数进行类型转换

假设燃料单位是Gallons的轿车去单位是Liters的加油站加油。或者让燃料单位是Liters的巴士以Gallons为单位加油。为了防止我们使用不正确的单位，如果将两个单位一起计算的话Go会提示一个编译错误。

```
package main

import "fmt"

type Liters float64
type Gallons float64

func main() {
	carFuel := Gallons(1.2)
	busFuel := Liters(2.5)
	carFuel += Liters(8.0)
	busFuel += Gallons(30.0)
}
```

不能将Liters的值与Gallons的值相加！

不能将Gallons的值与Liters的值相加！

错误

```
invalid operation: carFuel += Liters(8)
(mismatched types Gallons and Liters)
invalid operation: busFuel += Gallons(20)
(mismatched types Liters and Gallons)
```

为了让不同类型的值一起运算，我们首先需要转换类型。之前我们演示了将Liters值乘以0.264并且将结果转换为Gallons。我们也将Gallons值乘以3.785并且将结果转换为Liters。

```
carFuel = Gallons(Liters(40.0) * 0.264)
busFuel = Liters(Gallons(63.0) * 3.785)
```

将Liters转换为Gallons。

将Gallons转换为Liters。

我们可以创建ToGallons和ToLiters方法来做转换的事情，然后调用它们来帮我们做转换。

```
// Imports, type declarations omitted
func ToGallons(l Liters) Gallons {
	return Gallons(l * 0.264)
}

func ToLiters(g Gallons) Liters {
	return Liters(g * 3.785)
}

func main() {
	carFuel := Gallons(1.2)
	busFuel := Liters(4.5)
	carFuel += ToGallons(Liters(40.0))
	busFuel += ToLiters(Gallons(30.0))
	fmt.Printf("Car fuel: %0.1f gallons\n", carFuel)
	fmt.Printf("Bus fuel: %0.1f liters\n", busFuel)
}
```

Gallons的值仅仅超过Liters的值的1/4。

Liters的值只比4倍的Gallons的值少一点点。

在加法之前先将Liters转换为Gallons。

在加法之前先将Gallons转换为Liters。

```
Car fuel: 11.8 gallons
Bus fuel: 118.1 liters
```

使用函数进行类型转换（续）

汽油不是仅有的需要使用体积来计量的液体。还有食品油、瓶装苏打水和果汁，等等。并且这里有很多其他的计量体积的单位。在美国还有茶匙、杯、夸脱等。公制系统中还有其他的计量单位，比如毫升（1/1000升）最为常用。

让我们增加一个新类型，Milliliters。与其他的类型一样，它使用float64作为基础类型。

```
type Liters float64
type Milliliters float64
type Gallons float64
```

增加一个新类型。

我们也需要将Milliliters类型向其他类型转换。但是如果增加一个将Milliliters转换到Gallons的函数，会产生一个错误：不能在同一个包中出现两个ToGallons函数！

```
func ToGallons(l Liters) Gallons {
	return Gallons(l * 0.264)
}
func ToGallons(m Milliliters) Gallons {
	return Gallons(m * 0.000264)
}
```

如果具有相同的名字，我们不能增加由Milliliters转换到Gallons的函数！

错误

```
12:31: ToGallons redeclared in this block
    previous declaration at prog.go:9:26
```

我们可以分别修改两个ToGallons的名字，增加它们的转出方来区别：LitersToGallons和MillilitersToGallons。但是这些名字很难写，并且我们准备增加其他类型的转换时，情况开始变得不能忍受。

```
func LitersToGallons(l Liters) Gallons {
	return Gallons(l * 0.264)
}
func MillilitersToGallons(m Milliliters) Gallons {
	return Gallons(m * 0.000264)
}

func GallonsToLiters(g Gallons) Liters {
	return Liters(g * 3.785)
}
func GallonsToMilliliters(g Gallons) Milliliters {
	return Milliliters(g * 3785.41)
}
```

消除了冲突，但是名字很长！（LitersToGallons、MillilitersToGallons）

避免了冲突，但是名字很长！（GallonsToLiters、GallonsToMilliliters）

有问必答

问： 我见过其他语言的重载，它们允许存在多个同名函数，只要它们的参数不同。Go是否支持？

答： Go语言维护者经常会被问到这个问题，答案在*https://golang.org/doc/faq#overloading*，“其他语言的经验告诉我们，相同的函数名称而不同的签名偶尔会很有用，但是在实践中这种方法经常会有冲突也很脆弱。”Go语言简单地不支持重载。之后在书中你会看到，Go团队在语言的其他方面也做了相似的处理；当不得不在简单性和支持更多的功能之间做选择时，他们通常会选择简单性。这没问题！我们很快就会看到，有其他方式也能达到相同的效果……

写出一个ToGallons函数，既支持Liters也支持Milliliters是不是很梦幻呢？但我知道它只是个幻想……

使用方法修复函数名冲突

记得之前在第2章，我们介绍了方法，它是与给定类型的值关联的函数吗？除此之外，我们创建了一个time.Time值并且调用了它的Year方法，我们创建了一个strings.Replacer值并且调用了它的Replace方法。

```
func main() {
	var now time.Time = time.Now()
	var year int = now.Year()
	fmt.Println(year)
}
```

time.Now返回一个time.Time值代表当前的日期和时间。

time.Time值有一个Year方法来返回当前的年。

```
2019
```

（或者当前电脑时钟设置的年份）

```
func main() {
	broken := "G# r#cks!"
	replacer := strings.NewReplacer("#", "o")
	fixed := replacer.Replace(broken)
	fmt.Println(fixed)
}
```

这里返回一个strings.Replacer值，被设置为“#”到“o”的转换。

调用strings.Replcacer的Replace方法，并且传入一个字符串来做转换。

输出Replace方法返回的字符串。

```
Go rocks!
```

可以自定义方法来帮助我们解决类型转换的问题。

不允许我们有多个名为ToGallons的函数，所以我们不得不写很长的、笨重的包含源和目地类型的函数名称：

```
LitersToGallons(Liters(2))
MillilitersToGallons(Milliliters(500))
```

但是我们可以有多个名为ToGallons的方法，只要它们被定义在单独的类型中。不用担心名称冲突会让我们的方法名称更短小。

```
Liters(2).ToGallons()
Milliliters(500).ToGallons()
```

但是，让我们不要进行得太快。在开始之前，我们需要知道如何定义方法……

定义方法

方法定义与函数定义很像。事实上，它们只有一点不同：你需要增加一个额外的参数，一个接收器参数，它在函数名称之前的括号中。

就像任何的函数参数一样，你需要提供一个接收器参数的名称，后面跟着类型。

接收器参数名称　　接收器参数类型

```
func (m MyType) sayHi() {
    fmt.Println("Hi from", m)
}
```

为了调用你定义的方法，键入你要在其上调用方法的值、一个点和要调用的方法的名称，跟着一对括号。这里你调用的方法的值被称为方法接收器。

方法调用和方法定义的相似性能帮助你记住语法：当你调用一个方法时，接收器要被列为第一个，并且当你定义一个方法的时候，接收器参数也被列为第一个。

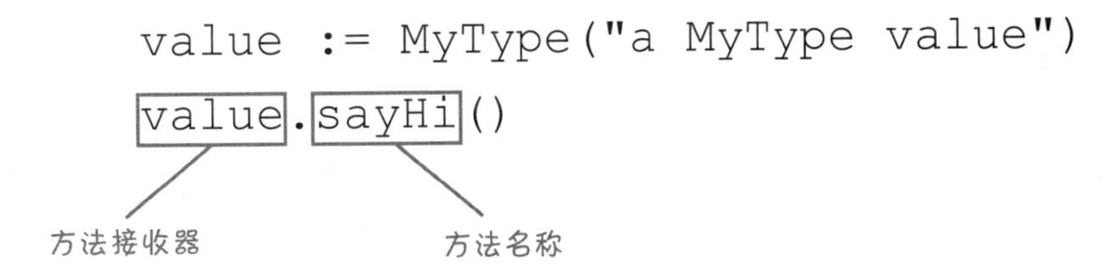

value := MyType("a MyType value")
value.sayHi()
方法接收器
方法名称

方法定义中的接收器参数的名称并不重要，但它的类型很重要；你定义的方法与此类型的值都关联。

下面的代码中，我们定义一个名为MyType的类型，使用string作为基础类型。然后我们定义一个名为sayHi的方法。由于sayHi有一个MyType类型的接收器参数，我们可以使用任何MyType的值来调用sayHi方法。（大多数开发者会说sayHi定义在MyType上。）

```
package main

import "fmt"

type MyType string
func (m MyType) sayHi() {
    fmt.Println("Hi")
}

func main() {
    value := MyType("a MyType value")
    value.sayHi()
    anotherValue := MyType("another value")
    anotherValue.sayHi()
}
```

定义一个新的类型。

定义一个接收器。

函数被定义在MyType上。

创建一个MyType值。

在那个值上调用sayHi。

创建另一个MyType值。

在新值上调用sayHi。

一旦方法被定义在了某个类型，它就能被该类型的任何值调用。

这里我们创建两个不同的MyType值，然后分别调用它们的sayHi方法。

```
Hi
Hi
```

接收器参数（几乎）就是另一个参数

接收器参数的类型是与之联系的方法的类型。但除此之外，接收器在Go中没有什么特殊的。你可以在方法块中访问它的内容，就像其他的函数参数一样。

下面的代码与之前那个一样，除了我们修改了代码，增加了接收器值的输出。你可以看到输出结果中的接收器。

```
package main

import "fmt"

type MyType string

func (m MyType) sayHi() {
	fmt.Println("Hi from", m)
}

func main() {
	value := MyType("a MyType value")
	value.sayHi()
	anotherValue := MyType("another value")
	anotherValue.sayHi()
}
```

输出接收器参数的值。

调用方法所需的值。

传递给接收器参数的接收器。

```
Hi from a MyType value
Hi from another value
```

获取了输出中的接收器的值。

Go让你可以命名接收器的名称，但是如果你为类型定义的所有方法的接收器参数的名称一致，则更易读。

按照惯例，Go开发者通常使用一个字母作为名称——小写的接收器类型名称的首字母。（这就是为什么我们将m来用作MyType接收器的参数名称。）

Go使用接收器参数来代替其他语言中的“*self*”或者“*this*”。

有问必答

问：我能否为任何类型定义新的方法？

答： 方法和类型必须定义在同一包中。这意味着不会在hacking包中定义security包中的类型的方法，并且不会为像int或者string一类的普通类型定义新的方法。

问：我需要在别人的类型上使用自己的方法！

答： 首先你需要考虑是否一个函数就够了，函数可以接受你需要的任何类型作为参数。但是如果你真的需要一个值具有一些你自定义的方法，在不同的包中给类型增加一些方法，你可以创建一个新的类型并将其他包的类型作为匿名字段嵌入。我们下一章来看如何操作。

问：我见到其他语言使用的方法接收器在方法块中是一个特定的以`self`或者`this`命名的值。Go也这么做吗？

答： Go使用接收器参数来代替self和this。两者有着巨大的不同，self和this是隐含的，而你是显式地声明一个接收器参数。除此以外，接收器的用处相同，Go没有必要保留self和this关键字！（如果你想要，你可以将接收器参数命名为this，但是不要这么做，约定是使用接收器参数类型名称的第一个字母。）

方法（几乎）就像一个函数

除了事实上它们在接收器上被调用外，方法与任何函数完全相同。

就像其他函数一样，你可以在方法名称后面的括号中定义额外的参数。参数变量与接收器参数一样，可以被方法块所访问。当你调用方法时，你将需要为每个参数提供值。

```
func (m MyType) MethodWithParameters(number int, flag bool) {
	fmt.Println(m)
	fmt.Println(number)
	fmt.Println(flag)
}

func main() {
	value := MyType("MyType value")
	value.MethodWithParameters(4, true)
}
```

接收器参数 → (m MyType)；参数 → number int；参数 → flag bool

接收器 → value；参数 → 4；参数 → true

```
MyType value
4
true
```

与其他函数一样，你可以为方法声明一个或者多个返回值，返回值将在函数被调用时返回：

```
func (m MyType) WithReturn() int {
	return len(m)
}

func main() {
	value := MyType("MyType value")
	fmt.Println(value.WithReturn())
}
```

返回值 → int

返回接收器的基础类型string值的长度。 → len(m)

输出方法的返回值。 → fmt.Println(value.WithReturn())

```
12
```

就像其他的函数，方法名称以大写字母开头，则认为是导出的，如果它的名称以小写字母开头，则认为是不导出的。如果你想要在当前包之外使用你的方法，确保它的名字以大写字母开头。

导出的，名字以大写字母开头。

```
func (m MyType) ExportedMethod() {
}
```

未导出的，名字以小写字母开头。

```
func (m MyType) unexportedMethod() {
}
```

填入空格来定义一个Number类型及其Add和Subtract方法，让程序产生如下输出。

```
type Number int

func (__ ________) ____(______________ int) {
	fmt.Println(n, "plus", otherNumber, "is", int(n)+otherNumber)
}

func (__ ________) ________(______________ int) {
	fmt.Println(n, "minus", otherNumber, "is", int(n)-otherNumber)
}

func main() {
	ten := Number(10)
	ten.Add(4)
	ten.Subtract(5)
	four := Number(4)
	four.Add(3)
	four.Subtract(2)
}
```

```
10 plus 4 is 14
10 minus 5 is 5
4 plus 3 is 7
4 minus 2 is 2
```

答案在第286页。

指针类型的接收器参数

这里是一个现在看来很熟悉的问题。我们定义了一个新的以int为基础类型的Number类型。我们为Number类型提供一个名为double的方法，它将接收器的基础类型值乘以2并且重新赋给接收器。但从输出上看，方法的接收器并未更新。

```
package main

import "fmt"

type Number int

func (n Number) Double() {
	n *= 2
}

func main() {
	number := Number(4)
	fmt.Println("Original value of number:", number)
	number.Double()
	fmt.Println("number after calling Double:", number)
}
```

定义一个类型，基础类型为int。

定义一个Number类型的方法。

接收器的值乘以2，然后尝试更新接收器。

创建一个Number的值。

尝试加倍Number。

```
Original value of number: 4
number after calling Double: 4
```

Number并未改变！

回到第3章，我们的double函数也有同样的问题。在那时，我们知道了函数参数接收的是函数调用时值的拷贝，而不是原始的值，当函数退出后任何更新都会失效。为了让double函数正常工作，我们传递了一个我们想要更新的值的指针，然后更新这个指针指向的值。

```
func main() {
	amount := 6
	double(&amount)
	fmt.Println(amount)
}

func double(number *int) {
	*number *= 2
}
```

传递一个指针，而不是值。

接收指针而不是int值。

更新指针指向的值。

```
12
```

输出加倍过的值。

指针类型的接收器参数（续）

我们说过接收器参数与普通参数没有不同。但是就像其他任何参数，接收器参数接收一个接收器的拷贝值。如果你使用方法来修改接收器，你修改的是拷贝，而不是原始值。

就像第3章的double函数，解决方法是修改Double方法以使用指针来做它的接收器参数。这个和其他参数的方式都相同：放置*号在接收器类型的前面来标识它是指针类型。

我们也需要修改方法内部来更新指针指向的值。然后，当我们调用Double传入Number值的时候，Number就会被更新了。

```
// Package, imports, type omitted
func (n *Number) Double() {    // 将接收器参数修改为指针类型。
	*n *= 2    // 修改指针指向的值。
}

func main() {
	number := Number(4)
	fmt.Println("Original value of number:", number)
	number.Double()  <—— 我们不需要修改方法的调用！
	fmt.Println("number after calling Double:", number)
}
```

```
Original value of number: 4
number after calling Double: 8
```

指针指向的值被更新了。

注意我们不需要修改方法的调用。当你用一个非指针的变量调用一个需要指针的接收器的方法的时候，Go会自动为你将非指针类型转换为指针类型。同样指针类型也会自动转换为非指针类型，如果你调用一个要求值类型的接收器，Go会自动帮你获取指针指向的值，然后传递给方法。

你能看到右边代码的执行是正确的。名为method的方法接受一个值类型的接收器，但是我们同时使用了值类型和指针类型，因为如果需要，Go会自动转换。名为pointerMethod的方法接受一个指针类型的接收器，但是我们使用了值类型和指针类型调用了它，因为如果需要，Go会自动转换。

顺便说一下，右边的代码打破了一个惯例：为了一致性，你所有的类型函数接受值类型，或者都接受指针类型，但是你应该避免混用的情况。我们仅仅在演示的情况下才混用二者。

```
// Package, imports omitted
type MyType string

func (m MyType) method() {
	fmt.Println("Method with value receiver")
}
func (m *MyType) pointerMethod() {
	fmt.Println("Method with pointer receiver")
}

func main() {
	value := MyType("a value")
	pointer := &value
	value.method()
	value.pointerMethod()    // 值类型自动转换为指针。
	pointer.method()    // 指针类型自动转换为值。
	pointer.pointerMethod()
}
```

```
Method with value receiver
Method with pointer receiver
Method with value receiver
Method with pointer receiver
```

为了调用需要接收器指针的方法，你需要获取这个值类型的指针！

你只能获取保存在变量中的指针。如果你尝试获取没有保存在变量中的值的地址，会得到一个错误：

```
&MyType("a value")
```

错误 → `cannot take the address of MyType("a value")`

相同的限制也存在于使用接收器指针调用方法时。Go无法将值类型转换为指针类型，除非你将接收器的值保存在变量中。如果你尝试在值类型上调用方法，Go也不会转换为指针，你会得到一个相同的错误：

```
MyType("a value").pointerMethod()
```

错误 → `cannot call pointer method on MyType("a value") cannot take the address of MyType("a value")`

你需要将值保存在变量中，允许Go能得到一个指向它的指针。

```
value := MyType("a value")
value.pointerMethod()
```

Go将它转化为指针。

实践出真知!

这里是我们的Number类型，定义了两个方法。做下面的一个改变，编译代码。回退修改然后尝试另一个。看看会发生什么？

```
package main

import "fmt"

type Number int

func (n *Number) Display() {
	fmt.Println(*n)
}
func (n *Number) Double() {
	*n *= 2
}

func main() {
	number := Number(4)
	number.Double()
	number.Display()
}
```

如果你这样做……	……代码会失败，因为……

将接收器参数改为一个未在当前包中定义的类型：
func (n *~~Number~~int) Double() {
    *n *= 2
}
	你只能为定义在当前包的类型定义方法。为一个像int一样全局定义的类型定义方法会导致编译错误

将Double方法的接收器参数改为一个非指针类型：
func (n ~~*~~Number) Double() {
    ~~*~~n *= 2
}
	接收器参数接受了一个接收器的拷贝。如果Double函数仅修改这个拷贝，当Double返回的时候，原值不会改变

在一个没有保存到变量的值上直接调用一个要求接收器的指针的方法： Number(4).Double()	当调用一个指针类型的接收器时，如果接收器保存在变量中，Go会自动将值转换为指针类型。如果没有保存，你会得到一个错误

将Display方法的接收器参数改一个非指针类型：
func (n ~~*~~Number) Display() {
    fmt.Println(~~*~~n)
}
	在修改之后，代码仍然正常工作，但是它破坏了惯例！方法中的接收器参数可以都是指针，或者都是值类型，但是尽量避免混用

使用方法将Liters和Milliliters转换为Gallons

当我们在计量体积的定义类型中增加Milliliters时，我们发现ToGallons函数无法同时对应Liters和Milliliters。为了绕过这个，我们不得不创建两个长名函数：

```
func LitersToGallons(l Liters) Gallons {
        return Gallons(l * 0.264)
}
func MillilitersToGallons(m Milliliters) Gallons {
        return Gallons(m * 0.000264)
}
```

不同于函数，只要方法定义在不同的类型中，它们就可以重名。

让我们尝试在Liters类型上实现ToGallons方法，代码应该与LitersToGallons函数非常像，然后我们让Liters的值作为接收器参数，而不是原始参数。然后我们对Milliliters类型做相同的操作，将MillilitersToGallons函数转换为一个ToGallons方法。

注意我们没有使用指针类型作为接收器参数类型。我们不需要修改接收器，并且值类型也没消耗多少内存，所以参数接受一个拷贝是合适的。

```
package main

import "fmt"

type Liters float64
type Milliliters float64
type Gallons float64

func (l Liters) ToGallons() Gallons {
        return Gallons(l * 0.264)
}
func (m Milliliters) ToGallons() Gallons {
        return Gallons(m * 0.000264)
}

func main() {
        soda := Liters(2)
        fmt.Printf("%0.3f liters equals %0.3f gallons\n", soda, soda.ToGallons())
        water := Milliliters(500)
        fmt.Printf("%0.3f milliliters equals %0.3f gallons\n", water, water.ToGallons())
}
```

Liters的方法
如果它们在不同的类型上，名字可以相同。
与函数块相比，方法块没有改变。
Milliliters的方法
如果它们在不同的类型上，名字可以相同。
与函数块相比，方法块没有改变。
创建一个Liters值。
将Liters转换为Gallons。
创建一个Milliliters值类型。
将Milliliters转换为Gallons。

```
2.000 liters equals 0.528 gallons
500.000 milliliters equals 0.132 gallons
```

在main函数中，我们创建了Liters的值，然后在其上调用ToGallons。由于接收器是Liters类型的，Liters类型的ToGallons方法被调用。同样，调用Milliliter上的ToGallons方法会导致Milliliters类型上的ToGallons方法被调用。

使用方法将Gallons转换为Liters和Milliliters

将GallonsToLiters和GallonsToMilliliters从函数转换为方法的过程类似。我们仅分别将Gallons的参数转换为一个接收器参数。

```
func (g Gallons) ToLiters() Liters {   ← 在Gallons类型上定义一个名为ToLiters的方法。
	return Liters(g * 3.785)
}
func (g Gallons) ToMilliliters() Milliliters {   ← 在Gallons类型上定义一个名为ToMilliliters的方法。
	return Milliliters(g * 3785.41)
}

func main() {
	milk := Gallons(2)   ← 创建一个Gallons的值。
	fmt.Printf("%0.3f gallons equals %0.3f liters\n", milk, milk.ToLiters())   ← 转换为Liters。
	fmt.Printf("%0.3f gallons equals %0.3f milliliters\n", milk, milk.ToMilliliters())   ← 转换为Milliliters。
}
```

```
2.000 gallons equals 7.570 liters
2.000 gallons equals 7570.820 milliliters
```

练习

下面的代码需要在Liters类型上增加一个ToMilliliters方法，以及在Milliliters类型上增加一个ToLiters方法。main函数上的代码应该按照下面输出。填入下面程序的空白，让它的执行结果为下面的输出。

```
type Liters float64
type Milliliters float64
type Gallons float64

func ____________ ToMilliliters() ____________ {
	return Milliliters(l * 1000)
}
func _________________ ToLiters() _______ {
	return Liters(m / 1000)
}

func main() {
	l := _______(3)
	fmt.Printf("%0.1f liters is %0.1f milliliters\n", l, l.______________())
	ml := ____________(500)
	fmt.Printf("%0.1f milliliters is %0.1f liters\n", ml, ml.__________())
}
```

```
3.0 liters is 3000.0 milliliters
500.0 milliliters is 0.5 liters
```

答案在第287页。

你的Go工具箱

这是第9章的内容。你已经把方法的定义放入了你的工具箱。

定义类型

类型定义允许你创建一个你自己的新类型。

每一个类型基于一个定义值如何存储的基础类型。

虽然struct最常用，定义类型可以使用任何类型作为基础类型。

方法定义

方法定义很像函数定义，除了它需要包含一个接收器参数。

方法与接收器参数的类型相关。一旦定义，方法可以被那个类型的任意值调用。

要点

- 一旦你定义了类型。你可以从相同基础类型转换：
  `Gallons(10.0)`
- 一旦一个变量的类型被定义，其他类型的值不能再赋给该变量，即使它们有相同的基础类型。
- 一个定义的类型支持与基础类型相同的运算符。例如一个基于int的类型，能够支持+、-、*、/、==、>和 <运算符。
- 一个定义的类型可以与字面值一起运算：
  `Gallons(10.0) + 2.3`
- 在函数名称前放入一个在括号中的接收器参数来定义一个方法：

```
func (m MyType) MyMethod() {
}
```

- 接收器参数可以像其他参数一样在方法内部被调用：

```
func (m MyType) MyMethod() {
    fmt.Println("called on", m)
}
```

- 与函数一样，你可以为方法定义一个额外的参数或者返回值。
- 在同一个包中定义多个同名的函数不被允许，即使它们有不同类型的参数。你可以定义多个相同名字的方法，只要它们分别属于不同的类型。
- 你只能为同包的类型定义方法。
- 就像其他的参数一样，接收器参数接收一个原值的拷贝。如果你的方法需要修改接收器，你应该在接收器参数上使用指针类型，并且修改指针指向的值。

第9章

拼图板答案

```
package main

import "fmt"

type Population int

func main() {
	var population Population
	population = Population(572)
	fmt.Println("Sleepy Creek County population:", population)
	fmt.Println("Congratulations, Kevin and Anna! It's a girl!")
	population += 1
	fmt.Println("Sleepy Creek County population:", population)
}
```

声明基础类型为int的Population类型。

将一个整型转换为Population值。

基础类型支持+=运算符；所以，Population也支持。

输出

```
Sleepy Creek County population: 572
Congratulations, Kevin and Anna! It's a girl!
Sleepy Creek County population: 573
```

填入空格来定义一个Number类型及其Add和Subtract方法，让程序产生如下输出。

```
type Number int

func (n Number) Add(otherNumber int) {
	fmt.Println(n, "plus", otherNumber, "is", int(n)+otherNumber)
}

func (n Number) Subtract(otherNumber int) {
	fmt.Println(n, "minus", otherNumber, "is", int(n)-otherNumber)
}

func main() {
	ten := Number(10)
	ten.Add(4)
	ten.Subtract(5)
	four := Number(4)
	four.Add(3)
	four.Subtract(2)
}
```

接收器参数

方法被定义在Number类型上。

无法将Number添加到int，需要做一个转换。

打印接收器

打印常规参数。

接收器参数

方法被定义在Number类型上

需要一个转换

打印接收器

打印常规参数

将整型转换为Number

调用Number的方法

将整型转换为Number

调用Number的方法

```
10 plus 4 is 14
10 minus 5 is 5
4 plus 3 is 7
4 minus 2 is 2
```

下面的代码需要在Liters类型上增加一个ToMilliliters方法，以及在Milliliters类型上增加一个ToLiters方法。main函数上的代码应该按照下面输出。填入下面程序的空白，让它的执行结果为下面的输出。

```
type Liters float64
type Milliliters float64
type Gallons float64

func (l Liters) ToMilliliters() Milliliters {
	return Milliliters(l * 1000)  ← 接收器的值乘上1000，并且将结果类型转换为Milliliters。
}
func (m Milliliters) ToLiters() Liters {
	return Liters(m / 1000)  ← 接收器的值除以1000，并且将结果类型转换为Liters。
}

func main() {
	l := Liters(3)
	fmt.Printf("%0.1f liters is %0.1f milliliters\n", l, l.ToMilliliters())
	ml := Milliliters(500)
	fmt.Printf("%0.1f milliliters is %0.1f liters\n", ml, ml.ToLiters())
}
```

```
3.0 liters is 3000.0 milliliters
500.0 milliliters is 0.5 liters
```

10 保密

封装和嵌入

> 我听说她的Paragraph类型将数据简单保存在string字段中。那个神奇的Replace方法呢？它只是从嵌入的string.Replacer类型中获取的！但是，你在使用Paragraph时是不会知道的！

错误总会发生。有时，你的程序会接收到无效的数据，从用户输入、从文件读取或以其他方式。在本章，你会学到封装：一个保护struct字段免受无效数据的方法。这样，你的数据字段能够安全地使用。

我们也会在你的类型内部嵌入其他的类型。如果你的struct类型需要已经存在于其他类型的方法，你不需要拷贝粘贴方法代码。你可以将其他类型嵌入你的struct类型中，然后像使用你自己的类型的定义方法一样使用嵌入类型的方法！

创建一个日期struct类型

一个本地开办的名为“提醒我”的创业公司，开发了一个日历程序来帮助使用者记住生日、纪念日等。

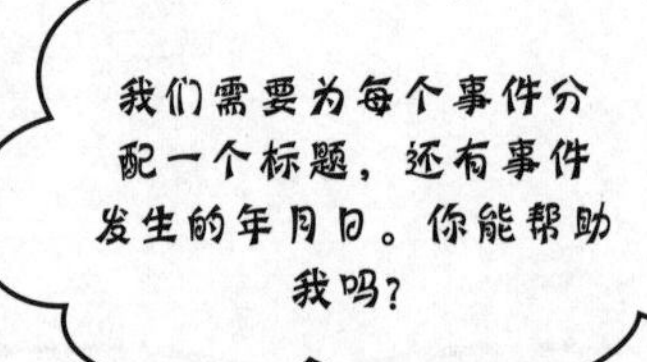

我们需要为每个事件分配一个标题，还有事件发生的年月日。你能帮助我吗？

年月日，听起来好像它们需要被组合在一起；其中的任何一个值单独都没有意义。struct类型可以方便地将这些单独的值组成一组。

就像我们知道的，定义类型可以使用任何其他类型来作为基础类型，包括struct。事实上，在第8章中，struct类型在介绍定义类型时被介绍过。

让我们创建`Date` struct类型来保存年月日的值。我们在struct中增加`Year`、`Month`和`Day`字段，每个都是`int`类型。在`main`函数中，我们将执行一个快速的测试来测试新类型，使用struct字面量来创建一个`Date`值，并填充其所有字段。我们仅仅使用`Println`来输出`Date`值。

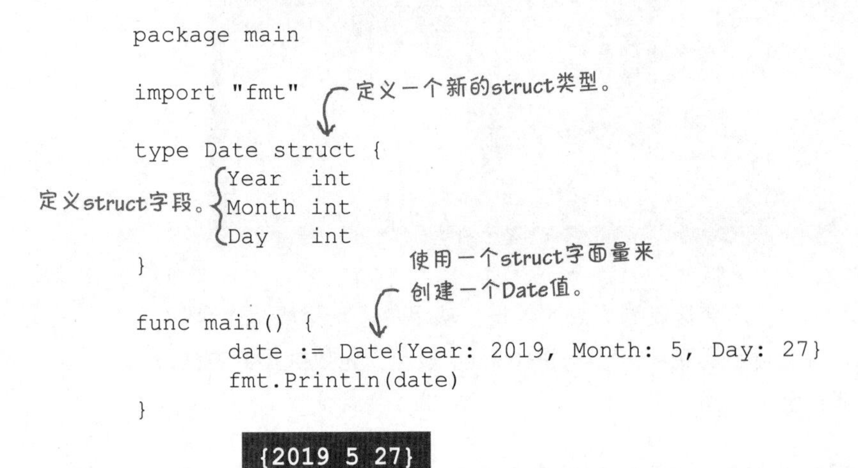


```
package main

import "fmt"

type Date struct {
	Year  int
	Month int
	Day   int
}

func main() {
	date := Date{Year: 2019, Month: 5, Day: 27}
	fmt.Println(date)
}
```

```
{2019 5 27}
```

如果执行完成这个程序，我们将看到`Date` struct中的`Year`、`Month`和`Day`字段。看起来工作正常！

人们将Date struct的字段设置为无效值

Date struct类型工作得非常正常……
但是我们看到来自用户的奇怪日期，
像"{2019 14 50}"或"{0 0 -2}"！

哦，我们知道这是如何发生的。只有1以上的年数字才是合法的，但是我们没有做任何预防用户意外把日期设置为0或-999。月份只有从1到12才是合法的，但是没有预防用户把月设置为0或者13。日只有1到31才是合法的，但是用户可以输入-2或者50。

```
date := Date{Year: 2019, Month: 14, Day: 50}
fmt.Println(date)
date = Date{Year: 0, Month: 0, Day: -2}
fmt.Println(date)
date = Date{Year: -999, Month: -1, Day: 0}
fmt.Println(date)
```

无效！（每个被标出的值：14、50、0、0、-2、-999、-1、0）

```
{2019 14 50}
{0 0 -2}
{-999 -1 0}
```

我们需要的是一种方法，让用户数据在被赋值之前就是合法的。在计算机科学中，称为数据校验。我们需要测试Year被设置为大于或等于1的值，Month被设置为1～12。Day被设置为1～31。

（是的，有些月份没有31天，但是为了让我们的示例代码保持一个合理的长度，我们仅仅检测它在1到31之间。）

setter方法

一个struct类型就是另一个定义的类型，并且那意味着你可以像对其他类型一样定义它的方法。我们应该可以在`Date`类型上创建`SetYear`、`SetMonth`和`SetDay`方法来接收值，判断是否有效，如果有效，设置到struct字段。

这类方法常被称为**setter方法**。依照惯例，Go的setter方法名为`Set`*X*的形式，*X*是你想要设置的东西的名称。

setter方法是用来设置字段或者基础类型中的其他值的方法。

我们在`SetYear`方法上进行第一次尝试。接收器参数是`Date` struct。`SetYear`接受你想要设置的年份作为参数，并设置接收器`Date` struct上的`Year`字段。它当前并不校验值的有效性，但是我们会稍后验证。

在`main`方法中，我们创建`Date`并且调用`SetYear`。然后输出srruct的`Year`字段。

```
package main

import "fmt"

type Date struct {
	Year  int
	Month int
	Day   int
}
                         接受字段应该被设置为的值。
func (d Date) SetYear(year int) {
	d.Year = year  ← 设置struct字段。
}

func main() {
	date := Date{}  ← 创建一个Date。
	date.SetYear(2019)  ← 通过方法设置Year字段。
	fmt.Println(date.Year)  ← 打印Year字段。
}
```

```
0
```
← Year仍然被设置为了零值！

当执行程序时，我们发现它并没有正常工作。即使这样，我们创建了一个`Date`并且使用新值调用了它的`SetYear`方法，`Year`字段仍然被设置为了零值！

setter方法需要指针接收器

记得我们之前展示的Number类型上的Double方法吗？最初，使用了一个普通的值接收器类型Number。但是我们知道，像其他参数一样，接收器参数接受了一个原值的拷贝。Double方法只是更新了拷贝，在方法退出的时候更新就丢失了。

```
func (n *Number) Double() {
	*n *= 2
}
```

将接收器类型改为一个指针类型。

修改指针指向的值。

我们需要更新Double来接受指针的接收器类型*Number。当我们更新指针指向的值的时候，在Double退出后更新会保留。

同样对SetYear也适用。Date接收器从原struct获取了一个拷贝。任何字段的更新都在SetYear退出后消失了！

接受一个Date struct的拷贝。

```
func (d Date) SetYear(year int) {
	d.Year = year
}
```

更新拷贝，不是原值！

我们可以通过将接收器的值修改为指针来修正SetYear：(d *Date)。只需要修改这点。我们不需要更新SetYear方法块，因为d.Year会自动取到指针指向的值（就像我们使用了(*d).Year）。main函数中的date.SetYear也不需要做修改，因为当Date值传递给方法的时候，它会自动转换为*Date。

```
type Date struct {
	Year  int
	Month int
	Day   int
}

func (d *Date) SetYear(year int) {
	d.Year = year
}

func main() {
	date := Date{}
	date.SetYear(2019)
	fmt.Println(date.Year)
}
```

需要一个接收器的指针，那么原值能被改变。

现在更新的是原值，而不是拷贝。

自动获取指针处的值。

自动转换为指针。

```
2019
```

Year字段被更新了。

现在SetYear接受一个接收器的指针，如果重新运行代码，我们能看到Year字段被更新了。

添加其余的setter方法

现在应该能简单地按照这个模式在Date类型上定义SetMonth和SetDay方法。我们只需要在方法中使用指针接收器即可。在调用方法时，Go会自动把接收器转换为指针，并且在修改struct字段时能够把指针转换回struct值。

```
package main

import "fmt"

type Date struct {
	Year  int
	Month int
	Day   int
}

func (d *Date) SetYear(year int) {
	d.Year = year
}
func (d *Date) SetMonth(month int) {    ← 确保使用的是指针接收器！
	d.Month = month
}
func (d *Date) SetDay(day int) {
	d.Day = day
}

func main() {
	date := Date{}
	date.SetYear(2019)
	date.SetMonth(5)    ← 设置月。
	date.SetDay(27)     ← 设置月中的日。
	fmt.Println(date)   ← 输出所有字段。
}
```

在main函数中，我们创建了一个Date struct的值；通过新的方法设置了它的Year、Month和Day字段；并且输出了整个struct来查看结果。

```
{2019 5 27}
```

现在我们已经有了Date类型所有字段的setter方法。但是即使它们使用方法，用户还是会一不小心就将字段设置为无效的值。下面我们来看如何预防。

```
date := Date{}
date.SetYear(0)    ← 无效！
date.SetMonth(14)  ← 无效！
date.SetDay(50)    ← 无效！
fmt.Println(date)
```

```
{0 14 50}
```

在第8章，你看到了`Coordinates` struct类型。我们已经将那个类型定义移到了*geo*包目录中的*coordinates.go*文件。

我们需要为`Coordinates`类型的所有字段增加`setter`方法。填入下面的*coordinates.go*文件中的空白，这样*main.go*会按照下面的结果运行。

```
package geo

type Coordinates struct {
	Latitude  float64
	Longitude float64
}

func (c ______________) SetLatitude(_________ float64) {
	____________ = latitude
}

func (c ______________) SetLongitude(_________ float64)
{
	____________ = longitude
}
```

coordinates.go

```
package main

import (
	"fmt"
	"geo"
)

func main() {
	coordinates := geo.Coordinates{}
	coordinates.SetLatitude(37.42)
	coordinates.SetLongitude(-122.08)
	fmt.Println(coordinates)
}
```

main.go

输出

```
{37.42 -122.08}
```

答案在第317页。

在setter方法中添加校验

在setter方法中增加校验会有一点工作量，但是我们已经在第3章学到了所有需要做的。

在每个setter方法中，我们将测试值是否在正确的范围内。如果是非法值，返回一个error值。如果合法，我们将会正常设置Date struct字段，并且返回nil作为错误值。

让我们首先对SetYear方法增加校验。我们修改方法的声明，增加一个error类型的返回值。在方法块的开始处，我们测试调用者传入的year参数是否小于1。如果是，我们返回一个带着信息"invalid year"的error。如果大于等于1，我们将它设置为struct的Year字段并且返回nil，表示这里没有错误。

在main函数中，我们调用SetYear并且把返回值保存到名为err的变量中。如果err不为nil，它意味着赋的值是无效的，所以我们记录错误并退出。否则，我们继续输出Date struct的Year字段。

```
package main

import (
	"errors"   ← 允许我们创建error值
	"fmt"
	"log"      ← 允许我们记录error并退出
)

type Date struct {
	Year  int
	Month int
	Day   int
}
                                        增加一个error类型的返回值
func (d *Date) SetYear(year int) error {
	if year < 1 {
		return errors.New("invalid year")   ← 如果year值是非法的，返回一个错误
	}
	d.Year = year   ← 否则设置字段……
	return nil      ← ……并且返回nil作为错误
}
// SetMonth, SetDay omitted

func main() {
	date := Date{}
	err := date.SetYear(0)   ← 捕获任何错误（这是个无效值！）
	if err != nil {
		log.Fatal(err)   ← 如果值无效，记录错误并且退出
	}
	fmt.Println(date.Year)
}
```

错误信息被记录 →

```
2018/03/17 19:58:02 invalid year
exit status 1
```

传入一个无效的值给SetYear导致程序报出错误并且退出。但是如果我们传入一个有效的值，程序会继续输出它。SetYear方法工作正常！

```
date := Date{}
err := date.SetYear(2019)   ← 有效值
if err != nil {
	log.Fatal(err)
}
fmt.Println(date.Year)
```

```
2019
```

← 字段被输出了

在setter方法中添加校验（续）

SetMonth和SetDay方法中的校验代码与SetYear相似。

```
// Package, imports, type declaration omitted
func (d *Date) SetYear(year int) error {
	if year < 1 {
		return errors.New("invalid year")
	}
	d.Year = year
	return nil
}
func (d *Date) SetMonth(month int) error {
	if month < 1 || month > 12 {
		return errors.New("invalid month")
	}
	d.Month = month
	return nil
}
func (d *Date) SetDay(day int) error {
	if day < 1 || day > 31 {
		return errors.New("invalid day")
	}
	d.Day = day
	return nil
}

func main() {
	// Try the below code snippets here
}
```

在SetMonth中，我们测试提供的月份值，如果小于1或大于12，就返回错误。否则，我们设置字段并且返回nil。

在SetDay中，我们测试提供的日是否小于1或者大于31。无效的值返回一个错误，但是有效值会设置字段并且返回nil。

你可以通过将下面的代码片段插入main的方式来测试setter方法……

给SetMonth传入14会导致错误：

```
date := Date{}
err := date.SetMonth(14)
if err != nil {
	log.Fatal(err)
}
fmt.Println(date.Month)
```

```
2018/03/17 20:17:42
invalid month
exit status 1
```

但给SetMonth传入5是可行的：

```
date := Date{}
err := date.SetMonth(5)
if err != nil {
	log.Fatal(err)
}
fmt.Println(date.Month)
```

```
5
```

给SetDay传入50会导致错误：

```
date := Date{}
err := date.SetDay(50)
if err != nil {
	log.Fatal(err)
}
fmt.Println(date.Day)
```

```
2018/03/17 20:30:54
invalid day
exit status 1
```

但给SetDay传入27是可行的：

```
date := Date{}
err := date.SetDay(27)
if err != nil {
	log.Fatal(err)
}
fmt.Println(date.Day)
```

```
27
```

字段仍可以设置为无效值

当人们真正使用setter方法的时候，它提供的校验很棒。但是我们发现用户直接设置struct字段，那样他们就仍然能设置无效值！

这是事实，没有任何办法能阻止直接设置Date struct的字段。并且如果这么做的话，就会直接绕过setter方法中的验证代码。他们可以设置希望的任何值。

```
date := Date{}
date.Year = 2019
date.Month = 14
date.Day = 50
fmt.Println(date)
```

我们需要一个方式来保护这些字段，这样使Date类型只能使用setter方法来更新字段。

Go提供了一个方法：我们可以把Date类型移动到另一个包，并将数据字段设置为非导出的。

截至现在，未导出的变量、函数等在大多数情况下都是挡路的。最近的例子在第8章，我们发现即使magazine包中的Subscriber struct类型被导出了，但是它的字段却未被导出，导致它们在magazine包之外无法访问。

当Subscriber类型名称的首字母大写后，我们能从main包中访问它了。但是现在我们得到了一个错误说我们不能使用rate字段，因为它是未导出的。

```
Shell Edit View Window Help
$ go run main.go
./main.go:10:13: s.rate undefined
(cannot refer to unexported field or method rate)
./main.go:11:25: s.rate undefined
(cannot refer to unexported field or method rate)
```

即使一个struct类型是被导出的，如果字段名称的首字母不是大写的，字段也是未导出的。让我们尝试首字母大写的Rate（同时在*magazine.go*和*main.go*中）……

但是在这个例子中，我们不希望字段被访问。未被导出的struct字段正是我们所需要的！

让我们尝试将Date类型移到另外一个包中，并且将它的字段设置为未导出的，看看是否能修复那个问题。

将Date类型移到另外的包中

在Go工作区的*headfirstgo*目录中创建一个新的目录，来保存一个名为calendar的包。在*calendar*中，创建一个名为*date.go*的文件。（记住，你可以在包目录下将文件命名为任何名称，它们会变成包的一部分。）

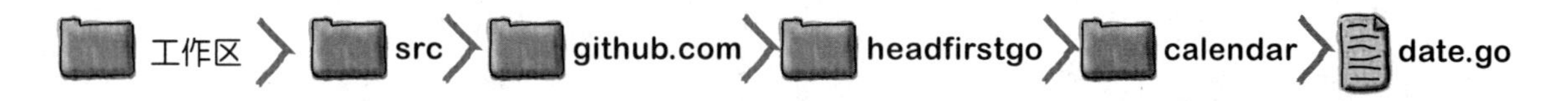

在*data.go*中，增加一个package calendar的声明，并且导入error包。（那是这个文件中的代码所需要的唯一包。）然后，将所有的Date类型的旧代码拷贝到这个文件。

```
package calendar   ← 这个文件是calendar包的一部分。

import "errors"   ← 这个文件仅使用error包的函数。

type Date struct {
	Year  int
	Month int
	Day   int        Date类型的所有代码将复制并粘贴到新文件。
}

func (d *Date) SetYear(year int) error {
	if year < 1 {
		return errors.New("invalid year")
	}
	d.Year = year
	return nil
}
func (d *Date) SetMonth(month int) error {
	if month < 1 || month > 12 {
		return errors.New("invalid month")
	}
	d.Month = month
	return nil
}
func (d *Date) SetDay(day int) error {
	if day < 1 || day > 31 {
		return errors.New("invalid day")
	}
	d.Day = day
	return nil
}
```

将Date类型移到另外的包中（续）

下面让我们创建一个在calendar包之外的程序。由于只是个实验，我们会像第8章那样在Go工作区之外保存一个文件，这样它就不会干扰任何其他包。（我们仅仅使用go run命令来执行它。）将文件命名为*main.go*。

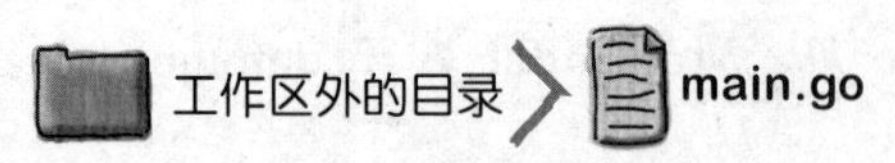

（如果你愿意，你可以稍后将代码移到Go工作区，前提是为它创建了一个单独的目录。）

此时，通过直接设置字段或者使用struct字面量，我们添加到*main.go*的代码仍然能够创建一个无效的Date。

```
package main  ← 使用main包，因为它将作为程序执行。

import (
	"fmt"
	"github.com/headfirstgo/calendar"  ← 导入我们的新包。
)
                       需要指定我们导入的包名称。
func main() {
	date := calendar.Date{}  ← 创建一个新的Date值。
	date.Year = 2019     ┐
	date.Month = 14      ├ 直接设置Date的字段。
	date.Day = 50        ┘
	fmt.Println(date)
	      指定包                  使用struct字面量来设置另外一个Date字段。
	date = calendar.Date{Year: 0, Month: 0, Day: -2}
	fmt.Println(date)
}
```

如果在终端执行*main.go*，我们将看到两种方式的设置都成功了，并且两个无效的值被输出。

```
Shell Edit View Window Help
$ cd temp
$ go run main.go
{2019 14 50}
{0 0 -2}
```

无效的日期！

将Date字段设为未导出状态

现在让我们来试着更新Date struct字段，让字段未被导出。只需在字段声明和它出现的所有位置将首字母修改为小写字母即可。

Date类型仍然需要是被导出的，就像所有的setter方法，因为我们需要在calendar包之外访问它们。

date.go

```
package calendar

import "errors"
       Date类型需要保持导出！
type Date struct {
	year  int      ← 修改字段名称让它们未被导出。
	month int
	day   int
}
           方法名称没有修改。   方法参数没有修改。
func (d *Date) SetYear(year int) error {
	if year < 1 {
		return errors.New("invalid year")
	}    更新字段名称来匹配声明。
	d.year = year
	return nil
}
func (d *Date) SetMonth(month int) error {
	if month < 1 || month > 12 {
		return errors.New("invalid month")
	}    更新字段名称来匹配声明。
	d.month = month
	return nil
}
func (d *Date) SetDay(day int) error {
	if day < 1 || day > 31 {
		return errors.New("invalid day")
	}    更新字段名称来匹配声明。
	d.day = day
	return nil
}
```

为了测试我们的修改，在*main.go*中也修改字段名称来匹配*date.go*中的修改。

main.go

```
// Package, import statements omitted
func main() {
	date := calendar.Date{}
	date.year = 2019     ← 修改字段名称来匹配声明。
	date.month = 14
	date.day = 50
	fmt.Println(date)
                                          修改字段名称来匹配声明。
	date = calendar.Date{year: 0, month: 0, day: -2}
	fmt.Println(date)
}
```

通过导出的方法访问未导出的字段

如你所料，我们将Date的字段转为未导出的，尝试从main包访问它们导致了编译错误。尝试直接设置它们的值和使用字面量初始化都会出现问题。

无法直接访问字段

```
Shell Edit View Window Help
$ cd temp
$ go run main.go
./main.go:10:6: date.year undefined (cannot refer to unexported field or method year)
./main.go:11:6: date.month undefined (cannot refer to unexported field or method month)
./main.go:12:6: date.day undefined (cannot refer to unexported field or method day)
./main.go:15:27: unknown field 'year' in struct literal of type calendar.Date
./main.go:15:37: unknown field 'month' in struct literal of type calendar.Date
./main.go:15:45: unknown field 'day' in struct literal of type calendar.Date
```

但是我们可以间接访问字段。未导出的变量、struct字段、函数、方法等仍然能够被相同包的导出的函数或者方法访问。所以当main包中的代码在Date值上调用导出方法SetYear时，SetYear可以修改Date的year字段，即使year是未导出的。导出方法SetMonth可以更新未导出的month字段，等等。

如果我们修改*main.go*来使用setter方法，我们可以更新Date值的字段：

未导出的变量、struct字段、函数、方法等仍然能够被相同包的导出的函数或者方法访问。

main.go

```
package main

import (
	"fmt"
	"github.com/headfirstgo/
calendar"
	"log"
)

func main() {
	date := calendar.Date{}
	err := date.SetYear(2019)   ← 使用setter方法。
	if err != nil {
		log.Fatal(err)
	}
	err = date.SetMonth(5)   ← 使用setter方法。
	if err != nil {
		log.Fatal(err)
	}
	err = date.SetDay(27)   ← 使用setter方法。
	if err != nil {
		log.Fatal(err)
	}
	fmt.Println(date)
}
```

你可以通过setter方法更新字段！

```
Shell Edit View Window Help
$ cd temp
$ go run main.go
{2019 5 27}
```

通过导出的方法访问未导出的字段（续）

如果我们更新了*main.go*来调用SetYear，传入一个无效的值，当我们执行它的时候会得到一个错误：

main.go

```
func main() {
	date := calendar.Date{}
	err := date.SetYear(0)
	if err != nil {
		log.Fatal(err)
	}
	fmt.Println(date)
}
```

调用setter方法，传入无效参数。

无效参数报告！

```
Shell Edit View Window Help
$ cd temp
$ go run main.go
2018/03/23 19:20:17 invalid
year
exit status 1
```

现在Date值的字段只能通过setter方法更新，程序被保护，避免意外输入无效数据。

那会减少我们见到的无效数据。但是这里有个新问题。我们能设置字段值，但是我们如何读回这些值呢？

嗯，对。我们提供了setter方法让我们设置Date的字段，即使这些字段是在calendar 包中未导出的。但是我们并没有提供方法来获取这些字段值。

我们可以输出一整个Date struct。但是如果我们尝试修改*main.go*来输出无效的Date字段，我们无法访问它！

main.go

```
func main() {
	date := calendar.Date{}
	err := date.SetYear(2019)
	if err != nil {
		log.Fatal(err)
	}
	fmt.Println(date.year)
}
```

设置一个有效值。

尝试输出year字段。

得到一个错误，因为字段未导出！

```
Shell Edit View Window Help
$ cd temp
$ go run main.go
# command-line-arguments
./main.go:16:18: date.year undefined
(cannot refer to unexported field or method year)
```

getter方法

就像我们之间见到的，目的是将值设置给struct字段或者变量的方法称为setter方法。然后，你可能期待，目的是获取struct字段或者变量的值的方法被称为**getter方法**。

对比setter方法，给Date类型增加getter方法比较简单。当调用它们的时候，它们除了返回字段值以外不需要做其他的操作。

按照惯例，getter方法的名称应该与访问的字段或者变量的名字相同。（当然，如果你希望方法被导出，它的名字的首字母需要大写。）所以Date需要一个Year方法来访问year字段，Month方法来访问month字段，Day方法来访问day字段。

getter方法不需要修改接收器，所以我们直接使用Date的值作为接收器。但是如果类型的任何方法接受接收器指针类型，为了一致性，通常来说所有的方法都应该这样做。由于我们必须对所有的setter方法使用接收器指针，我们也应对所有的getter方法使用指针。

当完成对*date.go*的修改后，我们可以修改*main.go*来设置所有的Date字段，然后使用getter方法来输出它们。

date.go

```
package calendar

import "errors"

type Date struct {
	year  int
	month int
	day   int
}

func (d *Date) Year() int {
	return d.year
}
func (d *Date) Month() int {
	return d.month
}
func (d *Date) Day() int {
	return d.day
}
// Setter methods omitted
```

为了与setter方法一致，使用一个接收器指针类型。

与字段名称相同（为了导出，首字母大写）。

返回字段值。

main.go

```
// Package, import statements omitted
func main() {
	date := calendar.Date{}
	err := date.SetYear(2019)
	if err != nil {
		log.Fatal(err)
	}
	err = date.SetMonth(5)
	if err != nil {
		log.Fatal(err)
	}
	err = date.SetDay(27)
	if err != nil {
		log.Fatal(err)
	}
	fmt.Println(date.Year())
	fmt.Println(date.Month())
	fmt.Println(date.Day())
}
```

```
Shell Edit View Window Help
$ cd temp
$ go run main.go
2019
5
27
```

getter方法返回的值。

封装

将程序中的数据隐藏在一部分代码中而对另一部分不可见的方法称为封装，它不是Go所独有的。封装很有价值，因为它可以用来防止无效数据（就像我们看到的）。同样，你也可以修改程序代码的封装部分，不用担心其他代码的访问，因为它们不可直接访问。

许多其他编程语言用类封装数据。（类与Go的类型概念相似，但不完全相同。）在Go中使用未导出的变量、struct字段、函数或者方法，把数据封装在包中。

封装在其他语言中比Go中使用得更加频繁。在一些语言中，为每个字段定义getter和setter是一种传统，即使直接访问字段时也工作得很好。Go开发者通常在需要的时候才使用封装，比如字段数据需要被setter方法校验时。在Go中，如果你不需要封装一个字段，通常导出并且允许直接访问它。

有问必答

问： **许多其他语言不允许在定义封装的值的类之外访问该值。Go允许包内的其他代码访问未导出代码是否安全呢？**

答： 通常，一个包内的所有代码是一个开发者（或者一组开发者）开发的。包里所有的代码通常有相似的目的。相同包的代码的作者很有可能需要访问未导出数据，并且他们很有可能只用合理的方式来使用数据。所以，是的，在包内部共享未导出数据通常是安全的。

包外的代码很可能是由其他开发人员编写的，但这没关系，因为未导出的字段对他们是隐藏的，所以他们不会意外地将其值更改为无效的值。

问： **其他语言的所有getter方法的名字都以`"Get"`起头，像`GetName`、`GetCity`等。我能否在Go中那样做？**

答： Go语言允许你那样做，但是不推荐。Go社区已经在一个大会上决定了在getter方法前面去掉`Get`前缀。保留它只会让你的后继者感到困惑。

Go仍然对于setter方法使用`Set`前缀，就像其他语言一样，因为我们需要区分同一个字段的setter方法和getter方法。

忍耐一下，我们将需要两页来放下我们练习的所有代码……

填写空白以对Coordinates类型进行以下修改：

- 将字段改为未导出的。
- 为每个字段增加一个getter方法。（确保遵守约定：一个getter方法应该与它访问的字段名称相同，如果函数需要导出，它的首字母需要大写）
- 为setter方法增加校验。SetLatitude如果接收到了小于-90或者大于90的值应该返回错误。SetLongitude如果接收到了小于-180大于180的值，应该返回错误。

coordinates.go

```
package geo

import "errors"

type Coordinates struct {
        ________ float64
        ________ float64
}

func (c *Coordinates) ________() ________ {
        return c.latitude
}

func (c *Coordinates) ________() ________ {
        return c.longitude
}

func (c *Coordinates) SetLatitude(latitude float64) _____ {
        if latitude < -90 || latitude > 90 {
                return ________("invalid latitude")
        }
        c.latitude = latitude
        return ___
}
func (c *Coordinates) SetLongitude(longitude float64) _____ {
        if longitude < -180 || longitude > 180 {
                return ________("invalid longitude")
        }
        c.longitude = longitude
        return ___
}
```

下面，更新main 包代码来使用改进的Coordinates类型。

- 遍历每一个setter方法，保存error返回值。
- 如果error不为nil，使用log.Fatal函数来记录错误信息并退出。
- 如果设置字段没有错误，调用所有的getter方法来输出字段值。

完成的代码在执行时应该产生下面的输出（对SetLatitude的调用应该成功，但是我们传递给SetLongitude一个无效的值，所以它应该在那个点记录错误并退出。）

main.go

```
package main

import (
	"fmt"
	"geo"
	"log"
)

func main() {
	coordinates := geo.Coordinates{}
	___ := coordinates.SetLatitude(37.42)
	if err != ___ {
		log.Fatal(err)
	}
	err = coordinates.SetLongitude(-1122.08)
	if err != ___ {
		log.Fatal(err)
	}
	fmt.Println(coordinates.________())
	fmt.Println(coordinates.________())
}
```

（一个无效的值！）

输出

```
2018/03/23 20:12:49 invalid longitude
exit status 1
```

答案在第318页。

在Event类型中嵌入Date类型

这个Date类型很棒！setter方法确保了只有合法的数据才能设置字段，并且getter方法让我们能取回这些值。

现在我们只需要给我们的事件分配标题，像“妈妈的生日”或“纪念日”。你能继续帮我吗？

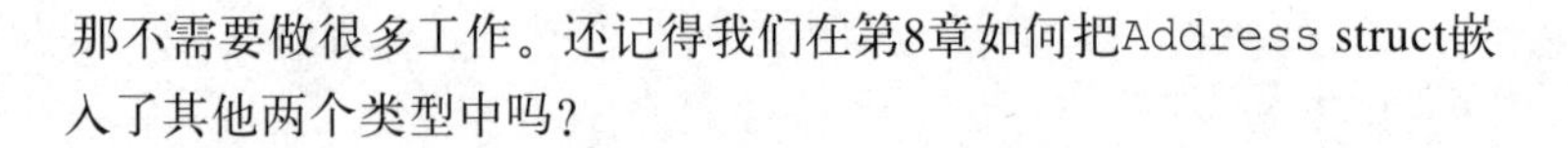

那不需要做很多工作。还记得我们在第8章如何把Address struct嵌入了其他两个类型中吗？

```
package magazine

type Subscriber struct {
        Name   string
        Rate   float64
        Active bool
        Address
}

type Employee struct {
        Name   string
        Salary float64
        Address
}

type Address struct {
        // Fields omitted
}
```

Address类型是被嵌入的，因为我们在外部的struct中使用一个匿名字段（一个没有名字，只有类型的字段）来保存它。这导致Address的字段被提升为外部struct的字段，允许我们像外部struct一样访问内部的struct。

设置Address的字段，就像它们是在Subscriber中定义的一样。

```
subscriber.Street = "123 Oak St"
subscriber.City = "Omaha"
subscriber.State = "NE"
subscriber.PostalCode = "68111"
```

由于之前的策略工作得很好，让我们定义一个Event类型，并且内嵌一个Date作为匿名字段。

在calendar包中创建另外一个文件，名为*event.go*。（我们将会把它放到已存在的*date.go*，但是这样可以更加整洁。）在那个文件中，定义一个含有两个字段的类型：一个string类型的Title字段和一个匿名的Date字段。

```
package calendar

type Event struct {
        Title string
        Date
}
```

使用一个匿名字段嵌入Date。

未导出的字段不会被提升

然而，将Date嵌入到Event类型中并不会导致Date的字段被提升到Event。Date字段是未导出的，并且Go不会将未导出的字段提升到封闭类型。那说得通，我们确认字段被封装，这样它们就只能被setter和getter方法访问，并且我们不希望封装被字段提升绕开。

event.go

```
package calendar

type Event struct {
    Title string
    Date
}
```

使用一个匿名字段嵌入 → Date

在main包中，如果我们尝试通过包裹它的Event设置Date中的month字段，我们会得到一个错误：

main.go

```
package main

import "github.com/headfirstgo/calendar"

func main() {
    event := calendar.Event{}
    event.month = 5
}
```

event.month = 5 ← 未导出的Date字段并没有提升到Event！

错误

```
event.month undefined (type calendar.Event has no field or method month)
```

当然，使用点运算符链来返回Date字段并且直接访问其中的字段也无法工作。你不能单独访问一个Data的未导出的字段，同样，当Date是Event的一部分的时候，你也不能访问Event中Data未导出的字段。

main.go

```
func main() {
    event := calendar.Event{}
    event.Date.year = 2019
}
```

event.Date.year = 2019 ← 无法在Date上直接访问Date的字段。

错误

```
event.Date.year undefined (cannot refer to unexported field or method year)
```

所以那意味着我们无法访问Date类型的字段，即使它嵌入Event类型中？不要担心，有其他的方式！

导出的方法像字段一样被提升

如果你嵌入了一个具有导出方法的struct类型，它的方法会被提升到外部类型，意味着你可以调用那个方法，就像在外部类型上定义了该方法一样。（还记得把一个struct类型嵌入另一个中会让内部的strcut字段被提升到外部struct吗？这也是相同的点子，但是用方法代替了字段。）

这里有一个定义了两种类型的包。MyType是一个struct类型，其中嵌入了第二个类型EmbeddedType，是一个匿名字段。

```
package mypackage  ← 类型在它们自己的包中。

import "fmt"
                    声明MyType是一个struct类型。
type MyType struct {
        EmbeddedType  ← EmbeddedType是一个嵌入MyType的类型。
}
                    声明一个被嵌入的类型（并不在意它是否是个struct）。
type EmbeddedType string
                    这个方法会被提升至MyType。
func (e EmbeddedType) ExportedMethod() {
        fmt.Println("Hi from ExportedMethod on EmbeddedType")
}
                    这个方法不会被提升。
func (e EmbeddedType) unexportedMethod() {
}
```

因为EmbeddedType定义了一个导出的方法（名为ExportedMethod），这个类型被提升到MyType，并且可以被MyType值所调用。

```
package main

import "mypackage"

func main() {
        value := mypackage.MyType{}
        value.ExportedMethod()  ← 调用从EmbeddedType提升的方法。
}
```

```
Hi from ExportedMethod on EmbeddedType
```

对于未导出的字段，未导出的方法没有被提升。如果你尝试调用它，你会得到一个错误。

```
value.unexportedMethod()  ← 尝试调用未导出方法。
```

错误

```
value.unexportedMethod undefined (type mypackage.MyType
has no field or method unexportedMethod)
```

导出的方法像字段一样被提升（续）

Date字段不会被提升到Event类型，因为它们未被导出。但是Date上的getter和setter方法被导出了，所以它们提升到了Event类型！

那意味着我们可以创建一个Event值，并且在Event值上直接调用Date的getter和setter方法。那就是我们对*main.go*代码的修改。像通常一样，Date中导出的方法能够访问Date中未导出的字段。

main.go

```
package main

import (
	"fmt"
	"github.com/headfirstgo/calendar"
	"log"
)

func main() {
	event := calendar.Event{}
	err := event.SetYear(2019)    ← 这个Date的setter方法被提升到了Event。
	if err != nil {
		log.Fatal(err)
	}
	err = event.SetMonth(5)    ← 这个Date的setter方法被提升到了Event。
	if err != nil {
		log.Fatal(err)
	}
	err = event.SetDay(27)    ← 这个Date的setter方法被提升到了Event。
	if err != nil {
		log.Fatal(err)
	}
	fmt.Println(event.Year())
	fmt.Println(event.Month())
	fmt.Println(event.Day())
}
```

这个Date的getter方法被提升到了Event。

```
2019
5
27
```

并且如果你喜欢使用运算符链来调用Date值上的方法，你也可以这样做：

获取Event的Date字段，然后调用其上的getter方法。

```
fmt.Println(event.Date.Year())
fmt.Println(event.Date.Month())
fmt.Println(event.Date.Day())
```

```
2019
5
27
```

封装Event的Title字段

由于Event struct的Title字段被导出了，我们仍然可以直接访问它：

event.go

```
package calendar

type Event struct {
	Title string    ← 导出的字段
	Date
}
```

main.go

```
// Package, imports omitted
func main() {
	event := calendar.Event{}
	event.Title = "Mom's birthday"
	fmt.Println(event.Title)
}
```

```
Mom's birthday
```

这个让我们面临着与之前的Date字段相同的问题。例如，Title字符串没有长度限制：

main.go

```
func main() {
	event := calendar.Event{}
	event.Title = "An extremely long title that is impractical to print"
	fmt.Println(event.Title)
}
```

```
An extremely long title that is impractical to print
```

看起来将Title字段封装起来是一个好主意，这样我们就能校验新的值了。这里是更新后的Event类型，它是这么做的。我们将字段名称修改为title，这样它就是未导出的，然后增加getter和setter方法。来自unicode/utf8包的RuneCountInString函数被用来确保string中没有过多的字符。

event.go

```
package calendar

import (
	"errors"         ← 为了创建error值增加这个包。
	"unicode/utf8"   ← 增加了这个包我们就能计算string中的字符个数。
)

type Event struct {
	title string     ← 修改为非导出。
	Date
}

func (e *Event) Title() string {      ← getter方法
	return e.title
}
func (e *Event) SetTitle(title string) error {      ← setter方法（必须使用指针）
	if utf8.RuneCountInString(title) > 30 {      ← 如果title有超过30个字符，返回错误
		return errors.New("invalid title")
	}
	e.title = title
	return nil
}
```

提升的方法与外部类型的方法共存

现在我们已经为title字段添加了getter和setter方法，如果title长度超过30个字符，程序会返回一个错误。尝试设置39个字符的title会导致返回错误：

main.go

```
// Package, imports omitted
func main() {
	event := calendar.Event{}
	err := event.SetTitle("An extremely long and impractical title")
	if err != nil {
		log.Fatal(err)
	}
}
```

```
2018/03/23 20:44:17 invalid title
exit status 1
```

Event类型的Title和SetTitle方法与从嵌入的Date类型提升的方法一同存在。导入calendar包的代码可以让所有的方法被视为属于Event类型，而不用考虑它们真正定义在哪个类型上。

main.go

```
// Package, imports omitted
func main() {
	event := calendar.Event{}
	err := event.SetTitle("Mom's birthday") ← 定义在Event上面
	if err != nil {
		log.Fatal(err)
	}
	err = event.SetYear(2019) ← 从Date提升
	if err != nil {
		log.Fatal(err)
	}
	err = event.SetMonth(5) ← 从Date提升
	if err != nil {
		log.Fatal(err)
	}
	err = event.SetDay(27) ← 从Date提升
	if err != nil {
		log.Fatal(err)
	}
	fmt.Println(event.Title()) ← Event自己定义的
	fmt.Println(event.Year()) ← 从Date提升
	fmt.Println(event.Month()) ← 从Date提升
	fmt.Println(event.Day()) ← 从Date提升
}
```

```
Mom's birthday
2019
5
27
```

我们的calendar包完成了

现在我们能在Event上直接调用Title和SetTitle方法，并且调用方法设置年月日就像它们是属于Event似的。它们实际是在Date上定义的，但是我们不必关心。我们的工作完成了！

方法提升允许你使用其他类型的方法就像使用自己的一样。你可以使用这个来组合类型，该类型组合了多种其他类型的方法。这可以帮助保持代码整洁，而不用牺牲便利性。

我们在之前的练习中完成了Coordinates类型的代码。这次你不需要对代码进行任何更改，它只是在这里被引用。我们准备把它嵌入Landmark类型（我们在第8章见过的类型），这样这些方法会被提升到Landmark中。

coordinates.go

```
package geo

import "errors"

type Coordinates struct {
	latitude  float64
	longitude float64
}

func (c *Coordinates) Latitude() float64 {
	return c.latitude
}
func (c *Coordinates) Longitude() float64 {
	return c.longitude
}

func (c *Coordinates) SetLatitude(latitude float64) error {
	if latitude < -90 || latitude > 90 {
		return errors.New("invalid latitude")
	}
	c.latitude = latitude
	return nil
}

func (c *Coordinates) SetLongitude(longitude float64) error {
	if longitude < -180 || longitude > 180 {
		return errors.New("invalid longitude")
	}
	c.longitude = longitude
	return nil
}
```

这里是我们对Landmark类型的更新。我们想要名称字段被封装，仅仅能用Name的getter方法和SetName setter方法访问。如果传入的名称为空，SetName应该返回一个错误，或者设置名称字段并且返回一个nil的错误。Landmark应该有一个匿名的Coordinates字段，那样Coordinates的方法会被提升给Landmark。

填写空白以完成Landmark类型。

landmark.go

```
package geo

import "errors"

type Landmark struct {
        _____ string
        ____________
}

func (l *Landmark) _____() string {
        return l.name
}

func (l *Landmark) _______(name string) error {
        if name == "" {
                return errors.New("invalid name")
        }
        l.name = name
        return nil
}
```

如果空白处的Landmark代码完全正确，main包中的代码应该能够运行并产生如下的输出。

main.go

```
package main
// Imports omitted
func main() {
        location := geo.Landmark{}
        err := location.SetName("The Googleplex")
        if err != nil {
                log.Fatal(err)
        }
        err = location.SetLatitude(37.42)
        if err != nil {
                log.Fatal(err)
        }
        err = location.SetLongitude(-122.08)
        if err != nil {
                log.Fatal(err)
        }
        fmt.Println(location.Name())
        fmt.Println(location.Latitude())
        fmt.Println(location.Longitude())
}
```

输出

```
The Googleplex
37.42
-122.08
```

答案在第320页。

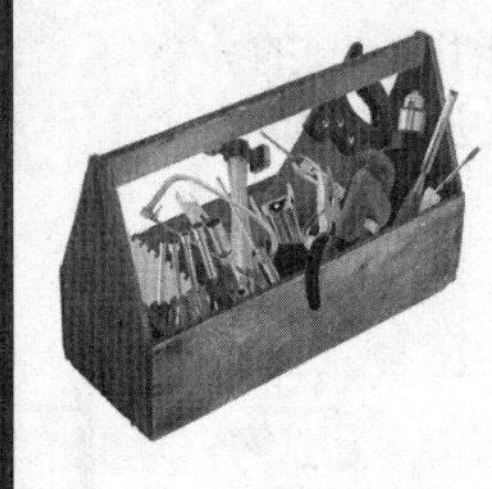

你的Go工具箱

这就是第10章的内容！你已将封装和嵌入添加到工具箱中。

封装

封装是一个好的实践，将程序中的数据隐藏在一部分代码中，而对另一部分不可见。

封装可以被用来保护数据免于无效数据。

封装数据也更容易修改。你可以确保不会破坏其他访问数据的代码，因为没有代码有权限破坏。

嵌入

一个类型使用匿名字段的方式保存到另一个struct类型中，被称为嵌入了struct。

嵌入类型的方法会提升到外部类型。它们可以被调用，就像它们是在外部类型上定义的一样。

要点

- 在Go中，数据被封装在包内，使用未导出的包内变量和结构字段。
- 未导出的变量、struct字段、函数、方法等可以被相同包中的导出的函数和方法访问。
- 在接受数据之前先确保数据有效的做法称为数据校验。
- 一个主要用来设置封装字段的方法称为setter方法。setter方法通常包含校验逻辑，以确保提供的值是合法的。
- 由于setter方法修改它们的接收器，接收器参数应该是一个指针类型。
- setter方法通常被命名为`Set`*X*，*X*是被设置字段的名称。
- 一个主要被用来获取封装字段值的方法被称为getter方法。
- 通常getter方法命名为*X*，*X*就是获取的值的字段名称。一些其他的编程语言喜欢使用`Get`*X*作为getter方法的名字，但在Go中不推荐。
- 外部类型定义的方法和内部嵌入类型的方法的生存时间是一样的。
- 一个嵌入类型的未导出方法不会被提升到外部类型。

在第8章，你看到了Coordinates struct类型。我们已经将那个类型定义移到了*geo*包目录中的*coordinates.go*文件。

我们需要为Coordinates类型的所有字段增加setter方法。填入下面的*coordinates.go*文件中的空白，这样*main.go*会按照下面的结果运行。

```
package geo

type Coordinates struct {
        Latitude  float64
        Longitude float64
}

func (c *Coordinates) SetLatitude(latitude float64) {
        c.Latitude = latitude
}

func (c *Coordinates) SetLongitude(longitude float64) {
        c.Longitude = longitude
}
```

必须使用一个指针类型，这样我们就可以修改接收器。

必须使用一个指针类型，这样我们就可以修改接收器。

coordinates.go

```
package main

import (
        "fmt"
        "geo"
)

func main() {
        coordinates := geo.Coordinates{}
        coordinates.SetLatitude(37.42)
        coordinates.SetLongitude(-122.08)
        fmt.Println(coordinates)
}
```

main.go

输出

```
{37.42 -122.08}
```

你的目标是修改代码，封装Coordinates类型的字段，并且在setter方法中增加校验。

- 更新Coordinates字段，让它们未被导出。
- 为每个字段增加getter方法。
- 为setter方法增加校验。SetLatitude如果接收到了小于-90或者大于90的值应该返回错误。SetLongitude如果接收到了小于-180大于180的值，应该返回错误。

coordinates.go

```
package geo

import "errors"

type Coordinates struct {
        latitude   float64  } 字段需要是
        longitude  float64  } 未导出的。
}     getter方法名应该与字段名
      相同，但是需要首字母大写。        与字段类型相同。
func (c *Coordinates) Latitude() float64 {
        return c.latitude
}     getter方法名应该与字段名
      相同，但是需要首字母大写。        与字段类型相同。
func (c *Coordinates) Longitude() float64 {
        return c.longitude
}                                              需要返回错误类型。
func (c *Coordinates) SetLatitude(latitude float64) error {
        if latitude < -90 || latitude > 90 {
                return errors.New("invalid latitude")
        }       返回一个新的错误值。
        c.latitude = latitude
        return nil  <—— 如果没有错误返回nil。     需要返回错误类型。
}
func (c *Coordinates) SetLongitude(longitude float64) error {
        if longitude < -180 || longitude > 180 {
                return errors.New("invalid longitude")
        }       返回一个新的错误值。
        c.longitude = longitude
        return nil  <—— 如果没有错误返回nil。
}
```

你的下一个任务是修改main包中的代码来使用被改进的Coordinates类型。

- 遍历每一个setter方法，保存error返回值。
- 如果error不为nil，使用log.Fatal函数来记录错误信息并退出。
- 如果设置字段没有错误，调用所有的getter方法来输出字段值。

下面的SetLatitude调用是成功的，但是我们给SetLongitude传递一个无效的值，所以会在那个点记录一个错误，并返回。

main.go

```
package main

import (
	"fmt"
	"geo"
	"log"
)

func main() {
	coordinates := geo.Coordinates{}
	err := coordinates.SetLatitude(37.42)
	if err != nil {
		log.Fatal(err)
	}
	err = coordinates.SetLongitude(-1122.08)
	if err != nil {
		log.Fatal(err)
	}
	fmt.Println(coordinates.Latitude())
	fmt.Println(coordinates.Longitude())
}
```

保存返回的错误值。

如果这里有错误，记录它然后返回。

（一个无效值！）

调用getter方法。

输出

```
2018/03/23 20:12:49 invalid longitude
exit status 1
```

这里是我们对Landmark类型（我们在第8章见过）的更新。我们想要名称字段被封装，仅仅能用getter方法和setter方法访问。如果传入的名称为空，SetName应该返回一个错误，或者设置名称字段并且返回一个nil的错误。Landmark应该有一个匿名的Coordinates字段，那样Coordinates的方法会被提升给Landmark。

landmark.go

```
package geo

import "errors"

type Landmark struct {
        name string          ← 确保name字段未被导出，所以它是被封装的。
        Coordinates          ← 使用匿名字段嵌入。
}

func (l *Landmark) Name() string {      ← 与字段名称相同（但是导出的）
        return l.name
}
                  与字段名称相同（但有Set前缀）
func (l *Landmark) SetName(name string) error {
        if name == "" {
                return errors.New("invalid name")
        }
        l.name = name
        return nil
}
```

main.go

```
package main
// Imports omitted
func main() {
        location := geo.Landmark{}                     ← 创建一个Landmark值。
        err := location.SetName("The Googleplex")      ← 在Landmark上定义的
        if err != nil {
                log.Fatal(err)
        }
        err = location.SetLatitude(37.42)              ← 从Coordinates提升的
        if err != nil {
                log.Fatal(err)
        }
        err = location.SetLongitude(-122.08)           ← 从Coordinates提升的
        if err != nil {
                log.Fatal(err)
        }
        fmt.Println(location.Name())                   ← 在Landmark上定义的
        fmt.Println(location.Latitude())   } 从Coordinates
        fmt.Println(location.Longitude())  } 提升的
}
```

输出

```
The Googleplex
37.42
-122.08
```

11 你能做什么

接口

这个与汽车不完全一样。但是只要它有一个驾驶的方法，我想我能开！

有时你并不关心一个值的特定类型。你不需要关心它是什么。你只需要知道它能做特定的事情。你能够在其上调用特定的接口。不需要关心是pen还是pencil，你仅仅需要一个Draw方法。不需要关心是Car还是Boat，你只需要一个Steer方法。

那就是Go接口的目标。它允许你定义能够保存任何类型的变量和函数参数，前提是它定义了特定的方法。

具有相同方法的两种不同类型

记得录音机吗？（假设你们有些人太年轻了。）它们很棒。它们让你能很容易地将所有你喜欢的歌曲记录在一盘磁带上，即使歌曲来自于不同的歌手。当然，录音机很大，难以随身携带。你需要一个独立的电池驱动的播放器。它们通常没有录音的功能。但是自己录制一个合集与你的朋友们分享是件很棒的事情。

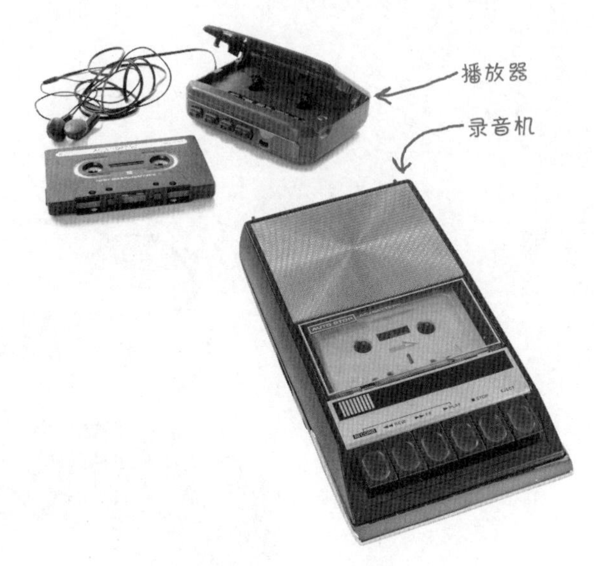

我们被思乡情绪淹没了，所以我们创建一个gadget包来帮助我们思乡。它包含一个模拟录音机的类型和另一个模拟播放器的类型。

TapePlayer类型有一个Play方法来模拟播放歌曲，一个Stop方法来停止播放。

TapeRecorder类型也有Play和Stop方法，还有一个Record方法。

```go
package gadget

import "fmt"

type TapePlayer struct {
	Batteries string
}
func (t TapePlayer) Play(song string) {
	fmt.Println("Playing", song)
}
func (t TapePlayer) Stop() {
	fmt.Println("Stopped!")
}

type TapeRecorder struct {
	Microphones int
}
func (t TapeRecorder) Play(song string) {
	fmt.Println("Playing", song)
}
func (t TapeRecorder) Record() {
	fmt.Println("Recording")
}
func (t TapeRecorder) Stop() {
	fmt.Println("Stopped!")
}
```

有个与TapePlayer相同的Play方法。

有个与TapePlayer相同的Stop方法。

只能接受一种类型的方法参数

这里有个使用gadget包的示例程序。我们定义一个playList函数，它接收一个TapePlayer值和一个在其上播放的一组歌名的切片。函数循环变量切片的每个歌名，并且将它传递给TapePlayer的Play方法。当它播放列表后，它调用TapePlayer的Stop方法。

然后，在main方法中，我们需要做的就是创建一个TapePlayer和一个歌单切片，并且将它们传递给playList。

```
package main

import "github.com/headfirstgo/gadget"

func playList(device gadget.TapePlayer, songs []string) {
	for _, song := range songs {
		device.Play(song)
	}
	device.Stop()
}

func main() {
	player := gadget.TapePlayer{}
	mixtape := []string{"Jessie's Girl", "Whip It", "9 to 5"}
	playList(player, mixtape)
}
```

导入我们的包。

循环每首歌。

播放当前的歌曲。

一旦播放完成，停止播放器。

创建一个TapePlayer。

创建一个歌名的切片。

使用TapePlayer播放歌曲。

```
Playing Jessie's Girl
Playing Whip It
Playing 9 to 5
Stopped!
```

playList函数使用TapePlayer值工作正常。你可能希望它也可以使用TapeRecorder作为参数。（毕竟录音机和播放机基本相同，只是多了一个额外的录音函数）。但是playList函数需要一个TapePlayer类型。尝试传入任何其他类型，你都会得到一个编译错误：

```
func main() {
	player := gadget.TapeRecorder{}
	mixtape := []string{"Jessie's Girl", "Whip It", "9 to 5"}
	playList(player, mixtape)
}
```

创建一个TapeRecorder代替TapePlayer。

向playList传入TapeRecorder。

错误

```
cannot use player (type gadget.TapeRecorder)
as type gadget.TapePlayer in argument to playList
```

只能接受一种类型的方法参数（续）

那太糟了……所有的playList函数真正需要的是一个定义了Play和Stop方法的类型的值。TapePlayer和TapeRecorder都有！
需要一个定义了以string作为参数的Play方法的值。
需要一个定义了无参数的Stop方法的值。
TapePlayer有一个需要string参数的Play方法。
TapePlayer有一个无参的Stop方法。
TapePlayer也有一个需要string参数的Play方法。
TapePlayer也有一个无参的Stop方法。

```
func playList(device gadget.TapePlayer, songs []string) {
	for _, song := range songs {
		device.Play(song)
	}
	device.Stop()
}

type TapePlayer struct {
	Batteries string
}
func (t TapePlayer) Play(song string) {
	fmt.Println("Playing", song)
}
func (t TapePlayer) Stop() {
	fmt.Println("Stopped!")
}

type TapeRecorder struct {
	Microphones int
}
func (t TapeRecorder) Play(song string) {
	fmt.Println("Playing", song)
}
func (t TapeRecorder) Record() {
	fmt.Println("Recording")
}
func (t TapeRecorder) Stop() {
	fmt.Println("Stopped!")
}
```

在这个例子中，Go语言的类型安全似乎挡在了我们的前面，而不是帮助我们。TapeRecorder类型定义了这个playList函数需要的所有方法，但是我们被卡在了playList函数只接受TapePlayer值。

那么我们能做什么呢？另写一个几乎一样的playListWithRecorder函数来接收TapeRecorder类型？

事实上，Go提供了另外的方法……

接口

当在电脑上安装程序的时候，你通常期望程序提供一种交互的方式。你期望文字处理器提供键入文字的地方。你祈祷一个备份程序可以让你选择需要备份的文件。你需要一个制表软件让你为数据插入行和列。这一组程序提供的用来交互的控制方法通常称为接口。

一个接口是特定值预期具有的一组方法。

无论你是否考虑过，你可能也希望Go值向你提供一种与它们交互的方法。最常用的与Go值交互的方法是什么？通过它的方法。

在Go中，一个接口被定义为特定值预期具有的一组方法。你可以把接口看作需要类型实现的一组行为。

使用`interface`关键字定义一个接口类型，后面跟着一个花括号，内部含有一组方法，以及方法期望的参数和返回值。

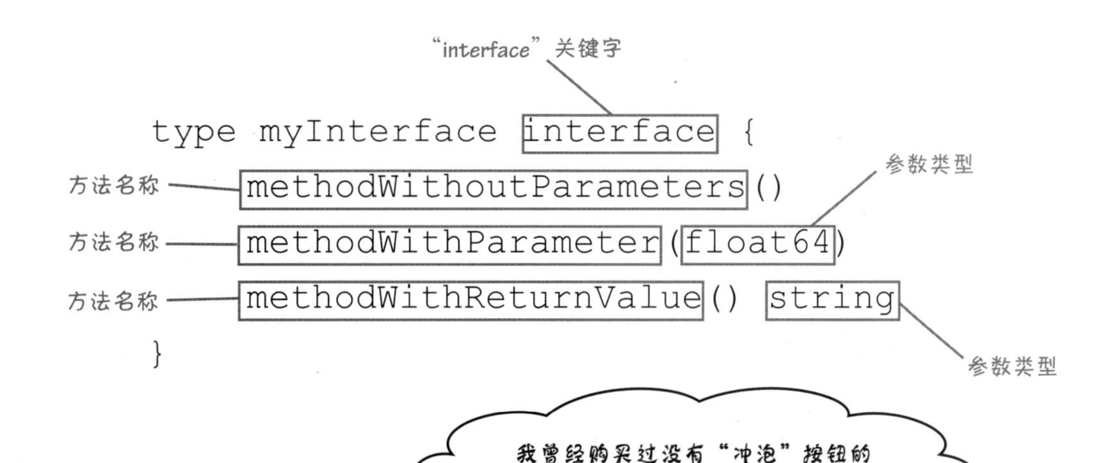


```
type myInterface interface {
    methodWithoutParameters()
    methodWithParameter(float64)
    methodWithReturnValue() string
}
```

我曾经购买过没有"冲泡"按钮的咖啡机！不是我预期的。我对这次购买不是很满意。

任何拥有接口定义的所有方法的类型被称作满足那个接口。一个满足接口的类型可以用在任何需要接口的地方。

方法名称、参数类型（可能没有）和返回值（可能没有）都需要与接口中定义的一致。除了接口中列出的方法之外，类型还可以有更多的方法，但是它不能缺少接口中的任何方法，否则就不满足那个接口。

一个类型可以满足多个接口，一个接口（通常应该）可以有多个类型满足它。

定义满足接口的类型

下面的代码建立了一个实验性质的包，名为mypkg。它定义了一个有三个方法的名为MyInterface的接口。然后定义了一个名为MyType的类型，正好可满足MyInterface。

为了满足MyInterface接口需要有三个方法：MethodWithoutParameters方法；接受float64参数的MethodWithParameter方法；返回string类型的MethodWithReturnValue方法。

然后我们声明了另外一个类型，MyType。这个例子中MyType的基础类型并不重要，我们就使用int。为了使MyType满足MyInterface，我们定义了接口需要的所有的方法，另外包含一个并不属于接口的额外的方法。

```
package mypkg

import "fmt"

type MyInterface interface {
	MethodWithoutParameters()
	MethodWithParameter(float64)
	MethodWithReturnValue() string
}

type MyType int

func (m MyType) MethodWithoutParameters() {
	fmt.Println("MethodWithoutParameters called")
}
func (m MyType) MethodWithParameter(f float64) {
	fmt.Println("MethodWithParameter called with", f)
}
func (m MyType) MethodWithReturnValue() string {
	return "Hi from MethodWithReturnValue"
}
func (my MyType) MethodNotInInterface() {
	fmt.Println("MethodNotInInterface called")
}
```

声明一个接口类型。

一个类型满足接口，如果它有这个方法……

……和这个方法（包含float64参数）……

……和这个方法（包含string返回值）。

声明一个类型，我们让它满足MyInterface。

第一个需要的方法。

第二个需要的方法（包含float64参数）。

第三个需要的方法（包含string返回值）。

一个类型即使有额外的不属于接口的方法，它也仍然可以满足接口。

许多其他的语言可能需要明确地说，MyType满足MyInterface。但是在Go中，这是自动发生的。如果一个类型包含接口中声明的所有方法，那么它可以在任何需要接口的地方使用，而不需要更多的声明。

定义满足接口的类型（续）

下面是一个让我们测试mypkg的程序。

一个接口类型的变量能够保存任何满足接口的类型的值。下面代码声明了一个MyInterface类型的名为value的变量，然后创建一个MyType的值并赋给value。（这是允许的，因为MyType满足MyInterface。）然后我们可以在value上调用接口的任意方法。

```
package main

import (
	"fmt"
	"mypkg"
)

func main() {
	var value mypkg.MyInterface
	value = mypkg.MyType(5)
	value.MethodWithoutParameters()
	value.MethodWithParameter(127.3)
	fmt.Println(value.MethodWithReturnValue())
}
```

声明一个接口类型的变量。

MyType的值满足MyInterface，所以我们可以将值赋给MyInterface的变量。

我们可以调用MyInterface的任何方法。

```
MethodWithoutParameters called
MethodWithParameter called with 127.3
Hi from MethodWithReturnValue
```

具体类型和接口类型

我们在之前章节中定义的所有类型都是具体类型。一个具体类型不仅定义了它的值可以做什么（你可以在其之上调用哪些方法），也定义了它们是什么：它们定义了保存值的数据的基础类型。

接口类型并不描述是哪个值：它们不说它的基础类型是什么，或者数据是如何存储的。它们仅仅描述了这个值能做什么：它有哪些方法。

假设你需要记一个快速笔记。在你的桌子上，你有多种具体类型：Pen、Pencil和Marker。每种具体类型都定义了Write方法，你并不在意你抓取的是哪种类型。你仅仅是需要一个WritingInstrument：一个被任何具体类型满足的含有Write方法的接口类型。

接口类型

“我需要可以写字的工具。”

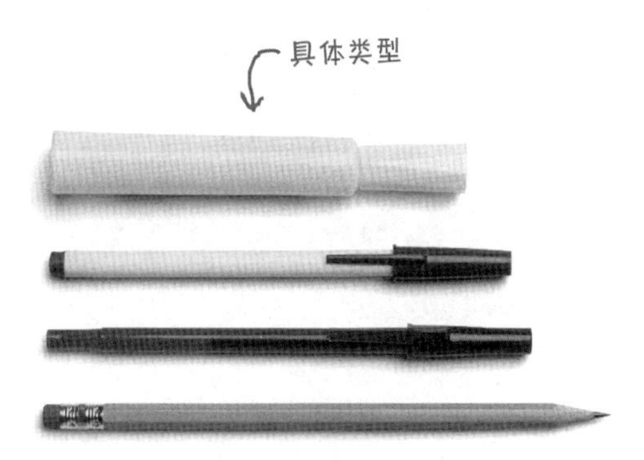

分配满足接口的任何类型

当你有一个接口类型的变量时，它可以保存满足此接口的任何类型的值。

假设我们有Whistle和Horn类型，它们都有MakeSound方法。我们可以创建一个NoiseMaker接口来代替声明了MakeSound方法的任何类型。如果我们定义了NoiseMaker类型的toy变量，我们可以将Whistle和Horn值赋给它。（或者之后我们定义的任何类型，只要它定义了MakeSound方法。）

我们可以调用任何赋给toy变量的值的MakeSound方法。虽然我们并不知道toy保存的值的具体类型是什么，但我们知道它能做什么：发出声音。如果它的类型没有MakeSound方法，那么它不满足NoiseMaker接口，我们无法将它赋给变量。

```
package main

import "fmt"

type Whistle string

func (w Whistle) MakeSound() {
	fmt.Println("Tweet!")
}

type Horn string

func (h Horn) MakeSound() {
	fmt.Println("Honk!")
}

type NoiseMaker interface {
	MakeSound()
}

func main() {
	var toy NoiseMaker
	toy = Whistle("Toyco Canary")
	toy.MakeSound()
	toy = Horn("Toyco Blaster")
	toy.MakeSound()
}
```

具有MakeSound方法（Whistle）

同样具有MakeSound方法（Horn）

代表任何含有MakeSound方法的类型

声明一个NoiseMaker变量

将一个满足NoiseMaker的类型的值赋给变量

将一个其他类型的满足NoiseMaker的值赋给变量

```
Tweet!
Honk!
```

你们也能将函数的参数定义为接口类型。（毕竟，函数参数也就是变量。）如果声明一个play函数来接受NoiseMaker类型，我们可以传入任何包含了MakeSound方法的值来播放：

```
func play(n NoiseMaker) {
	n.MakeSound()
}

func main() {
	play(Whistle("Toyco Canary"))
	play(Horn("Toyco Blaster"))
}
```

```
Tweet!
Honk!
```

你只能调用接口中定义的方法

一旦你给一个接口类型的变量（或方法的参数）赋值，你就只能调用接口定义的方法。

假设我们创建了Robot类型，除了有一个MakeSound方法外，还有一个Walk方法。我们在play函数中增加对Walk的调用，并且将Robot的值传入play。

但是代码没有编译成功，因为NoiseMaker值没有Walk方法。

为什么这样？Robot值的确有Walk方法，定义就在这里！

但是我们传入play函数的并不是Robot值，而是NoiseMaker。假如我们传入Whistle或者Horn呢？它们没有包含Walk方法！

当我们有接口类型的变量时，唯一能确定的方法是接口中的方法。并且这些是Go允许你调用的方法。（有一种能够获取值的具体类型的方法，这样你就可以调用更多特定的方法了。我们稍后会提到。）

```
package main

import "fmt"

type Whistle string

func (w Whistle) MakeSound() {
	fmt.Println("Tweet!")
}

type Horn string

func (h Horn) MakeSound() {
	fmt.Println("Honk!")
}
                    ← 声明一个新的Robot类型。
type Robot string   ← Robot满足NoiseMaker接口。

func (r Robot) MakeSound() {
	fmt.Println("Beep Boop")
}                   ← 一个额外的方法。
func (r Robot) Walk() {
	fmt.Println("Powering legs")
}

type NoiseMaker interface {
	MakeSound()
}

func play(n NoiseMaker) {
	n.MakeSound()   ← 正确。NoiseMaker接口的一部分。
	n.Walk()        ← 错误！并非NoiseMaker的一部分！
}

func main() {
	play(Robot("Botco Ambler"))
}
```

错误

```
n.Walk undefined
(type NoiseMaker has no
field or method Walk)
```

注意，可以将具有其他方法的类型赋值给接口类型。只要你不调用那些方法，一切都会工作得很好。

```
func play(n NoiseMaker) {
	n.MakeSound()   ← 只调用属于接口的方法。
}

func main() {
	play(Robot("Botco Ambler"))
}
```

```
Beep Boop
```

实践出真知!

这里有一组具体类型：Fan和CoffeePot。我们有一个声明了TurnOn方法的Appliance接口。Fan和CoffeePot都有TrunOn方法，所以它们都满足Appliance接口。

那就是为什么，在main函数中，我们能够定义一个Appliance变量，并且将Fan和CoffeePot变量赋值给它。

对以下的代码做一种修改并且尝试编译它。然后恢复之前的代码，并尝试下一个修改。看看会发生什么!

```
type Appliance interface {
	TurnOn()
}

type Fan string
func (f Fan) TurnOn() {
	fmt.Println("Spinning")
}

type CoffeePot string
func (c CoffeePot) TurnOn() {
	fmt.Println("Powering up")
}
func (c CoffeePot) Brew() {
	fmt.Println("Heating Up")
}

func main() {
	var device Appliance
	device = Fan("Windco Breeze")
	device.TurnOn()
	device = CoffeePot("LuxBrew")
	device.TurnOn()
}
```

如果你这样做……	……代码会失败，因为……
调用没有在接口中定义的具体类型的方法： `device.Brew()`	当你有接口类型的变量中的值时，你只能调用接口中定义的方法，不管具体类型拥有什么方法
从类型中移除满足接口的方法： ~~`func (c CoffeePot) TurnOn() {`~~ ~~`fmt.Println("Powering up")`~~ ~~`}`~~	如果一个类型没有满足接口，你无法把那个类型的值赋给那个接口类型的变量

为满足接口的方法增加一个新的返回值或者参数：
`func (f Fan) TurnOn() error {`
`fmt.Println("Spinning")`
`return nil`
`}`
	具体类型中的方法的定义与接口中的方法定义相比，如果参数和返回值的数量不同，具体类型就不满足接口

使用接口修复playList函数

让我们来尝试使用一个接口来允许我们的playList函数使用两种具体类型（TapePlayer和TapeRecorder）的Play和Stop方法。

```
// TapePlayer type definition here
func (t TapePlayer) Play(song string) {
	fmt.Println("Playing", song)
}
func (t TapePlayer) Stop() {
	fmt.Println("Stopped!")
}
// TapeRecorder type definition here
func (t TapeRecorder) Play(song string) {
	fmt.Println("Playing", song)
}
func (t TapeRecorder) Record() {
	fmt.Println("Recording")
}
func (t TapeRecorder) Stop() {
	fmt.Println("Stopped!")
}
```

在main包中，我们声明了一个Player接口。（也可以在gadget包中定义，但是把接口定义在调用的包中会更灵活。）我们指定接口需要有一个string参数的Play方法和一个无参的Stop方法。这意味着TapePlayer和TapeRecorder类型会满足Player接口。

我们更新了playList函数来接受满足Player的任何值，而不是特定类型的TapePlayer。我们也修改了player变量的类型，由TapePlayer改为Player。这允许将TapePlayer和TapeRecorder类型赋值给player。然后我们将两种类型的值都传递给playList！

```
package main

import "github.com/headfirstgo/gadget"

type Player interface {      ← 定义一个接口类型。
	Play(string)         ← 要求一个接受string参数的Play方法。
	Stop()               ← 同样要求一个Stop方法。
}

                        ┌ 接受任何其他的类型，而不只是TapePlayer。
func playList(device Player, songs []string) {
	for _, song := range songs {
		device.Play(song)
	}
	device.Stop()
}

func main() {
	mixtape := []string{"Jessie's Girl", "Whip It", "9 to 5"}
	var player Player = gadget.TapePlayer{}  ← 修改变量的类型来保存任何Player。
	playList(player, mixtape)  ← 给playList传入TapePlayer。
	player = gadget.TapeRecorder{}
	playList(player, mixtape)  ← 给playList传入TapeRecorder。
}
```

```
Playing Jessie's Girl
Playing Whip It
Playing 9 to 5
Stopped!
Playing Jessie's Girl
Playing Whip It
Playing 9 to 5
Stopped!
```

当心!

如果一个类型声明了指针接收器方法，你就只能将那个类型的指针传递给接口变量。

Switch类型的toggle方法需要使用指针类型的接收器，这样你才能修改接收器。

```
package main

import "fmt"

type Switch string
func (s *Switch) toggle() {
	if *s == "on" {
		*s = "off"
	} else {
		*s = "on"
	}
	fmt.Println(*s)
}

type Toggleable interface {
	toggle()
}

func main() {
	s := Switch("off")
	var t Toggleable = s
	t.toggle()
	t.toggle()
}
```

但是当我们把Switch的值赋给Toggleable的时候导致了一个错误：

```
Switch does not implement Toggleable
(toggle method has pointer receiver)
```

当Go判断值是否满足一个接口的时候，指针方法并没有包含直接的值。但是它们包含指针。所以解决方法是将一个指向Switch的指针赋值给Toggleable变量，来代替一个直接的Switch值。

```
var t Toggleable = &s
```
← 赋给一个指针

修改以后，代码应该正常工作。

有问必答

问： 接口类型名称的首字母应该大写吗？

答： 接口类型的规则和其他类型相同。如果名称以小写字母开头，接口类型不会被导出并且不会在当前包之外被访问。有时你不需要使用在其他包声明的接口，所以让它不被导出即可。但是如果你想要在其他的包中使用，你需要让接口类型名称的首字母大写，这样它就能被导出了。

右边的代码定义了Car和Truck类型，两种类型都有Accelerate、Brack和Steer方法。填入空白处以增加一个包含这三个方法的Vehicle接口，这样main函数的代码能够编译并产生下面的输出。

```
package main

import "fmt"

type Car string
func (c Car) Accelerate() {
        fmt.Println("Speeding up")
}
func (c Car) Brake() {
        fmt.Println("Stopping")
}
func (c Car) Steer(direction string) {
        fmt.Println("Turning", direction)
}

type Truck string
func (t Truck) Accelerate() {
        fmt.Println("Speeding up")
}
func (t Truck) Brake() {
        fmt.Println("Stopping")
}
func (t Truck) Steer(direction string) {
        fmt.Println("Turning", direction)
}
func (t Truck) LoadCargo(cargo string) {
        fmt.Println("Loading", cargo)
}
```

你的代码！ →

```
______________________________
        ________________
        _________
        _______________
_
```

```
func main() {
        var vehicle Vehicle = Car("Toyoda Yarvic")
        vehicle.Accelerate()
        vehicle.Steer("left")

        vehicle = Truck("Fnord F180")
        vehicle.Brake()
        vehicle.Steer("right")
}
```

```
Speeding up
Turning left
Stopping
Turning right
```

→ 答案在第348页。

类型断言

我们定义了一个新的TryOut函数来测试TapePlayer和TapeRecorder类型的多种方法。TryOut有一个单独的Player接口类型的参数，这样我们可以传入TapePlayer类型和TapeRecorder类型。

在TryOut中，我们调用Player接口中的Play和Stop方法。我们同样也调用不在Player接口中的Record方法，它定义在TapeRecorder类型中。我们仅仅将TapeRecorder值传入TryOut，这样会工作正常，对吗?

不幸的是，不对。我们之前看到，如果把一个具体类型的值赋给了接口类型的变量（包括函数参数），然后你就只能在其上调用接口的方法，不管具体类型还具有何种其他方法。在TryOut函数中，我们没有TapeRecorder值（具体类型），我们只有一个Player值（接口类型）。并且Player接口并没有Record方法!

```
type Player interface {
        Play(string)
        Stop()
}

func TryOut(player Player) {
        player.Play("Test Track")
        player.Stop()
        player.Record()
}

func main() {
        TryOut(gadget.TapeRecorder{})
}
```

这些没问题，它们是Player接口的一部分。

不是Player的一部分!

给函数传入TapeRecorder（满足Player）。

错误

```
player.Record undefined (type Player
has no field or method Record)
```

我们需要一个方法来取回具体类型（它确实含有Record方法）的值。

你的第一反应可能是用类型转换将Player类型的值转换为TapeRecorder类型的值。但是类型转换并不适用于接口类型，所以会产生一个错误。错误消息建议尝试其他的方法:

```
func TryOut(player Player) {
        player.Play("Test Track")
        player.Stop()
        recorder := gadget.TapeRecorder(player)
        recorder.Record()
}
```

类型转换无法工作!

错误

```
cannot convert player (type Player) to type
gadget.TapeRecorder: need type assertion
```

一个“类型断言”? 那是什么?

类型断言（续）

当你将一个具体类型的值赋给一个接口类型的变量时，类型断言让你能取回具体类型。这像一种形式的类型转换。它的语法甚至像函数调用和类型转换的合体。在一个接口值之后，你输入一个点，后面接着一对括号括起来的具体类型（或者，你想要断言的值的具体类型）。

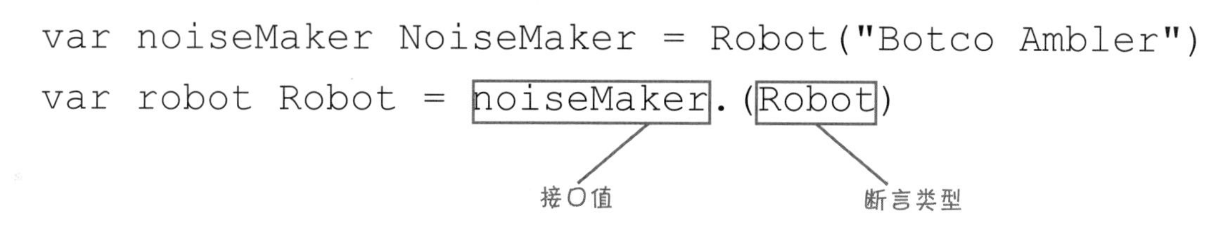

var noiseMaker NoiseMaker = Robot("Botco Ambler")
var robot Robot = noiseMaker.(Robot)
接口值
断言类型

简单来说，类型断言就像说某物像“我知道这个变量使用接口类型NoiseMaker，但是我很确信这个NoiseMaker实际上是Robot。”

一旦你使用类型断言来取回具体类型的值，你可以调用那个类型上的方法，但这方法并不属于接口。

代码将Robot赋值给了NoiseMaker接口值。我们可以调用NoiseMaker上的MakeSound方法，因为它是接口的一部分。但是为了调用Walk方法，我们需要使用类型断言来取回Robot值。一旦我们获取了Robot（而不是一个NoiseMaker），我们就能调用它上面的Walk方法。

```
type Robot string
func (r Robot) MakeSound() {
	fmt.Println("Beep Boop")
}
func (r Robot) Walk() {
	fmt.Println("Powering legs")
}

type NoiseMaker interface {
	MakeSound()
}

func main() {
	var noiseMaker NoiseMaker = Robot("Botco Ambler")
	noiseMaker.MakeSound()
	var robot Robot = noiseMaker.(Robot)
	robot.Walk()
}
```

定义一个接口类型的变量……

……并且将满足接口的类型值赋给它。

调用接口中的方法。

使用类型断言取回具体类型。

调用在具体类型（而不是接口）上定义的方法。

```
Beep Boop
Powering legs
```

类型断言失败

之前，我们的TryOut函数不能在Player值上调用Record方法，因为它不是Player接口的一部分。让我们看看能否使用类型断言来让它工作。

就像之前一样，我们传入一个TapeRecorder给TryOut，它被赋值给一个Player类型的参数。我们能够调用Player值的Play和Stop方法，因为这些都是Player接口的一部分。

然后，我们使用一个类型断言来将Player转换回一个TypeRecorder。并且我们调用它上面的Record方法。

```
type Player interface {
	Play(string)
	Stop()
}

func TryOut(player Player) {
	player.Play("Test Track")
	player.Stop()
	recorder := player.(gadget.TapeRecorder)
	recorder.Record()
}

func main() {
	TryOut(gadget.TapeRecorder{})
}
```

保存TapeRecorder值。

使用类型断言来获得一个TapeRecorder值。

调用仅仅定义在具体类型上的方法。

```
Playing Test Track
Stopped!
Recording
```

一切似乎都很正常……对于TapeRecorder。考虑到类型断言说TryOut的参数实际上是一个TapeRecorder，如果给TryOut传入TapePlayer会怎样呢？

```
func main() {
	TryOut(gadget.TapeRecorder{})
	TryOut(gadget.TapePlayer{})
}
```

传入一个TapePlayer……

编译很成功，但当尝试运行它时，我们得到了一个运行时异常！就像你预料的那样，尝试断言TapePlayer是一个TypeRecorder无法工作（毕竟，这不是真的。）

异常！

```
Playing Test Track
Stopped!
Recording
Playing Test Track
Stopped!
panic: interface conversion: main.Player
is gadget.TapePlayer, not gadget.TapeRecorder
```

当类型断言失败时避免异常

如果类型断言被用于仅有一个返回值的情况，并且原始的类型不与断言的类型相同，程序会在运行时（不在编译时）出现异常：

```
var player Player = gadget.TapePlayer{}
recorder := player.(gadget.TapeRecorder)
```

断言原类型是TapeRecorder，但它实际上是TypePlayer……

异常！

```
panic: interface conversion: main.Player
is gadget.TapePlayer, not gadget.TapeRecorder
```

如果类型断言被用于期待多个返回值的情况，它能有第二个可选的返回值来表明断言是否成功。（并且断言并不会在不成功时出现异常。）第二个值是一个bool，并且当原类型和断言类型相同时，返回true，否则返回false。你可以对于第二个返回值做任何操作，但是按照惯例，它通常被赋给一个名为ok的变量。

这是另一个Go遵守“逗号就好的习语”的位置，就像我们在第7章访问映射的时候首次看到的那样。

这里是一个上面代码的升级，该代码将类型断言的返回值赋给具体类型的变量和第二个ok变量。它在if语句中使用ok值来确定它是否能安全地调用具体值的Record（因为Player值具有一个TapeRecorder原始类型），或者需要跳过这么做（因为Player具有其他类型的具体值）。

```
var player Player = gadget.TapePlayer{}
recorder, ok := player.(gadget.TapeRecorder)
if ok {
	recorder.Record()
} else {
	fmt.Println("Player was not a TapeRecorder")
}
```

将第二个返回值赋给变量。

如果原始类型是TapeRecorder，调用值上的Record。

否则，报告断言失败。

```
Player was not a TapeRecorder
```

在这种情况下，具体类型是TapePlayer，而不是TapeRecorder，所以断言不成功，并且ok是false。if语句的else子句执行，输出Player was not a TypeRecorder。一个运行时异常被避免了。

当使用类型断言时，如果你不能完全确定接口的原类型是什么，你应该使用可选ok值来处理与你期望的类型不同的情况，避免一个运行时异常。

使用类型断言测试TapePlayer和TapeRecorder

让我们看看能否使用所学的知识来修复TryOut函数以适应TapePlayer和TapeRecorder值。与忽略类型断言的第二个返回值不同，我们将它赋值给一个ok变量。如果类型断言成功，ok变量会为true（标识recorder变量保存了一个TapeRecorder值，准备调用Record方法），否则为false（标识调用Record不安全）。我们将Record方法的调用包裹在if语句中来确保它仅仅在类型断言成功的情况下才会被调用。

```
type Player interface {
	Play(string)
	Stop()
}

func TryOut(player Player) {
	player.Play("Test Track")
	player.Stop()
	recorder, ok := player.(gadget.TapeRecorder)
	if ok {
		recorder.Record()
	}
}

func main() {
	TryOut(gadget.TapeRecorder{})
	TryOut(gadget.TapePlayer{})
}
```

仅仅在原值是TapeRecorder的时候调用Record方法。

将第二个返回值赋给变量。

TapeRecorder被传入……

……类型断言成功，Record被调用。

TapePlayer被传入……

……类型断言未成功，Record没有被调用。

```
Playing Test Track
Stopped!
Recording
Playing Test Track
Stopped!
```

就像之前一样，在main方法中，我们首先传入TapeRecorder值调用TryOut。TryOut获取传入的Player接口值，并且调用Play和Stop方法。Player的值的具体类型是TapeRecorder的断言成功了，然后Record方法在TapeRecorder值上被调用。

然后我们传入TapePlayer调用TryOut。（这个调用在之前的程序中停止了，因为类型断言出现了异常。）Play和Stop像之前那样被调用。类型断言失败，因为Player值保存着TapePlayer而不是TapeRecorder。但是因为我们捕获了ok值中的第二个返回值，类型断言这次不会导致异常。它仅仅将ok设置为false，导致在if语句中的代码不被执行，也就导致了Record没有被调用。（这很好，因为TapePlayer值没有Record方法。）

感谢类型断言，让我们的TryOut函数可以在TapeRecorder值和TapePlayer值下工作！

拼图板

修改右侧来自之前练习的代码。我们已经创建了TryVehicle方法来调用Vehicle接口中的所有方法。然后，它尝试类型断言来获取具体类型Truck的值。如果成功它应该调用Truck值的LoadCargo方法。

你的工作是从池中提取代码段，并将它们放入代码中的空白行中。同一个代码段只能使用一次，你也不需要使用所有的代码段。你的目标是使代码能够运行并产生如下的输出。

```
type Truck string
func (t Truck) Accelerate() {
	fmt.Println("Speeding up")
}
func (t Truck) Brake() {
	fmt.Println("Stopping")
}
func (t Truck) Steer(direction string) {
	fmt.Println("Turning", direction)
}
func (t Truck) LoadCargo(cargo string) {
	fmt.Println("Loading", cargo)
}

type Vehicle interface {
	Accelerate()
	Brake()
	Steer(string)
}

func TryVehicle(vehicle ________) {
	vehicle.________________
	vehicle.Steer("left")
	vehicle.Steer("right")
	vehicle.Brake()
	truck, ___ := vehicle.__________
	if ok {
		______.LoadCargo("test cargo")
	}
}

func main() {
	TryVehicle(Truck("Fnord F180"))
}
```

输出 →

```
Speeding up
Turning left
Turning right
Stopping
Loading test cargo
```

注意：池中的每个代码段只能使用一次！

答案在第348页。

“error”接口

我们希望通过查看Go的内建接口来结束本章。我们没有明确地介绍过这些接口，但实际上你一直在使用它们。

在第3章，我们学习了如何创建自己的error值。我们说过，“一个错误值就是任何含有名为Error的方法的值，此方法返回string”。

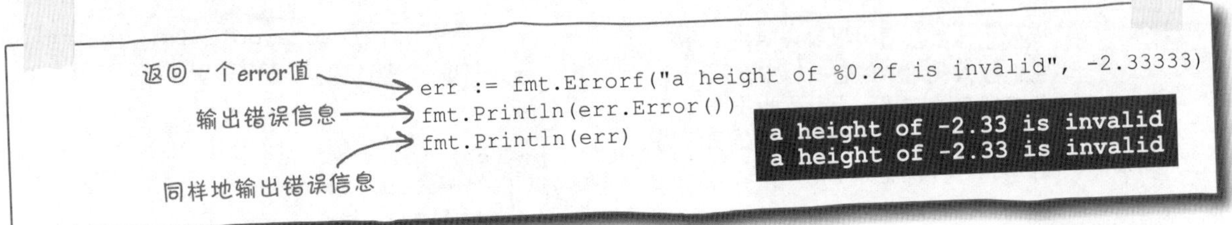

返回一个error值
err := fmt.Errorf("a height of %0.2f is invalid", -2.33333)
输出错误信息
fmt.Println(err.Error())
fmt.Println(err)
同样地输出错误信息
a height of -2.33 is invalid
a height of -2.33 is invalid

一个包含任何值的具有特定方法的类型……听起来像是接口！

没错。error类型只是一个接口！看起来是这样的：

```
type error interface {
        Error() string
}
```

声明作为一个接口的error类型意味着，如果它具有一个返回string的Error方法，它就满足error接口，并且它是error的值。这意味着你能定义自己的类型并且用在任何需要error值的地方！

例如，这里有个简单定义的类型ComedyError。因为它有一个返回string的Error方法，它满足error接口，那么我们就能将它赋值给error类型的变量。

定义一个以string为基础类型的类型。

```
type ComedyError string
func (c ComedyError) Error() string {
        return string(c)
}

func main() {
        var err error
        err = ComedyError("What's a programmer's favorite beer? Logger!")
        fmt.Println(err)
}
```

满足error接口。

Error方法需要返回一个string，所以做个类型转换。

声明一个errror类型的变量。

ComedyError满足error接口，所以我们能把ComedyError赋值给变量。

```
What's a programmer's favorite beer? Logger!
```

"error接口"（续）

如果你需要一个error值，也需要追踪除了错误信息字符串之外更多的信息，你可以创建自己的满足error接口的类型并保存你需要的信息。

假设你写了一个程序来监控一些设备以确保它们不会过热。这个OverheatError类型可能有用。它有一个满足error的Error方法。但有趣的是它使用float64作为基础类型，允许我们追踪过载的温度。

```
type OverheatError float64
func (o OverheatError) Error() string {
	return fmt.Sprintf("Overheating by %0.2f degrees!", o)
}
```

定义一个基础类型是float64的类型。

满足error接口。

在错误信息中使用温度。

这里有一个使用OverheatError的checkTemperature函数。它接收系统实际温度和被认为是安全的温度作为参数。它指定返回一个error类型的值，而不是OverheatError，但没关系，因为它满足error接口。如果actual温度超过了safe温度，checkTemperature返回一个新的记录了超出量的OverheatError。

```
func checkTemperature(actual float64, safe float64) error {
	excess := actual - safe
	if excess > 0 {
		return OverheatError(excess)
	}
	return nil
}

func main() {
	var err error = checkTemperature(121.379, 100.0)
	if err != nil {
		log.Fatal(err)
	}
}
```

指定函数返回原生error值。

如果actual温度高于safe温度……

……返回一个记录了超出量的OverheatError。

```
2018/04/02 19:27:44 Overheating by 21.38 degrees!
```

有问必答

问：为何我们可以在不同的包中使用error接口而不用导入它？它以小写字母开头。那意味着它是从声明的包中未导出的吗？error在哪个包中声明？

答： error类型像int或者string一样是一个"预定义标识符"，它不属于任何包。它是"全局块"的一部分，这意味着它在任何地方可用，不用考虑当前包信息。

还记得包块包裹着的函数块、函数块包裹着的if和for代码块吗？全局块包裹着所有的包块。那意味着你可以在任意包中使用全局块中定义的任何东西，而不用导入它。那包括了error和其他预定义标识符。

Stringer接口

记得之前在第9章我们为了区分多种描述容积的单位而创建的Gallons、Liters和Milliliters类型吗？我们发现，毕竟很难区分它们。12加仑与12升和12毫升是完全不同的量级，但它们输出的时候看起来一样。如果输出的时候有非常精确的小数位，看起来也很不方便。

```
type Gallons float64
type Liters float64
type Milliliters float64

func main() {
	fmt.Println(Gallons(12.09248342))      ← 创建并输出Gallons值。
	fmt.Println(Liters(12.09248342))       ← 创建并输出一个Liters值。
	fmt.Println(Milliliters(12.09248342))  ← 创建并输出一个Milliliters值。
}
```

这三个值看起来相同！

```
12.09248342
12.09248342
12.09248342
```

你可以使用Printf函数来四舍五入并且增加一个缩写来标识度量单位，但在所有需要使用这些类型的地方，你会很快感到厌烦。

格式化数字并添加缩写

```
fmt.Printf("%0.2f gal\n", Gallons(12.09248342))
fmt.Printf("%0.2f L\n", Liters(12.09248342))
fmt.Printf("%0.2f mL\n", Milliliters(12.09248342))
```

```
12.09 gal
12.09 L
12.09 mL
```

那就是为什么fmt包定义了fmt.Stringer接口：允许任何类型决定在输出时如何展示。让其他类型满足Stringer接口很简单，只需要定义一个返回string类型的方法。接口定义如下所示：

```
type Stringer interface {
	String() string  ← 任何具有返回string的String方法的类型都是一个fmt.Stringer。
}
```

例如，这里我们建立了一个CoffeePot类型来满足Stringer：

```
type CoffeePot string
func (c CoffeePot) String() string {  ← 满足Stringer接口。
	return string(c) + " coffee pot"  ← 方法需要返回一个string。
}

func main() {
	coffeePot := CoffeePot("LuxBrew")
	fmt.Println(coffeePot.String())
}
```

```
LuxBrew coffee pot
```

Stringer接口（续）

许多在fmt包中的函数都会判断传入的参数是否满足stringer接口，如果满足就调用String方法。这些函数包括Print、Println和Printf等。现在CoffeePot满足了Stringer，我们可以把CoffeePot值直接传入这些函数，并且CoffeePot的String方法的返回值会在输出时使用：

创建一个CoffeePot值。

```
coffeePot := CoffeePot("LuxBrew")
fmt.Print(coffeePot, "\n")
fmt.Println(coffeePot)
fmt.Printf("%s", coffeePot)
```

将CoffeePot值传递给多种fmt函数。

```
LuxBrew coffee pot
LuxBrew coffee pot
LuxBrew coffee pot
```

String方法的返回值在输出中使用。

现在为了更正式地使用接口类型。我们让Gallons、Liters和Milliliters类型都满足Stringer。我们将格式化值的代码移到与每种类型相关联的String方法。我们将用Sprintf函数代替Printf，并返回结果值。

```
type Gallons float64
func (g Gallons) String() string {
	return fmt.Sprintf("%0.2f gal", g)
}

type Liters float64
func (l Liters) String() string {
	return fmt.Sprintf("%0.2f L", l)
}

type Milliliters float64
func (m Milliliters) String() string {
	return fmt.Sprintf("%0.2f mL", m)
}

func main() {
	fmt.Println(Gallons(12.09248342))
	fmt.Println(Liters(12.09248342))
	fmt.Println(Milliliters(12.09248342))
}
```

让Gallons满足Stringer接口。

让Liters满足Stringer接口。

让Milliliters满足Stringer接口。

将每种类型的值传递给Println。

```
12.09 gal
12.09 L
12.09 mL
```

每种类型的String方法的返回值在输出中使用。

现在，任何时候我们传入Gallons、Liters和Milliliters值给Println（或者大多数fmt函数），它们的String方法会被调用，并且它们的返回值会在输出中使用。我们已经为输出每种类型都建立了一个有用的默认格式！

空接口

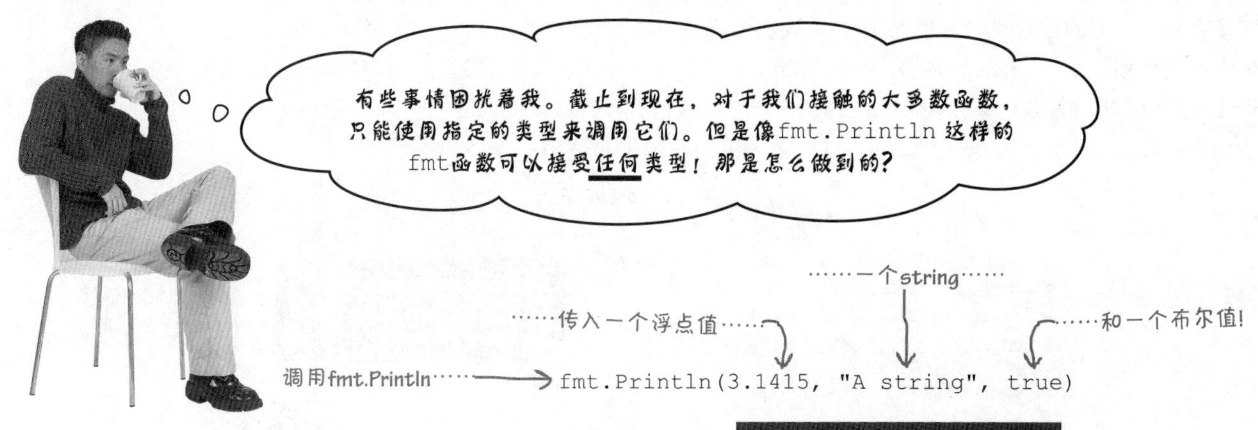

好问题！让我们执行**go doc**来打开fmt.Println的文档并看看它的参数声明为何种类型……

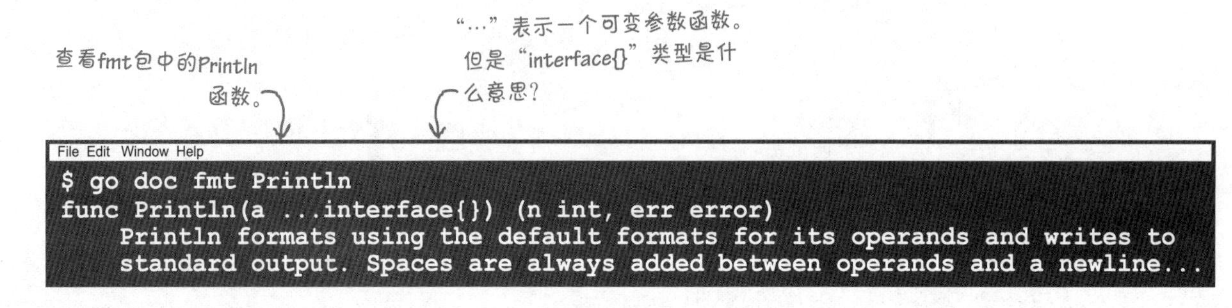

就像我们在第6章见到的，...意味着这是一个可变参数的函数，意味着它可以接受任何个数的参数。但是interface{}类型是什么意思？

记住，接口声明定义了方法，类型必须实现这个方法才能满足接口。例如，我们的NoiseMaker接口，任何具有MakeSound方法的类型都满足它。

```
type NoiseMaker interface {
	MakeSound()
}
```

但是如果我们定义一个不需要任何方法的接口会怎么样？它会被任何类型满足！它被所有的类型满足！

```
type Anything interface {
}
```

空接口（续）

Interface{}类型称为空接口，用来接收任何类型的值。不需要实现任何方法来满足空接口，所以所有的类型都满足它。

如果你定义一个接收一个空接口作为参数的函数，你可以传入任何类型的值作为参数：

接收一个空接口作为参数。

```
func AcceptAnything(thing interface{}) {
}

func main() {
	AcceptAnything(3.1415)
	AcceptAnything("A string")
	AcceptAnything(true)
	AcceptAnything(Whistle("Toyco Canary"))
}
```

所有的类型都可以传给我们的函数！

不需要实现任何方法来满足空接口，所以所有的类型都满足它。

但是先不要对你所有的函数使用空接口！如果你有一个空接口类型的值，你无法做任何操作。

大多数fmt中的函数接收空接口类型的值，所以你可以传给它们空接口类型的值：

```
func AcceptAnything(thing interface{}) {
	fmt.Println(thing)
}

func main() {
	AcceptAnything(3.1415)
	AcceptAnything(Whistle("Toyco Canary"))
}
```

```
3.1415
Toyco Canary
```

但是不要尝试在空接口值上调用任何函数！请记住，如果你有一个接口类型的值，你只能调用接口上的方法。空接口没有任何方法。那意味着你没法调用空接口类型值的任何方法！

```
func AcceptAnything(thing interface{}) {
	fmt.Println(thing)
	thing.MakeSound()
}
```

尝试在空接口值上调用方法……

错误

```
thing.MakeSound undefined (type interface {} is interface with no methods)
```

空接口（续）

为了在空接口类型的值上调用方法，你需要使用类型断言来获得具体类型的值。

```
func AcceptAnything(thing interface{}) {
	fmt.Println(thing)
	whistle, ok := thing.(Whistle)
	if ok {
		whistle.MakeSound()
	}
}

func main() {
	AcceptAnything(3.1415)
	AcceptAnything(Whistle("Toyco Canary"))
}
```

使用类型断言来获得Whistle。

调用Whistle上的方法。

```
3.1415
Toyco Canary
Tweet!
```

在那种情况下，你最好写一个接收特定具体类型的函数。

```
func AcceptWhistle(whistle Whistle) {
	fmt.Println(whistle)
	whistle.MakeSound()
}
```

接收Whistle。

调用方法。不需要类型转换。

所以，当你定义自己的函数时，空接口的好处有限。但是你会一直将空接口与在fmt包中或者在其他地方的函数一起使用。下次你在函数文档中看到interface{}参数的时候，你将确切地知道它的意思！

当你定义变量或者函数参数时，你通常明确知道你需要哪些值。你会使用具体类型像Pen、Car或者Whistle。有些时候，你只关心值能做什么。在这种情况下，你会定义接口类型，像WritingInstrument、Vehicle或MoiseMaker。

你会将需要调用的方法定义为接口类型的一部分。然后你就可以赋值给变量或者调用你的函数而不用担心值的具体类型是什么。如果它有正确的方法，你就能使用它！

你的Go工具箱

这就是第11章！你已经把接口增加到你的工具箱中。

接口

一个接口是特定的值预期具有的一组方法。

任何拥有接口定义中的所有方法的类型被称为满足这个接口。

如果一个类型满足接口，那么它就可以被赋给那个接口类型的任何变量或函数参数。

要点

- 一个具体类型定义不仅指示了值能做什么（哪些方法可以被调用），也表明了它们是什么：它们定义了保存值数据的基础类型。
- 一个接口类型是一个抽象类型。接口并不会描述值是什么：它们不会说基础类型是什么或者数据是如何保存的。它们仅仅描述值能做什么：它具有哪些方法。
- 一个接口定义需要包含一组方法名称，以及方法的参数和返回值。
- 为了满足一个接口，类型必须实现接口定义的所有方法。方法名称、参数类型（或没有）和返回值类型（或没有）都必须与接口中定义的一致。
- 除了接口的方法之外，类型可以有其他的方法，但是它不能缺少接口中的任何方法。否则，类型就不满足那个接口。
- 类型可以满足多个接口，接口也可以被不同的类型满足。
- 接口满足是自动的。不需要显式声明具体类型满足Go中的接口。
- 当有一个接口类型的变量时，你能在它之上调用的方法只能是接口定义的。
- 如果你将一个具体类型赋值给接口类型的变量，你能使用类型断言来获得具体类型的值。只有这样你才能调用具体类型定义的（但没有定义在接口中的）方法。
- 类型断言返回第二个bool值来表明断言是否成功。

```
car, ok := vehicle.(Car)
```

```
type Car string
func (c Car) Accelerate() {
   fmt.Println("Speeding up")
}
func (c Car) Brake() {
   fmt.Println("Stopping")
}
func (c Car) Steer(direction string) {
   fmt.Println("Turning", direction)
}

type Truck string
func (t Truck) Accelerate() {
   fmt.Println("Speeding up")
}
func (t Truck) Brake() {
   fmt.Println("Stopping")
}
func (t Truck) Steer(direction string) {
   fmt.Println("Turning", direction)
}
func (t Truck) LoadCargo(cargo string) {
   fmt.Println("Loading", cargo)
}

type Vehicle interface {
   Accelerate()
   Brake()
   Steer(string)    ← 不要忘记Steer需要一个参数！
}

func main() {
   var vehicle Vehicle = Car("Toyoda Yarvic")
   vehicle.Accelerate()
   vehicle.Steer("left")

   vehicle = Truck("Fnord F180")
   vehicle.Brake()
   vehicle.Steer("right")
}
```

```
Speeding up
Turning left
Stopping
Turning right
```

拼图板答案

```
type Truck string
func (t Truck) Accelerate() {
    fmt.Println("Speeding up")
}
func (t Truck) Brake() {
    fmt.Println("Stopping")
}
func (t Truck) Steer(direction string) {
    fmt.Println("Turning", direction)
}
func (t Truck) LoadCargo(cargo string) {
    fmt.Println("Loading", cargo)
}

type Vehicle interface {
    Accelerate()
    Brake()
    Steer(string)
}

func TryVehicle(vehicle Vehicle) {
    vehicle.Accelerate()
    vehicle.Steer("left")
    vehicle.Steer("right")
    vehicle.Brake()
    truck, ok := vehicle.(Truck)
    if ok {        ← 类型转换是否成功？
        truck.LoadCargo("test cargo")
    }              ← 保存了Truck，而不（只）是Vehicle，
}                     这样我们就能调用LoadCargo方法。

func main() {
    TryVehicle(Truck("Fnord F180"))
}
```

```
Speeding up
Turning left
Turning right
Stopping
Loading test cargo
```

12 重新站起来

从失败中恢复

哇！当我想到数据被破坏时，我真的很恐慌！给我一点时间来恢复，然后我会关闭文件。

每个程序都会遇到错误。你应该为它们做好计划。有时候，处理错误可以像报告错误并退出程序一样简单。但是其他错误可能需要额外的操作。你可能需要关闭打开的文件或网络连接，或者以其他方式清理，这样你的程序就不会留下混乱。在本章中，我们将向你展示如何延迟清理操作，以便在出现错误时也能执行这些操作。我们还将向你展示如何在适当的（罕见的）情况下使程序出现panic，以及如何在事后恢复。

从文件中读取数字，重新访问

我们已经讨论了很多在Go中处理错误的内容。但是到目前为止，我们所展示的技术并不适用于所有情况。让我们看一个这样的场景。

我们想创建一个程序*sum.go*，它从文本文件中读取float64值，将它们相加，然后打印它们的和。

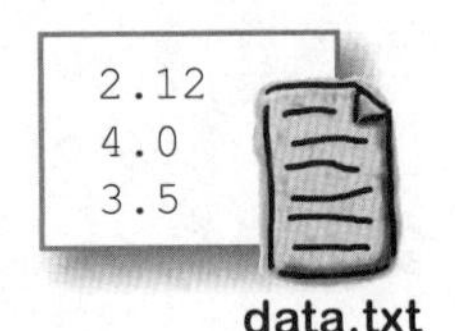

Shell Edit View Window Help

```
$ go run sum.go data.txt
Opening data.txt
Closing file
Sum: 9.62
```

在第6章中，我们创建了一个GetFloats函数，它打开一个文本文件，将文件的每一行转换为一个float64值，并将这些值作为一个切片返回。

在这里，我们将GetFloats移动到main包，并更新它，使其依赖于两个新函数OpenFile和CloseFile来打开和关闭文本文件。

我们已经将所有这些代码移到sum.go源文件中的“main”包中。

```
package main

import (
    "bufio"
    "fmt"
    "log"
    "os"
    "strconv"
)

func OpenFile(fileName string) (*os.File, error) {
    fmt.Println("Opening", fileName)
    return os.Open(fileName)
}
func CloseFile(file *os.File) {
    fmt.Println("Closing file")
    file.Close()
}

func GetFloats(fileName string) ([]float64, error) {
    var numbers []float64
    file, err := OpenFile(fileName)
    if err != nil {
        return nil, err
    }
    scanner := bufio.NewScanner(file)
    for scanner.Scan() {
        number, err := strconv.ParseFloat(scanner.Text(), 64)
        if err != nil {
            return nil, err
        }
        numbers = append(numbers, number)
    }
    CloseFile(file)
    if scanner.Err() != nil {
        return nil, scanner.Err()
    }
    return numbers, nil
}
```

打开文件并返回指向该文件的指针，以及遇到的任何错误。（指向 return os.Open(fileName)）

关闭文件。（指向 file.Close()）

不是直接调用os.Open，而是调用OpenFile。（指向 file, err := OpenFile(fileName)）

不是直接调用file.Close，而是调用CloseFile。（指向 CloseFile(file)）

从文件中读取数字，重新访问（续）

我们希望将要读取的文件名称指定为命令行参数。你可能还记得在第6章中使用了os.Args 切片——它是一个string值的切片，包含程序运行时使用的所有参数。

因此，在我们的主函数中，通过访问os.Args[1]从第一个命令行参数获得要打开的文件的名称。（请记住，os.Args[0]元素是正在运行的程序的名称；实际的程序参数出现在os.Args[1]和后面的元素中。）

然后，我们将该文件名传递给GetFloats来读取该文件，并得到一个返回的float64值的切片。

如果在此过程中遇到任何错误，它们将从GetFloats函数返回，我们将把它们存储在err变量中。如果err不是nil，则意味着有错误，因此我们只需记录并退出。

否则，这意味着文件已被成功读取，因此我们使用for循环将切片中的每个值相加，并最后打印总和。

使用第一个命令行参数作为文件名。

存储从文件中读取的数字切片，以及任何错误。

如果有错误，记录并退出。

把切片中的所有数字加起来。

打印总和。

```
func main() {
	numbers, err := GetFloats(os.Args[1])
	if err != nil {
		log.Fatal(err)
	}
	var sum float64 = 0
	for _, number := range numbers {
		sum += number
	}
	fmt.Printf("Sum: %0.2f\n", sum)
}
```

让我们将所有这些代码保存在一个名为*sum.go*的文件中。然后，创建一个纯文本文件，其中填充数字，每行一个数字。我们将其命名为*data.txt*，并将其保存在与*sum.go*相同的目录中。

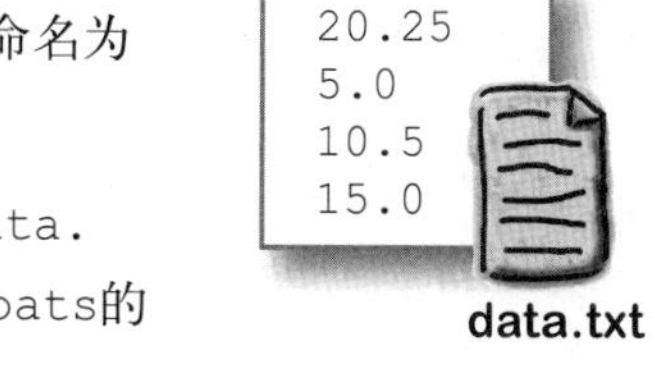
20.25
5.0
10.5
15.0
data.txt

我们可以用go run sum.go data.txt运行程序。字符串"data.txt"将作为*sum.go*程序的第一个参数，因此这是传递给GetFloats的文件名。

我们可以看到何时调用OpenFile和CloseFile函数，因为它们都包含对fmt.Println的调用。在输出的最后，我们可以看到*data.txt*中所有数字的总和。看起来一切正常！

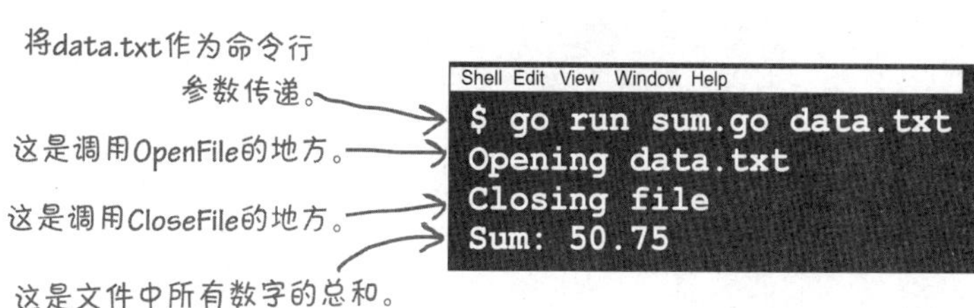
将data.txt作为命令行参数传递。
这是调用OpenFile的地方。
这是调用CloseFile的地方。
这是文件中所有数字的总和。
Shell Edit View Window Help
$ go run sum.go data.txt
Opening data.txt
Closing file
Sum: 50.75

任何错误都将阻止关闭文件

但是，如果给*sum.go*程序提供一个格式不正确的文件，我们就会遇到问题。例如，如果文件的行不能解析为float64值，则会导致错误。

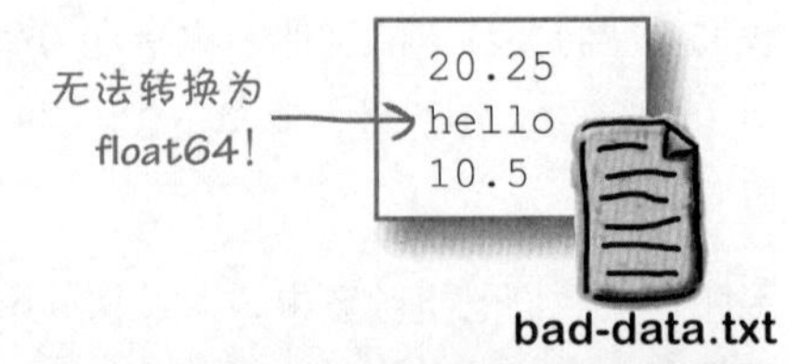

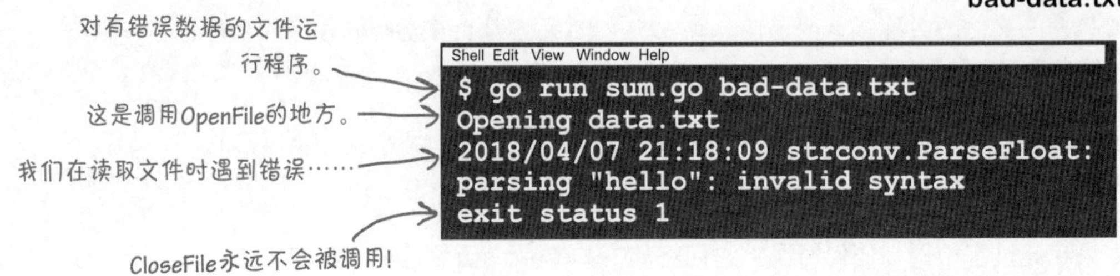

对有错误数据的文件运行程序。
这是调用OpenFile的地方。
我们在读取文件时遇到错误……
CloseFile永远不会被调用！
Shell Edit View Window Help
$ go run sum.go bad-data.txt
Opening data.txt
2018/04/07 21:18:09 strconv.ParseFloat:
parsing "hello": invalid syntax
exit status 1

这本身是正常的，每个程序偶尔都会接收到无效的数据。但是GetFloats函数应该在完成后调用CloseFile函数。我们没有在程序输出中看到“Closing file”，这表明CloseFile没有被调用！

问题是当我们对无法转换为float64的字符串调用strconv.ParseFloat时，它返回一个错误。我们的代码被设置为在此时从GetFloats函数返回。

但是这个返回发生在调用CloseFile之前，这意味着文件永远不会被关闭！

```
func GetFloats(fileName string) ([]float64, error) {
    var numbers []float64
    file, err := OpenFile(fileName)
    if err != nil {
        return nil, err
    }
    scanner := bufio.NewScanner(file)
    for scanner.Scan() {
        number, err := strconv.ParseFloat(scanner.Text(), 64)
        if err != nil {
            return nil, err
        }
        numbers = append(numbers, number)
    }
    CloseFile(file)
    if scanner.Err() != nil {
        return nil, scanner.Err()
    }
    return numbers, nil
}
```

当不能将文本行转换为float64时，ParseFloat返回一个错误……

……这会导致GetFloats返回一个错误……

……这意味着CloseFile永远不会被调用！

延迟函数调用

现在，关闭文件失败似乎没什么大不了的。对于一个只打开一个文件的简单程序来说，这可能没问题。但是，每个打开的文件都会继续消耗操作系统的资源。随着时间的推移，打开的多个文件可能会累积并导致程序失败，甚至影响整个系统的性能。当程序完成时，养成确保文件关闭的习惯是非常重要的。

但我们如何才能做到这一点呢？GetFloats函数被设置为在读取文件遇到错误时立即退出，即使CloseFile尚未调用！

如果你有一个无论如何希望确保运行的函数调用，都可以使用defer语句。你可以将defer关键字放在任何普通函数或方法调用之前，Go将延迟（也就是推迟）执行函数调用，直到当前函数退出之后。

通常，函数调用一遇到就立即执行。在这段代码中，fmt.Println("Goodbye!")调用在其他两个fmt.Println调用之前运行。.

```
package main

import "fmt"

func Socialize() {
	fmt.Println("Goodbye!")
	fmt.Println("Hello!")
	fmt.Println("Nice weather, eh?")
}

func main() {
	Socialize()
}
```

```
Goodbye!
Hello!
Nice weather, eh?
```

但是，如果我们在调用fmt.Println("Goodbye!")之前添加defer关键字，则在Socialize函数中的所有剩余代码运行之前以及Socialize退出之前，该调用不会运行。

```
package main

import "fmt"

func Socialize() {
	defer fmt.Println("Goodbye!")
	fmt.Println("Hello!")
	fmt.Println("Nice weather, eh?")
}

func main() {
	Socialize()
}
```

在函数调用之前添加“defer”关键字。

第一个函数调用被推迟到Socialize退出之后。

```
Hello!
Nice weather, eh?
Goodbye!
```

使用延迟函数调用从错误中恢复

这很酷，但是你说过defer用于“无论如何”都需要发生的函数调用。介意解释一下吗？

defer关键字通过使用return关键字确保函数调用发生，即使调用函数提前退出。

“defer”关键字确保函数调用发生，即使调用函数提前退出了。

下面，我们更新了Socialize函数以返回一个错误，因为我们不想交谈了。Socialize将在fmt.Println("Nice weather, eh?")调用之前退出。但是因为我们在fmt.Println("Goodbye!")调用之前包含了一个defer关键字，所以Socialize总是会在结束谈话之前很有礼貌地打印“Goodbye!”。

```
package main

import (
	"fmt"
	"log"
)

func Socialize() error {
	defer fmt.Println("Goodbye!")
	fmt.Println("Hello!")
	return fmt.Errorf("I don't want to talk.")
	fmt.Println("Nice weather, eh?")
	return nil
}

func main() {
	err := Socialize()
	if err != nil {
		log.Fatal(err)
	}
}
```

延迟打印“Goodbye!”。

返回一个错误。

这段代码不会运行！

当Socialize返回时，仍然执行延迟函数的调用。

```
Hello!
Goodbye!
2018/04/08 19:24:48 I don't want to talk.
```

使用延迟函数调用确保文件关闭

因为defer关键字可以确保“无论如何”都执行函数调用，所以它通常用于需要运行的代码，即使在出现错误的情况下也是如此。一个常见的例子是在文件打开之后关闭它们。

这正是*sum.go*程序中GetFloats函数所需要的。调用OpenFile函数之后，我们需要它调用CloseFile，即使在解析文件内容时出现错误。

我们可以通过在调用OpenFile之后立即将调用简单地转到CloseFile（及其附带的错误处理代码），并将defer关键字放在它前面来实现这一点。

```
func OpenFile(fileName string) (*os.File, error) {
	fmt.Println("Opening", fileName)
	return os.Open(fileName)
}
func CloseFile(file *os.File) {
	fmt.Println("Closing file")
	file.Close()
}

func GetFloats(fileName string) ([]float64, error) {
	var numbers []float64
	file, err := OpenFile(fileName)
	if err != nil {
		return nil, err
	}
	defer CloseFile(file)
	scanner := bufio.NewScanner(file)
	for scanner.Scan() {
		number, err := strconv.ParseFloat(scanner.Text(), 64)
		if err != nil {
			return nil, err
		}
		numbers = append(numbers, number)
	}
	if scanner.Err() != nil {
		return nil, scanner.Err()
	}
	return numbers, nil
}
```

将这个移动到刚刚调用OpenFile之后。

添加“defer”，这样在GetFloats退出后它也会运行。

现在，即使这里返回了一个错误，CloseFile仍然会被调用！

如果这里返回一个错误，CloseFile也会被调用！

当然，如果GetFloats正常完成，就会调用CloseFile!

使用defer可以确保在GetFloats退出时调用CloseFile，不管它是正常完成还是解析文件时出错。

现在，即使*sum.go*被赋予一个包含错误数据的文件，它仍然会在退出之前关闭该文件！

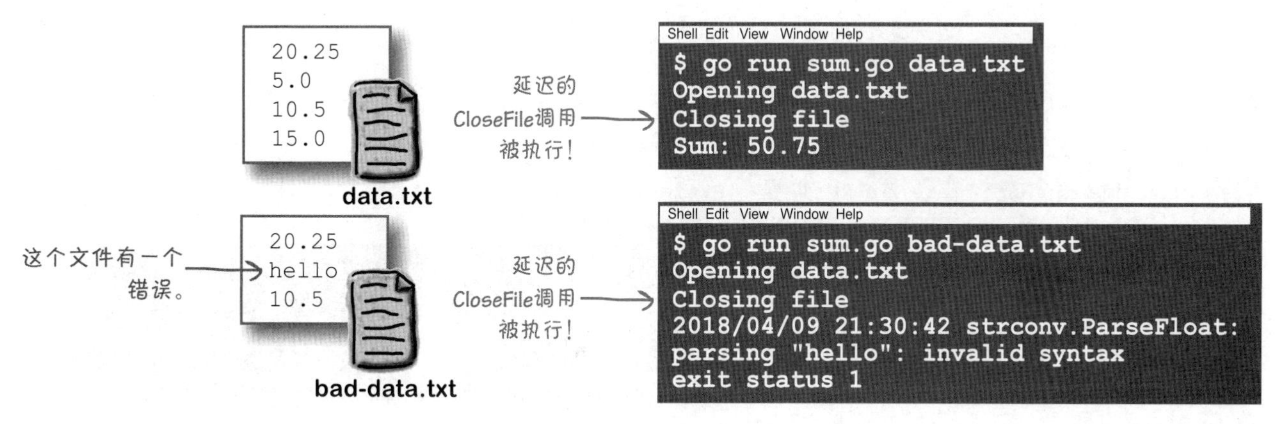
20.25
5.0
10.5
15.0
data.txt
延迟的
CloseFile调用
被执行！
Shell Edit View Window Help
$ go run sum.go data.txt
Opening data.txt
Closing file
Sum: 50.75
这个文件有一个错误。
20.25
hello
10.5
bad-data.txt
延迟的
CloseFile调用
被执行！
Shell Edit View Window Help
$ go run sum.go bad-data.txt
Opening data.txt
Closing file
2018/04/09 21:30:42 strconv.ParseFloat:
parsing "hello": invalid syntax
exit status 1

代码贴

此代码设置一个模拟冰箱的Refrigerator类型。冰箱使用一个字符串切片作为其基础类型，字符串表示冰箱中储存的食物的名称。该类型有一个模拟打开门的Open方法，以及一个相应的关门的Close方法（毕竟我们不想浪费能源）。FindFood方法调用Open来打开门，调用我们编写的find函数来搜索特定食物的底层切片，然后再次调用Close来关门。

但是FindFood有个问题。它设置为如果找不到要搜索的食物，就返回一个错误值。但当这种情况发生时，它会在Close被调用之前返回，这会让虚拟冰箱门一直敞开着！

（下一页继续……）

```
func find(item string, slice []string) bool {
	for _, sliceItem := range slice {
		if item == sliceItem {
			return true      ← 如果在切片中找到字符串，则返回true……
		}
	}
	return false      ← ……如果找不到字符串，则返回false。
}

type Refrigerator []string    ← Refrigerator类型基于字符串切片，它将保存冰箱中储存的食物的名称。

func (r Refrigerator) Open() {    ← 模拟打开冰箱。
	fmt.Println("Opening refrigerator")
}
func (r Refrigerator) Close() {    ← 模拟关上冰箱。
	fmt.Println("Closing refrigerator")
}
func (r Refrigerator) FindFood(food string) error {
	r.Open()
	if find(food, r) {      ← 如果冰箱里有我们想要的食物……
		fmt.Println("Found", food)      ← ……打印我们找到了。
	} else {
		return fmt.Errorf("%s not found", food)      ← 否则，返回一个错误。
	}
	r.Close()      ← 但是如果我们返回一个错误，这个永远不会被调用！
	return nil
}

func main() {
	fridge := Refrigerator{"Milk", "Pizza", "Salsa"}
	for _, food := range []string{"Milk", "Bananas"} {
		err := fridge.FindFood(food)
		if err != nil {
			log.Fatal(err)
		}
	}
}
```

冰箱是开着的，但永远不会关上！

```
Opening refrigerator
Found Milk
Closing refrigerator
Opening refrigerator
2018/04/09 22:12:37 Bananas not found
```

答案在第377页。

代码贴（续）

使用下面的代码贴创建FindFood方法的更新版本。它应该推迟对Close方法的调用，以便在FindFood退出时运行（不管是否成功找到了食物）。

当发现食物时，应该调用Refrigerator的Close方法。
当找不到食物时，也应该调用Close。
Opening refrigerator
Found Milk
Closing refrigerator
Opening refrigerator
Closing refrigerator
2018/04/09 22:12:37 Bananas not found
defer
if find(food, r) {
fmt.Println("Found", food)
} else {
return fmt.Errorf("%s not found", food)
}
r.Open()
r.Close()
func (r Refrigerator) FindFood(food string) error {
}
return nil

有问必答

问： 这样我就可以延迟函数和方法调用……我是否可以延迟其他语句，比如for循环或变量赋值？

答： 不行，只能延迟函数和方法调用。你可以编写一个函数或方法来做任何想要做的事情，然后延迟对该函数或方法的调用，但是defer关键字本身只能与函数或方法调用一起使用。

列出目录中的文件

Go还有一些特性可以帮助你处理错误，我们将向你展示一个程序，稍后将演示这些特性。但是这个程序使用了一些新技巧，需要在深入研究之前向你展示。首先，我们需要知道如何读取目录的内容。

尝试创建一个名为*my_directory*的目录，它包含两个文件和一个子目录，如右图所示。下面的程序将列出*my_directory*的内容，指出它包含的每个项的名称，以及它是文件还是子目录。

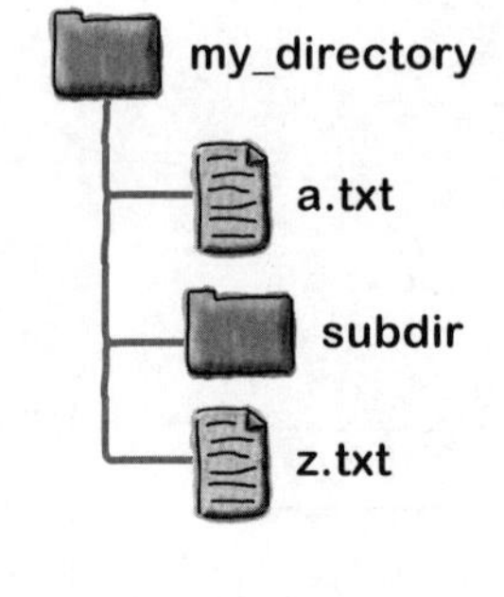

`io/ioutil`包包含一个`ReadDir`函数，它允许我们读取目录内容。向`ReadDir`传递一个目录的名称，它将返回一个值切片，每个值切片对应目录包含的每个文件或子目录（以及遇到的任何错误）。

每个切片的值都满足`FileInfo`接口，该接口包括一个返回文件名的`Name`方法和一个如果是目录则返回`true`的`IsDir`方法。

因此，我们的程序调用`ReadDir`，将*my_directory*的名称作为参数传递给它。然后循环遍历返回的切片中的每个值。如果`IsDir`返回值为`true`，它将打印`"Directory:"`和文件名。否则，它将打印`"File:"`和文件名。

files.go

```
package main

import (
	"fmt"
	"io/ioutil"
	"log"
)

func main() {
	files, err := ioutil.ReadDir("my_directory")
	if err != nil {
		log.Fatal(err)
	}

	for _, file := range files {
		if file.IsDir() {
			fmt.Println("Directory:", file.Name())
		} else {
			fmt.Println("File:", file.Name())
		}
	}
}
```

获取一个包含代表“my_directory”的内容的值的切片。

对于切片中的每个文件……

如果这个文件是一个目录……

……打印“Directory：”和文件名。

否则，打印“File:”和文件名。

将上述代码保存为*files.go*，与*my_directory*在同一目录中。在终端上，切换到该父目录，并输入**`go run files.go`**。程序将运行并生成*my_directory*所包含的文件和目录的列表。

```
Shell Edit View Window Help
$ cd work
$ go run files.go
File: a.txt
Directory: subdir
File: z.txt
```

列出子目录中的文件（会更棘手）

读取单个目录内容的程序不太复杂。但是假设我们想列出更复杂的内容，比如Go 工作区目录。它将包含嵌套在子目录中的整个子目录树，有些包含文件，有些不包含。

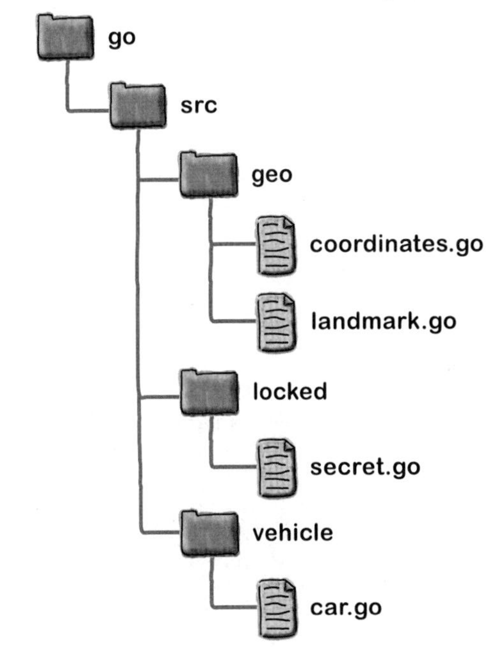

通常，这样的程序会相当复杂。大致的逻辑应该是这样的：

I. 获取目录中的文件列表。

　　A. 获取下一个文件。

　　B. 这个文件是目录吗？

　　　　1. 如果是：获取目录中的文件列表。

　　　　　　a. 获取下一个文件。

　　　　　　b. 这个文件是目录吗？

　　　　　　　　01. 如果是：获取目录中的文件列表……

　　　　2. 如果不是：只打印文件名。

这个逻辑嵌套太深了，我们想不出充足的大概层次！

很复杂，对吧？我们宁愿不写那些代码！

但如果有更简单的方法呢？像这样的逻辑：

I. 获取目录中的文件列表。

　　A. 获取下一个文件。

　　B. 这个文件是目录吗？

　　　　1. 如果是：使用这个目录从步骤I开始。

　　　　2. 如果不是：只打印文件名。

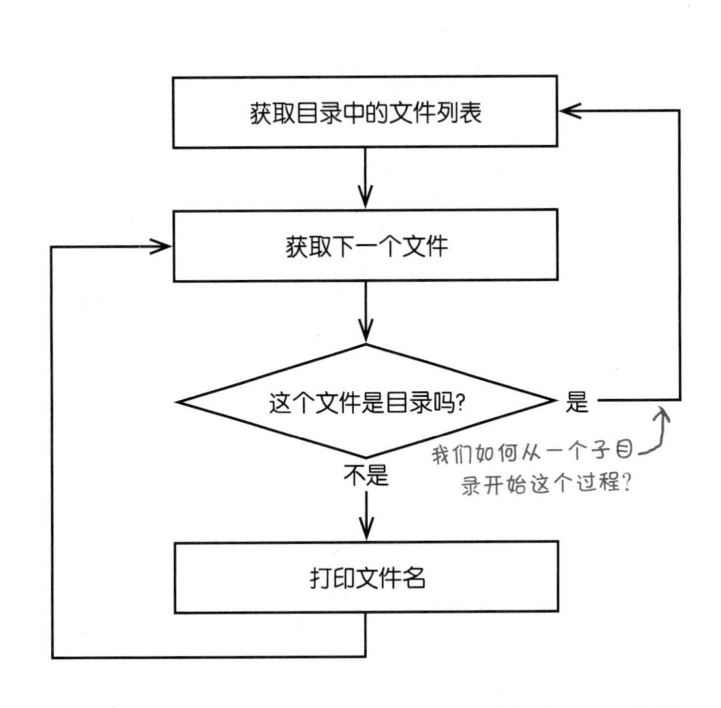

但是，不清楚如何处理“使用这个新目录重新开始逻辑”部分。为了实现这一点，我们需要一个新的编程概念……

递归函数调用

这就引出了第二个（也是最后一个）技巧，我们需要在结束绕行并重新开始处理错误之前向你展示。

Go是许多支持递归的编程语言之一，递归允许函数调用自身。

如果不细心，你只会得到一个无限循环，函数会一次又一次地调用自己：

```
package main

import "fmt"

func recurses() {
	fmt.Println("Oh, no, I'm stuck!")
	recurses()  ←—— "recurses"函数调用自己!
}

func main() {
	recurses()  ←—— 第一次调用"recurses"。
}
```

```
Oh, no, I'm stuck!
Oh, no, I'm stuck!
Oh, no, I'm stuck!
Oh, no, ^Csignal: interrupt
```

任何运行此程序的人都必须按<Ctrl-C>才能中断无限循环！

但如果你确保递归循环最终能停止，递归函数实际上是有用的。

这是一个递归count函数，它从第一个数到最后一个数进行计数。(通常循环会更有效，但这是演示递归工作原理的一种简单方法。)

```
package main

import "fmt"

func count(start int, end int) {
	fmt.Println(start)  ←—— 打印当前的起始数。
	if start < end {  ←—— 如果还没有到达结束数……
		count(start+1, end)  ←—— ……"count"函数使用比之前多1的起始数调用自身。
	}
}

func main() {
	count(1, 3)  ←—— 第一次调用"count"，指定它应该从1到3计数。
}
```

```
1
2
3
```

递归函数调用（续）

下面是程序的顺序：

1. main使用起始（start）参数1和结束（end）参数3调用count。
2. count打印起始参数：1。
3. start(1)小于end(3)，因此count以起始数2和结束数3调用自己。
4. 第二次调用count将打印其新的起始参数：2。
5. start(2)小于end(3)，因此count以起始数3和结束数3调用自己。
6. 第三次调用count将打印其新的起始参数：3。
7. start(3)不小于end(3)，因此count不再调用自己；它只是返回。
8. 前两次count调用也返回了，程序结束。

如果我们添加对Printf的调用，来显示每次count的调用和退出，这个序列会更明显一些：

```
package main

import "fmt"

func count(start int, end int) {
	fmt.Printf("count(%d, %d) called\n", start, end)
	fmt.Println(start)
	if start < end {
		count(start+1, end)
	}
	fmt.Printf("Returning from count(%d, %d) call\n", start, end)
}

func main() {
	count(1, 3)
}
```

```
count(1, 3) called
1
count(2, 3) called
2
count(3, 3) called
3
Returning from count(3, 3) call
Returning from count(2, 3) call
Returning from count(1, 3) call
```

这是一个简单的递归函数。让我们尝试对*files.go*程序应用递归，看看它是否能帮助我们列出子目录的内容……

递归地列出目录内容

我们希望*files.go*程序列出Go工作区目录中所有子目录的内容。我们希望通过这样的递归逻辑来实现：

I. 获取目录中的文件列表。

  A. 获取下一个文件。

  B. 这个文件是目录吗？

    1. 如果是：对这个目录从步骤I开始。

    2. 如果不是：只打印文件名。

我们已经从main函数中删除了读取目录内容的代码，main现在只需简单地调用递归的scanDirectory函数。scanDirectory函数接收它应该扫描的目录的路径，因此我们将"go"子目录的路径传递给它。

scanDirectory做的第一件事是打印当前路径，这样我们就知道我们在哪个目录下工作。然后它对该路径调用ioutil.ReadDir以获取目录的内容。

它循环遍历ReadDir返回的FileInfo值切片，处理每个值。它调用filepath.Join将当前目录路径与当前文件名用斜杠连接起来（因此"go"和"src"被连接成"go/src"）。

如果当前文件不是一个目录，scanDirectory只打印其完整路径，然后移动到下一个文件（如果当前目录中有其他文件）。

但是，如果当前文件是一个目录，则会启动递归：scanDirectory使用该子目录的路径调用自己。如果该子目录有任何子目录，那么scanDirectory将使用每个子目录来调用自己，以此类推，遍历整个文件树。

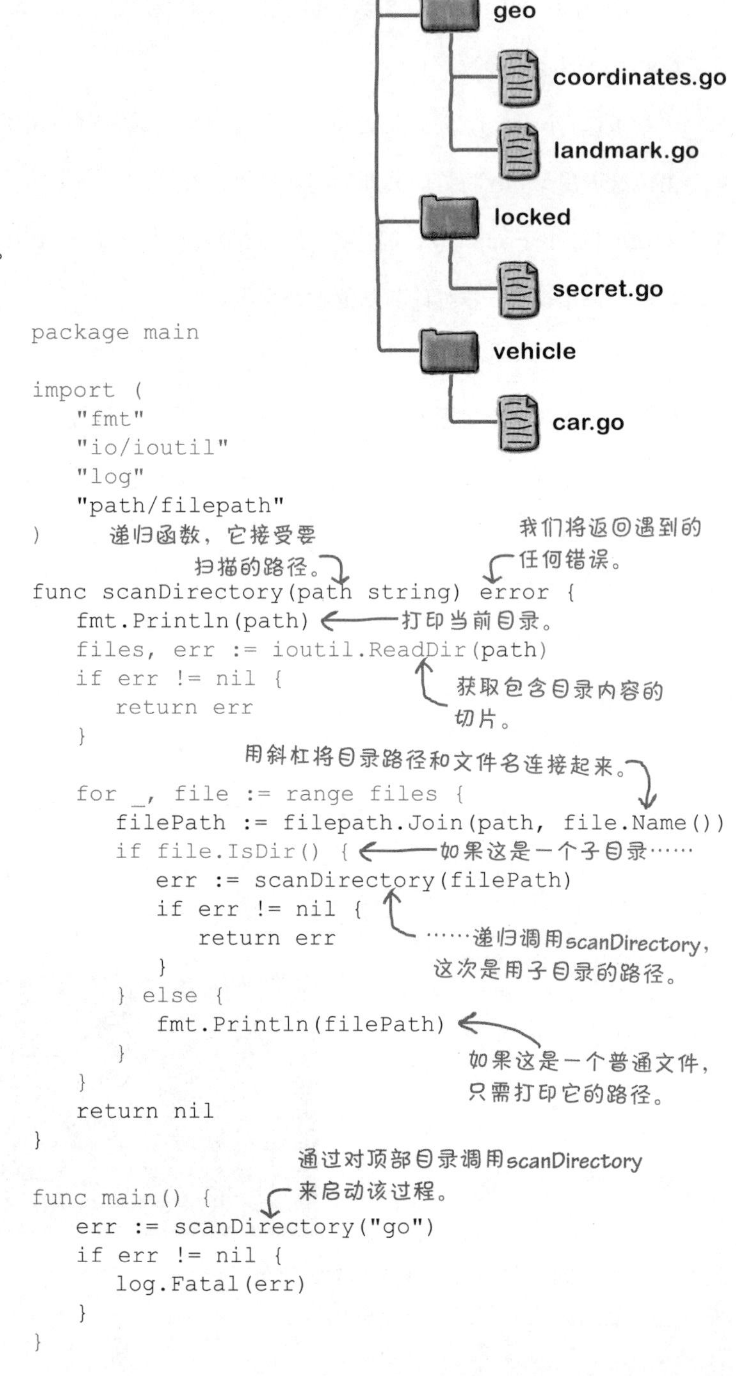
go
src
geo
coordinates.go
landmark.go
locked
secret.go
vehicle
car.go
继续绕行
递归函数，它接受要扫描的路径。
我们将返回遇到的任何错误。
打印当前目录。
获取包含目录内容的切片。
用斜杠将目录路径和文件名连接起来。
如果这是一个子目录……
……递归调用scanDirectory，这次是用子目录的路径。
如果这是一个普通文件，只需打印它的路径。
通过对顶部目录调用scanDirectory来启动该过程。

```
package main

import (
    "fmt"
    "io/ioutil"
    "log"
    "path/filepath"
)

func scanDirectory(path string) error {
    fmt.Println(path)
    files, err := ioutil.ReadDir(path)
    if err != nil {
        return err
    }

    for _, file := range files {
        filePath := filepath.Join(path, file.Name())
        if file.IsDir() {
            err := scanDirectory(filePath)
            if err != nil {
                return err
            }
        } else {
            fmt.Println(filePath)
        }
    }
    return nil
}

func main() {
    err := scanDirectory("go")
    if err != nil {
        log.Fatal(err)
    }
}
```

递归地列出目录内容（续）

继续绕行

将前面的代码保存为*files.go*，放在包含Go工作区的目录中（可能是用户的主目录）。在终端中，切换到该目录，并使用**go run files.go**运行程序。

```
Shell Edit View Window Help
$ cd /Users/jay
$ go run files.go
go
go/src
go/src/geo
go/src/geo/coordinates.go
go/src/geo/landmark.go
go/src/locked
go/src/locked/secret.go
go/src/vehicle
go/src/vehicle/car.go
```

当scanDirectory函数在工作时，你将看到递归的真正美妙之处。对于我们的示例目录结构，过程是这样的：

1. main使用"go"路径调用scanDirectory。
2. scanDirectory打印它所传递的路径"go"，表示它所工作的目录。
3. 它使用"go"路径调用ioutil.ReadDir。
4. 返回的切片中只有一条内容："src"。
5. 对"go"的当前目录路径和"src"文件名调用filepath.Join，得到新路径"go/src"。
6. *src*是一个子目录，所以再次调用scanDirectory，这次使用的路径是 "go/src"。←递归！
7. scanDirectory打印新路径："go/src"。
8. 它使用"go/src"路径调用ioutil.ReadDir。
9. 返回的切片中的第一条内容是"geo"。
10. 对"go/src"的当前目录路径和"geo"文件名调用filepath.Join，得到新路径"go/src/geo"。
11. *geo*是一个子目录，因此再次调用scanDirectory，这次使用的路径是"go/src/geo" ←递归！
12. scanDirectory打印新路径： "go/src/geo"。
13. 它使用"go/src/geo"路径调用ioutil.ReadDir。
14. 返回的切片中的第一条内容是"coordinates.go"。
15. *coordinates.go*不是目录，所以只打印它的名字。
16. 以此类推……

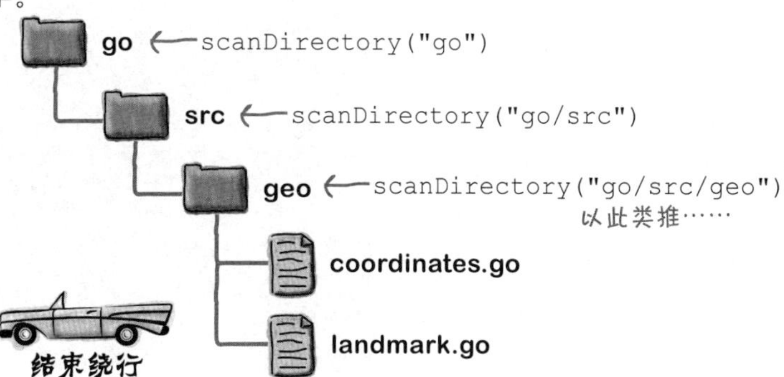

递归函数可能很难编写，并且它们通常比非递归解决方法消耗更多的计算资源。但是有时候，递归函数可以解决用其他方法难以解决的问题。

既然*files.go*程序设置好了，我们就可以结束绕行了。接下来，我们将继续讨论Go的错误处理特性。

递归函数中的错误处理

如果scanDirectory在扫描任何子目录时遇到错误（例如，如果用户没有访问该目录的权限），它将返回一个错误。这是预期的行为，程序对文件系统没有任何控制，当错误不可避免地发生时，报告错误是很重要的。

```
Shell Edit View Window Help
$ go run files.go
go
go/src
go/src/geo
go/src/geo/coordinates.go
go/src/geo/landmark.go
go/src/locked
2018/04/09 19:09:21 open
go/src/locked: permission denied
exit status 1
```

但是如果添加两个Printf语句来显示返回的错误，我们会发现处理此错误的方式并不理想：

```
func scanDirectory(path string) error {
    fmt.Println(path)
    files, err := ioutil.ReadDir(path)
    if err != nil {
        fmt.Printf("Returning error from scanDirectory(\"%s\") call\n", path)
        return err
    }

    for _, file := range files {
        filePath := filepath.Join(path, file.Name())
        if file.IsDir() {
            err := scanDirectory(filePath)
            if err != nil {
                fmt.Printf("Returning error from scanDirectory(\"%s\") call\n", path)
                return err
            }
        } else {
            fmt.Println(filePath)
        }
    }
    return nil
}

func main() {
    err := scanDirectory("go")
    if err != nil {
        log.Fatal(err)
    }
}
```

对ReadDir调用中的错误打印调试信息。

对递归的scanDirectory调用中的错误打印调试信息。

如果在递归的scanDirectory调用中发生错误，则必须沿整个链返回该错误，直到main函数为止！

```
Shell Edit View Window Help
$ go run files.go
go
go/src
go/src/geo
go/src/geo/coordinates.go
go/src/geo/landmark.go
go/src/locked
Returning error from scanDirectory("go/src/locked") call
Returning error from scanDirectory("go/src") call
Returning error from scanDirectory("go") call
2018/06/11 11:01:28 open go/src/locked: permission denied
exit status 1
```

发起一个panic

我们的scanDirectory函数是一个罕见的例子，它可能适合程序在运行时产生panic。

我们以前遇到过panic。我们在访问数组和切片中的无效索引时看到过它们：

```
notes := [7]string{"do", "re", "mi", "fa", "so", "la", "ti"}
for i := 0; i <= len(notes); i++ {
	fmt.Println(i, notes[i])
}
```

变量"i"的最大值是7！

返回数组长度7。

访问索引7会引发panic!

```
0 do
1 re
2 mi
3 fa
4 so
5 la
6 ti
panic: runtime error: index out of range

goroutine 1 [running]:
main.main()
	/tmp/sandbox094804331/main.go:11 +0x140
```

当类型断言失败时（如果我们不使用可选的ok布尔值），我们也会看到它们：

```
var player Player = gadget.TapePlayer{}
recorder := player.(gadget.TapeRecorder)
```

断言原来的类型是TapeRecorder，而实际上是TapePlayer……

panic!

```
panic: interface conversion: main.Player
is gadget.TapePlayer, not gadget.TapeRecorder
```

当程序出现panic时，当前函数停止运行，程序打印日志消息并崩溃。

你可以通过简单地调用内置的panic函数来引发panic。

```
package main

func main() {
	panic("oh, no, we're going down")
}
```

```
panic: oh, no, we're going down

goroutine 1 [running]:
main.main()
	/tmp/main.go:4 +0x40
```

panic函数需要一个满足空接口的参数（也就是说，它可以是任何类型）。该参数将被转换为字符串（如果需要），并作为panic日志信息的一部分打印出来。

堆栈跟踪

每个被调用的函数都需要返回到调用它的函数。为了实现这一点，就像其他编程语言一样，Go保持一个调用堆栈，即在任何给定点上处于活动状态的函数调用的列表。

当程序发生panic时，panic输出中包含堆栈跟踪，即调用堆栈列表。这对于确定导致程序崩溃的原因很有用。

```
package main

func main() {
    one()      ← 这个函数调用被添加到堆栈中。
}
func one() {
    two()      ← 向堆栈中添加另一个调用。
}
func two() {
    three()    ← 添加第三个。
}
func three() {    panic! 堆栈跟踪将包括所有上述调用。
    panic("This call stack's too deep for me!")
}
```

堆栈跟踪包括已执行的函数调用的列表。

```
panic: This call stack's too deep for me!

goroutine 1 [running]:
main.three()
      /tmp/main.go:13 +0x40
main.two()
      /tmp/main.go:10 +0x20
main.one()
      /tmp/main.go:7 +0x20
main.main()
      /tmp/main.go:4 +0x20
```

延迟调用在崩溃前完成

当程序出现panic时，所有延迟的函数调用仍然会被执行。如果有多个延迟调用，它们的执行顺序将与被延迟的顺序相反。

下面的代码延迟了两次对`Println`的调用，然后产生panic。程序输出的顶部显示了在程序崩溃之前完成的两个调用。

```
func main() {
    one()
}
func one() {       这个函数调用首先被延迟，所以它将在最后执行。
    defer fmt.Println("deferred in one()")
    two()
}
func two() {       这个函数调用最后被延迟，所以它将首先执行。
    defer fmt.Println("deferred in two()")
    panic("Let's see what's been deferred!")
}
```

延迟的调用在崩溃前完成。

```
deferred in two()
deferred in one()
panic: Let's see what's been deferred!

goroutine 1 [running]:
main.two()
   /tmp/main.go:14 +0xa0
main.one()
   /tmp/main.go:10 +0xa0
main.main()
   /tmp/main.go:6 +0x20
```

通过scanDirectory使用"panic"

右边的scanDirectory函数已更新为调用panic，而不是返回错误值。这大大简化了错误处理。

首先，我们从scanDirectory声明中删除错误返回值。如果从ReadDir返回一个error值，我们将其传递给panic。我们可以从对scanDirectory的递归调用中删除错误处理代码，也可以在main中从对scanDirectory的调用中删除错误处理代码。

```
package main

import (
   "fmt"
   "io/ioutil"
   "path/filepath"
)
                                          不再需要错误返回值。
func scanDirectory(path string) {
   fmt.Println(path)
   files, err := ioutil.ReadDir(path)
   if err != nil {
      panic(err) <—— 不返回错误值，而是将其传递给"panic"。
   }

   for _, file := range files {
      filePath := filepath.Join(path, file.Name())
      if file.IsDir() {
         scanDirectory(filePath) <—— 不再需要存储或检查错误返回值。
      } else {
         fmt.Println(filePath)
      }
   }
}

func main() {
   scanDirectory("go") <—— 不再需要存储或检查错误返回值。
}
```

现在，当scanDirectory在读取目录遇到错误时，它就产生panic。所有对scanDirectory的递归调用都退出。

```
Shell Edit View Window Help
$ go run files.go
go
go/src
go/src/geo
go/src/geo/coordinates.go
go/src/geo/landmark.go
go/src/locked
panic: open go/src/locked: permission denied

goroutine 1 [running]:
main.scanDirectory(0xc420014220, 0xd)
        /Users/jay/files.go:37 +0x29a
main.scanDirectory(0xc420014130, 0x6)
        /Users/jay/files.go:43 +0x1ed
main.scanDirectory(0x10c4148, 0x2)
        /Users/jay/files.go:43 +0x1ed
main.main()
        /Users/jay/files.go:52 +0x36
exit status 2
```

何时产生panic

调用panic可能会简化代码，但也会破坏程序!这看起来并没有多大的改善……

我们将向你展示一种防止程序崩溃的方法。但事实上，调用panic并不是处理错误的理想方法，

无法访问的文件、网络故障和错误的用户输入通常应该被认为是“正常的”，应该通过错误值来进行适当的处理。通常，调用panic应该留给“不可能的”情况：错误表示的是程序中的错误，而不是用户方面的错误。

下面是一个程序，它使用panic来指明一个bug。它会颁发隐藏在三扇虚拟门中一扇门后面的奖品。doorNumber变量不是由用户输入的，而是由rand.Intn函数选择的一个随机数。如果doorNumber包含1、2或3以外的任何数字，这不是用户的错误，而是程序中的bug。

因此，如果doorNumber包含无效值，则调用panic是有意义的。它应该永远不会发生，如果发生了，我们希望在程序以意外的方式运行之前停止它。

```
package main

import (
	"fmt"
	"math/rand"
	"time"
)

func awardPrize() {
	doorNumber := rand.Intn(3) + 1
	if doorNumber == 1 {
		fmt.Println("You win a cruise!")
	} else if doorNumber == 2 {
		fmt.Println("You win a car!")
	} else if doorNumber == 3 {
		fmt.Println("You win a goat!")
	} else {
		panic("invalid door number")
	}
}

func main() {
	rand.Seed(time.Now().Unix())
	awardPrize()
}
```

产生一个1到3之间的随机整数。（指向 rand.Intn(3) + 1）

不应该产生其他的数字，但如果产生了，那就产生panic。（指向 panic("invalid door number")）

```
You win a cruise!
```

代码示例及其输出如下所示，但是我们在输出中留下了一些空白。看看你能不能把它们填上。

```
package main

import "fmt"

func snack() {
	defer fmt.Println("Closing refrigerator")
	fmt.Println("Opening refrigerator")
	panic("refrigerator is empty")
}

func main() {
	snack()
}
```

输出：

```
____________________
____________________
panic: ____________________

goroutine 1 [running]:
main.______()
	/tmp/main.go:8 +0xe0
main.main()
	/tmp/main.go:12 +0x20
```

答案在第378页。

"recover"函数

将scanDirectory函数改为使用panic而不是返回错误，这大大简化了错误处理代码。但panic也会导致程序崩溃，出现难看的堆栈跟踪。我们宁愿只向用户显示错误信息。

Go提供了一个内置的recover函数，可以阻止程序陷入panic。我们需要使用它来体面地退出程序。

在正常程序执行过程中调用recover时，它只返回nil，而不执行其他操作：

```
package main

import "fmt"

func main() {
	fmt.Println(recover())
}
```

如果你在一个程序中调用了"recover"，而这个程序并没有陷入panic……

```
<nil>
```

……它什么都不做，返回nil。

如果在程序处于panic状态时调用recover，它将停止panic。但是当你在函数中调用panic时，该函数将停止执行。因此，在panic所在的同一函数中调用recover没有意义，因为panic无论如何都会继续：

```
func freakOut() {
	panic("oh no")
	recover()
}
func main() {
	freakOut()
	fmt.Println("Exiting normally")
}
```

panic阻止了freakOut函数的其余部分运行……

……所以这个永远不会运行！

程序崩溃了！

```
panic: oh no

goroutine 1 [running]:
main.freakOut()
	/tmp/main.go:4 +0x40
main.main()
	/tmp/main.go:8 +0x20
```

但是，当程序陷入panic时，有一种方法可以调用recover……在panic期间，任何延迟的函数调用都将完成。因此，可以在一个单独的函数中放置一个recover调用，并在引发panic的代码之前使用defer调用该函数。

```
func calmDown() {
	recover()
}
func freakOut() {
	defer calmDown()
	panic("oh no")
}
func main() {
	freakOut()
	fmt.Println("Exiting normally")
}
```

在这个函数中调用"recover"。

延迟对恢复函数的调用。

如果程序在此之后出现panic，则延迟的函数调用将恢复！

程序正常退出。

```
Exiting normally
```

“recover”函数（续）

调用recover不会导致在出现panic时恢复执行，至少不会完全恢复。产生panic的函数将立即返回，而该函数块中panic之后的任何代码都不会执行。但是，在产生panic的函数返回之后，正常的执行将恢复。

```
func calmDown() {
        recover()
}
func freakOut() {
        defer calmDown()
        panic("oh no")
        fmt.Println("I won't be run!")
}
func main() {
        freakOut()
        fmt.Println("Exiting normally")
}
```

当恢复时，freakOut在这个位置返回。

panic之后的这段代码将永远不会运行！

但是这段代码在freakOut返回之后运行。

```
Exiting normally
```

panic值从recover中返回

如前所述，当没有panic时，调用recover返回nil。

```
func main() {
        fmt.Println(recover())
}
```

如果你在一个程序中调用了“recover”，而这个程序并没有panic……

```
<nil>
```

……它什么都不做，返回nil。

但是当出现panic时，recover返回传递给panic的任何值。这可以用来收集有关panic的信息，帮助恢复或向用户报告错误。

```
func calmDown() {
        fmt.Println(recover())
}
func main() {
        defer calmDown()
        panic("oh no")
}
```

调用“recover”并打印panic值。

这是将从“recover”返回的值。

```
oh no
```

panic值从recover中返回（续）

在介绍panic函数时，我们提到了其参数的类型是interface{}，即空接口，因此panic可以接受任何值。同样，recover的返回值的类型也是interface{}。你可以将recover的返回值传递给诸如Println（它接受interface{}值）之类的fmt函数，但是你不能直接对其调用方法。

下面是一些将error值传递给panic的代码。但是在这样做时，error被转换为一个interface{}值。当延迟的函数稍后调用recover时，返回的是interface{}值。因此，即使底层的error值有一个Error方法，试图调用interface{}值上的Error会导致编译错误。

```
func calmDown() {
	p := recover()
	fmt.Println(p.Error())
}
func main() {
	defer calmDown()
	err := fmt.Errorf("there's an error")
	panic(err)
}
```

返回一个interface{}值。

即使底层的“error”值有一个Error方法，但interface{}值没有！

将错误值而不是字符串传递给“panic”。

编译错误！

```
p.Error undefined (type interface {}
is interface with no methods)
```

要对panic值调用方法或执行其他操作，需要使用类型断言将其转换回其底层类型。

下面是对上述代码的更新，它接受recover的返回值并将其转换回error值。完成之后，我们就可以安全地调用Error方法了。

```
func calmDown() {
	p := recover()
	err, ok := p.(error)
	if ok {
		fmt.Println(err.Error())
	}
}
func main() {
	defer calmDown()
	err := fmt.Errorf("there's an error")
	panic(err)
}
```

断言panic值的类型为“error”。

现在我们有了一个“error”值，我们可以调用Error方法。

```
there's an error
```

从scanDirectory中的panic恢复

我们上次离开*files.go*程序的时候，在scanDirectory函数中添加了一个对panic的调用来清除错误处理代码，但它也导致程序崩溃。我们可以使用到目前为止学到的关于defer、panic和recover的所有知识，来打印错误信息，并体面地退出程序。

我们通过添加一个reportPanic函数来实现这一点，我们将在main中使用defer调用它。我们在调用scanDirectory之前调用它，这可能会引起潜在的panic。

在reportPanic中，我们调用recover并存储它返回的panic值。如果程序处于panic状态，这将会停止panic。

但是，当调用reportPanic时，我们不知道程序实际上是否处于panic状态。不管scanDirectory是否调用panic，都将执行对reportPanic的延迟调用。因此，我们要做的第一件事是测试从recover返回的panic值是否为nil。如果是，那意味着没有panic，所以我们从reportPanic返回，不再做任何进一步的事情。

但如果panic值不是nil，就意味着出现了panic，我们需要报告。

因为scanDirectory将error值传递给panic，所以我们使用类型断言将interface{} panic值转换为error值。如果转换成功，则打印error值。

有了这些更改，我们的用户将只看到一条错误信息，而不是难看的panic日志和堆栈跟踪！

```
Shell Edit View Window Help
$ go run files.go
go
go/src
go/src/geo
go/src/geo/coordinates.go
go/src/geo/landmark.go
go/src/locked
open go/src/locked: permission denied
```

```go
package main

import (
	"fmt"
	"io/ioutil"
	"path/filepath"
)

func reportPanic() {
	p := recover()
	if p == nil {
		return
	}
	err, ok := p.(error)
	if ok {
		fmt.Println(err)
	}
}

func scanDirectory(path string) {
	fmt.Println(path)
	files, err := ioutil.ReadDir(path)
	if err != nil {
		panic(err)
	}

	for _, file := range files {
		filePath := filepath.Join(path, file.Name())
		if file.IsDir() {
			scanDirectory(filePath)
		} else {
			fmt.Println(filePath)
		}
	}
}

func main() {
	defer reportPanic()
	scanDirectory("go")
}
```

添加这个新函数。

调用“recover”并存储它的返回值。

如果“recover”返回nil，则没有panic……

……所以什么也不做。

否则，获取底层的“error”值……

……然后打印出来。

在调用可能引起panic的代码之前，延迟调用新的reportPanic函数。

恢复panic

reportPanic还有一个潜在的问题需要解决。现在，它可以拦截任何panic，即使不是来自scanDirectory。如果panic值不能转换为error类型，reportPanic将不会打印它。

我们可以通过在main中使用一个string参数来添加另一个对panic的调用来进行测试：

```
func main() {
        defer reportPanic()
        panic("some other issue")
        scanDirectory("go")
}
```

引入一个带有字符串panic值的新panic。

```
$ go run files.go
$
```

没有输出！

reportPanic函数从新的panic中恢复，但是因为panic值不是一个error，所以reportPanic不会打印它。我们的用户不知道为什么程序失败了！

有一种常见的策略来处理你未曾预料到的且不准备从中恢复的panic，即简单地恢复panic状态。再次产生panic通常是合适的，因为毕竟这是一个意想不到的情况。

右边的代码更新了reportPanic以处理未预料到的panic。如果将panic值转换为error的类型断言成功，我们只需像以前那样打印它。但如果失败了，我们只需用同样的panic值再次调用panic。

再次运行*files.go*表明修复是有效的：reportPanic从我们对panic的测试调用中恢复了，但是当error类型断言失败时，它将再次陷入panic。现在，我们可以删除main中对panic的调用，相信任何其他未预料到的panic都将被报告！

```
func reportPanic() {
    p := recover()
    if p == nil {
        return
    }
    err, ok := p.(error)
    if ok {
        fmt.Println(err)
    } else {
        panic(p)
    }
}

func scanDirectory(path string) {
    fmt.Println(path)
    files, err := ioutil.ReadDir(path)
    if err != nil {
        panic(err)
    }
    // Code here omitted
}

func main() {
    defer reportPanic()
    panic("some other issue")
    scanDirectory("go")
}
```

如果panic值不是error，则使用相同的值恢复panic。

一旦你确定reportPanic起作用了，不要忘记删除这个测试panic！

```
$ go run files.go
panic: some other issue [recovered]
        panic: some other issue

goroutine 1 [running]:
main.reportPanic()
        /Users/jay/files.go:27 +0xd7
panic(0x109ee80, 0x10d1c80)
        /go/.../panic.go:505 +0x229
main.main()
        /Users/jay/files.go:52 +0x55
exit status 2
```

有问必答

问： 我看到其他编程语言有“exception”。`panic`和`recover`函数似乎以类似的方式工作。我可以把它们当作`exception`来使用吗？

答： 我们强烈建议不要这样做，Go语言维护者也这么认为。甚至可以说，语言本身的设计不鼓励使用`panic`和`recover`。在2012年的一次主题会议上，Rob Pike（Go的创始人之一）把`panic`和`recover`描述为“故意笨拙”。这意味着，在设计Go时，创作者们没有试图使`panic`和`recover`被容易或愉快地使用，因此它们会很少使用。

这是Go设计者对exception的一个主要弱点的回应：它们可以使程序流程更加复杂。相反，Go开发人员被鼓励以处理程序其他部分的方式处理错误：使用`if`和`return`语句，以及`error`值。当然，直接在函数中处理错误会使函数的代码变长，但这比根本不处理错误要好得多。（Go的创始人发现，许多使用exception的开发人员只是抛出一个exception，之后并没有正确地处理它。）直接处理错误也使错误的处理方式一目了然——你不必查找程序的其他部分来查看错误处理代码。

所以不要在Go中寻找等同于exception的东西。这个特性被故意省略了。对于习惯了使用exception的开发人员来说，可能需要一段时间的调整，但Go的维护者相信，这最终会使软件变得更好。

你可以查看Rob Pike演讲的摘要：
https://talks.golang.org/2012/splash.article#TOC_16

你的Go工具箱

第12章就讲到这里!你已经将延迟的函数调用和从panic中恢复添加到工具箱中。

Defer

可以在任何函数或方法调用之前添加“defer”关键字，将该调用推迟到当前函数退出后。

延迟函数调用通常用于清理代码，即使在发生错误时也需要运行。

Recover

如果延迟的函数调用内置的“recover”函数，程序将从panic状态中恢复（如果有的话）。

“recover”函数返回最初传递给“panic”函数的任何值。

要点

- 从带有错误值的函数中提前返回是指明错误发生的好方法，但它阻止了之后函数中的清理代码的运行。
- 可以使用`defer`关键字在需要清理的代码之后立即调用清理函数。这将清理代码设置为，在当前函数退出时，无论是否存在错误都将运行。
- 你可以调用内置的`panic`函数来引发程序panic。
- 除非调用内置的`recover`函数，否则panic的程序将崩溃并显示日志信息。
- 你可以将任何值作为参数传递给`panic`。该值将被转换为字符串并作为日志信息的一部分打印出来。
- panic日志信息包括堆栈跟踪，即所有活动的函数调用列表，这些对于调试非常有用。
- 当程序陷入panic时，仍然会执行任何延迟的函数调用，从而允许在崩溃之前执行清理代码。
- 延迟的函数也可以调用内置的`recover`函数，这将使程序恢复正常运行。
- 如果在没有panic时调用`recover`，它只返回`nil`。
- 如果在panic期间调用`recover`，它将返回传递给`panic`的值。
- 大多数程序只有在出现意料之外的错误时才会出现panic。你应该考虑程序可能遇到的所有错误（例如文件丢失或格式错误的数据），并使用`error`值来处理这些错误。

代码贴答案

```
func find(item string, slice []string) bool {
	for _, sliceItem := range slice {
		if item == sliceItem {
			return true
		}
	}
	return false
}

type Refrigerator []string

func (r Refrigerator) Open() {
	fmt.Println("Opening refrigerator")
}
func (r Refrigerator) Close() {
	fmt.Println("Closing refrigerator")
}

func main() {
	fridge := Refrigerator{"Milk", "Pizza", "Salsa"}
	for _, food := range []string{"Milk", "Bananas"} {
		err := fridge.FindFood(food)
		if err != nil {
			log.Fatal(err)
		}
	}
}
```

```
func (r Refrigerator) FindFood(food string) error {
	r.Open()
	defer r.Close()
	if find(food, r) {
		fmt.Println("Found", food)
	} else {
		return fmt.Errorf("%s not found", food)
	}
	return nil
}
```

当FindFood退出时将调用Close，无论是否有错误。

当发现食物时，就调用Refrigerator的Close方法。

当找不到食物时，也调用Close。

```
Opening refrigerator
Found Milk
Closing refrigerator
Opening refrigerator
Closing refrigerator
2018/04/09 22:12:37 Bananas not found
```

代码示例及其输出如下所示，但是我们在输出中留下了一些空白。看看你能不能把它们填上。

```
package main

import "fmt"

func snack() {
	defer fmt.Println("Closing refrigerator")
	fmt.Println("Opening refrigerator")
	panic("refrigerator is empty")
}

func main() {
	snack()
}
```

输出：

这个调用被延迟了，所以直到“snack”函数退出（在panic期间）才进行调用。

```
Opening refrigerator
Closing refrigerator
panic: refrigerator is empty

goroutine 1 [running]:
main.snack()
	/tmp/main.go:8 +0xe0
main.main()
	/tmp/main.go:12 +0x20
```

13 分享工作

goroutine和channel

一次只做一件事并不总是完成任务最快的方法。一些大问题可以分解成小任务。goroutine可以让程序同时处理几个不同的任务。goroutine可以使用channel来协调它们的工作，channel允许goroutine互相发送数据并同步，这样一个goroutine就不会领先于另一个goroutine。goroutine让你充分利用具有多处理器的计算机，让程序运行得尽可能快！

检索网页

本章将讨论如何通过同时做几件事来更快地完成工作。但首先，我们需要一个可以分解成小部分的大任务。所以在我们布置场景的时候，请耐心听我们讲几页……

Web页面越小，在访问者的浏览器中加载的速度就越快。我们需要一个可以测量页面大小（以字节为单位）的工具。

这应该不会太难，多亏了Go的标准库。下面的程序使用`net/http`包连接到一个站点，并通过几个函数调用检索一个Web页面。

我们将站点的URL传递给`http.Get`函数。它将返回一个`http.Response`对象，以及遇到的任何错误。

`http.Response`对象是一个struct，其`Body`字段表示页面的内容。`Body`满足`io`包的`ReadCloser`接口，这意味着它有一个`Read`方法（允许我们读取页面数据）和一个`Close`方法（在完成时释放网络连接）。

我们将延迟调用`Close`，这样在完成读取之后连接会被释放。然后我们将响应体传递给`ioutil`包的`ReadAll`函数，该函数将读取其全部内容并将其作为`byte`值的切片返回。

我们还没有讨论`byte`类型，它是Go的基本类型（如`float64`或`bool`）之一，用于保存原始数据，比如你可能从文件或网络连接中读取的数据。如果直接打印`byte`值切片，它不会显示任何有意义的内容，但是如果将`byte`值切片转换为`string`，则会返回可读文本。（也就是说，假设数据表示可读文本。）最后，我们将响应体转换为`string`，并将其打印出来。

```
package main

import (
	"fmt"
	"io/ioutil"
	"log"
	"net/http"
)

func main() {
	response, err := http.Get("https://example.com")
	if err != nil {
		log.Fatal(err)
	}
	defer response.Body.Close()
	body, err := ioutil.ReadAll(response.Body)
	if err != nil {
		log.Fatal(err)
	}
	fmt.Println(string(body))
}
```

使用我们要检索的URL来调用http.Get。

一旦"main"函数退出，就释放网络连接。

读取响应中的所有数据。

将数据转换为字符串并打印。

HTML页面内容

```
File Edit Window Help
$ go run temp.go
<!doctype html>
<html>
<head>
    <title>Example Domain</title>
    <meta charset="utf-8" />
...
```

如果我们将这段代码保存到一个文件中，并使用`go run`运行它，它将检索*https://example.com*页面的HTML内容，并显示它。

检索网页（续）

如果你想了解这个程序中使用的函数和类型的更多信息，可以通过终端中的go doc命令（我们在第4章中已经学习过）来获取。尝试右边的命令打开文档。（如果你愿意，也可以用你喜欢的搜索引擎在浏览器中查找它们。）

```
File Edit Window Help
go doc http Get
go doc http Response
go doc io ReadCloser
go doc ioutil ReadAll
```

Go的文档将让你更深入地了解这个程序是如何工作的！

从这里开始，将程序转换为打印多个页面就不是太困难了。

我们可以将检索页面的代码移动到一个单独的responseSize函数，该函数接受要检索的URL作为参数。我们将打印正在检索的URL，以便进行调试。调用http.Get、读取响应和释放连接的代码基本保持不变。最后，我们不将来自响应的字节切片转换为字符串，而是简单地调用len来获得切片的长度。这将以字节为单位给出响应的长度，并将其打印出来。

我们更新了main函数，用几个不同的URL调用responseSize。当运行程序时，它将打印URL和页面大小。

```go
package main

import (
	"fmt"
	"io/ioutil"
	"log"
	"net/http"
)

func main() {
	responseSize("https://example.com/")
	responseSize("https://golang.org/")
	responseSize("https://golang.org/doc")
}

func responseSize(url string) {
	fmt.Println("Getting", url)
	response, err := http.Get(url)
	if err != nil {
		log.Fatal(err)
	}
	defer response.Body.Close()
	body, err := ioutil.ReadAll(response.Body)
	if err != nil {
		log.Fatal(err)
	}
	fmt.Println(len(body))
}
```

获取几个页面的大小。

将URL作为参数。

将获取页面的代码移动到单独的函数。

打印我们正在检索的URL。

获取给定的URL。

字节切片的大小与页面的大小相同。

```
Getting https://example.com/
1270
Getting https://golang.org/
8766
Getting https://golang.org/doc
13078
```

页面URL和页面大小（以字节为单位）。

多任务

现在我们进入本章的重点：通过同时执行多个任务来找到加快程序运行速度的方法。

我们的程序会对responseSize进行几次调用，每次一个。对responseSize的每次调用都建立到网站的网络连接，等待网站响应，打印响应大小并返回。只有当一个调用响应返回时，下一个调用才能开始。如果我们有一个大型的长函数，其中所有代码都重复了三次，那么运行它所需的时间将与我们对responseSize的三次调用所需的时间相同。

开始

```
fmt.Println("Getting", url)
response, err := http.Get(url)
if err != nil {
        log.Fatal(err)
}
defer response.Body.Close()
body, err := ioutil.ReadAll(
        response.Body)
if err != nil {
        log.Fatal(err)
}
fmt.Println(len(body))

fmt.Println("Getting", url)
response, err := http.Get(url)
if err != nil {
        log.Fatal(err)
}
defer response.Body.Close()
body, err := ioutil.ReadAll(
        response.Body)
if err != nil {
        log.Fatal(err)
}
fmt.Println(len(body))

fmt.Println("Getting", url)
response, err := http.Get(url)
if err != nil {
        log.Fatal(err)
}
defer response.Body.Close()
body, err := ioutil.ReadAll(
        response.Body)
if err != nil {
        log.Fatal(err)
}
fmt.Println(len(body))
```

连续三次调用responseSize需要这么长时间……

结束

但是如果有一种方法可以同时运行所有三个responseSize的调用呢？这个程序只需三分之一的时间就可以完成！

如果所有对responseSize的调用同时运行，程序将完成得更快！

开始

```
fmt.Println("Getting", url)
response, err := http.Get(url)
if err != nil {
        log.Fatal(err)
}
defer response.Body.Close()
body, err := ioutil.ReadAll(
        response.Body)
if err != nil {
        log.Fatal(err)
}
fmt.Println(len(body))
```

```
fmt.Println("Getting", url)
response, err := http.Get(url)
if err != nil {
        log.Fatal(err)
}
defer response.Body.Close()
body, err := ioutil.ReadAll(
        response.Body)
if err != nil {
        log.Fatal(err)
}
fmt.Println(len(body))
```

```
fmt.Println("Getting", url)
response, err := http.Get(url)
if err != nil {
        log.Fatal(err)
}
defer response.Body.Close()
body, err := ioutil.ReadAll(
        response.Body)
if err != nil {
        log.Fatal(err)
}
fmt.Println(len(body))
```

结束

使用goroutine的并发性

当`responseSize`调用`http.Get`时，程序必须在那里等待远程网站的响应。它在等待的时候没有做任何有用的事情。

另一个程序可能需要等待用户输入。再另一个可能需要等待数据从文件中读取。有很多情况下，程序只能在那里等待。

并发性允许程序暂停一个任务并处理其他任务。等待用户输入的程序可能在后台执行其他处理。程序可能在读取文件时更新进度条。我们的`responseSize`程序可能在等待第一个请求完成时发出其他网络请求。

如果一个程序是为了支持并发而编写的，那么它也可能支持并行：同时运行任务。一台只有一个处理器的计算机一次只能运行一个任务。但是现在大多数计算机都有多个处理器（或一个多核处理器）。你的计算机可能会在不同的处理器之间分配并发任务，以便同时运行它们。（很少直接管理这些情况，操作系统通常会为你进行处理。）

goroutine允许并发：暂停一个任务来处理其他任务。在某些情况下，它们允许并行：同时处理多个任务！

将大型任务分解为可以并发运行的较小子任务，有时可能意味着程序的速度会大大提高。

在Go中，并发任务称为**goroutine**。其他编程语言有一个类似的概念，叫作线程，但是goroutine比线程需要更少的计算机内存，启动和停止的时间更少，这意味着你可以同时运行更多的goroutine。

它们也更容易使用。要启动另一个goroutine，可以使用`go`语句，它只是一个普通的函数或方法调用，前面有`go`关键字：

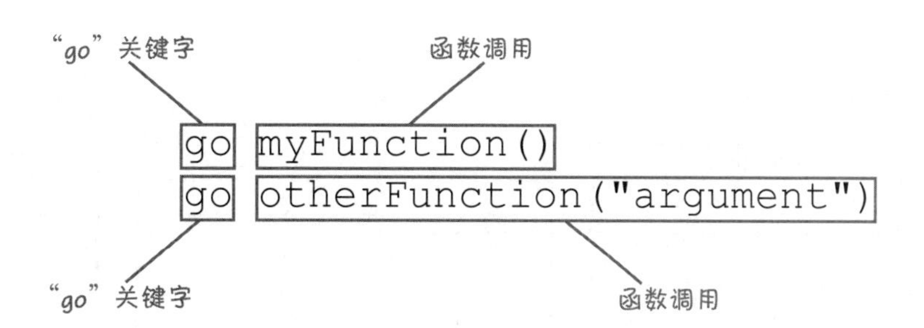

注意，我们说的是另一个goroutine。每个Go程序的`main`函数都是使用goroutine启动的，因此每个Go程序至少运行一个goroutine。你一直在使用goroutine，却不知道！

使用goroutine

这里有一个程序，一次调用一个函数。a函数使用循环打印字符串"a"50次，b函数打印字符串"b"50次。main函数调用a，然后调用b，最后在退出时打印一条消息。

```
package main

import "fmt"

func a() {
	for i := 0; i < 50; i++ {
		fmt.Print("a")
	}
}

func b() {
	for i := 0; i < 50; i++ {
		fmt.Print("b")
	}
}

func main() {
	a()
	b()
	fmt.Println("end main()")
}
```

```
aaaaaaaaaaaaaaaaaaaaaaaaaaaaaaa
aaaaaaaaaaaaaaaaaaabbbbbbbbbbbb
bbbbbbbbbbbbbbbbbbbbbbbbbbbbbbb
bbbend main()
```

就好像main函数包含了a函数的所有代码，然后是b函数的所有代码，最后是它自己的代码：

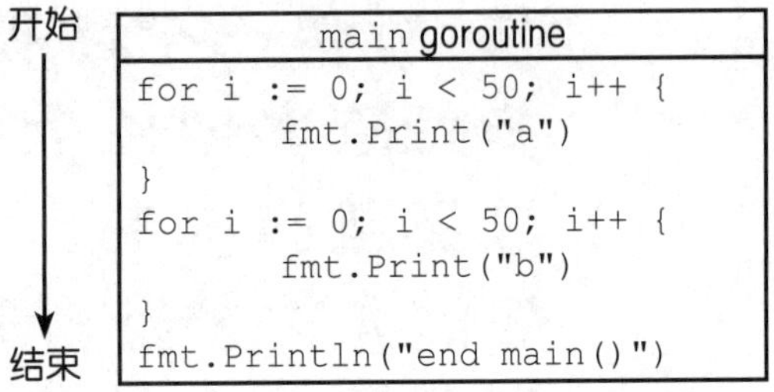

开始 → 结束

main goroutine

```
for i := 0; i < 50; i++ {
	fmt.Print("a")
}
for i := 0; i < 50; i++ {
	fmt.Print("b")
}
fmt.Println("end main()")
```

要在新的goroutine中启动a和b函数，只需在函数调用前面添加go关键字：

```
func main() {
	go a()
	go b()
	fmt.Println("end main()")
}
```

这使得新的goroutine与main函数同时运行：

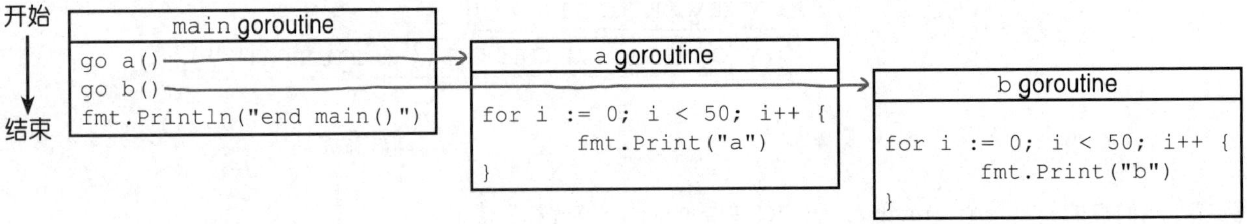

开始 → 结束

main goroutine

```
go a()
go b()
fmt.Println("end main()")
```

a goroutine

```
for i := 0; i < 50; i++ {
	fmt.Print("a")
}
```

b goroutine

```
for i := 0; i < 50; i++ {
	fmt.Print("b")
}
```

使用goroutine（续）

但是如果现在运行这个程序，我们将看到的唯一输出来自main函数末尾的Println调用，我们不会看到来自a或b函数的任何内容！

```
func main() {
        go a()
        go b()
        fmt.Println("end main()")
}
```

“a”和“b”函数的输出在哪里？

```
end main()
```

问题是：Go程序在main goroutine（调用main函数的goroutine）结束后立即停止运行，即使其他goroutine仍在运行。main函数在a和b函数中的代码运行之前就完成了。

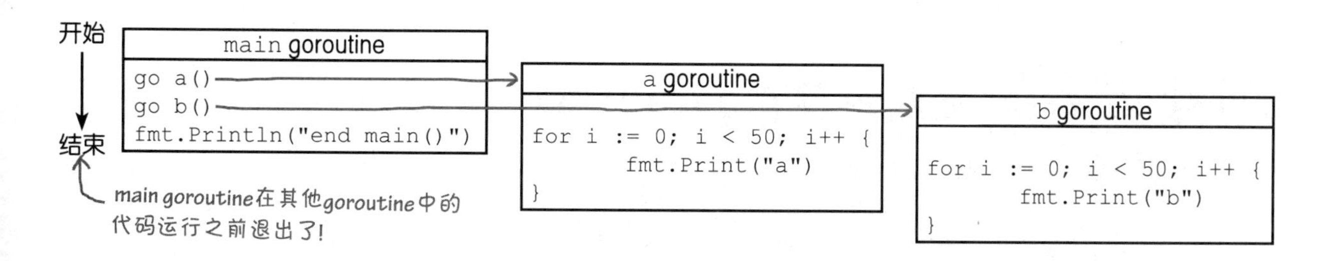

开始
结束
main goroutine
go a()
go b()
fmt.Println("end main()")
a goroutine
for i := 0; i < 50; i++ {
fmt.Print("a")
}
b goroutine
for i := 0; i < 50; i++ {
fmt.Print("b")
}
main goroutine在其他goroutine中的代码运行之前退出了！

我们需要保持main goroutine运行，直到a和b函数的goroutine完成。为了正确地做到这一点，我们将需要Go的另一个特性channel，但是要到本章的后面才会介绍这些特性。现在，我们将暂停main goroutine一段时间，这样其他goroutine就可以运行了。

我们将使用time包中的一个名为Sleep的函数，它将暂停当前goroutine一段给定的时间。在main函数中调用time.Sleep(time.Second)将导致main goroutine暂停1秒。

```
func main() {
        go a()
        go b()
        time.Sleep(time.Second)
        fmt.Println("end main()")
}
```

暂停main goroutine 1秒。

这给了其他goroutine足够的时间来运行。

```
aaaaaaaaaaaaaaaaaaaaaabbbbbaaa
aaaaaaaabbbbbbbbbbbaaaaaaaaaaa
abbaaaaabbbbbbbbbbbbbbbbbbbbbb
bbbbbbbbbbend main()
```

当time.Sleep返回时，main goroutine运行完成。

如果重新运行程序，我们将再次看到来自a和b函数的输出，因为它们的goroutine终于有机会运行了。当程序在两个goroutine之间切换时，这两个goroutine的输出将混合在一起。（你得到的显示可能与这里显示的不同。）当main goroutine唤醒时，它会调用fmt.Println并退出。

使用goroutine（续）

main goroutine中对time.Sleep的调用，给了a goroutine和b goroutine足够的时间来完成运行。

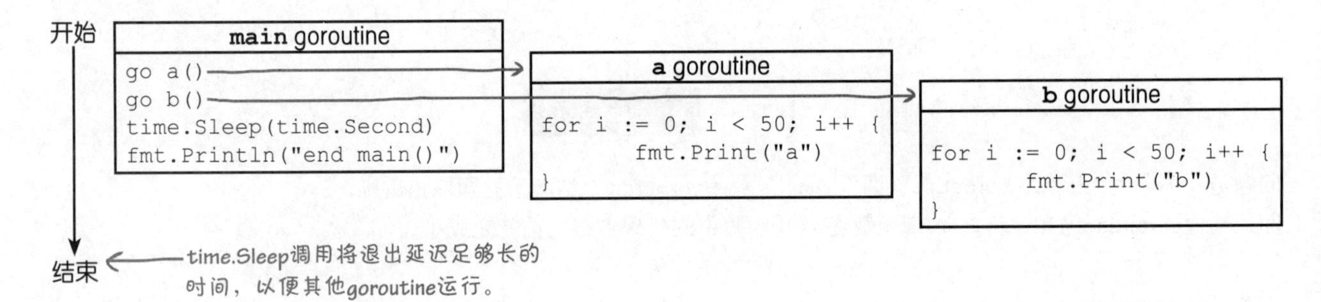
开始
main goroutine
go a()
go b()
time.Sleep(time.Second)
fmt.Println("end main()")
a goroutine
for i := 0; i < 50; i++ {
fmt.Print("a")
}
b goroutine
for i := 0; i < 50; i++ {
fmt.Print("b")
}
结束
time.Sleep调用将退出延迟足够长的时间，以便其他goroutine运行。

在responseSize函数中使用goroutine

很容易调整我们的程序，使用goroutine来打印网页大小。所要做的就是在每次调用responseSize之前添加go关键字。

为了防止main goroutine在responseSize goroutine完成之前退出，我们还需要在main函数中添加对time.Sleep的调用。

不过，只休眠一秒钟可能不足以完成网络请求。调用time.Sleep(5 * time.Second)将使goroutine休眠5秒钟。（如果你在一个慢速或反应迟钝的网络上尝试这样做，你可能需要增加时间。）

```
package main

import (
	"fmt"
	"io/ioutil"
	"log"
	"net/http"
	"time"  ← 添加“time”包。
)

func main() {
	go responseSize("https://example.com/")
	go responseSize("https://golang.org/")
	go responseSize("https://golang.org/doc")
	time.Sleep(5 * time.Second)
}

func responseSize(url string) {
	fmt.Println("Getting", url)
	response, err := http.Get(url)
	if err != nil {
		log.Fatal(err)
	}
	defer response.Body.Close()
	body, err := ioutil.ReadAll(response.Body)
	if err != nil {
		log.Fatal(err)
	}
	fmt.Println(len(body))
}
```

将responseSize调用转换为Go语句。

休眠5秒钟。

在responseSize函数中使用goroutine（续）

如果运行更新后的程序，我们将看到它一次打印正在检索的所有URL，因为三个`responseSize` goroutine同时启动。

对`http.Get`的三个调用也同时进行，程序不会等到一个响应返回后再发送下一个请求。因此，使用goroutine打印这三个响应的速度要比使用程序的早期的顺序执行版本快得多。然而，当我们等待`main`中对`time.Sleep`的调用完成时，程序仍然需要5秒才能完成。

在responseSize一次全部运行的开始时调用Println。

响应大小将在每个站点响应时立即打印出来。

```
Getting https://example.com/
Getting https://golang.org/doc
Getting https://golang.org/
1270
8766
13078
```

我们没有对调用`responseSize`的执行顺序进行任何控制，因此如果再次运行程序，可能会看到请求以不同的顺序发生。

请求页面的顺序可能不同。

```
Getting https://golang.org/doc
Getting https://golang.org/
Getting https://example.com/
1270
8766
13078
```

即使所有站点的响应速度都快于此，程序也需要5秒才能完成，所以我们仍然没有从切换到goroutine中获得很大的速度提升。更糟糕的是，如果网站需要很长时间来响应，5秒的时间可能不够。有时，你可能会看到程序在所有响应到达之前就结束了。

对time.Sleep的调用可以完成，程序可以在所有站点响应之前结束！

```
Getting https://golang.org/doc
Getting https://golang.org/
Getting https://example.com/
1270
```

很明显`time.Sleep`不是等待其他任务完成的理想方式。一旦我们看了几页有关channel的内容，我们就会有更好的选择。

我们不能直接控制goroutine何时运行

每次运行程序时，我们可能会看到responseSize goroutine以不同的顺序运行：

```
Getting https://example.com/
Getting https://golang.org/doc
Getting https://golang.org/
```

```
Getting https://golang.org/doc
Getting https://golang.org/
Getting https://example.com/
```

我们也无法知道上一个程序何时会在a goroutine和b goroutine之间切换：

```
aaaaaabbbbbbbbbbbbbbbb
bbbbbbbaaaaaaaaaaaaaaa
aaaaaaaaaaaaaaaaaaaaab
bbbbbbbbbbbbbbbbbbbbbb
bbbbaaaaaaaaend main()
```

```
bbbbbbbbbbbbbbbbbbbaaa
aaaabbbbbbbbbbbbbaaaaa
aaaaaaaaaaaaaaaaaaaaaa
aaaaaaaaaaaaaaaabbbbbb
bbbbbbbbbbbbend main()
```

```
aaaaaaaaaaaaaaaaaaaaaa
aaaaaaaaaaaaaaaaaaaaaa
aaaaaabbbbbbbbbbbbbbbb
bbbbbbbbbbbbbbbbbbbbbb
bbbbbbbbbbbbend main()
```

在正常情况下，Go不能保证何时在goroutine之间切换，或者切换多长时间。这允许goroutine以最有效的方式运行。但是，如果goroutine运行的顺序对你很重要，那么你需要使用channel来同步它们（稍后我们将对此进行讨论）。

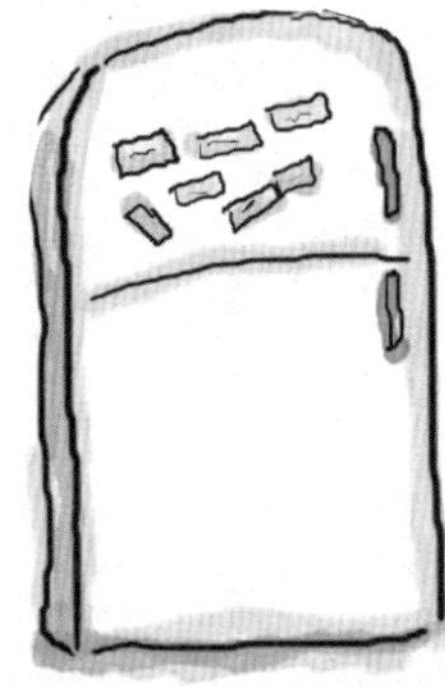

代码贴

一个使用goroutine的程序被放在冰箱上。你能否重构代码段，使其成为一个工作程序，产生与给定示例类似的输出？（预测goroutine的执行顺序是不可能的，所以不要担心，程序的输出不需要与显示的输出完全匹配。）

```
(s string)
```

```
repeat
```

```
repeat
```

```
time.Sleep(time.Second)
```

```
()
```

```
("x")
```

```
for i := 0; i < 25; i++ {
        fmt.Print(s)
}
```

```
go
```

```
("y")
```

```
go
```

```
package main

import (
        "fmt"
        "time"
)
```

```
{
```

```
}
```

```
{
```

```
}
```

```
func repeat
```

```
func main
```

一个可能的输出 →

```
yyyyyyyyyyyyxxxxxxxxxxyyyyyyyxxxxxxxxxxxyyyyyxx
```

答案在第400页。

go语句不能使用返回值

切换到goroutine带来了另一个需要解决的问题：我们不能在go语句中使用函数返回值。假设我们想要改变responseSize函数来返回页面大小，而不是直接打印它：

```
func main() {
	var size int
	size = go responseSize("https://example.com/")
	fmt.Println(size)
	size = go responseSize("https://golang.org/")
	fmt.Println(size)
	size = go responseSize("https://golang.org/doc")
	fmt.Println(size)
	time.Sleep(5 * time.Second)
}

func responseSize(url string) int {
	fmt.Println("Getting", url)
	response, err := http.Get(url)
	if err != nil {
		log.Fatal(err)
	}
	defer response.Body.Close()
	body, err := ioutil.ReadAll(response.Body)
	if err != nil {
		log.Fatal(err)
	}
	return len(body)
}
```

这个代码实际上是无效的！

添加返回值。

返回响应大小，而不是打印它。

编译错误

```
./pagesize.go:13:9: syntax error: unexpected go, expecting expression
./pagesize.go:15:9: syntax error: unexpected go, expecting expression
./pagesize.go:17:9: syntax error: unexpected go, expecting expression
```

我们会得到编译错误。编译器阻止你尝试从使用go语句调用的函数中获取返回值。

这实际上是一件好事。当你将responseSize作为go语句的一部分调用时，你会说，“在单独的goroutine中运行responseSize。我将一直运行此函数中的指令。”responseSize函数不会立即返回值，它必须等待网站的回应。但是main goroutine中的代码会立即期望一个返回值，但目前还没有返回值！

在go语句中调用的任何函数都是这样，而不仅仅是像responseSize这样的长时间运行的函数。你不能指望返回值会及时准备好，因此，Go编译器会阻止任何使用它们的尝试。

你在说，“去运行这个，我不会再等了。”

```
size = go responseSize("https://example.com/")
fmt.Println(size)
```

那么返回值是什么呢？

Go语句不能使用返回值（续）

Go不允许使用go语句调用的函数的返回值，因为在尝试使用它之前，不能保证返回值已经准备好：

```
func greeting() string {
        return "hi"
}

func main() {
        fmt.Println(go greeting())
}
```

作为goroutine调用的函数。

立即尝试使用函数的返回值（可能还没有准备好）。

编译错误

```
syntax error: unexpected go, expecting expression
```

但是goroutine之间有一种交流方式：channel。channel不仅允许你将值从一个goroutine发送到另一个goroutine，还确保在接收的goroutine尝试使用该值之前，发送的goroutine已经发送了该值。

使用channel的唯一实际方法是从一个goroutine到另一个goroutine的通信。所以为了演示channel，我们需要做一些事情：

- 创建一个channel。
- 编写一个函数，该函数接收一个channel作为参数。我们将在一个单独的goroutine中运行这个函数，并使用它通过channel发送值。
- 在初始的goroutine中接收发送的值。

每个channel只携带特定类型的值，因此可能有一个channel用于int值，另一个channel用于struct类型的值。要声明包含channel的变量，可以使用chan关键字，然后是channel将携带的值的类型。

```
var myChannel chan float64
```

"chan"关键字

channel将携带的值的类型

要实际创建channel，你需要调用内置的make函数（与创建映射和切片的函数相同）。传递make要创建的channel的类型（应该与要赋值给它的变量的类型相同）。

```
var myChannel chan float64
myChannel = make(chan float64)
```

声明一个变量来保存channel。

实际创建channel。

不是单独声明channel变量，在大多数情况下，使用一个短变量声明更容易：

```
myChannel := make(chan float64)
```

创建一个channel并立即声明一个变量。

使用channel发送和接收值

要在channel上发送值，可以使用<-运算符（这是一个小于号后面跟着一个英文破折号）。它看起来像一个箭头，从发送的值指向发送该值的channel。

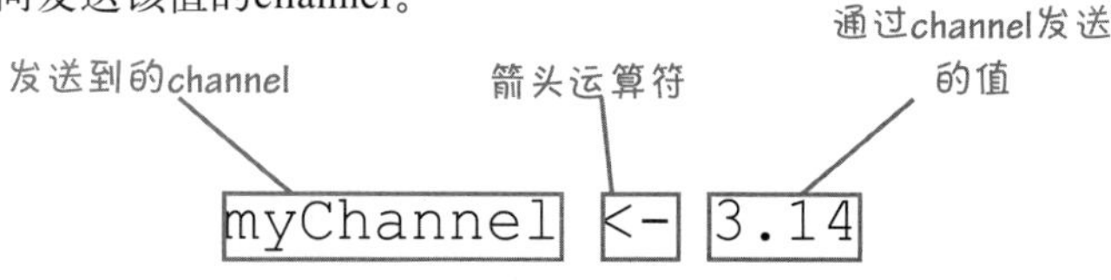

你还可以使用<-运算符来接收来自channel的值，但是位置不同：你将箭头放在接收channel的左侧。（这看起来有点像你从channel中取出一个值。）

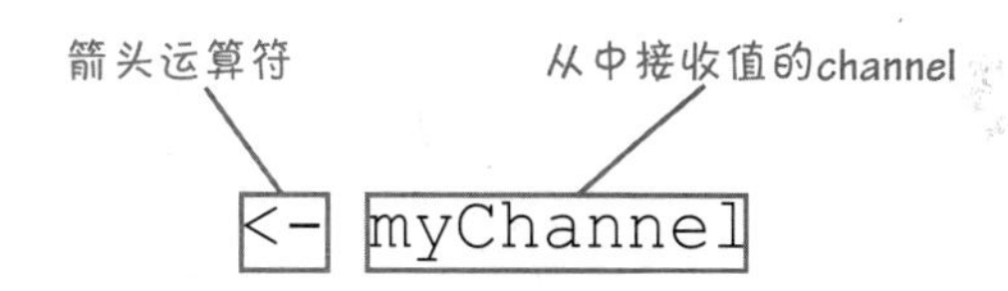

这是之前的`greeting`函数，将其重写为使用channel。我们向`greeting`添加了一个`myChannel`参数，它接受一个包含字符串值的channel。`greeting`现在不是返回一个字符串值，而是通过`myChannel`发送一个字符串。

在`main`函数中，我们使用内置的`make`函数创建要传递给`greeting`的`channel`。然后我们调用`greeting`来作为一个新的goroutine。使用单独的goroutine非常重要，因为channel应该只用于goroutine之间的通信。（我们稍后会谈到原因。）。最后，我们从传递给`greeting`的channel中接收一个值，并打印返回字符串。

```
func greeting(myChannel chan string) {     // 将channel作为参数。
	myChannel <- "hi"     // 通过channel发送一个值。
}

func main() {
	myChannel := make(chan string)     // 创建一个新的channel。
	go greeting(myChannel)     // 将channel传递给在新goroutine中运行的函数。
	fmt.Println(<-myChannel)     // 从channel接收值。
}
```

```
hi
```

我们不必将从channel接收的值直接传递给`Println`。你可以在任何需要值的上下文中（也就是说，在任何可以使用变量或函数的返回值的地方）从channel接收。例如，我们可以先将接收到的值赋给一个变量：

```
receivedValue := <-myChannel     // 我们也可以将接收的值存储在变量中。
fmt.Println(receivedValue)
```

同步goroutine与channel

我们提到，channel还确保发送的goroutine在接收channel尝试使用该值之前已经发送了该值。channel通过**blocking**（阻塞）——暂停当前goroutine中的所有进一步操作来实现这一点。发送操作阻塞发送goroutine，直到另一个goroutine在同一channel上执行了接收操作。反之亦然：接收操作阻塞接收goroutine，直到另一个goroutine在同一channel上执行了发送操作。这个行为允许goroutine同步它们的动作——协调它们的时间。

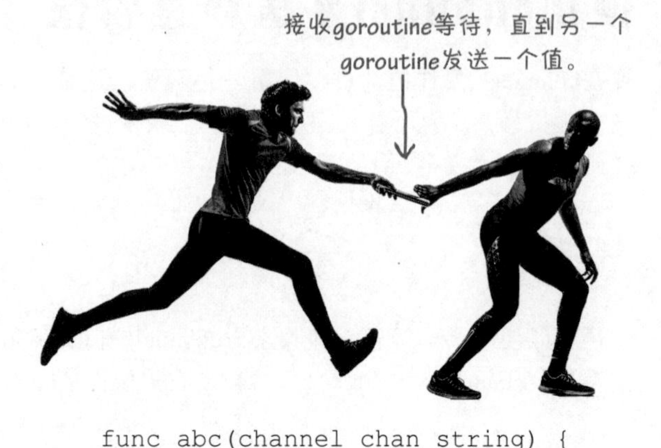

接收goroutine等待，直到另一个goroutine发送一个值。

下面是一个程序，它创建两个channel并将它们传递给两个新goroutine中的函数。然后main goroutine从这些channel接收值并打印它们。与goroutine反复打印"a"或"b"的程序不同，我们可以预测这个程序的输出：它总是按这个顺序打印"a"，然后打印"d""b""e""c"和"f"。

```
func abc(channel chan string) {
        channel <- "a"
        channel <- "b"
        channel <- "c"
}

func def(channel chan string) {
        channel <- "d"
        channel <- "e"
        channel <- "f"
}

func main() {
        channel1 := make(chan string)    // 创建2个channel。
        channel2 := make(chan string)
        go abc(channel1)                 // 将每个channel传递给新goroutine中运行的函数。
        go def(channel2)
        fmt.Print(<-channel1)            // 按顺序从channel接收和打印值。
        fmt.Print(<-channel2)
        fmt.Print(<-channel1)
        fmt.Print(<-channel2)
        fmt.Print(<-channel1)
        fmt.Print(<-channel2)
        fmt.Println()
}
```

```
adbecf
```

我们知道顺序是什么，因为abc goroutine每次向channel发送一个值时都会阻塞，直到main goroutine接收到它为止。def goroutine也是如此。main goroutine成为abc goroutine和def goroutine的协调器，只有当它准备读取它们发送的值时，才允许它们继续。

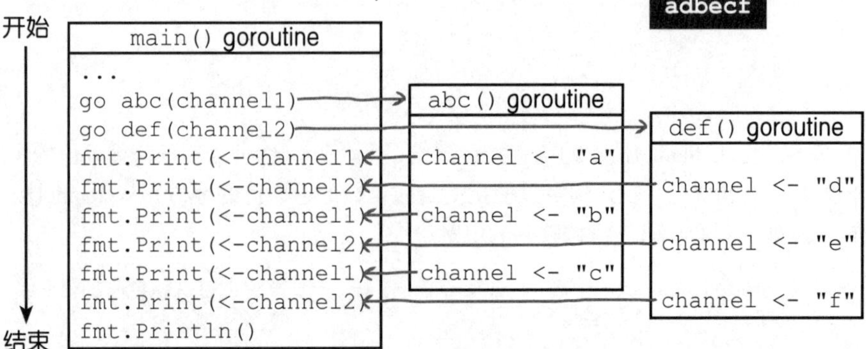

观察goroutine同步

abc goroutine和def goroutine通过它们的channel发送它们的值的速度如此之快，以至于很难看到发生了什么。这里有另一个程序，可以减慢速度，这样你就可以看到阻塞发生了。

我们从reportNap函数开始，该函数使当前goroutine休眠指定的秒数。goroutine休眠时，它每一秒会打印一个通知，说它还在休眠。

我们添加一个send函数，它将在goroutine中运行，并将两个值发送到一个channel。不过，在发送任何东西之前，它首先调用reportNap，这样它的goroutine就会休眠2秒。

在main goroutine中，我们创建一个channel并将其传递给send。然后我们再次调用reportNap，使此goroutine休眠5秒（比send goroutine长3秒）。最后，我们在channel上执行两个接收操作。

当我们运行这个程序时，我们会看到两个goroutine在前2秒都处于休眠状态。然后send goroutine醒来并发送它的值。但它没有做任何进一步的事情，发送操作阻塞了send goroutine，直到main goroutine接收到该值。

这不会马上发生，因为main goroutine仍然需要再休眠3秒钟。当它醒来时，它从channel接收值。只有这时，send goroutine才能解除阻塞，这样它才能发送第二个值。

休眠goroutine的名字　休眠时间

```
func reportNap(name string, delay int) {
	for i := 0; i < delay; i++ {
		fmt.Println(name, "sleeping")
		time.Sleep(1 * time.Second)
	}
	fmt.Println(name, "wakes up!")
}

func send(myChannel chan string) {
	reportNap("sending goroutine", 2)
	fmt.Println("***sending value***")
	myChannel <- "a"
	fmt.Println("***sending value***")
	myChannel <- "b"
}

func main() {
	myChannel := make(chan string)
	go send(myChannel)
	reportNap("receiving goroutine", 5)
	fmt.Println(<-myChannel)
	fmt.Println(<-myChannel)
}
```

在“main”仍处于休眠状态时阻塞此发送 → myChannel <- "a"

```
receiving goroutine sleeping
sending goroutine sleeping
sending goroutine sleeping
receiving goroutine sleeping
receiving goroutine sleeping
sending goroutine wakes up!
***sending value***
receiving goroutine sleeping
receiving goroutine sleeping
receiving goroutine wakes up!
a
***sending value***
b
```

发送和接收goroutine都休眠了。

发送goroutine醒来，并发送一个值。

接收goroutine还在休眠。

接收goroutine醒来，并接收一个值。

只有这时，发送goroutine才能解除阻塞，这样它才能发送第二个值。

实践出真知！

下面是我们最早、最简单的channel演示代码：greeting函数运行在goroutine中，并向main goroutine发送一个字符串值。

进行下面的更改之一，并尝试运行代码。然后撤销更改并尝试下一个更改。看看会发生什么!

```
func greeting(myChannel chan string) {
	myChannel <- "hi"
}

func main() {
	myChannel := make(chan string)
	go greeting(myChannel)
	fmt.Println(<-myChannel)
}
```

如果你这样做……	……代码会失败，因为……
从main函数中发送一个值到channel： `myChannel <- "hi from main"`	你会得到一个“all goroutines are asleep —— deadlock!”的错误。这是因为main goroutine阻塞了，还在等待另一个goroutine从channel接收。但是另一个goroutine没有做任何接收操作，所以main goroutine保持阻塞状态
在调用greeting之前删除go关键字： ~~go~~ `greeting(myChannel)`	这将导致greeting函数在main goroutine中运行。这也会因为死锁错误而失败，原因与上面相同：greeting中的发送操作导致main goroutine阻塞，但是没有其他goroutine执行接收操作，所以它会保持阻塞状态
删除向channel发送值的行： ~~myChannel <- "hi"~~	这也会导致死锁，但原因不同：main goroutine试图接收一个值，但现在没有任何东西可以发送值
删除从channel接收值的行： ~~fmt.Println(<-myChannel)~~	greeting中的发送操作会导致goroutine阻塞。但是由于没有接收操作使main goroutine阻塞，所以main立即完成，程序结束时不产生任何输出

在空白处填写，以便下面的代码使用从两个channel接收的值来生成所示的输出。

```
package main

import "fmt"

func odd(channel chan int) {
        channel __ 1
        channel __ 3
}

func even(channel chan int) {
        channel __ 2
        channel __ 4
}

func main() {
        channelA := ____________
        channelB := ____________
        __ odd(channelA)
        __ even(channelB)
        fmt.Println(__________)
        fmt.Println(__________)
        fmt.Println(__________)
        fmt.Println(__________)
}
```

输出

```
1
3
2
4
```

答案在第400页。

使用channel修复我们的网页大小程序

我们的报告网页大小的程序仍然有两个问题：

- 我们不能在go语句中使用`responseSize`函数的返回值。
- 在接收到响应大小之前，我们的`main` goroutine已经完成，因此我们添加了一个对`time.Sleep`的5秒钟的调用。但是5秒有时太长，有时太短。

```
func main() {
	var size int
	size = go responseSize("https://example.com/")
	fmt.Println(size)
	size = go responseSize("https://golang.org/")
	fmt.Println(size)
	size = go responseSize("https://golang.org/doc")
	fmt.Println(size)
	time.Sleep(5 * time.Second)
}
```

从go语句获取返回值是无效的！

程序可能在所有页面大小被检索前退出！

我们可以使用channel同时解决这两个问题！

首先，从`import`语句中删除`time`包，我们不再需要`time.Sleep`。然后我们更新`responseSize`以接受一个`int`值的channel。我们不返回页面大小，而是让`responseSize`通过channel发送大小。

```
package main

import (
	"fmt"
	"io/ioutil"
	"log"
	"net/http"
)

func responseSize(url string, channel chan int) {
	fmt.Println("Getting", url)
	response, err := http.Get(url)
	if err != nil {
		log.Fatal(err)
	}
	defer response.Body.Close()
	body, err := ioutil.ReadAll(response.Body)
	if err != nil {
		log.Fatal(err)
	}
	channel <- len(body)
}
```

我们不使用time.Sleep，所以把“time”包删除。

我们将向responseSize传递一个channel，以便它发送页面大小。

不返回页面大小，而是通过channel发送。

使用channel修复我们的网页大小程序（续）

在main函数中，我们调用make来创建int值的channel。更新对responseSize的每个调用，来添加channel作为参数。最后，在channel上执行三个接收操作，每个对应一个responseSize发送的值。

```
func main() {
	sizes := make(chan int)  <- 创建一个int值channel。
	go responseSize("https://example.com/", sizes)
	go responseSize("https://golang.org/", sizes)
	go responseSize("https://golang.org/doc", sizes)
	fmt.Println(<-sizes)
	fmt.Println(<-sizes)
	fmt.Println(<-sizes)
}
```

每次调用responseSize时都将channel传递过去。

channel上将有三个发送，所以也要做三个接收。

```
Getting https://golang.org/doc
Getting https://example.com/
Getting https://golang.org/
8766
13078
1270
```

如果运行这个程序，我们会看到程序的完成速度和网站的响应速度一样快。这个时间可能不同，但是在我们的测试中，我们看到完成时间只有1秒！

我们可以做的另一个改进是将要检索的URL列表存储在一个切片中，然后使用循环来调用responseSize，并从channel接收值。这将减少代码的重复，如果我们想在以后添加更多的URL，这将是很重要的。

我们根本不需要改变responseSize，只需要改变main函数。用我们想要的URL创建一个字符串值切片。然后对切片进行循环，并使用当前URL和channel来调用responseSize。最后，执行第二个单独的循环，它对切片中的每个URL运行一次，并从channel接收和打印一个值。（在单独的循环中做这件事很重要。如果在启动responseSize goroutine的同一个循环中接收值，main goroutine将阻塞，直到接收完成，然后我们将返回一次一个页面的请求。）

```
func main() {
	sizes := make(chan int)
	urls := []string{"https://example.com/",
		"https://golang.org/", "https://golang.org/doc"}
	for _, url := range urls {
		go responseSize(url, sizes)
	}
	for i := 0; i < len(urls); i++ {
		fmt.Println(<-sizes)
	}
}
```

将URL移动到一个切片中。

对每个URL调用responseSize。

对每一个responseSize发送，都从channel接收一次。

```
Getting https://golang.org/
Getting https://golang.org/doc
Getting https://example.com/
1270
8766
13078
```

使用循环更干净，但仍然可以得到相同的结果！

更新我们的channel以携带一个struct

还有一个问题需要用responseSize函数来解决。我们不知道网站会按什么顺序回复。因为没有将页面URL与响应大小放在一起，所以我们不知道哪个大小属于哪个页面！

```
Getting https://golang.org/
Getting https://golang.org/doc
Getting https://example.com/
1270
8766
13078
```

哪个响应大小属于哪个URL？

不过，这不难解决。channel可以像携带基础类型一样轻松地携带切片、映射和struct等复合类型。我们可以创建一个struct类型，它将存储一个页面URL及其大小，这样就可以通过channel将两者一起发送。

我们将使用底层的struct类型声明一个新的Page类型。Page将有一个URL字段来记录页面的URL，以及一个Size字段来记录页面的大小。

我们将更新responseSize上的channel参数以保存新的Page类型，而不仅仅是int页面大小。我们将让responseSize使用当前URL和页面大小创建一个新的Page值，并将其发送到channel。

在main中，我们还将更新channel在调用中保存的类型。当我们从channel接收一个值时，它将是一个Page值，因此我们将同时打印它的URL和Size字段。

```go
type Page struct {    // ← 声明一个带有我们需要的字段的struct类型。
	URL  string
	Size int
}
// 我们传递给responseSize的channel将携带Page，而不是int。
func responseSize(url string, channel chan Page) {
	// Omitting identical code...
	channel <- Page{URL: url, Size: len(body)}
}   // 返回一个包含当前URL和页面大小的Page。

func main() {
	pages := make(chan Page)    // ← 更新channel保存的类型。
	urls := []string{"https://example.com/",
		"https://golang.org/", "https://golang.org/doc"}
	for _, url := range urls {
		go responseSize(url, pages)    // ← 将channel传递给ResponseSize。
	}
	for i := 0; i < len(urls); i++ {
		page := <-pages    // ← 接收Page。
		fmt.Printf("%s: %d\n", page.URL, page.Size)    // 将其URL和大小一起打印。
	}
```

现在输出将把页面大小与其URL配对。最终会清楚哪个大小属于哪个页面。

```
https://example.com/: 1270
https://golang.org/: 8766
https://golang.org/doc: 13078
```

以前，我们的程序必须一次请求一个页面。goroutine让我们在等待网站响应时开始处理下一个请求。这个程序只用了三分之一的时间就完成了！

你的Go工具箱

第13章就讲到这里！你已将goroutine和channel添加到工具箱中。

goroutine

goroutine是同步运行的函数。新的goroutine以一个go语句开始：一个普通的函数调用，前面是“go”关键字。

channel

channel是用于在goroutine之间发送值的数据结构。默认情况下，在channel上发送一个值会阻塞（暂停）当前goroutine，直到接收到该值为止。试图接收一个值也会阻塞当前goroutine，直到值被发送到那个channel为止。

要点

- 所有Go程序都至少有一个goroutine：程序启动时调用`main`函数的那个goroutine。
- Go程序在`main` goroutine停止时结束，即使其他goroutine尚未完成其工作。
- `time.Sleep`函数将当前goroutine暂停一段时间。
- Go不保证何时在goroutine之间切换，或者它将持续运行一个goroutine多长时间。这允许goroutine更高效地运行，但这意味着你不能指望按特定顺序执行操作。
- 函数返回值不能在`go`语句中使用，部分原因是当调用函数试图使用它时，返回值还没有准备好。
- 如果需要goroutine中的值，则需要将其传递给一个channel，以便将该值发送回来。
- channel是通过调用内置的`make`函数创建的。
- 每个channel只携带一种特定类型的值，在创建channel时指定该类型。
  `myChannel := make(chan MyType)`
- 使用<-运算符将值发送给channel：
  `myChannel <- "a value"`
- <-运算符也用于从channel接收值:
  `value := <-myChannel`

第13章

代码贴答案

```
package main

import (
	"fmt"
	"time"
)

func repeat (s string) {
	for i := 0; i < 25; i++ {
		fmt.Print(s)
	}
}

func main () {
	go repeat ("x")
	go repeat ("y")
	time.Sleep(time.Second)
}
```

在两个不同的goroutine中运行相同的函数。

防止main goroutine在其他goroutine完成之前结束。

一种可能的输出

```
yyyyyyyyyyyyyxxxxxxxxxxxy
yyyyyyxxxxxxxxxxxxyyyyyxx
```

```
package main

import "fmt"

func odd(channel chan int) {
	channel <- 1
	channel <- 3
}

func even(channel chan int) {
	channel <- 2
	channel <- 4
}

func main() {
	channelA := make(chan int)
	channelB := make(chan int)
	go odd(channelA)
	go even(channelB)
	fmt.Println(<-channelA)
	fmt.Println(<-channelA)
	fmt.Println(<-channelB)
	fmt.Println(<-channelB)
}
```

```
1
3
2
4
```

一个channel携带“odd”函数的值；另一个channel携带“even”函数的值。

14 代码的质量保证

自动化测试

每次换班前我都要测试所有的设备。
这样，如果有问题，我们可以在发出
次品之前解决。

你确定你的软件工作良好吗？ 真的确定吗？ 在将新版本发给用户之前，你可能已经尝试了新特性，以确保它们都能正常工作。但你有没有尝试过旧的特性，以确保你没有破坏它们中的任何一个?所有的旧特性?如果这个问题让你担心，那么你的程序需要自动化测试。自动化测试确保程序的组件能够正确工作，即使在你更改代码之后也是如此。Go的`testing`包和`go test`工具使用你已经学习的技能,使编写自动化测试变得更加容易!

自动化测试比别人先发现bug

在他们经常去的餐厅开发人员A遇到开发人员B……

开发人员A:

新工作怎么样?

开发人员B:

不是很好。晚饭后我得回办公室去。我们发现了一个bug，导致一些客户的账单比他们应该支付的多了一倍。

开发人员A:

哎哟。这是怎么进入到你的计费服务器的?

开发人员B:

我们认为可能几个月前就被引入了。我们的一个开发人员对账单代码做了一些修改。

开发人员A:

哇，太久了，你们的测试没有发现吗?

开发人员B:

测试?

开发人员A:

你们的自动化测试。当bug被引入时，测试没有失败吗?

开发人员B:

嗯，我们没有这些。

开发人员A:

什么?

你的客户依赖你的代码。一旦失败，就可能是灾难性的。贵公司的声誉受损。而且你还得加班来修复这些bug。

这就是为什么发明了自动化测试。自动化测试是一个独立的程序，它执行主程序的组件，并验证它们的行为是否符合预期。

每次添加一个新特性，我都会运行程序来测试它。难道这还不够吗?

如果你还要测试所有的旧特性，以确保你的更改没有破坏任何东西，这样做是不够的。自动化测试比手工测试节省时间，而且通常也更全面。

一个应该有自动化测试的函数

让我们来看一个可以通过自动化测试捕获bug的示例。这里我们有一个简单的包，其中包含一个函数，它将几个字符串连接成一个适合在英语句子中使用的字符串。如果有两项，它们将与单词and连用（如“apple and orange”）。如果超过两项，则适当地加上逗号（如“apple, orange and pear”）。

最后一个很好的例子是从*Head First Ruby*（其中也有一章是关于测试的）借鉴的！

工作区
src
github.com
headfirstgo
prose
join.go

```
package prose

import "strings"

func JoinWithCommas(phrases []string) string {
	result := strings.Join(phrases[:len(phrases)-1], ", ")
	result += " and "
	result += phrases[len(phrases)-1]
	return result
}
```

我们需要这个以便使用strings.Join函数。

接受要连接的字符串切片。

返回连接后的字符串。

除了最后一个短语外，每个短语都用逗号连接在一起。

在最后一个短语之前插入单词“and”。

添加最后一个短语。

代码使用`strings.Join`函数，该函数获取一个字符串切片，并使用一个字符串将它们连接在一起。`Join`返回一个字符串，其中合并了切片中的所有项，并用连接字符串分隔每个项。

要连接的字符串切片

将它们连接在一起的字符串

```
fmt.Println(strings.Join([]string{"05", "14", "2018"}, "/"))
fmt.Println(strings.Join([]string{"state", "of", "the", "art"}, "-"))
```

```
05/14/2018
state-of-the-art
```

在`JoinWithCommas`中，我们使用切片运算符来收集切片中除最后一个短语之外的所有短语，并将它们传递给`strings.Join`来将它们连接到一个字符串中，每个字符串之间用逗号和空格分隔。然后我们添加单词*and*（由空格包围），并用最后一个短语结束字符串。

```
[]string{"apple", "orange", "pear", "banana"}
```

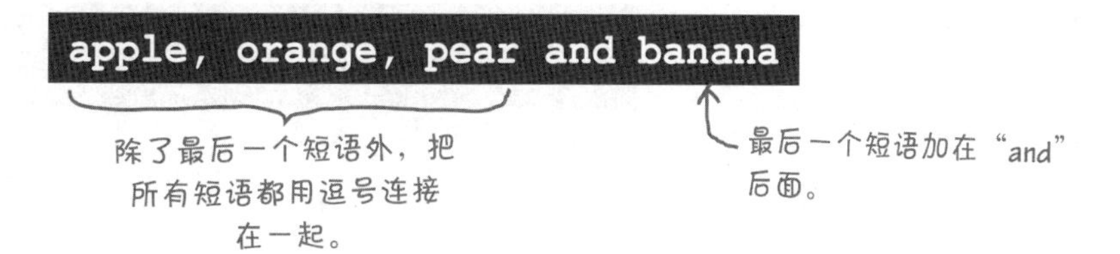

apple, orange, pear and banana
除了最后一个短语外，把所有短语都用逗号连接在一起。
最后一个短语加在“and”后面。

一个<u>应该</u>有自动化测试的函数（续）

这里有一个快速的程序来尝试我们的新功能。我们导入prose包，并将几个切片传递给JoinWithCommas。

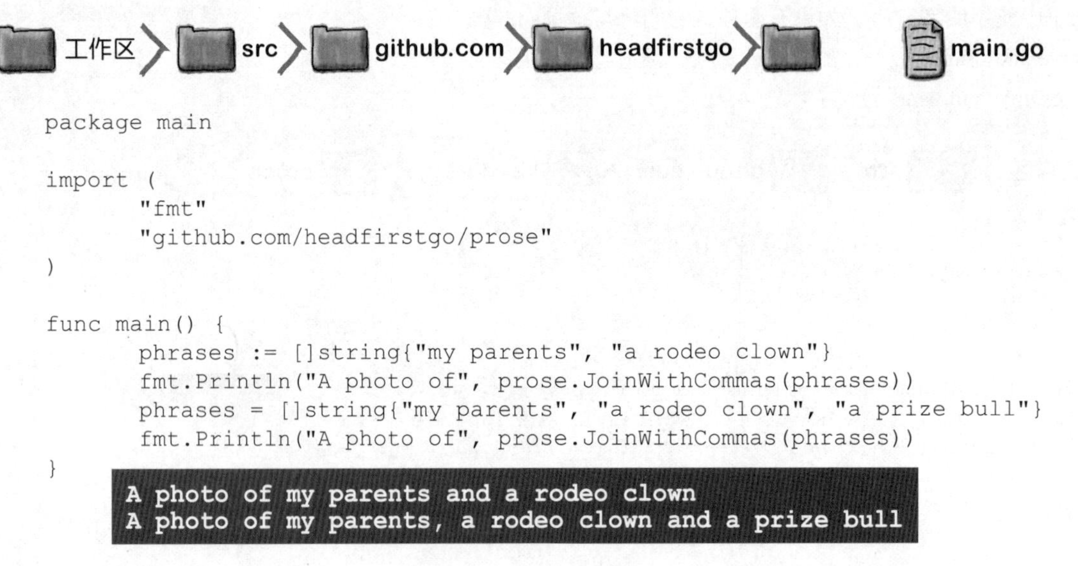


```go
package main

import (
	"fmt"
	"github.com/headfirstgo/prose"
)

func main() {
	phrases := []string{"my parents", "a rodeo clown"}
	fmt.Println("A photo of", prose.JoinWithCommas(phrases))
	phrases = []string{"my parents", "a rodeo clown", "a prize bull"}
	fmt.Println("A photo of", prose.JoinWithCommas(phrases))
}
```

```
A photo of my parents and a rodeo clown
A photo of my parents, a rodeo clown and a prize bull
```

它起作用了，但结果有一个小问题。也许我们只是不成熟，但我们可以想象这会闹笑话，父母是一个牛仔小丑和获奖公牛。以这种方式格式化列表也可能导致其他误解。

为了解决任何混淆，让我们更新包代码，在*and*前面添加一个逗号（如“apple, orange, and pear”）：

```go
func JoinWithCommas(phrases []string) string {
	result := strings.Join(phrases[:len(phrases)-1], ", ")
	result += ", and " // ← 在“and”前加一个逗号。
	result += phrases[len(phrases)-1]
	return result
}
```

如果重新运行程序，我们会在结果字符串的*and*前面看到逗号。现在应该很清楚了，这对父母在照片中与小丑和公牛在一起。

```
A photo of my parents, and a rodeo clown
A photo of my parents, a rodeo clown, and a prize bull
```

这是新的逗号！

我们引入了一个bug

等等！新代码可以正确地处理列表中的三项，
但不能处理两项。你引入了一个bug！

哦，那是真的！该函数用于对这个有两项的列表返回“my parents and a rodeo clown”，但额外的逗号也包括在这里！我们如此专注于修复有三项的列表，以至于引入了一个对于包含两项的列表的bug……

逗号不属于这里！

A photo of my parents, and a rodeo clown

如果我们对这个函数进行自动化测试，就可以避免这个问题。

自动化测试使用一组特定的输入运行代码，并寻找特定的结果。只要代码的输出与期望值匹配，则测试将“通过”。

但是假设你不小心在代码中引入了一个bug（就像我们使用额外的逗号所做的那样）。代码的输出将不再与预期值匹配，测试将“失败”。你能马上发现那个bug。

通过

☑ 对于 []slice{"apple", "orange", "pear"}，JoinWithCommas 应返回 "apple, orange, and pear"。

失败！

☒ 对于 []slice{"apple", "orange"}，JoinWithCommas 应返回 "apple and orange"。

自动化测试就像每次更改代码时都自动检查bug一样！

编写测试

Go包含一个testing包，你可以用来为代码编写自动化测试，还有一个go test命令，你可以用来运行这些测试。

让我们从编写一个简单的测试开始。首先我们不测试任何实际的东西，只是向你展示测试是如何工作的。然后我们将使用测试来帮助修复JoinWithCommas函数。

在*prose*包目录中，在*join.go*文件旁边创建*join_test.go*文件。文件名的*join*部分并不重要，但是*_test.go*部分是重要的，go test工具查找以该后缀命名的文件。

添加到包目录，就在join.go旁边。

工作区 > src > github.com > headfirstgo > prose > join_test.go

```
package prose

import "testing"

func TestTwoElements(t *testing.T) {
    t.Error("no test written yet")
}

func TestThreeElements(t *testing.T) {
    t.Error("no test here either")
}
```

此测试代码与我们正在测试的代码是同一个包的一部分。

导入标准库的"testing"包。

函数名应以"Test"开头。"Test"后面的名称可以是任何你想要的。

将一个指向testing.T值的指针传递给函数。

调用testing.T上的方法来表示测试失败。

测试文件中的代码由普通的Go函数组成，但需要遵循一定的约定才能使用go test工具：

- 你不需要将测试代码与正在测试的代码放在同一个包中，但是如果你想从包中访问未导出的类型或函数，则需要这样做。
- 测试需要使用testing包中的类型，所以需要在每个测试文件的顶部导入该包。
- 测试函数名应该以Test开头。（名字的其余部分可以是你想要的任何内容，但它应该以大写字母开头。）
- 测试函数应该接受单个参数：一个指向testing.T值的指针。
- 你可以通过对testing.T值调用方法（例如Error）来报告测试失败。大多数方法都接受一个字符串，其中包含解释测试失败原因的信息。

使用“go test”命令运行测试

要运行测试，可以使用go test命令。该命令采用一个或多个包的导入路径，就像go install或go doc一样。它将在那些包目录中找到所有名字以*_test.go*结尾的文件，并运行名字以Test开头的文件中包含的每个函数。

让我们运行刚刚添加到prose包中的测试。在终端上，运行以下命令：

```
go test github.com/headfirstgo/prose
```

测试函数将运行并打印结果。

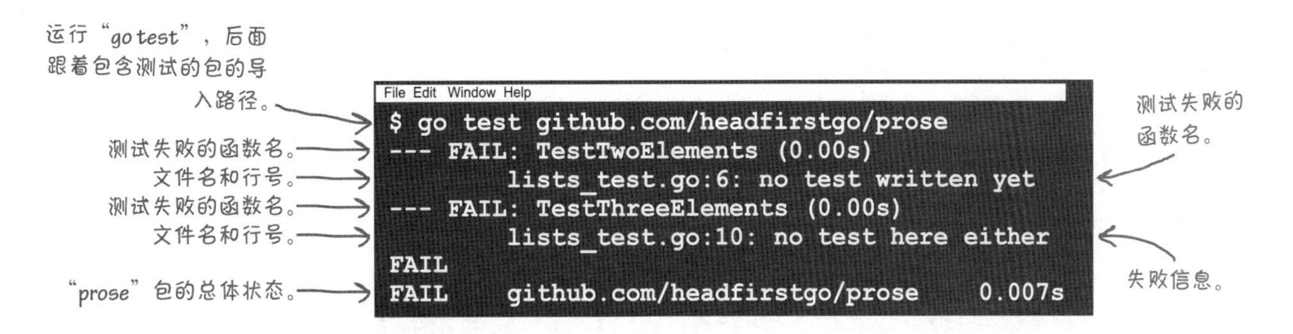

运行“go test”，后面跟着包含测试的包的导入路径。
测试失败的函数名。
文件名和行号。
测试失败的函数名。
文件名和行号。
“prose”包的总体状态。
File Edit Window Help
$ go test github.com/headfirstgo/prose
--- FAIL: TestTwoElements (0.00s)
lists_test.go:6: no test written yet
--- FAIL: TestThreeElements (0.00s)
lists_test.go:10: no test here either
FAIL
FAIL github.com/headfirstgo/prose 0.007s
测试失败的函数名。
失败信息。

因为两个测试函数都对传递给它们的testing.T值调用了Error方法，所以两个测试都失败。每个测试失败的函数的名称都被打印，含有调用Error的行，以及给出的失败消息也被打印。

在输出的底部是整个prose包的状态。如果包内的任何测试失败（就像我们的测试一样），将为整个包打印一个"FAIL"状态。

如果我们在测试中删除对Error方法的调用……

```
func TestTwoElements(t *testing.T) {
}    ← 删除对t.Error的调用。

func TestThreeElements(t *testing.T) {
}    ← 删除对t.Error的调用。
```

……然后我们可以重新运行相同的go test命令，测试将通过。由于每个测试都通过了，go test会为整个prose包打印一个“ok”状态。

“prose”包中的所有测试都通过了。→

```
File Edit Window Help
$ go test github.com/headfirstgo/prose
ok      github.com/headfirstgo/prose    0.007s
```

测试实际的返回值

我们可以让测试通过，也可以让它失败。现在，让我们尝试编写一些测试来帮助我们排除JoinWithCommas函数的问题。

我们将更新TestTwoElements，以显示使用双元素切片调用JoinWithCommas函数时所期望的返回值。我们将用一个包含三个元素的切片对TestThreeElements执行相同的操作。我们将运行测试，并确认TestTwoElements会失败，TestThreeElements会通过。

一旦测试按照我们想要的方式设置好了，我们将修改JoinWithCommas函数，使所有测试都通过。到那时，我们将知道代码修复好了！

在TestTwoElements中，我们将向JoinWithCommas传递一个包含两个元素的切片[]string{"apple", "orange"}。如果结果不等于"apple and orange"，测试失败。同样，在TestThreeElements中，我们将传递一个包含三个元素的切片[]string{"apple", "orange", "pear"}。如果结果不等于"apple, orange, and pear"，那么测试失败。

```
func TestTwoElements(t *testing.T) {
	list := []string{"apple", "orange"}
	if JoinWithCommas(list) != "apple and orange" {
		t.Error("didn't match expected value")
	}
}
```

传递包含两个元素的列表。

如果JoinWithCommas没有返回预期的字符串……

……测试失败。

```
func TestThreeElements(t *testing.T) {
	list := []string{"apple", "orange", "pear"}
	if JoinWithCommas(list) != "apple, orange, and pear" {
		t.Error("didn't match expected value")
	}
}
```

传递包含三个元素的列表。

如果JoinWithCommas没有返回预期的字符串……

……测试失败。

如果我们重新运行测试，TestThreeElements测试将通过，但是TestTwoElements测试将失败。

只有TestTwoElements测试失败。

```
File Edit Window Help
$ go test github.com/headfirstgo/prose
--- FAIL: TestTwoElements (0.00s)
        lists_test.go:13: didn't match expected value
FAIL
FAIL    github.com/headfirstgo/prose    0.006s
```

测试实际的返回值（续）

这是一件好事，它与我们根据join程序的输出所期望看到的相匹配。这意味着我们将能够依靠测试来作为判断JoinWithCommas是否正常工作的指示器！

通过 ☑ 对于 []slice{"apple", "orange", "pear"}, JoinWithCommas 应返回 "apple, orange, and pear"。

失败 ☒ 对于 []slice{"apple", "orange"}, JoinWithCommas 应返回 "apple and orange"。

错误
正确
A photo of my parents, and a rodeo clown
A photo of my parents, a rodeo clown, and a prize bull

在下面测试代码中的空白处填写。

工作区 > src > arithmetic > math.go

```
package arithmetic

func Add(a float64, b float64) float64 {
        return a + b
}
func Subtract(a float64, b float64) float64 {
        return a - b
}
```

工作区 > src > arithmetic > math_test.go

```
package __________

import __________

func _____Add(t ____________) {
        if _____(1, 2) != 3 {
                __________("1 + 2 did not equal 3")
        }
}

func _____Subtract(t ____________) {
        if __________(8, 4) != 4 {
                __________("8 - 4 did not equal 4")
        }
}
```

答案在第423页。

使用"Errorf"方法获得更详细的测试失败消息

测试失败信息对于现在诊断问题没有多大帮助。我们知道有一些值是预期的，我们知道JoinWithCommas的返回值与此不同，但我们不知道这些值是什么。

```
--- FAIL: TestTwoElements (0.00s)
        lists_test.go:13: didn't match expected value
FAIL
FAIL    github.com/headfirstgo/prose    0.006s
```

期望值是什么？我们得到了什么？

测试函数的testing.T参数还有一个可以调用的Errorf方法。与Error不同，Errorf接受一个带格式化动词的字符串，就像fmt.Printf和fmt.Sprintf函数一样。你可以使用Errorf在测试的失败消息中包含其他信息，例如传递给函数的参数、得到的返回值和期望的值。

下面我们对测试进行更新，使用Errorf生成更详细的失败消息。因此，我们不必在每个测试中重复字符串，我们添加了一个want变量（作为"我们想要的值"）来保存我们期望JoinWithCommas返回的值。我们还添加了一个got变量（作为"我们实际得到的值"）来保存实际的返回值。如果got不等于want，我们将调用Errorf来生成一个错误消息，包括我们传递给JoinWithCommas的切片（我们使用格式动词%#v，因此切片按照Go代码中的显示方式打印）、我们得到的返回值以及我们想要的返回值。

```
func TestTwoElements(t *testing.T) {
    list := []string{"apple", "orange"}
    want := "apple and orange"
    got := JoinWithCommas(list)
    if got != want {
        t.Errorf("JoinWithCommas(%#v) = \"%s\", want \"%s\"", list, got, want)
    }
}
```

我们想要的返回值 → want

我们实际得到的返回值 → got

以debug格式显示传递给JoinWithCommas的切片。

包括我们得到的这个切片的返回值。

包括我们想要的这个切片的返回值。

```
func TestThreeElements(t *testing.T) {
    list := []string{"apple", "orange", "pear"}
    want := "apple, orange, and pear"
    got := JoinWithCommas(list)
    if got != want {
        t.Errorf("JoinWithCommas(%#v) = \"%s\", want \"%s\"", list, got, want)
    }
}
```

我们想要的返回值

我们实际得到的返回值

以debug格式显示传递给JoinWithCommas的切片。

包括我们得到的这个切片的返回值。

包括我们想要的这个切片的返回值。

如果重新进行测试，我们会看到失败的确切原因。

```
--- FAIL: TestTwoElements (0.00s)
    lists_test.go:15: JoinWithCommas([]string{"apple", "orange"}) =
                      "apple, and orange", want "apple and orange"
FAIL
FAIL    github.com/headfirstgo/prose    0.006s
```

测试“helper”函数

你并不仅限于将测试函数放在*_test.go*文件中。你可以通过将代码移动到测试文件中的其他“helper”函数来减少重复代码。`go test`命令只使用名称以`Test`开头的函数，因此只要将函数命名为其他名称，就没有问题。

对`t.Errorf`的调用相当麻烦，因其在`TestTwoElements`和`TestThreeElements`函数之间是重复的（随着我们添加更多的测试，可能会有更多的重复）。一种解决方法可能是将字符串生成操作移到测试可以调用的单独的`errorString`函数中。

我们将让`errorString`接受传递给`JoinWithCommas`的切片、`got`值和`want`值。然后，不再对`testing.T`值调用`Errorf`。我们会让`errorString`调用`fmt.Sprintf`生成一个（相同的）错误字符串供我们返回。然后，测试本身可以使用返回的字符串来调用`Error`以表明测试失败。这段代码稍微简洁一些，但仍然可以得到相同的输出。

```
import (
    "fmt"      ← 需要“fmt”，这样我们可以调用fmt.Sprintf。
    "testing"
)

func TestTwoElements(t *testing.T) {
    list := []string{"apple", "orange"}
    want := "apple and orange"
    got := JoinWithCommas(list)
    if got != want {
        t.Error(errorString(list, got, want))   ← 不调用t.Errorf，而是调用新的helper函数。
    }
}

func TestThreeElements(t *testing.T) {
    list := []string{"apple", "orange", "pear"}
    want := "apple, orange, and pear"
    got := JoinWithCommas(list)
    if got != want {
        t.Error(errorString(list, got, want))   ← 不调用t.Errorf，而是调用新的helper函数。
    }
}
    此函数名不以“Test”开头，因此它不被视为测试。
func errorString(list []string, got string, want string) string {
    return fmt.Sprintf("JoinWithCommas(%#v) = \"%s\", want \"%s\"", list, got, want)
}
```

相同的输出

```
--- FAIL: TestTwoElements (0.00s)
        lists_test.go:18: JoinWithCommas([]string{"apple", "orange"}) =
                          "apple, and orange", want "apple and orange"
FAIL
FAIL    github.com/headfirstgo/prose    0.006s
```

让测试通过

现在我们的测试已经设置了有用的失败信息，现在是时候考虑使用它们来修复我们的main代码了。

对于JoinWithCommas函数，我们有两个测试。传递包含三项的切片的测试通过，但是传递包含两项的切片的测试失败。

这是因为JoinWithCommas当前包含一个逗号，即使返回的列表中只有两项。

通过 ☑ 对于 []slice{"apple", "orange", "pear"}，JoinWithCommas 应返回 "apple, orange, and pear"。

失败！ ☒ 对于 []slice{"apple", "orange"}，JoinWithCommas 应返回 "apple and orange"。

逗号不属于这里！

```
A photo of my parents, and a rodeo clown
```

让我们修改JoinWithCommas来解决这个问题。如果字符串切片中只有两个元素，我们只需用" and "将它们连接在一起，然后返回结果字符串。否则，我们将遵循一贯的逻辑。

```
func JoinWithCommas(phrases []string) string {
	if len(phrases) == 2 {
		return phrases[0] + " and " + phrases[1]
	} else {
		result := strings.Join(phrases[:len(phrases)-1], ", ")
		result += ", and "
		result += phrases[len(phrases)-1]
		return result
	}
}
```

如果切片只有两项，只需用"and"将它们连接在一起。

否则的话，使用我们一直使用的代码。

我们已经更新了代码，但是它能正常工作吗?测试可以立即告诉我们！如果我们现在重新运行测试，TestTwoElements将通过，这意味着所有的测试都通过了。

所有测试通过！

```
File Edit Window Help
$ go test github.com/headfirstgo/prose
ok      github.com/headfirstgo/prose    0.006s
```

通过 ☑ 对于 []slice{"apple", "orange", "pear"}，JoinWithCommas 应返回 "apple, orange, and pear"。

不通过！ ☑ 对于 []slice{"apple", "orange"}，JoinWithCommas 应返回 "apple and orange"。

让测试通过（续）

我们可以肯定地说，JoinWithCommas现在可以对有两个字符串的切片正常工作，因为相应的单元测试现在已经通过了。我们不需要担心它是否仍然能正确地处理三个字符串的切片，我们有一个单元测试，来确保这也没有问题。

这也反映在join程序的输出中。如果现在重新运行它，我们将看到两个切片的格式都是正确的！

```
func main() {
	phrases := []string{"my parents", "a rodeo clown"}
	fmt.Println("A photo of", prose.JoinWithCommas(phrases))
	phrases = []string{"my parents", "a rodeo clown", "a prize bull"}
	fmt.Println("A photo of", prose.JoinWithCommas(phrases))
}
```

当有两项时，不需要额外的逗号

三项时也正常工作

```
A photo of my parents and a rodeo clown
A photo of my parents, a rodeo clown, and a prize bull
```

测试驱动开发

一旦有了一些单元测试的经验，你可能会进入一个被称为测试驱动开发的循环：

1. 编写测试：为你想要的特性编写测试，即使它还不存在。然后运行测试以确保它失败。

2. 确保通过：在main代码中实现该特性。不要担心你正在编写的代码是草率的还是低效的，你唯一的目标就是让它运作起来。然后运行测试以确保它通过。

3. 重构代码：现在，你可以自由地重构代码，修改和改进它，无论你喜欢做哪个。你已经看到了测试失败，所以你知道如果你的应用程序代码有问题，它将再次失败。你已经看到测试通过了，所以你知道只要代码正常工作，测试就会继续通过。

✗ 编写测试！

✓ 确保通过！

✓ 重构代码！

自由地修改代码而不用担心代码被破坏是你需要单元测试的真正原因。任何时候，只要你看到一种使代码更短或更容易阅读的方法，你就要毫不犹豫地去做。当完成时，你可以简单地再次运行测试，你坚信一切都还在正常工作。

另一个需要修复的bug

可以使用只包含一个短语的切片调用JoinWithCommas。但在这种情况下，它的表现不是很好，将这一项当作列表末尾的项来进行处理：

```
phrases = []string{"my parents"}
fmt.Println("A photo of", prose.JoinWithCommas(phrases))
```

我们的函数将单个项视为列表末尾的项！

```
A photo of , and my parents
```

在这种情况下，JoinWithCommas应该返回什么？如果有一个项的列表，我们根本不需要逗号、单词*and*或任何东西。我们只需简单地返回该项的字符串。

A photo of my parents

一项的列表应该看起来是这样的。

让我们在*join_test.go*中将其表示为一个新的测试。我们将在现有TestTwoElements和TestThreeElements测试的基础上添加一个名为TestOneElement的新测试函数。新测试看起来与其他测试一样，但是我们将一个只有一个字符串的切片传递给JoinWithCommas，并期望一个带有该字符串的返回值。

```
func TestOneElement(t *testing.T) {
	list := []string{"apple"}
	want := "apple"
	got := JoinWithCommas(list)
	if got != want {
		t.Error(errorString(list, got, want))
	}
}
```

传递一个只有一个字符串的切片。

期望返回值只包含那个字符串。

```
--- FAIL: TestOneElement (0.00s)
        lists_test.go:13: JoinWithCommas([]string{"apple"}) =
                          ", and apple", want "apple"
FAIL
FAIL    github.com/headfirstgo/prose    0.006s
```

正如你可能预知的那样，我们的代码中有一个bug，测试失败了，显示JoinWithCommas返回了", and apple"而不只是"apple"。

另一个需要修复的bug（续）

更新JoinWithCommas来修复有问题的测试非常简单。我们测试给定的切片是否只包含一个字符串，如果是，只返回该字符串。

```
func JoinWithCommas(phrases []string) string {
	if len(phrases) == 1 {
		return phrases[0]
	} else if len(phrases) == 2 {
		return phrases[0] + " and " + phrases[1]
	} else {
		result := strings.Join(phrases[:len(phrases)-1], ", ")
		result += ", and "
		result += phrases[len(phrases)-1]
		return result
	}
}
```

修复了代码之后，如果重新运行测试，我们将看到一切都通过了。

所有测试通过！

```
File Edit Window Help
$ go test github.com/headfirstgo/prose
ok      github.com/headfirstgo/prose    0.006s
```

当我们在代码中使用JoinWithCommas时，它将正常工作。

```
phrases = []string{"my parents"}
fmt.Println("A photo of", prose.JoinWithCommas(phrases))
```

现在它工作正常了！

```
A photo of my parents
```

有问必答

问： 难道所有这些测试代码不会让我的程序变得更大更慢吗？

答： 别担心！正如go test命令被设置为只处理名称以*_test.go*结尾的文件一样。go工具中的其他各种命令（比如go build和go install）都被设置为忽略名称以*_test.go*结尾的文件。go工具可以将你的程序代码编译成一个可执行文件，但是它将忽略测试代码，即使它保存在相同的包目录中。

代码贴

我们已经创建了一个compare包，其中包含一个Larger函数，该函数应该返回传递给它的两个整数中较大的那个。但是我们做错了比较，Larger返回了较小的整数!

我们已经开始编写测试来帮助诊断问题。你能否重构代码段来进行测试，以生成所示的输出?你需要创建一个helper函数，该函数返回带有测试失败信息的字符串，然后在测试中向该helper函数添加两个调用。

工作区 > src > compare > larger.go

```
package compare

func Larger(a int, b int) int {
	if a < b {    ← 哦!这个比较反了!
		return a
	} else {
		return b
	}
}
```

工作区 > src > compare > larger_test.go

```
package compare

import (
	"fmt"
	"testing"
)

func TestFirstLarger(t *testing.T) {
	want := 2
	got := Larger(2, 1)
	if got != want {
		t.Error(        ← 在这里调用你的helper函数。
	}
}

func TestSecondLarger(t *testing.T) {
	want := 8
	got := Larger(4, 8)
	if got != want {
		t.Error(        ← 在这里调用你的helper函数。
	}
}
```

在这里定义你的helper函数。

```
)
)
```

"Larger(%d, %d) = %d, want %d",

(4, 8, got, want)　func

(2, 1, got, want)　string

fmt.Sprintf(　)　return

(　)　{　}　want int

errorString　a int,

errorString　b int,

errorString　got int,

a, b, got, want

```
File Edit Window Help
$ go test compare
--- FAIL: TestFirstLarger (0.00s)
	larger_test.go:12:
	Larger(2, 1) = 1, want 2
--- FAIL: TestSecondLarger (0.00s)
	larger_test.go:20:
	Larger(4, 8) = 4, want 8
FAIL
FAIL	compare 0.007s
```

答案在第424页。

运行特定的测试集

有时候，你只想运行几个特定的测试，而不是整个集合。go test命令提供了两个命令行标志来帮助你完成这一任务。标志是一个参数，通常是一个破折号（-），后跟一个或多个字母，你可以将它提供给命令行程序来更改程序的行为。

对于go test命令，第一个值得记住的标志是-v标志，它代表“verbose”（详细的）。如果将它添加到任何go test命令中，它将列出运行的每个测试函数的名称和状态。通常通过的测试会被省略，以保持输出“清静”，但是在verbose模式下，go test甚至会列出通过的测试。

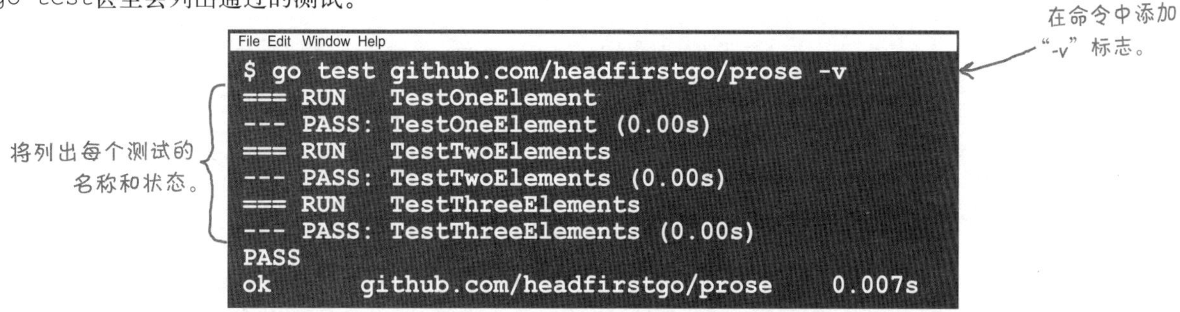
在命令中添加“-v”标志。
将列出每个测试的名称和状态。
File Edit Window Help
$ go test github.com/headfirstgo/prose -v
=== RUN   TestOneElement
--- PASS: TestOneElement (0.00s)
=== RUN   TestTwoElements
--- PASS: TestTwoElements (0.00s)
=== RUN   TestThreeElements
--- PASS: TestThreeElements (0.00s)
PASS
ok   github.com/headfirstgo/prose   0.007s

一旦你有了一个或多个测试的名称（来自go test -v输出或在测试代码文件中查找它们），你就可以添加-run选项来限制正在运行的测试集。在-run之后，指定部分或全部函数名，这样就只运行名称与指定的名称匹配的测试函数。

如果我们将-run Two添加到go run命令中，那么只有名称中包含Two的测试函数才会匹配。在我们的示例中，这意味着只运行TestTwoElements。（你可以使用-run和-v标志，或不使用-v标志，但是我们发现添加-v有助于避免混淆哪些测试正在运行。）

```
File Edit Window Help
$ go test github.com/headfirstgo/prose -v -run Two
=== RUN   TestTwoElements
--- PASS: TestTwoElements (0.00s)
PASS
ok      github.com/headfirstgo/prose    0.007s
```

运行名称中带有“Two”的测试。

如果我们添加-run Elements，TestTwoElements和TestThreeElements都将运行。（但TestOneElement不会运行，因为它的名字末尾没有s。）

```
File Edit Window Help
$ go test github.com/headfirstgo/prose -v -run Elements
=== RUN   TestTwoElements
--- PASS: TestTwoElements (0.00s)
=== RUN   TestThreeElements
--- PASS: TestThreeElements (0.00s)
PASS
ok      github.com/headfirstgo/prose    0.007s
```

运行名称中带有“Elements”的测试。

表驱动测试

我们的三个测试函数之间有相当多的重复代码。实际上，测试之间唯一不同的地方是我们传递给JoinWithCommas的切片，以及我们期望它返回的字符串。

```
func TestOneElement(t *testing.T) {
        list := []string{"apple"}
        want := "apple"
        got := JoinWithCommas(list)
        if got != want {
                t.Error(errorString(list, got, want))
        }
}

func TestTwoElements(t *testing.T) {
        list := []string{"apple", "orange"}
        want := "apple and orange"
        got := JoinWithCommas(list)
        if got != want {
                t.Error(errorString(list, got, want))
        }
}

func TestThreeElements(t *testing.T) {
        list := []string{"apple", "orange", "pear"}
        want := "apple, orange, and pear"
        got := JoinWithCommas(list)
        if got != want {
                t.Error(errorString(list, got, want))
        }
}

func errorString(list []string, got string, want string) string {
        return fmt.Sprintf("JoinWithCommas(%#v) = \"%s\", want \"%s\"", list, got, want)
}
```

重复的代码

重复的代码

重复的代码

不需要维护单独的测试函数，我们可以构建一个由输入数据和我们期望的相应输出组成的“表”，然后使用单个测试函数检查表中的每一项。

表没有标准格式，但是一个常见的解决方法是定义一个新类型，专门用于你的测试，它保存每个测试的输入和预期输出。下面是我们可能使用的testData类型，它有一个list字段来保存我们将传递给JoinWithCommas的字符串切片，以及一个want字段来保存我们期望它返回的相应字符串。

```
type testData struct {
        list []string
        want string
}
```

我们将传递给JoinWithCommas的切片。

我们期望JoinWithCommas对上面切片返回的字符串。

表驱动测试（续）

我们可以在*lists_test.go*文件中定义要使用的testData类型。

我们的三个测试函数可以合并为一个TestJoinWithCommas函数。在顶部，我们设置了一个tests切片，并将来自旧的TestOneElement、TestTwoElements和TestThreeElements的list值和want变量值移动到tests 切片中的testData值中。

然后我们循环遍历切片中的每个testData值。我们将list切片传递给JoinWithCommas，并将它返回的字符串存储在got变量中。如果got不等于testData值的want字段中的字符串，我们调用Errorf，并使用它来格式化测试失败信息，就像我们在errorString helper函数中所做的那样。（由于这使得errorString函数变得多余，我们可以删除它。）

```
import "testing"

type testData struct {
    list []string
    want string
}

func TestJoinWithCommas(t *testing.T) {
    tests := []testData{
        testData{list: []string{"apple"}, want: "apple"},
        testData{list: []string{"apple", "orange"}, want: "apple and orange"},
        testData{list: []string{"apple", "orange", "pear"}, want: "apple, orange, and pear"},
    }
    for _, test := range tests {
        got := JoinWithCommas(test.list)
        if got != test.want {
            t.Errorf("JoinWithCommas(%#v) = \"%s\", want \"%s\"", test.list, got, test.want)
        }
    }
}
```

我们可以在测试文件中定义testData类型

这个单独的函数将替代我们原来的三个函数。

创建一个testData值切片。

来自TestOneElement的数据。

来自TestTwoElements的数据。

来自TestThreeElements的数据。

处理切片中的每个testData值。

将切片传递给JoinWithCommas。

如果我们得到的返回值不等于我们想要的值……

格式化一个错误字符串，测试失败。

更新后的代码更短，重复性更少，但是表中的测试通过了，就像它们是单独的测试函数一样！

```
File Edit Window Help
$ go test github.com/headfirstgo/prose
ok      github.com/headfirstgo/prose    0.006s
```

使用测试修复panic代码

然而，表驱动测试最好的一点是，当你需要新的测试时，很容易添加它们。假设我们不确定JoinWithCommas在传递给它一个空切片时它会有什么行为。为了找到答案，我们只需在tests切片中添加一个新的testData结构。我们将指定，如果将空切片传递给JoinWithCommas，则应返回一个空字符串：

```
func TestJoinWithCommas(t *testing.T) {
    tests := []testData{
        testData{list: []string{}, want: ""},
        testData{list: []string{"apple"}, want: "apple"},
        testData{list: []string{"apple", "orange"}, want: "apple and orange"},
        testData{list: []string{"apple", "orange", "pear"}, want: "apple, orange, and pear"},
    }
    // Additional code omitted...
}
```

添加一个新的testData值，该值将向joinWithCommas传递一个空切片。

看来我们的担心是对的。如果我们运行测试，它会产生堆栈跟踪panic：

```
--- FAIL: TestJoinWithCommas (0.00s)
panic: runtime error: slice bounds out of range [recovered]
        panic: runtime error: slice bounds out of range

goroutine 5 [running]:
testing.tRunner.func1(0xc4200a20f0)
        /usr/go/1.10/libexec/src/testing/testing.go:742 +0x29d
panic(0x110a480, 0x11d6fd0)
        /usr/go/1.10/libexec/src/runtime/panic.go:505 +0x229
github.com/headfirstgo/prose.JoinWithCommas(0x11fa400, 0x0, 0x0, 0x10afead, 0x11ae270)
        /Users/jay/go/src/github.com/headfirstgo/prose/lists.go:11 +0x1bf
github.com/headfirstgo/prose.TestJoinWithCommas(0xc4200a20f0)
        /Users/jay/go/src/github.com/headfirstgo/prose/lists_test.go:20 +0x250
...
FAIL    github.com/headfirstgo/prose    0.009s
```

显然，有些代码试图访问超出切片界限的索引（它试图访问不存在的元素）。

```
panic: runtime error: slice bounds out of range
```

查看堆栈跟踪，我们发现panic发生在*lists.go*文件的第11行，在JoinWithCommas函数中：

错误发生在JoinWithCommas函数中。

```
github.com/headfirstgo/prose.JoinWithCommas(0x11fa400, 0x0, 0x0, 0x10afead, 0x11ae270)
        /Users/jay/go/src/github.com/headfirstgo/prose/lists.go:11 +0x1bf
```

错误在lists.go文件的第11行。

使用测试修复panic代码（续）

所以panic发生在*lists.go*文件的第11行……这是我们访问切片中除最后一个元素之外的所有元素，并用逗号将它们连接在一起的地方。但是由于我们传入的phrases切片是空的，因此没有可访问的元素。

```
func JoinWithCommas(phrases []string) string {
	if len(phrases) == 1 {
		return phrases[0]
	} else if len(phrases) == 2 {
		return phrases[0] + " and " + phrases[1]
	} else {
		result := strings.Join(phrases[:len(phrases)-1], ", ")
		result += ", and "
		result += phrases[len(phrases)-1]
		return result
	}
}
```

当我们试图从空切片访问元素时，这里会发生panic。

如果phrases 切片是空的，我们真的不应该试图访问它的任何元素。没有要连接的东西，所以我们所要做的就是返回一个空字符串。让我们在if语句中添加另一个子句，它在len(phrases)为0时返回一个空字符串。

```
func JoinWithCommas(phrases []string) string {
	if len(phrases) == 0 {
		return ""
	} else if len(phrases) == 1 {
		return phrases[0]
	} else if len(phrases) == 2 {
		return phrases[0] + " and " + phrases[1]
	} else {
		result := strings.Join(phrases[:len(phrases)-1], ", ")
		result += ", and "
		result += phrases[len(phrases)-1]
		return result
	}
}
```

如果切片是空的，只返回一个空字符串。

之后，如果我们再次运行测试，一切都会通过，甚至使用空切片调用JoinWithCommas的测试也会通过！

```
File Edit Window Help
$ go test github.com/headfirstgo/prose
ok      github.com/headfirstgo/prose    0.006s
```

也许你可以想象对JoinWithCommas做进一步的修改和改进。去吧！你可以这样做而不用担心破坏任何东西。如果在每次更改之后运行测试，你就可以确定是否一切都能正常工作。（如果不是，你就会有一个明确的指示，告诉你需要修复什么！）

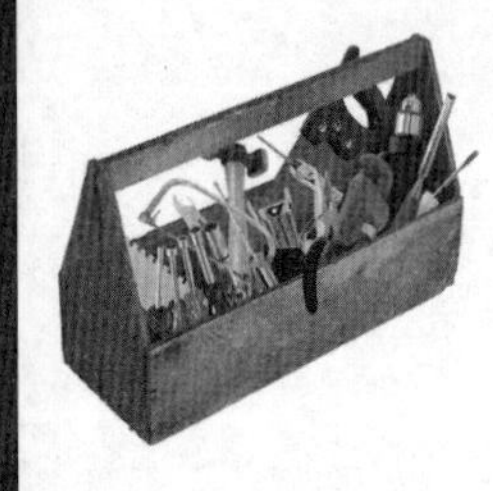

你的Go工具箱

第14章就讲到这里！你已将测试添加到工具箱中。

测试

自动化测试是一个单独的程序，它执行主程序的组件，并验证它们的行为是否符合预期。

Go包含一个“testing”包，你可以用它来为代码编写自动化测试，还包含一个“go test”命令，你可以用来运行这些测试。

要点

- 自动化测试使用一组特定的输入运行代码，并寻找特定的结果。如果代码输出与期望值匹配，则测试“通过”；否则，测试“失败”。
- `go test`工具用于运行测试。它在指定的包中查找文件名以*_test.go*结尾的文件。
- 你不需要将测试与正在测试的代码放在同一个包中，但是这样做将允许你访问该包中未导出的类型或函数。
- 测试需要使用`testing`包中的类型，所以你需要在每个测试文件的顶部导入该包。
- 一个*_test.go*文件可以包含一个或多个测试函数，它们的名字以`Test`开头。名字的其余部分可以是你想要的任何内容。
- 测试函数必须接受单个参数：一个指向`testing.T`值的指针。
- 测试代码可以对包中的函数和方法进行普通调用，然后检查返回值是否与预期值匹配。如果不匹配，测试失败。
- 你可以通过对`testing.T`值调用方法（例如`Error`）来报告测试失败。大多数方法都接受一个字符串，其中包含解释测试失败原因的信息。
- `Errorf`方法的工作原理类似于`Error`，但是它接受格式化字符串，就像`fmt.Printf`一样。
- *_test.go*文件中名字不以`Test`开头的函数不会由`go test`运行。它们可以被测试用作“helper”函数。
- 表驱动测试是处理输入和预期输出的“表”的测试。它们将每一组输入传递给正在测试的代码，并检查代码的输出是否与预期值匹配。

math.go

```
package arithmetic

func Add(a float64, b float64) float64 {
	return a + b
}

func Subtract(a float64, b float64) float64 {
	return a - b
}
```

math_test.go

```
package arithmetic

import "testing"

func TestAdd(t *testing.T) {
	if Add(1, 2) != 3 {
		t.Error("1 + 2 did not equal 3")
	}
}

func TestSubtract(t *testing.T) {
	if Subtract(8, 4) != 4 {
		t.Error("8 - 4 did not equal 4")
	}
}
```

与正在测试的代码相同的包

必须导入此包来使用它的testing.T类型

测试函数必须接收一个*testing.T。

调用正在测试的代码。如果返回值不符合预期，则测试失败。

测试函数必须接收一个*testing.T。

调用正在测试的代码。如果返回值不符合预期，则测试失败。

代码贴答案

```
package compare

func Larger(a int, b int) int {
	if a < b {  ← 反了!
		return a
	} else {
		return b
	}
}
```

```
File Edit Window Help
$ go test compare
--- FAIL: TestFirstLarger (0.00s)
        larger_test.go:12: Larger(2, 1) = 1, want 2
--- FAIL: TestSecondLarger (0.00s)
        larger_test.go:20: Larger(4, 8) = 4, want 8
FAIL
FAIL    compare 0.007s
```

工作区 > src > compare > larger_test.go

```
package compare

import (
	"fmt"
	"testing"
)

func TestFirstLarger(t *testing.T) {
	want := 2
	got := Larger(2, 1)
	if got != want {
		t.Error( errorString (2, 1, got, want) )
	}
}

func TestSecondLarger(t *testing.T) {
	want := 8
	got := Larger(4, 8)
	if got != want {
		t.Error( errorString (4, 8, got, want) )
	}
}

func errorString ( a int, b int, got int, want int ) string {
	return fmt.Sprintf( "Larger(%d, %d) = %d, want %d", a, b, got, want )
}
```

调用helper函数，并使用其返回值作为测试失败信息。

调用helper函数，并使用其返回值作为测试失败信息。

15 响应请求

Web应用程序

我可以吃鸡胸肉吗？
我能吃鸡腿肉吗？
哇，同时有这么多要求！别担心，
我会满足每个人的要求。

这是21世纪。用户需要Web应用程序。Go在这里已经覆盖了！Go标准库包含一些包，可以帮助你托管自己的Web应用程序，并使它们可以从任何Web浏览器访问。因此，我们将在本书的最后两章向你展示如何构建Web应用程序。

Web应用程序需要做的第一件事是当浏览器向它发送请求时能够做出响应。在本章中，我们将学习如何使用`net/http`包来实现这一点。

用Go编写Web应用程序

在你的终端上运行的应用程序非常适合你自己使用。但是普通用户已经被互联网和万维网宠坏了。他们不想为了使用你的应用而学习使用终端。他们甚至不想安装你的应用，他们希望在浏览器中单击某个链接就可以使用它。

但别担心！Go也可以帮助你编写Web应用程序。

是时候让你的应用程序跟终端
说再见了……
Shell Edit View Window Help
$ go run hello.go
Hello, Go!
……向浏览器问好！
Sample Page
http://example.com/hello
Hello, web!

我们不会引导你编写Web应用程序，这不是一个小任务。这需要用到你目前学到的所有技能，再加上一些新技能。但是Go有一些优秀的软件包可以让这个过程更容易！

这包括`net/http`包。HTTP代表“**H**yper**T**ext **T**ransfer **P**rotocol”（超文本传输协议），它用于Web浏览器和Web服务器之间的通信。有了`net/http`，你将能够使用Go创建自己的Web应用程序！

浏览器、请求、服务器和响应

当你在浏览器中输入URL时，实际上是在发送一个对Web页面的请求。该请求被发送到服务器。服务器的工作是获取适当的页面并将其作为响应发送回浏览器。

在Web的早期，服务器通常读取服务器硬盘上HTML文件的内容并将该HTML发送回浏览器。

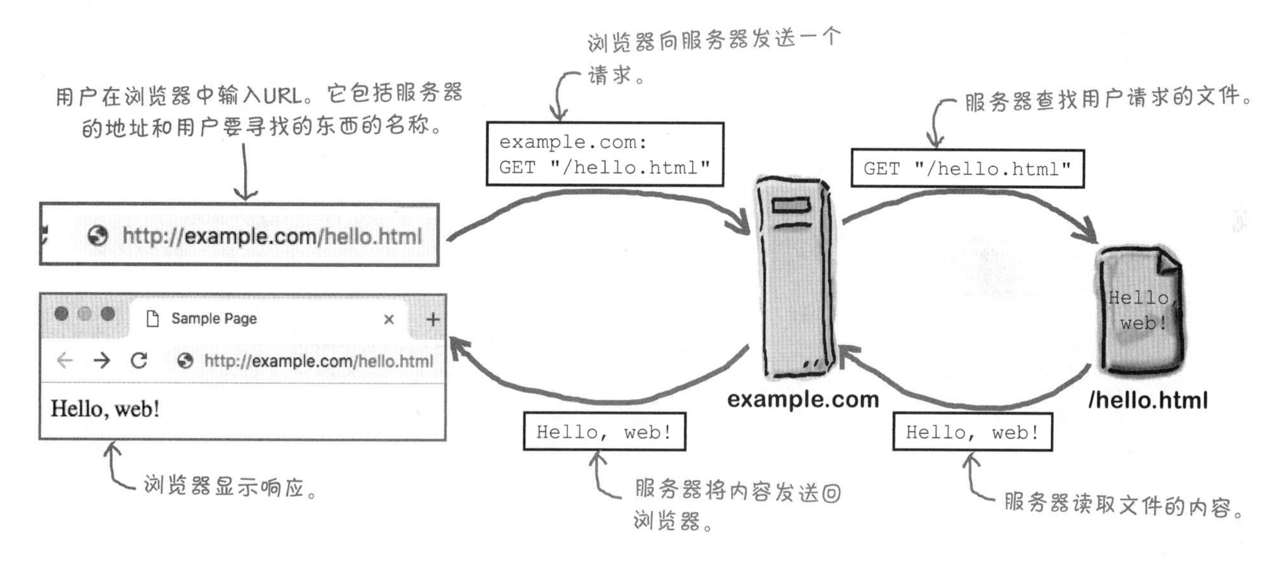

但今天，服务器更常见的是与程序通信来完成请求，而不是读取文件。这个程序可以用任何你想要的语言编写，包括Go！

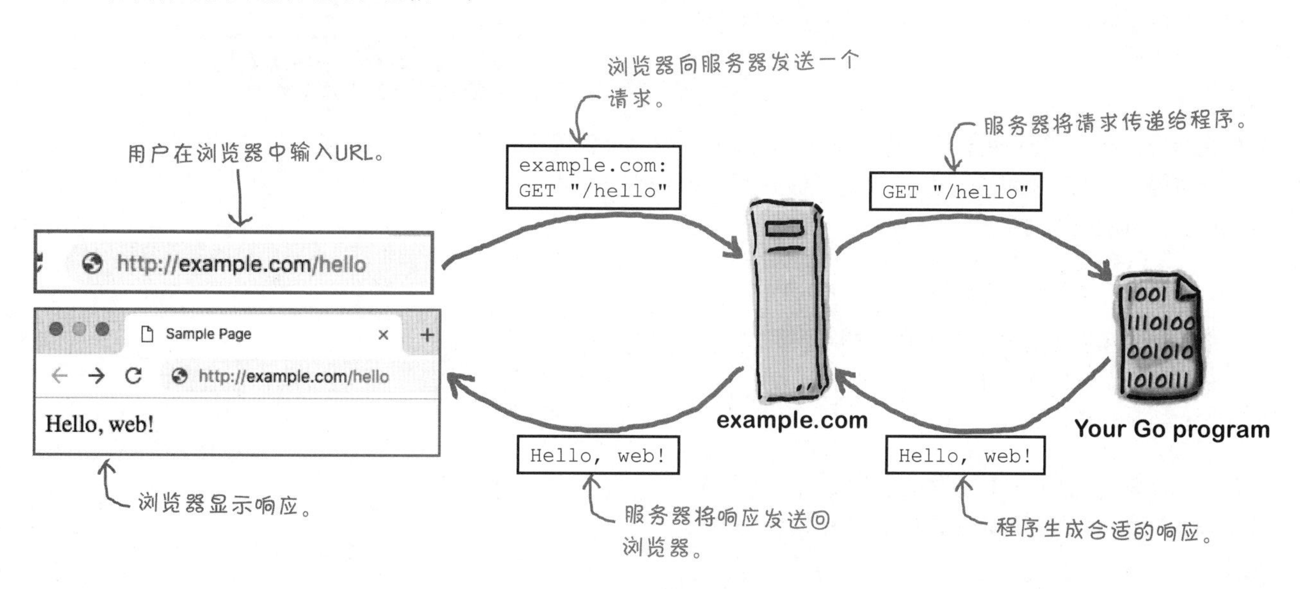

一个简单的Web应用程序

处理来自浏览器的请求有大量的工作要做。幸运的是，我们不必全靠自己。回到第13章，我们使用net/http包向服务器发出请求。net/http包还包括一个小型Web服务器，因此它也能够响应请求。我们所要做的就是编写代码，使其用数据来填充这些响应。

下面是一个使用net/http为浏览器提供简单响应的程序。虽然程序很短，但这里有很多东西，有些是新的。我们先运行这个程序，然后再回过头来逐一解释。

```
package main

import (
	"log"
	"net/http"
)

func viewHandler(writer http.ResponseWriter, request *http.Request) {
	message := []byte("Hello, web!")
	_, err := writer.Write(message)
	if err != nil {
		log.Fatal(err)
	}
}

func main() {
	http.HandleFunc("/hello", viewHandler)
	err := http.ListenAndServe("localhost:8080", nil)
	log.Fatal(err)
}
```

导入“net/http”包。

用于更新将发送到浏览器的响应的值。

表示来自浏览器的请求的值。

向响应中添加“Hello, web!”。

如果我们收到一个以“/hello”结尾的URL请求……

……那么调用viewHandler函数来生成响应。

监听浏览器的请求，并对其做出响应。

将以上代码保存到文件中，然后使用**go run**从终端上运行：

运行服务器。

```
$ go run hello.go
```

我们在运行自己的Web应用程序!现在我们只需要连接一个Web浏览器并进行测试。打开浏览器，在地址栏中输入这个URL。（如果URL看起来有点奇怪，不要担心，我们一会儿再解释它的含义。）

```
http://localhost:8080/hello
```

浏览器将向应用程序发送一个请求，应用程序将以“Hello, web!”作为响应。我们刚刚向浏览器发送了第一个响应!

该应用程序将一直监听请求，直到我们把它停止。当你处理完页面后，按下终端中的<Ctrl-C>来示意程序退出。

这是我们的应用程序的响应!

你的计算机在自言自语

当启动我们的小Web应用程序时，它启动了自己的Web服务器，就在你的计算机上。

因为应用程序是在你的计算机上运行的（而不是在互联网上的某个地方），所以我们在URL中使用特殊的主机名localhost。这告诉浏览器，它需要建立从你的计算机到同一台计算机的连接。

```
http://localhost:8080/hello
```

主机（localhost） 端口（8080）

我们还需要指定一个端口作为URL的一部分。（端口是一个编号的网络通信通道，应用程序可以监听其上的消息。）在我们的代码中，我们指定服务器应该监听端口8080，因此我们将其包含在URL中，就在主机名后面。

这是端口号

```
http.ListenAndServe("localhost:8080", nil)
```

有问必答

问： 得到一个错误，说浏览器无法连接！

答： 你的服务器实际上可能没有运行。在终端中查找错误信息。还要检查浏览器中的主机名和端口号，以防输入错误。

问： 为什么必须在URL中指定端口号？而我不必在其他网站上这么做！

答： 大多数Web服务器监听80端口上的HTTP请求，因为默认情况下Web浏览器会将HTTP请求发送到80端口。但在许多操作系统上，出于安全原因，需要特殊的权限才能运行监听80端口的服务。

这就是为什么我们将服务器设置为监听8080端口。

问： 我的浏览器只显示“404页面未找到”。

答： 这是来自服务器的响应，很正常，但这也意味着你请求的资源没有找到。检查URL是否以/hello结尾，并确保你在服务器程序代码中没有出现拼写错误。

问： 当试图运行应用程序时，得到一个错误，说“listen tcp 127.0.0.1:8080: bind: address already in use”！

答： 你的程序正在尝试与另一个程序（你的操作系统不允许的）在同一端口上监听。你是否多次运行服务器程序？如果是的话，当运行完后，你是否在终端上按下了<Ctrl-C>来停止它？在运行新服务器之前，请确保停止旧的服务器。

讲解一个简单的Web应用程序

现在让我们仔细看看这个Web应用程序的各个部分。

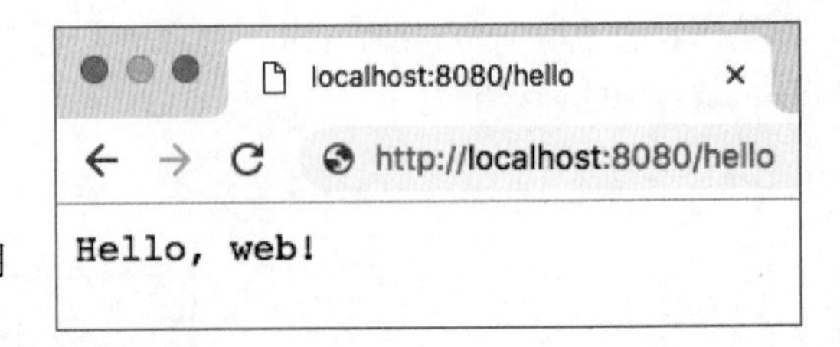

在main函数中，我们使用字符串"/hello"调用http.HandleFunc，并调用viewHandler函数。（Go支持一级函数，允许将函数传递给其他函数。我们稍后会详细讨论。）这告诉应用程序每当收到以*/hello*结尾的URL请求时就调用viewHandler。

然后，我们调用http.ListenAndServe，它启动Web服务器。我们将字符串"localhost:8080"传递给它，这将使它只接受来自你自己机器的8080端口上的请求。（当你准备打开应用程序向其他计算机请求时，可以使用字符串"0.0.0.0:8080"。如果需要，还可以将端口号更改为8080以外的值。）第二个参数中的nil值只表示将使用通过HandleFunc设置的函数来处理请求。

（稍后，如果你想了解处理请求的其他方法，可以从"http"包中查找关于"ListenAndServe"函数、"Handler"接口和"ServeMux"类型的文档。）

我们在HandleFunc之后调用ListenAndServe，因为ListenAndServe将永远运行，除非遇到错误。如果是这样，它将返回该错误，在程序退出之前我们将记录该错误。但是，如果没有错误，该程序将继续运行，直到我们在终端按Ctrl-C来中断它。

如果我们收到一个以"/hello"结尾的URL请求……

……那么调用viewHandler函数来生成响应。

```
func main() {
	http.HandleFunc("/hello", viewHandler)
	err := http.ListenAndServe("localhost:8080", nil)
	log.Fatal(err)
}
```

监听浏览器请求，并响应它们。

与main相比，viewHandler函数没有什么特别之处。服务器向viewHandler传递一个http.ResponseWriter，用于向浏览器响应写入数据，以及一个指向http.Request值的指针，该值表示浏览器的请求。（我们不在这个程序中使用Request值，但是处理函数仍然必须接受一个。）

用于更新将发送到浏览器的响应的值

表示来自浏览器的请求的值

```
func viewHandler(writer http.ResponseWriter, request *http.Request) {
	...
}
```

讲解一个简单的Web应用程序（续）

在viewHandler中，我们通过调用ResponseWriter上的Write方法向响应添加数据。Write不接受字符串，但它接受byte值的切片，因此我们将"Hello, web!"字符串转换为[]byte，然后将其传递给Write。

```
message := []byte("Hello, web!")
_, err := writer.Write(message)
```

将"Hello, web!"转换成一个byte的切片。

将"Hello, web!"添加到响应。

你可能记得第13章中的byte值。当调用通过http.Get函数得到的响应时，ioutil.Readall函数返回一个byte值切片。

我们还没有讨论byte类型，它是Go的基本类型之一（和float64或bool），用于保存原始数据，比如你可能从文件或网络连接中读取的数据。如果直接打印byte值的切片，它不会显示任何有意义的内容，但是如果将byte值的切片转换为字符串，则会返回可读文本。（也就是说，假设数据表示可读文本。）因此，最后我们将响应体转换为字符串并打印它。

```
func main() {
	response, err := http.Get("https://example.com")
	if err != nil {
		log.Fatal(err)
	}
	defer response.Body.Close()
	body, err := ioutil.ReadAll(response.Body)
	if err != nil {
		log.Fatal(err)
	}
	fmt.Println(string(body))
}
```

一旦"main"函数退出，就关闭网络连接。

读取响应中的所有数据。

将数据转换为字符串并打印它。

正如我们在第13章中看到的，一个[]byte可以转换成一个string：

```
fmt.Println(string([]byte{72, 101, 108, 108, 111}))
```

```
Hello
```

正如你在这个简单的Web应用程序中所看到的，string可以转换为[]byte。

```
fmt.Println([]byte("Hello"))
```

```
[72 101 108 108 111]
```

ResponseWriter的Write方法返回成功写入的字节数，以及遇到的任何错误。我们不能对写入的字节数做任何有用的事情，所以我们忽略它。但如果出现错误，我们会将其记录下来并退出程序。

```
_, err := writer.Write(message)
if err != nil {
	log.Fatal(err)
}
```

资源路径

当我们在浏览器中输入URL来访问Web应用程序时，我们确保它以*/hello*结尾。但我们为什么要这么做呢？

```
http://localhost:8080/hello
```

服务器通常有许多不同的资源可以发送给浏览器，包括HTML页面、图像等。

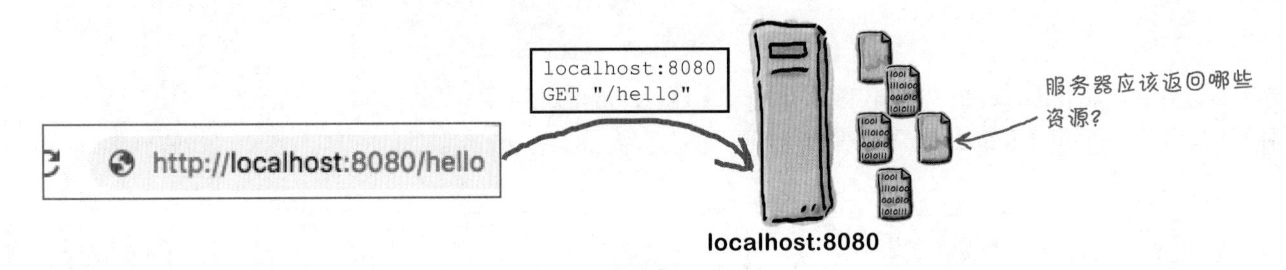

URL中主机地址和端口后面的部分是资源路径。它告诉服务器你希望对其中的哪些资源进行操作。net/http服务器从URL末尾提取路径，并将其用于处理请求。

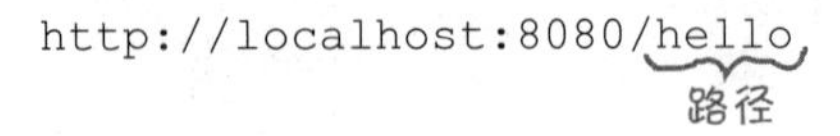

当我们在Web应用程序中调用http.HandleFunc时，我们将字符串"/hello"和viewHandler函数传递给它。该字符串用作要查找的请求资源路径。从那时起，每当收到路径为/hello的请求时，应用程序就会调用viewHandler函数。然后viewHandler函数负责生成与其接收到的请求相匹配的响应。

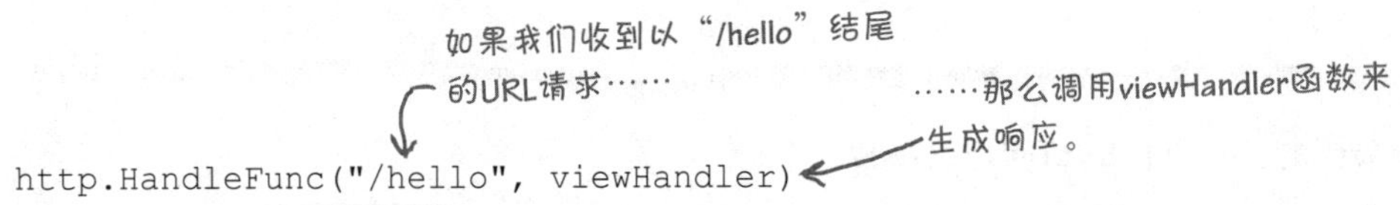

在本例中，这意味着使用文本“Hello, web”进行响应。

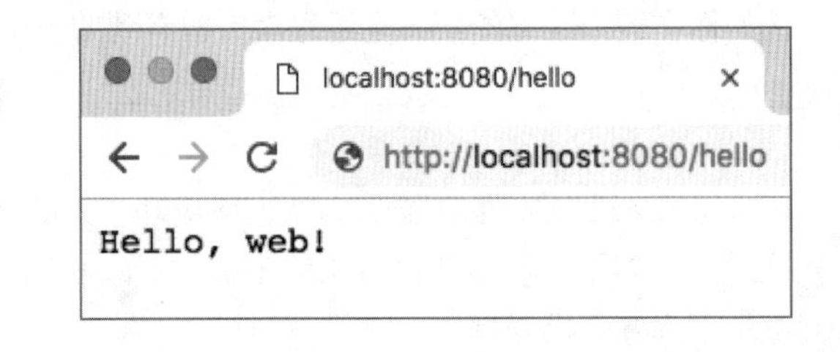

然而，你的应用不能对于它收到的每一个请求都只回复“Hello，web!”。大多数应用程序将需要以不同的方式响应不同的请求路径。

实现此目的的一种方法是，为要处理的每个路径调用一次HandleFunc，并提供一个不同的函数来处理每个路径。然后，你的应用程序将能够对任何路径的请求进行响应。

对不同的资源路径做出不同的响应

以下是应用程序的更新，它提供了三种不同语言的问候语。我们调用HandleFunc三次。路径为"/hello"的请求会调用englishHandler函数，对"/salut"的请求由frenchHandler函数处理，对"/namaste"的请求由hindiHandler处理。每个处理程序函数都将其ResponseWriter和一个字符串传递给新的write函数，后者将字符串写入响应。

```
package main

import (
	"log"
	"net/http"
)

func write(writer http.ResponseWriter, message string) {
	_, err := writer.Write([]byte(message))
	if err != nil {
		log.Fatal(err)
	}
}

func englishHandler(writer http.ResponseWriter, request *http.Request) {
	write(writer, "Hello, web!")
}
func frenchHandler(writer http.ResponseWriter, request *http.Request) {
	write(writer, "Salut web!")
}
func hindiHandler(writer http.ResponseWriter, request *http.Request) {
	write(writer, "Namaste, web!")
}

func main() {
	http.HandleFunc("/hello", englishHandler)
	http.HandleFunc("/salut", frenchHandler)
	http.HandleFunc("/namaste", hindiHandler)
	err := http.ListenAndServe("localhost:8080", nil)
	log.Fatal(err)
}
```

handler函数中的ResponseWriter。

要添加到响应中的信息。

如前所述，将字符串转换为byte的切片，并将其写入响应。

将此字符串写入响应。

将此字符串写入响应。

将此字符串写入响应。

对于路径为“/hello”的请求，调用englishHandler。

对于路径为“/salut”的请求，调用frenchHandler。

对于路径为“/namaste”的请求，调用hindiHandler。

http://localhost:8080/hello

Hello, web!

http://localhost:8080/namaste

Namaste, web!

http://localhost:8080/salut

Salut web!

下面是一个简单Web应用程序的代码，后面是几个可能的响应。在每个响应旁边，写出你需要在浏览器中输入的URL，以生成该响应。

```
package main

import (
	"log"
	"net/http"
)

func write(writer http.ResponseWriter, message string) {
	_, err := writer.Write([]byte(message))
	if err != nil {
		log.Fatal(err)
	}
}

func d(writer http.ResponseWriter, request *http.Request) {
	write(writer, "z")
}
func e(writer http.ResponseWriter, request *http.Request) {
	write(writer, "x")
}
func f(writer http.ResponseWriter, request *http.Request) {
	write(writer, "y")
}

func main() {
	http.HandleFunc("/a", f)
	http.HandleFunc("/b", d)
	http.HandleFunc("/c", e)
	err := http.ListenAndServe("localhost:4567", nil)
	log.Fatal(err)
}
```

响应：	生成响应的URL：
x	....
y	....
z	....

答案在第442页。

一级函数

当用handler函数调用http.HandleFunc时，我们不会调用handler函数并将其结果传递给HandleFunc。我们将函数本身传递给HandleFunc。该函数被存储起来，以便之后在接收到匹配的请求路径时调用。

将englishHandler函数传递给HandleFunc。

将frenchHandler函数传递给HandleFunc。

将hindiHandler函数传递给HandleFunc。

```
func main() {
        http.HandleFunc("/hello", englishHandler)
        http.HandleFunc("/salut", frenchHandler)
        http.HandleFunc("/namaste", hindiHandler)
        err := http.ListenAndServe("localhost:8080", nil)
        log.Fatal(err)
}
```

Go语言支持一级函数，也就是说，它们在Go中被视为“一等公民”。

在具有一级函数的编程语言中，可以将函数分配给变量，然后从这些变量调用函数。

下面的代码首先定义了一个sayHi函数。在main函数中，我们声明了一个func()类型的myFunction变量，这意味着该变量可以保存一个函数。

然后我们将sayHi函数本身赋值给myFunction。注意，我们没写括号—我们不写sayHi()—因为这样做会调用sayHi。我们只输入函数名，如下所示：

```
myFunction = sayHi
```

这将使sayHi函数本身被赋值给myFunction变量。

但在下一行中，我们确实在myFunction变量名后面包含了括号，如下所示：

```
myFunction()
```

这将调用存储在myFunction变量中的函数。

正常地声明一个函数。

```
func sayHi() {
        fmt.Println("Hi")
}

func main() {
        var myFunction func()
        myFunction = sayHi
        myFunction()
}
```

声明一个类型为“func()”的变量。这个变量可以保存一个函数。

将sayHi函数赋值给变量。

调用存储在变量中的函数。

```
Hi
```

将函数传递给其他函数

具有一级函数的编程语言还允许将函数作为参数传递给其他函数。这段代码定义了简单的sayHi和sayBye函数。它还定义了一个twice函数，该函数接受另一个名为theFunction的函数作为参数。然后，twice函数对存储在theFunction中的任何函数调用两次。

在main中，我们调用twice并将sayHi函数作为参数传递，这将使sayHi运行两次。然后我们使用sayBye函数调用twice，这将使sayBye运行两次。

```
func sayHi() {
	fmt.Println("Hi")
}
func sayBye() {
	fmt.Println("Bye")
}

func twice(theFunction func()) {
	theFunction()
	theFunction()
}

func main() {
	twice(sayHi)
	twice(sayBye)
}
```

"twice"函数接受另一个函数作为参数。

调用传入的函数。

调用传入的函数（再次）。

将"sayHi"函数传递给"twice"函数。

将"sayBye"函数传递给"twice"函数。

```
Hi
Hi
Bye
Bye
```

函数作为类型

但是，在调用其他函数时，我们不能将任何函数当作参数。如果我们尝试将sayHi函数作为参数传递给http.HandleFunc，就会出现编译错误：

```
func sayHi() {
	fmt.Println("Hi")
}

func main() {
	http.HandleFunc("/hello", sayHi)
	err := http.ListenAndServe("localhost:8080", nil)
	log.Fatal(err)
}
```

尝试将sayHi设置为HTTP请求处理程序函数。

编译错误

```
cannot use sayHi (type func()) as type func(http.ResponseWriter, *http.Request)
in argument to http.HandleFunc
```

函数作为类型（续）

函数的参数和返回值是其类型的一部分。保存函数的变量需要指定函数应该具有哪些参数和返回值。该变量只能保存参数的数量和类型以及返回值与指定类型匹配的函数。

这段代码定义了一个类型为func()的变量greeterFunction：它保存一个不接受任何参数也不返回任何值的函数。然后，我们定义一个类型为func(int, int) float64的变量mathFunction：它保存一个接受两个整型参数并返回一个float64值的函数。

代码还定义了sayHi和divide函数。如果我们将sayHi赋值给greeterFunction变量，并将divide赋值给mathFunction变量，那么一切都可以编译并正常运行：

```
func sayHi() {
	fmt.Println("Hi")
}
func divide(a int, b int) float64 {
	return float64(a) / float64(b)
}

func main() {
	var greeterFunction func()
	var mathFunction func(int, int) float64
	greeterFunction = sayHi
	mathFunction = divide
	greeterFunction()
	fmt.Println(mathFunction(5, 2))
}
```

这个变量将保存一个没有参数和返回值的函数。

这个变量将保存一个带有两个int参数和一个float64返回值的函数。

将“sayHi”函数赋值给变量greeterFunction。

将“divide”函数赋值给变量mathFunction。

```
Hi
2.5
```

但是，如果我们试图将这两个颠倒过来，就会再次出现编译错误：

```
greeterFunction = divide
mathFunction = sayHi
```

编译错误

```
cannot use divide (type func(int, int) float64) as type func() in assignment
cannot use sayHi (type func()) as type func(int, int) float64 in assignment
```

divide函数接受两个int参数并返回一个float64值，因此它不能存储在greeterFunction变量中（greeterFunction变量期望函数没有参数也没有返回值）。sayHi函数不接受任何参数，也不返回任何值，因此它不能存储在mathFunction变量中（mathFunction变量要求函数具有两个int参数和一个float64返回值）。

函数作为类型（续）

接受函数作为参数的函数还需要指定传入函数应该具有的参数和返回类型。

这是一个带有passedFunction参数的doMath函数。传入的函数需要接受两个int参数，并返回一个float64值。

我们还定义了divide和multiply函数，它们都接受两个int参数并返回一个float64。divide或multiply都可以成功地传递给doMath。

```
func doMath(passedFunction func(int, int) float64) {   ← doMath函数接受另一个函数作为参数。传入函数必须接受两个整数并返回一个float64。
	result := passedFunction(10, 2)   ← 调用传入函数。
	fmt.Println(result)   ← 打印传入函数的返回值。
}

func divide(a int, b int) float64 {   ← 可以传递给doMath的函数。
	return float64(a) / float64(b)
}
func multiply(a int, b int) float64 {   ← 另一个可以传递给doMath的函数。
	return float64(a * b)
}

func main() {
	doMath(divide)   ← 将“divide”函数传递给doMath。
	doMath(multiply)   ← 将“multiply”函数传递给doMath。
}
```

```
5
20
```

与指定类型不匹配的函数不能传递给doMath。

```
func main() {
	doMath(sayHi)   ← sayHi函数没有任何参数或返回值。
}
```

编译错误

```
cannot use sayHi (type func()) as type func(int, int) float64 in argument to doMath
```

这就是为什么如果我们将错误的函数传递给http.HandleFunc，就会出现编译错误。HandleFunc期望传递一个函数，该函数接受一个ResponseWriter和一个指向Request的指针作为参数。传递任何其他内容，都会得到一个编译错误。

真的，这是一件好事。不能分析请求并编写响应的函数可能无法处理浏览器请求。如果你试图传递一个类型错误的函数，Go会在程序编译之前提醒你这个问题。.

```
http.HandleFunc("/hello", sayHi)
```

编译错误

```
cannot use sayHi (type func()) as type func(http.ResponseWriter, *http.Request)
in argument to http.HandleFunc
```

拼图板

你的工作是从池中提取代码段，并将它们放入此代码中的空白行中。不要多次使用相同的代码段，也不需要使用所有代码段。你的目标是创建一个程序，它能运行并生成所示输出。

```
func callFunction(passedFunction ________) {
	passedFunction()
}
func callTwice(passedFunction ________) {
	passedFunction()
	passedFunction()
}
func callWithArguments(passedFunction ________________) {
	passedFunction("This sentence is", false)
}
func printReturnValue(passedFunction func() string) {
	fmt.Println(____________________)
}

func functionA() {
	fmt.Println("function called")
}
func functionB() ________ {
	fmt.Println("function called")
	return "Returning from function"
}
func functionC(a string, b bool) {
	fmt.Println("function called")
	fmt.Println(a, b)
}

func main() {
	callFunction(___________)
	callTwice(___________)
	callWithArguments(functionC)
	printReturnValue(functionB)
}
```

输出

```
function called
function called
function called
function called
This sentence is false
function called
Returning from function
```

注意：池中的每个代码段只能使用一次！

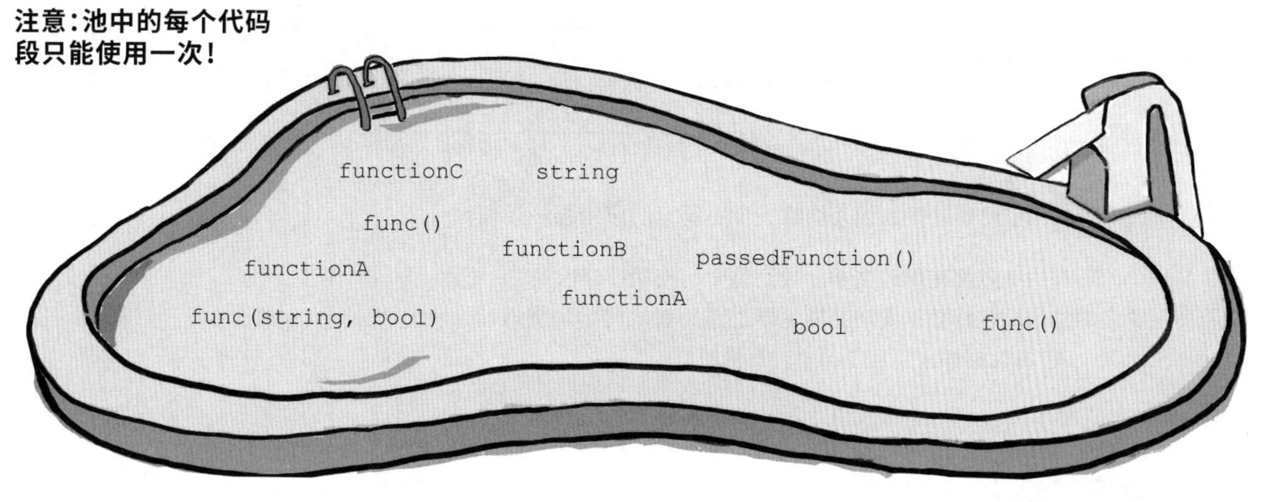

答案在443页。

接下来是什么

现在你知道了如何从浏览器接收请求并发送响应。最棘手的部分完成了！

```
package main

import (
	"log"
	"net/http"
)

func viewHandler(writer http.ResponseWriter, request *http.Request) {
	message := []byte("Hello, web!")
	_, err := writer.Write(message)
	if err != nil {
		log.Fatal(err)
	}
}

func main() {
	http.HandleFunc("/hello", viewHandler)
	err := http.ListenAndServe("localhost:8080", nil)
	log.Fatal(err)
}
```

用于更新将发送到浏览器的响应的值

表示来自浏览器的请求的值

将"Hello, web!"添加到响应中。

如果我们收到一个以"/hello"结尾的URL请求……

……那么调用viewHandler函数来生成响应。

监听浏览器请求并响应它们。

localhost:8080/hello

http://localhost:8080/hello

Hello, web!

这是我们的应用程序的响应！

在最后一章中，我们将使用这些知识来构建一个更复杂的应用程序。

到目前为止，所有的响应都使用纯文本。我们将学习使用HTML来赋予页面更多的结构。在将数据发送回浏览器之前，我们将学习使用`html/template`包将数据插入到HTML中。那里见！

你的Go工具箱

第15章就讲到这里!你已经将HTTP处理程序函数和一级函数添加到了工具箱中。

HTTP处理程序函数

net/http处理程序函数是用来处理浏览器对特定路径的请求的函数。

处理程序函数接收http.ResponseWriter值作为参数。

处理程序函数应该使用ResponseWriter写出响应。

一级函数

在具有一级函数的语言中，可以将函数赋值给变量，然后使用这些变量来调用函数。

当调用其他函数时，函数也可以作为参数传递。

要点

- `net/http`包的`ListenAndServe`函数在指定的端口上运行Web服务器。
- `localhost`主机名处理从计算机到自身的连接。
- 每个HTTP请求都包含一个资源路径，该路径指定浏览器正在请求服务器的多个资源中的哪一个。
- `HandleFunc`函数接受一个路径字符串，以及一个处理该路径请求的函数。
- 你可以反复调用`HandleFunc`来为不同的路径设置不同的处理函数。
- 处理函数必须接受一个`http.ResponseWriter`值和一个指向`http.Request`值的指针来作为参数。
- 如果对使用byte的切片的`http.ResponseWriter`调用`write`方法，该数据将被添加到发送到浏览器的响应中。
- 可以保存函数的变量具有函数类型。
- 函数类型包括函数接受的参数的数量和类型（或没有），以及函数返回的值的数量和类型（或没有）。
- 如果`myVar`包含一个函数，你可以通过在变量名后面加上括号（包含函数可能需要的任何参数）来调用该函数。

下面是一个简单Web应用程序的代码，后面是几个可能的响应。在每个响应旁边，写出你需要在浏览器中输入的URL，以生成该响应。

```
package main

import (
	"log"
	"net/http"
)

func write(writer http.ResponseWriter, message string) {
	_, err := writer.Write([]byte(message))
	if err != nil {
		log.Fatal(err)
	}
}

func d(writer http.ResponseWriter, request *http.Request) {
	write(writer, "z")
}
func e(writer http.ResponseWriter, request *http.Request) {
	write(writer, "x")
}
func f(writer http.ResponseWriter, request *http.Request) {
	write(writer, "y")
}

func main() {
	http.HandleFunc("/a", f)
	http.HandleFunc("/b", d)
	http.HandleFunc("/c", e)
	err := http.ListenAndServe("localhost:4567", nil)
	log.Fatal(err)
}
```

注意，我们指定了一个不同的端口！

响应：	生成响应的URL：
x	http://localhost:4567/c
y	http://localhost:4567/a
z	http://localhost:4567/b

拼图板答案

```
func callFunction(passedFunction  func()  ) {
	passedFunction()
}
func callTwice(passedFunction  func()  ) {
	passedFunction()
	passedFunction()
}
func callWithArguments(passedFunction  func(string, bool)  ) {
	passedFunction("This sentence is", false)
}
func printReturnValue(passedFunction func() string) {
	fmt.Println(  passedFunction()  )
}

func functionA() {
	fmt.Println("function called")
}
func functionB()  string  {
	fmt.Println("function called")
	return "Returning from function"
}
func functionC(a string, b bool) {
	fmt.Println("function called")
	fmt.Println(a, b)
}

func main() {
	callFunction(  functionA  )
	callTwice(  functionA  )
	callWithArguments(functionC)
	printReturnValue(functionB)
}
```

从callFunction主体中可以看出，传递的函数不接受任何参数。

从callTwice主体中可以看出，传递的函数不接受任何参数。

从callWithArguments主体可以看出，传入的函数必须接受这些参数类型。

调用传入函数并打印其返回值。

如果要传递给printReturnValue，functionB需要返回一个字符串。

只有functionA具有正确的参数集（以及正确的输出）。

```
function called
function called
function called
function called
This sentence is false
function called
Returning from function
```

16 要遵循的模式

HTML模板

我创建的这些模板使保存记录变得容易多了!只要把数据写在几个空格里，就完事了!

你的Web应用程序需要用HTML而不是纯文本进行响应。纯文本可以用于电子邮件和社交媒体帖子。但是你的页面需要格式化。它们需要标题和段落。它们需要用户可以向你的应用程序提交数据的表单。要做到这一点，你需要HTML代码。

最后，你需要将数据插入HTML代码中。这就是Go提供`html/template`包的原因，这是一种在应用程序的HTML响应中包含数据的强大方法。模板是构建更大、更好的Web应用程序的关键，在这最后的一章里，我们将向你展示如何使用它们!

留言簿应用程序

让我们把在第15章中学到的知识都用上。我们将为一个网站建立一个简单的留言簿应用程序。访问者将能够以表单的形式输入信息，该表单将被保存到文件中。他们还可以查看之前所有签名的列表。

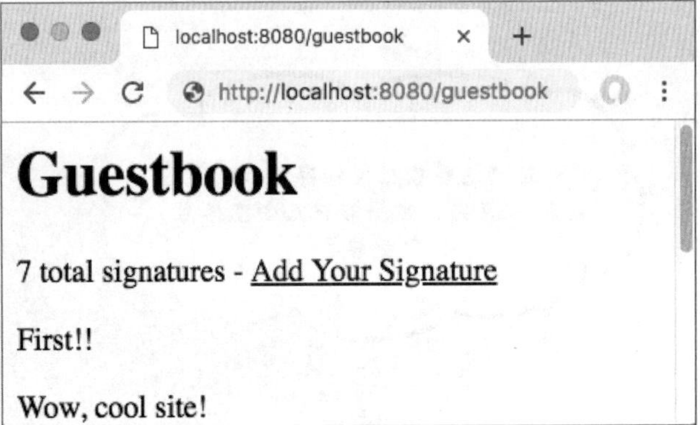

在让这个应用程序运行之前，还有很多内容需要介绍，但是不要担心——我们将把这个过程分解为几个小步骤。让我们看看会涉及什么……

我们需要设置应用程序，并让它响应主留言簿页面的请求。这部分不会太难，我们已经在前一章中介绍了所有需要知道的内容。

然后需要在响应中包含HTML。我们将使用几个HTML标记创建一个简单的页面，并将其保存在一个文件中。然后我们将从文件中加载HTML代码并在应用程序的响应中使用它。

我们需要获取访问者输入的签名，并将它们合并到HTML中。我们将向你展示如何使用`html/template`包实现这一点。

然后需要创建一个单独的页面，其中包含用于添加签名的表单。我们可以很容易地使用HTML做到这一点。

最后，当用户提交表单时，需要将表单内容保存为新的签名。我们将把它与所有其他提交的签名一起保存到一个文本文件中，以便以后再加载。

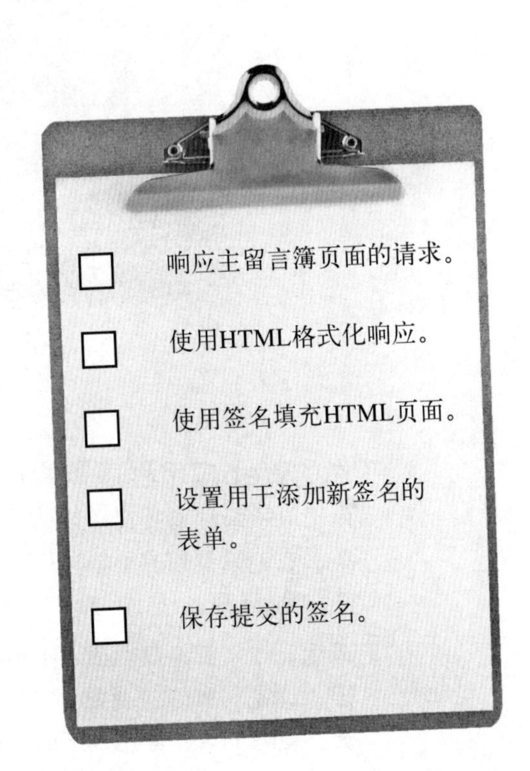

处理请求和检查错误的函数

我们的第一个任务将是显示主留言簿页面。通过我们编写Web应用程序示例的所有实践，这应该不会太难。在main函数中，我们将调用http.HandleFunc，并设置应用程序调用一个名为viewHandler的函数，来响应任何路径为"/guestbook"的请求。然后调用http.ListenAndServe来启动服务器。

现在，viewHandler函数看起来就像前面示例中的处理程序函数一样。它接受一个http.ResponseWriter和一个指向http.Request的指针，就像前面的处理程序一样。我们将把响应的字符串转换为[]byte，并使用ResponseWriter上的Write方法将其添加到响应中。

check函数是这段代码中唯一真正新的部分。在这个Web应用程序中，会有很多潜在的error返回值，我们不想编写重复代码来对它们一一检查和报告。因此，我们将把每个错误传递给新的check函数。如果error为nil，check将不执行任何操作，否则它将记录错误并退出程序。

guestbook.go

```
package main

import (
	"log"
	"net/http"
)

func check(err error) {
	if err != nil {
		log.Fatal(err)
	}
}

func viewHandler(writer http.ResponseWriter, request *http.Request) {
	placeholder := []byte("signature list goes here")
	_, err := writer.Write(placeholder)
	check(err)
}

func main() {
	http.HandleFunc("/guestbook", viewHandler)
	err := http.ListenAndServe("localhost:8080", nil)
	log.Fatal(err)
}
```

将报告错误的代码移到此函数。

与往常一样，处理程序函数将被传递给ResponseWriter……

……以及一个指向Request值的指针。

我们将字符串转换为byte的切片……

……并通过Write方法将其添加到响应中。

然后调用“check”来报告错误（如果有的话）。

对路径为“/guestbook”的任何请求，都设置为将调用viewHandler。

与往常一样，我们将服务器设置为监听端口8080。

这个错误永远不会是nil，所以我们不会对它调用check。

在ResponseWriter上调用Write可能返回错误，也可能不返回错误，因此我们将error返回值传递给check。不过，请注意，我们不会将ListenAndServe的error返回值传递给check。这是因为ListenAndServe总是返回一个错误。（如果没有错误，ListenAndServe将永远不会返回。）因为我们知道这个错误永远不会是nil，所以我们只需立即对其调用log.Fatal。

设置一个项目目录并尝试应用程序

我们将为这个项目创建几个文件，所以可能需要花点时间创建一个新目录来保存它们。（它不必在Go工作区目录中。）将前面的代码保存在此目录中，放在一个名为*guestbook.go*的文件中。

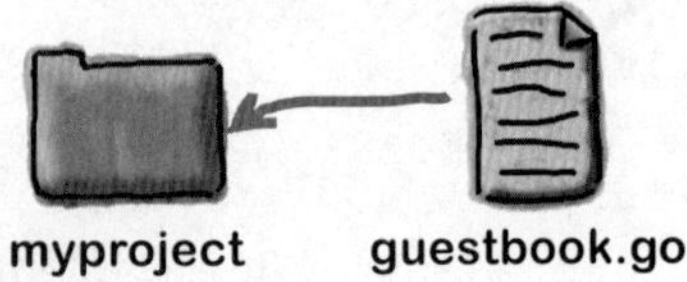

创建一个存放项目的目录，并将代码保存为guestbook.go并放入其中。
myproject
guestbook.go

让我们试着运行它。在终端中，切换到保存*guestbook.go*的目录，并使用`go run`运行它。

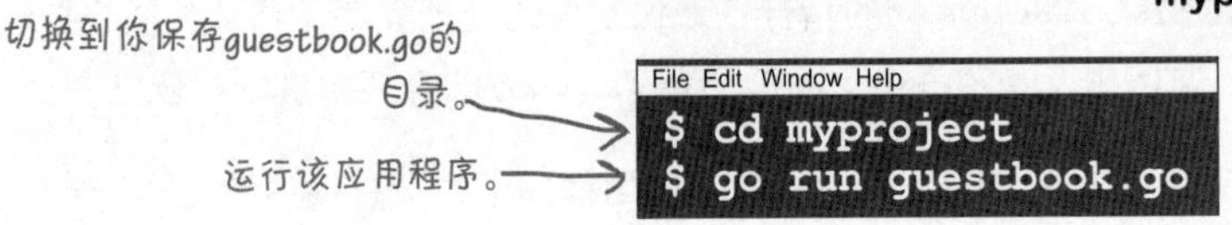

切换到你保存guestbook.go的目录。
运行该应用程序。
File Edit Window Help
$ cd myproject
$ go run guestbook.go

然后在浏览器中访问此URL：

http://localhost:8080/guestbook

它与我们之前的应用程序的URL相同，除了最后的*/guestbook*路径。浏览器将向应用程序发出请求，应用程序将以占位符文本响应：

localhost:8080/guestbook
http://localhost:8080/guestbook
signature list goes here

应用程序现在对请求进行了响应。我们的第一个任务完成了！

不过，我们只是使用纯文本进行了响应。接下来，我们将使用HTML格式化我们的响应。

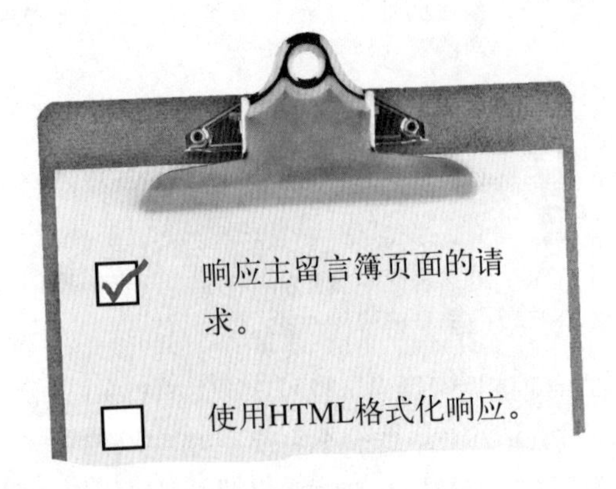

响应主留言簿页面的请求。
使用HTML格式化响应。

用HTML创建签名列表

到目前为止，我们只是向浏览器发送了一些文本片段。我们需要实际的HTML，以便可以对页面应用格式。HTML使用标记对文本应用格式。

如果你以前没有写过HTML，不用担心，我们会继续介绍基本的内容！

将下面的HTML代码保存在与*guestbook.go*相同的目录中，保存在名为*view.html*的文件中。

以下是此文件中使用的HTML元素：

- <h1>：一级标题。通常以大的、粗体文本显示。
- <div>：division元素。它本身不直接可见，但用于将页面划分为多个部分。
- <p>：一段文字。我们将把每个签名作为一个单独的段落来处理。
- <a>：代表“anchor”（锚）。创建一个链接。

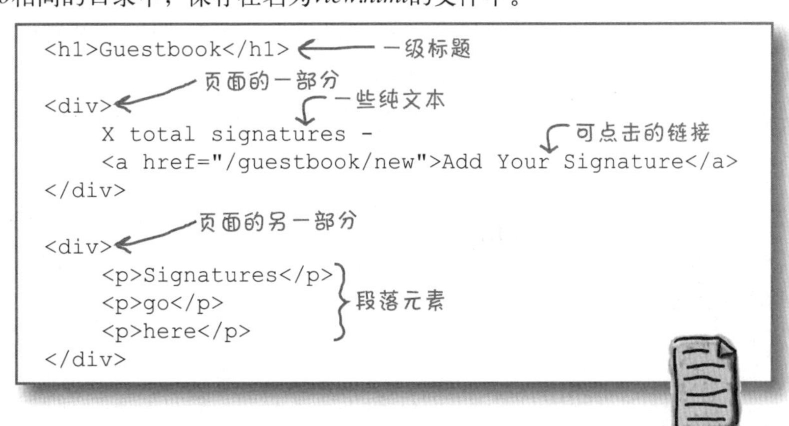

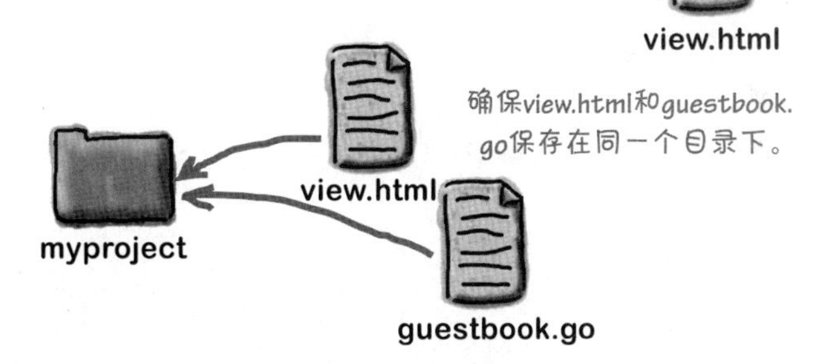

现在，让我们尝试在浏览器中查看HTML。启动你最喜欢的Web浏览器，从菜单中选择“Open File”（打开文件），然后打开刚才保存的HTML文件。

注意页面上的元素如何与HTML代码对应。每个元素都有一个开始标记（<h1>、<div>、<p>，等等）和一个相应的结束标记（</h1>、</div>、</p>，等等）。在开始标记和结束标记之间的任何文本都被用作页面上元素的内容。元素也可以包含其他元素（就像本页上的<div>元素所做的那样）。

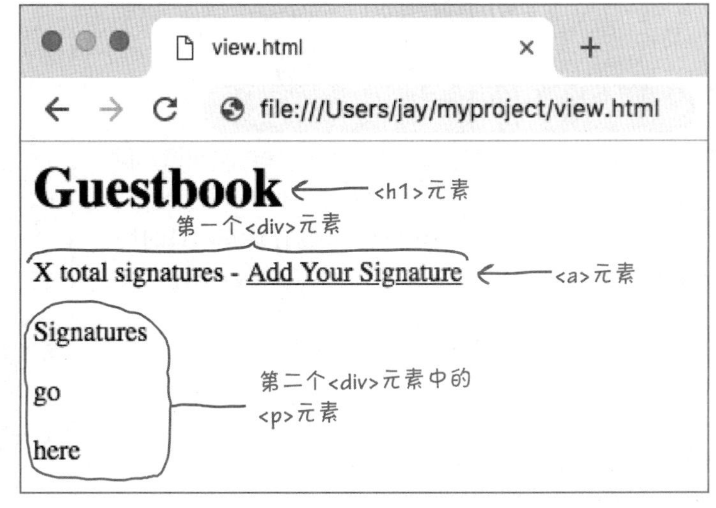

如果需要的话，可以点击链接，但它现在只会产生一个“Page not found”（页面没有找到）的错误。在解决这个问题之前，我们需要弄清楚如何通过Web应用程序来提供这个HTML……

使我们的应用程序以HTML响应

当将*view.html*文件直接加载到浏览器中时，我们的HTML可以工作，但是我们需要通过应用程序提供服务。让我们更新*guestbook.go*代码，以使用我们创建的HTML代码进行响应。

Go提供了一个`html/template`包，它将从文件加载HTML，并为我们插入签名。现在，我们将按原样加载*view.html*的内容；插入签名将是我们下一步的工作。

我们需要更新`import`语句来添加`html/template`包。需要做的其他更改在`viewHandler`函数中。我们将调用`template.ParseFiles`函数，并将要加载的文件名`"view.html"`传递给它。这将使用*view.html*的内容创建一个`Template`值。`ParseFiles`将返回一个指向此`Template`的指针，也可能返回一个`error`值，我们将该值传递给`check`函数。

要从`Template`值中获得输出，我们使用两个参数来调用其`Execute`方法……我们传递`ResponseWriter`值，并将其作为写入输出的位置。第二个值是我们想插入到模板中的数据，但是我们现在没有插入任何内容，所以只传递`nil`。

```
// Code omitted...
import (
	"html/template"   ← 导入“html/template”包。
	"log"
	"net/http"
)

func check(err error) {
	// Code omitted...
}

func viewHandler(writer http.ResponseWriter, request *http.Request) {
	html, err := template.ParseFiles("view.html")   ← 使用view.html的内容创建一个新模板。
	check(err)   ← 报告任何错误。
	err = html.Execute(writer, nil)   ← 将模板内容写入ResponseWriter。
	check(err)   ← 报告任何错误。
}
// Code omitted...
```

我们将很快学习更多关于`html/template`包的知识，但现在让我们看看这是否能正常工作。在你的终端上，运行*guestbook.go*。（在执行此操作时，请确保你在项目的目录中，否则`ParseFiles`函数将无法找到*view.html*。）

在浏览器中，返回到URL：

http://localhost:8080/guestbook

你应该看到来自*view.html*的HTML，而不是“signature list goes here”占位符。

应用程序将加载view.html的内容。然后用它们来响应。

"text/template"包

我们的应用程序用HTML代码进行了响应。两项任务完成了!

但是现在，我们只是显示了一个硬编码的签名占位符列表。我们的下一个任务是使用html/template包将签名列表插入HTML中，当列表变化时将更新该列表。

- [x] 响应主留言簿页面的请求。
- [x] 使用HTML格式化响应。
- [ ] 使用签名填充HTML页面。

html/template包基于text/template包。使用这两个包的方法几乎完全相同，但是html/template有一些额外的安全特性，这是使用HTML所需要的。让我们先学习如何使用text/template包，然后再将学到的知识应用到html/template包。

下面的程序使用text/template来解析和打印模板字符串。它将输出打印到终端上，因此你不需要在Web浏览器上尝试。

在main中，我们调用text/template包的New函数，该函数返回一个指向新Template值的指针。然后我们调用Template上的Parse方法，并将字符串"Here's my template!\n"传递给它。Parse使用字符串参数作为模板的文本，而不像ParseFiles那样从文件中加载模板文本。Parse返回模板和一个error值。我们将模板存储在tmpl变量中，并将error传递给check函数（与*guestbook.go*中的check函数相同）来报告任何非nil的错误。

然后我们调用tmpl中Template值上的Execute方法，就像我们在*guestbook.go*中所做的那样。不过，我们不使用http.ResponseWriter，而是将os.Stdout作为写入输出的位置。当程序运行时，这会使"Here's my template!\n"模板字符串作为输出显示。

```
package main

import (
	"log"
	"os"
	"text/template"
)

func check(err error) {
	if err != nil {
		log.Fatal(err)
	}
}

func main() {
	text := "Here's my template!\n"
	tmpl, err := template.New("test").Parse(text)
	check(err)
	err = tmpl.Execute(os.Stdout, nil)
	check(err)
}
```

我们需要这个包以便访问os.Stdout。

导入text/template而不是html/template。

与之前的"check"函数相同。

模板文本。

基于文本创建一个新的Template值。

写出模板文本。

将模板写入终端，而不是HTTP响应。

```
Here's my template!
```

使用带有模板的Execute方法的io.Writer接口

那么这个os.Stdout值到底是什么？而http.ResponseWriter和os.Stdout为何都是传递给Template的Execute方法的有效值呢？

```
func viewHandler(writer http.ResponseWriter, request *http.Request) {
	html, err := template.ParseFiles("view.html")
	check(err)
	err = html.Execute(writer, nil)  ← 将模板内容写入ResponseWriter。
	// ...
```

```
text := "Here's my template!\n"
tmpl, err := template.New("test").Parse(text)
check(err)
err = tmpl.Execute(os.Stdout, nil)  ← 将模板内容写入终端。
check(err)
```

os.Stdout值是os包的一部分。Stdout代表"standard output（标准输出）"，它的作用类似于一个文件，但是任何写入它的数据都会输出到终端，而不是保存到磁盘。（如fmt.Println、fmt.Printf等函数在后台将数据写入os.Stdout。）

http.ResponseWriter和os.Stdout为何都是Template.Execute的有效参数？让我们看看它的文档……

```
File Edit Window Help
$ go doc text/template Template.Execute
func (t *Template) Execute(wr io.Writer, data interface{}) error
    Execute applies a parsed template to the specified data object, and writes
    the output to wr. If an error occurs executing the template or writing its
    ...
```

嗯，这就是说Execute的第一个参数应该是io.Writer。那是什么意思？让我们看看io包的文档：

```
File Edit Window Help
$ go doc io Writer
type Writer interface {
        Write(p []byte) (n int, err error)
}
    Writer is the interface that wraps the basic Write method.
    ...
```

io.Writer看起来像是一个接口！任何类型的Write方法都可以满足它的要求，该方法接受byte值的一个切片，并返回一个包含已写入字节数的整数和一个error值。

满足io.Writer的ResponseWriter和os.Stdout

我们已经看到了http.ResponseWriter值有一个Write方法。我们在之前的几个例子中使用过Write：

```
func viewHandler(writer http.ResponseWriter, request *http.Request) {
	placeholder := []byte("signature list goes here") ← 将字符串转换为byte切片……
	_, err := writer.Write(placeholder) ← ……并通过Write方法将其添加到响应中。
	check(err)
}
```

原来os.Stdout值也有一个Write方法！如果向它传递一个byte值的切片，则该数据将被写入终端：

```
func main() {
	_, err := os.Stdout.Write([]byte("hello"))   ← 向终端写入数据。
	check(err)
}
```

```
hello
```

这意味着http.ResponseWriter值和os.Stdout都满足io.Writer接口，并可以传递给Template值的Execute方法。Execute将通过对传递给它的任何值调用Write方法来写出模板。

如果传入http.ResponseWriter，意味着模板将被写入HTTP响应。如果传入os.Stdout，意味着模板将被写入终端的输出：

```
func main() {
	tmpl, err := template.New("test").Parse("Here's my template!\n")
	check(err)
	err = tmpl.Execute(os.Stdout, nil)
	check(err)
}
```

写出模板文本。（Execute） 将模板写入终端。（os.Stdout）

```
Here's my template!
```

使用action将数据插入模板

Template值的Execute方法的第二个参数允许你传入要插入到模板中的数据。它的类型是空接口，这意味着你可以传入任何类型的值。

```
File Edit Window Help
$ go doc text/template Template.Execute
func (t *Template) Execute(wr io.Writer, data interface{}) error
    Execute applies a parsed template to the specified data object, and writes
    the output to wr. If an error occurs executing the template or writing its
    ...
```

到目前为止，我们的模板还没有提供任何插入数据的位置，所以我们只是传递了nil作为数据值：

```
func main() {
        tmpl, err := template.New("test").Parse("Here's my template!\n")
        check(err)
        err = tmpl.Execute(os.Stdout, nil)
        check(err)
}
```

该模板不提供任何插入数据的位置。

只是传递"nil"来作为要插入的数据。

```
Here's my template!
```

要在模板中插入数据，可以向模板文本添加**action**（操作）。action用双花括号{{}}表示。在双花括号中，指定要插入的数据或要模板执行的操作。每当模板遇到action时，它将计算其内容，并在action的位置将结果插入模板文本中。

在一个操作中，你可以使用一个带有"dot"（点）的Execute方法来引用传递给它的数据值。

这段代码使用一个action设置模板。然后，它会多次调用模板上的Execute，每次使用不同的数据值。在将结果写入os.Stdout之前，Execute使用数据值替换action。

```
func main() {
        templateText := "Template start\nAction: {{.}}\nTemplate end\n"
        tmpl, err := template.New("test").Parse(templateText)
        check(err)
        err = tmpl.Execute(os.Stdout, "ABC")
        check(err)
        err = tmpl.Execute(os.Stdout, 42)
        check(err)
        err = tmpl.Execute(os.Stdout, true)
        check(err)
}
```

插入数据值的action。

使用不同的数据值执行相同的模板。

值被插入模板中的action的位置。

```
Template start
Action: ABC
Template end
Template start
Action: 42
Template end
Template start
Action: true
Template end
```

使用action将数据插入模板（续）

使用模板action还可以做很多其他事情。让我们设置一个executeTemplate函数，来更容易地对它们进行试验。它将接受一个传递给Parse的模板字符串来创建一个新模板，以及传递给该模板上Execute的数据值。与之前一样，每个模板都将被写入os.Stdout。

我们将基于这个字符串创建一个模板。

我们将把这个数据值转发给模板上的Execute方法。

```
func executeTemplate(text string, data interface{}) {
	tmpl, err := template.New("test").Parse(text)
	check(err)
	err = tmpl.Execute(os.Stdout, data)
	check(err)
}
```

分析给定文本以创建模板。

在模板action中使用给定的数据值。

如前所述，你可以使用单个的点来表示“点”，即模板正在处理的数据中的当前值。虽然点的值可以在模板内的不同上下文中更改，但最初它指的是传递给Execute的值。

```
func main() {
	executeTemplate("Dot is: {{.}}!\n", "ABC")
	executeTemplate("Dot is: {{.}}!\n", 123.5)
}
```

```
Dot is: ABC!
Dot is: 123.5!
```

使用“if”action使模板的某些部分可选

模板中{{if}}action与其对应的{{end}}标记之间的一段只有在条件为真时才会包含。这里我们执行相同的模板文本两次，一次当点为真时，一次当点为假时。感谢{{if}}action，只有当点为真时，“Dot is true!”文本才包含在输出中。

只有当点值为真时，模板的这一部分才会出现。

```
executeTemplate("start {{if .}}Dot is true!{{end}} finish\n", true)
executeTemplate("start {{if .}}Dot is true!{{end}} finish\n", false)
```

```
start Dot is true! finish
start  finish
```

使用“range” action来重复模板的某部分

在`{{range}}`action与其对应的`{{end}}`标记之间的模板部分，将对数组、切片、映射或channel中收集的每个值进行重复。该部分中的任何操作也将被重复。

在重复部分中，点的值将设置为集合中的当前元素，允许你将每个元素包含在输出中或对其进行其他处理。

这个模板包含一个`{{range}}` action，它将输出切片中的每个元素。在循环之前和之后，点的值将是切片本身。但是在循环中，点指的是切片的当前元素。你将在输出中看到这一点。

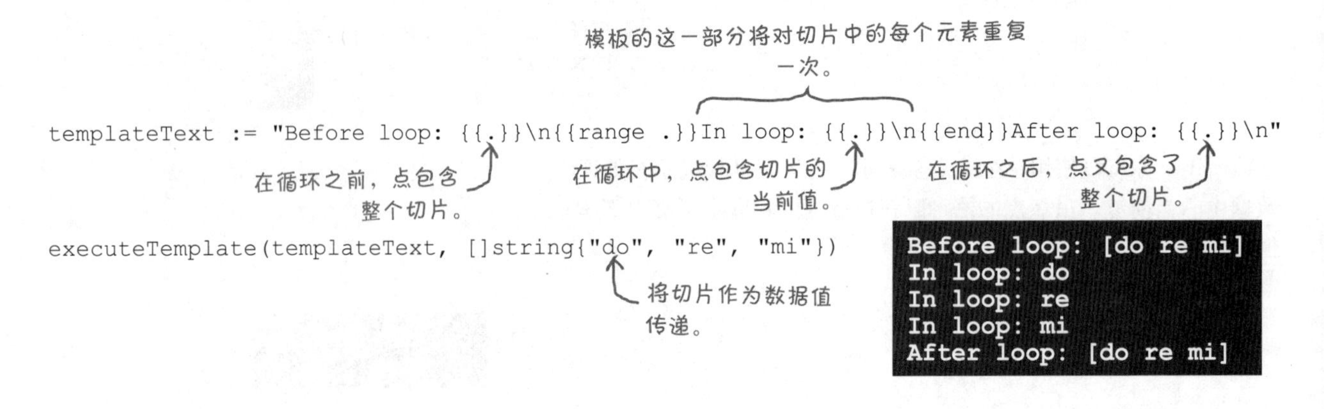

这个模板使用一个`float64`值切片，它将显示为一个价格列表。

模板的这一部分将对切片中的每个元素重复一次。

```
templateText = "Prices:\n{{range .}}${{.}}\n{{end}}"
executeTemplate(templateText, []float64{1.25, 0.99, 27})
```

```
Prices:
$1.25
$0.99
$27
```

如果提供给`{{range}}` action的值为空或`nil`，则循环根本不会运行：

```
templateText = "Prices:\n{{range .}}${{.}}\n{{end}}"
executeTemplate(templateText, []float64{}) ←传入一个空切片。
executeTemplate(templateText, nil) ←传入nil。
```

```
Prices: ←不包括循环部分。
Prices: ←不包括循环部分。
```

使用action将struct字段插入模板

不过，简单类型通常无法保存填写模板所需的各种信息。在执行模板时使用struct类型更为常见。

如果点中的值是一个struct，那么一个带点并后跟字段名的action将在模板中插入该字段的值。在这里，我们创建一个`Part` struct类型，然后设置一个模板，它将输出`Part`值的`Name`和`Count`字段：

```
type Part struct {
        Name  string
        Count int
}
templateText := "Name: {{.Name}}\nCount: {{.Count}}\n"
executeTemplate(templateText, Part{Name: "Fuses", Count: 5})
executeTemplate(templateText, Part{Name: "Cables", Count: 2})
```

插入Part的Name字段的值。

插入Part的Count字段的值。

```
Name: Fuses
Count: 5
Name: Cables
Count: 2
```

最后，在下面我们声明一个`Subscriber` struct类型和打印它们的模板。无论如何，模板都会输出`Name`字段，但是只有在`Active`字段设置为`true`时，它才使用`{{if}}` action输出`Rate`字段。

```
type Subscriber struct {
        Name   string
        Rate   float64
        Active bool
}
templateText = "Name: {{.Name}}\n{{if .Active}}Rate: ${{.Rate}}\n{{end}}"
subscriber := Subscriber{Name: "Aman Singh", Rate: 4.99, Active: true}
executeTemplate(templateText, subscriber)
subscriber = Subscriber{Name: "Joy Carr", Rate: 5.99, Active: false}
executeTemplate(templateText, subscriber)
```

只有当Subscriber的Active字段值为true时，才会输出模板的这一部分。

对于Active字段值不为true的Subscriber，将省略Rate部分。

```
Name: Aman Singh
Rate: $4.99
Name: Joy Carr
```

使用模板可以做的事情还有很多，我们没有足够的空间在这里全部介绍。要了解更多信息，请查阅`text/template`包的文档：

```
File Edit Window Help
$ go doc text/template
package template // import "text/template"

Package template implements data-driven templates for generating textual
output.

To generate HTML output, see package html/template, which has the same
interface as this package but automatically secures HTML output against
certain attacks.
...
```

从文件中读入签名切片

现在我们知道了如何将数据插入模板中，我们几乎可以将签名插入留言簿页面了。但首先，我们需要可以插入的签名。

将这些“签名”保存到项目目录中的一个文件中。
First signature
Second signature
Third signature
signatures.txt

在项目目录中，将几行文本保存到名为*signatures.txt*的纯文本文件中。现在这些将作为我们的“签名”。

现在我们需要将这些签名加载到应用程序中。在*guestbook.go*中，添加一个新的getStrings函数。这个函数的工作方式与我们在第7章中写的datafile.GetStrings函数非常相似，它读取一个文件并将每一行追加到一个字符串切片中，然后返回。

但是有一些不同。首先，新的getStrings将依赖于check函数来报告错误，而不是返回错误。

其次，如果文件不存在，getStrings将只是返回nil来代替字符串切片，而不是报告错误。它通过把从os.Open获得的任何error值传递给os.IsNotExist函数来实现这一点，如果错误表示文件不存在，则返回true。

```
import (
        "bufio"   ← 被getStrings使用
        "fmt"     ← 我们一会儿会在viewHandler中使用这个。
        "html/template"
        "log"
        "net/http"
        "os"      ← 被getStrings使用
)

// Code omitted...

func getStrings(fileName string) []string {
        var lines []string
        file, err := os.Open(fileName)   ← 打开文件。
        if os.IsNotExist(err) {   ← 如果返回一个错误说文件不存在……
                return nil   ← ……返回nil而不是字符串的切片。
        }
        check(err)   ← 对于任何其他类型的错误，报告错误并退出。
        defer file.Close()   ← 函数退出后，确保文件关闭。
        scanner := bufio.NewScanner(file)
        for scanner.Scan() {
                lines = append(lines, scanner.Text())
        }
        check(scanner.Err())   ← 报告任何扫描错误并退出。
        return lines
}

// Code omitted...
```

从文件中读入签名切片（续）

我们还将对viewHandler函数做一个小更改，添加一个getStrings调用和一个临时的fmt.Printf调用，以显示从文件加载的内容。

```
func viewHandler(writer http.ResponseWriter, request *http.Request) {
        signatures := getStrings("signatures.txt")  ← 添加对getStrings的调用。
        fmt.Printf("%#v\n", signatures)  ← 显示加载的签名。
        html, err := template.ParseFiles("view.html")
        check(err)
        err = html.Execute(writer, nil)
        check(err)
}
```

让我们试试getStrings函数。在终端中，切换到项目目录，然后运行*guestbook.go*。在浏览器中访问*http://localhost:8080/guestbook*，以便调用viewHandler函数。它将调用getStrings，getStrings将加载并返回一个包含*signatures.txt*内容的切片。

加载页面将会显示签名切片。

```
File Edit Window Help
$ cd myproject
$ go run guestbook.go
[]string{"First signature", "Second signature", "Third signature"}
```

有问必答

问： 如果***signatures.txt***文件不存在，会发生什么？**getStrings**会返回**nil**？这不会导致显示模板时出现问题吗？

答： 没必要担心。正如我们在append函数中已经看到的，Go中的其他函数通常被设置为将nil 切片和映射视为空。例如，如果向len函数传递了一个nil 切片，它只返回0：

```
var mySlice []string  ← 因为没有分配切片，所以mySlice的值将为nil。
fmt.Printf("%#v, %d\n", mySlice, len(mySlice))
```

```
[]string(nil), 0
```

但是“len”返回0，就好像我们传入了一个空切片！

模板action也将nil 切片和映射视为空。例如，我们已经知道，如果给{{range}} action一个nil值，{{range}} action就不会输出其内容。让getStrings返回nil而不是切片就可以了；如果没有从文件中加载到签名，模板将不会输出任何签名。

保存签名和签名数的struct

现在，我们只需将这个签名的切片传递给HTML模板的Execute方法，并将签名插入模板中。但是我们也希望主留言簿页面显示已收到的签名的数量，以及签名本身。

不过，我们只能将一个值传递给模板的Execute方法。因此，我们需要创建一个struct类型，它既包含签名的总数，也包含签名本身的切片。

在*guestbook.go*文件顶部附近，为新的Guestbook struct类型添加一个新的声明。它应该有两个字段：SignatureCount字段用于保存签名的数量，Signatures字段用于保存签名切片本身。

```
type Guestbook struct {    ← 在guestbook.go顶部附近，定义此新类型。
	SignatureCount int
	Signatures     []string
}
```

现在我们需要更新viewHandler来创建一个新的Guestbook struct并将其传递给模板。首先，我们不再需要显示signatures切片内容的fmt.Printf调用，所以删除它（你还需要从导入部分删除"fmt"）。然后，创建一个新的Guestbook值。将其SignatureCount字段设置为signatures切片的长度，并将其Signatures字段设置为signatures切片本身。最后，我们需要将数据传递到模板中。因此，将作为第二个参数传递给Execute方法的数据值从nil更改为新的Guestbook值。

```
func viewHandler(writer http.ResponseWriter, request *http.Request) {
	signatures := getStrings("signatures.txt")
	html, err := template.ParseFiles("view.html")
	check(err)
	guestbook := Guestbook{    ← 创建一个新的Guestbook struct。
		SignatureCount: len(signatures),    ← 将其SignatureCount字段设置为signatures切片的长度
		Signatures:     signatures,    ← 将其Signatures字段设置为signatures切片本身。
	}
	err = html.Execute(writer, guestbook)    ← 将struct传递给Template的Execute方法。
	check(err)
}
```

更新模板以包含签名

现在让我们更新*view.html*中的模板文本以显示签名列表。

我们将Guestbook struct传递给模板的Execute方法，因此在模板中，点代表Guestbook struct。在第一个div元素中，用插入Guestbook的SignatureCount字段的action来替换X total signatures中的X占位符：{{.SignatureCount}}。

第二个div元素包含一系列p（paragraph）元素，每个签名对应一个元素。使用range action来循环Signatures切片中的每个签名：{{range .Signatures}}。（不要忘了div元素结束之前对应的{{end}}标记。）在range action中，包含一个p HTML元素，其包含一个action来输出嵌套在该元素中的点：<p>{{.}}</p>。请记住，点依次被设置为切片中的每个元素，因此这将为切片中的每个签名输出一个p元素，其内容设置为该签名的文本。

```
<h1>Guestbook</h1>
                          插入Guestbook struct中的签名数。
<div>
        {{.SignatureCount}} total signatures -
        <a href="/guestbook/new">Add Your Signature</a>
</div>
                          对Signatures切片中的每个字符串重复。
<div>
        {{range .Signatures}}
                <p>{{.}}</p>  <—— 插入一个包含当前签名的<p>元素。
        {{end}}
</div>
```

最后，我们可以测试包含数据的模板！重新启动*guestbook.go*应用程序，然后在浏览器中再次访问*http://localhost:8080/guestbook*。响应应该显示你的模板。签名的总数应该在顶部，每个签名应该出现在它自己的<p>元素中！

有问必答

问：你提到`html/template`包有一些“安全特性”，它们是什么？

答：`text/template`包按原样将值插入模板中，不管它们包含什么。但这意味着访问者可以添加HTML代码作为“签名”，它将被视为页面HTML的一部分。

你可以自己试试。在*guestbook.go*中，将导入`html/template`更改为导入`text/template`。（你不需要更改任何其他代码，因为这两个包中的所有函数的名称都是相同的。）然后，在*signatures.txt*文件中添加以下内容作为新行：

```
<script>alert("hi!");</script>
```

这是一个包含JavaScript代码的HTML标记。如果你尝试运行该应用程序并重新加载签名页面，你将看到一个警告弹出，因为`text/template`包包含了这段代码。

现在回到*guestbook.go*，将导入更改回`html/template`，并重新启动应用程序。如果重新加载页面，不会弹出警告，你将在页面中看到与上面脚本标记类似的文本。

但这是因为`html/template`包自动“转义”了HTML，用代码替换了导致将其视为HTML的字符，从而使其出现在页面的文本中（在这种情况下它是无害的）。下面是实际插入响应中的内容：

```
&lt;script&gt;alert(&#34;hi!&#34;);&lt;/script&gt;
```

插入这样的脚本标记只是不道德的用户在网页中插入恶意代码的众多方法之一。`html/template`包可以很容易地防止这种攻击和许多其他的攻击！

下面是一个程序，它从文件中加载HTML模板，并将其输出到终端。填写*bill.html*文件中的空白处，以便程序运行并生成所示的输出。

bill.go

```
type Invoice struct {
    Name    string
    Paid    bool
    Charges []float64
    Total   float64
}

func main() {
    html, err := template.ParseFiles("bill.html")
    check(err)
    bill := Invoice{
       Name:    "Mary Gibbs",
       Paid:    true,
       Charges: []float64{23.19, 1.13, 42.79},
       Total:   67.11,
    }
    err = html.Execute(os.Stdout, bill)
    check(err)
}
```

bill.html

```
<h1>Invoice</h1>

<p>Name: ____________</p>

{{if ________}}
<p>Paid - Thank you!</p>
__________

<h1>Fees</h1>

{{range .Charges}}
<p>$______</p>
{{end}}

<p>Total: $_____________</p>
```

输出

```
<h1>Invoice</h1>

<p>Name: Mary Gibbs</p>

<p>Paid - Thank you!</p>

<h1>Fees</h1>

<p>$23.19</p>

<p>$1.13</p>

<p>$42.79</p>

<p>Total: $67.11</p>
```

答案在第478页。

允许用户使用HTML表单添加数据

另一项任务完成了。我们已经很接近了：只剩下两项任务了！

- [x] 用签名填充HTML页面。
- [ ] 设置用于添加新签名的表单。
- [ ] 保存提交的签名。

接下来，我们需要允许访问者添加他们自己的签名。我们需要创建一个HTML表单，这样他们可以在其中输入签名。表单通常提供一个或多个用户可以输入数据的字段，以及一个允许用户将数据发送到服务器的提交按钮。

在项目目录中，使用下面的HTML代码创建一个名为*new.html*的文件。这里有一些我们以前没有见过的标记：

- **<form>**：该元素包含表单的所有其他组件。
- **具有type属性为"text"的<input>**：用户可以在其中输入字符串的文本字段。它的name属性将用于标记发送到服务器的数据中字段的值（类似于映射键）。
- **具有type属性为"submit"的<input>**：创建一个按钮，用户可以单击该按钮来提交表单的数据。

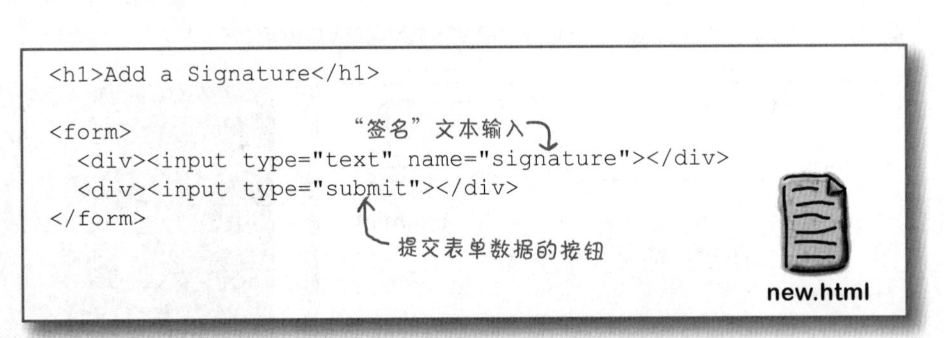

```
<h1>Add a Signature</h1>

<form>
  <div><input type="text" name="signature"></div>
  <div><input type="submit"></div>
</form>
```


如果我们在浏览器中加载这个HTML，它看起来是这样的：

使用HTML表单进行响应

我们已经在*view.html*中有一个“Add Your Signature”链接，其指向*/guestbook/new*路径。单击这个链接将转到同一服务器上的新路径，就像输入这个URL：

http://localhost:8080/guestbook/new

但是现在访问这个路径只会返回错误“404 page not found”。当用户单击链接时，我们需要将应用程序设置为使用*new.html*中的表单进行响应。

在*guestbook.go*中，添加一个`newHandler`函数。它看起来很像`viewHandler`函数的早期版本。就像`viewHandler`一样，`newHandler`也应该接受`http.ResponseWriter`和一个指向`http.Request`的指针作为参数。它应该在*new.html*文件上调用`template.ParseFiles`。然后它应该在生成的模板上调用`Execute`，以便将*new.html*的内容写入HTTP响应。我们不会在这个模板中插入任何数据，所以我们将`nil`作为数据值传递给`Execute`调用。

然后，我们需要确保在单击“Add Your Signature”链接时调用`newHandler`函数。在`main`函数中，添加对`http.HandleFunc`的另一个调用。并将`newHandler`设置为路径为*/guestbook/new*的请求的处理函数。

```
// Code omitted...

func newHandler(writer http.ResponseWriter, request *http.Request) {
	html, err := template.ParseFiles("new.html")
	check(err)
	err = html.Execute(writer, nil)
	check(err)
}

// Code omitted...

func main() {
	http.HandleFunc("/guestbook", viewHandler)
	http.HandleFunc("/guestbook/new", newHandler)
	err := http.ListenAndServe("localhost:8080", nil)
	log.Fatal(err)
}
```

添加另一个处理函数，其参数与viewHandler相同。

将new.html的内容作为模板的文本加载。

将模板写入响应（不需要在其中插入任何数据）。

将newHandler函数设置为处理路径为“/guestbook/new”的请求。

http://localhost:8080/guestbook/new

Add a Signature

Submit

如果我们保存以上代码并重启*guestbook.go*，然后单击“Add Your Signature”链接，我们将转到*/guestbook/new*路径。`newHandler`函数将被调用，该函数将从*new.html*加载表单HTML并将其包含在响应中。

表单提交请求

- [x] 设置用于添加新签名的表单。
- [ ] 保存提交的签名。

我们又完成了一项任务。只剩一个了!

当有人访问*/guestbook/new*路径时，无论是直接输入还是单击链接，都会显示用于输入签名的表单。但是，如果你填写了该表单并单击Submit，则不会发生任何事情。

浏览器将只对*/guestbook/new*路径发出另一个请求。`"signature"`表单字段的内容将作为一个难看的参数添加到URL的末尾。因为我们的`newHandler`函数不知道如何处理表单数据，所以它将被丢弃。

我们的应用程序可以响应显示表单的请求，但是表单无法将数据提交回应用程序。我们需要先解决这个问题，然后才能保存访问者的签名。

用于表单提交的Path和HTTP方法

提交表单实际上需要向服务器发出两个请求：一个请求获取表单，另一个请求将用户的数据发送回服务器。让我们更新表单的HTML，以指定第二个请求应该发送到何处以及如何发送。

编辑*new.html*并向`form`元素添加两个新的HTML属性。第一个属性`action`将指定用于提交请求的路径。为了不让路径默认返回*/guestbook/new*，我们将指定一个新的路径：*/guestbook/create*。

我们还需要第二个属性，名为`method`，它的值应该是`"POST"`。

那个`method`属性需要一点点解释……HTTP定义了请求可以使用的几种方法。这些方法与Go值上的方法不同，但其含义是相似的。GET和POST是最常用的方法之一：

- GET：当浏览器需要从服务器获取某些内容时使用，通常是因为你输入了URL或单击了链接。这可能是一个HTML页面、图像或其他资源。
- POST：当浏览器需要向服务器添加一些数据时使用，通常是因为你提交了一个包含新数据的表单。

我们正在向服务器添加新数据：一个新的留言簿签名。因此，我们似乎应该使用POST请求提交数据。

不过，默认情况下表单是使用GET请求提交的。这就是为什么我们需要向`form`元素添加一个值为`"POST"`的`method`属性。

现在，如果我们重新加载*/guestbook/new*页面并重新提交表单，请求将使用*/guestbook/create*路径。我们会得到一个“404 page not found”错误，但那是因为我们还没有为*/guestbook/create*路径设置一个处理程序。

我们还将看到表单数据不再添加到URL的末尾。这是因为表单是使用POST请求提交的。

```
http://localhost:8080/guestbook/create

404 page not found
```

对这个路径还没有处理程序，但是没关系。

URL末尾不再有难看的参数。

从请求中获取表单字段的值

现在我们使用POST请求提交表单，表单数据被嵌入请求本身，而不是作为参数附加到请求路径中。

让我们来解决当表单数据提交到*/guestbook/create*路径时出现的“404 page not found”错误。当我们这样做时，还将看到如何从POST请求访问表单数据。

与往常一样，我们将通过添加一个请求处理函数来实现这一点。在*guestbook.go*的主函数中，将路径为"/guestbook/create"的请求分配给新的createHandler函数。

然后为createHandler函数本身添加一个定义。它应该接受一个http.ResponseWriter和一个指向http.Request的指针，就像其他处理函数一样。

不过，与其他处理程序函数不同，createHandler用于处理表单数据。可以通过传递给处理函数的http.Request指针访问该数据。（没错，在总是忽略http.Request值之后，我们终于可以使用一个了！）

现在，让我们看看请求包含的数据。对http.Request调用FormValue方法，并将字符串"signature"传递给它。这将返回一个值为"signature"表单字段的字符串。将其存储在名为signature的变量中。

让我们将字段值写入响应，以便在浏览器中看到它。调用http.ResponseWriter上的Write方法，并将signature传递给它（当然，首先要将其转换为byte切片）。与往常一样，Write将返回写入的字节数和error值。我们将通过将其赋值给_来忽略字节数，并对error调用check。

定义另一个请求处理函数，其参数与其他函数相同。

```
func createHandler(writer http.ResponseWriter, request *http.Request) {
	signature := request.FormValue("signature")
	_, err := writer.Write([]byte(signature))
	check(err)
}

func main() {
	http.HandleFunc("/guestbook", viewHandler)
	http.HandleFunc("/guestbook/new", newHandler)
	http.HandleFunc("/guestbook/create", createHandler)
	err := http.ListenAndServe("localhost:8080", nil)
	log.Fatal(err)
}
```

获取“signature”表单字段的值。

将字段值写入响应。

对路径为“/guestbook/create”的请求调用createHandler。

从请求中获取表单字段的值（续）

让我们看看表单是否提交给了`createHandler`函数。重启*guestbook.go*，访问*/guestbook/new*页面，并再次提交表单。

你将被带到*/guestbook/create*路径，没有出现“404 page not found”错误，应用程序将用你在`"signature"`字段中输入的值来响应！

如果愿意的话，你可以单击浏览器的后退按钮回到*/guestbook/new*页面，然后尝试其他的提交。你输入的任何内容都将被回显到浏览器上。

为HTML表单提交设置处理程序是很大的一步。我们快完成了！

保存表单数据

createHandler函数接收带有表单数据的请求，并能够从中检索留言簿签名。现在需要做的就是将该签名添加到*signatures.txt*文件中。我们将在createHandler函数中处理它。

首先，我们将取消对ResponseWriter上的Write方法的调用，我们只需要确认可以访问签名表单字段。

现在，让我们添加下面的代码。os.OpenFile函数是以一种稍微不寻常的方式调用的，其细节与编写Web应用程序没有直接关系，所以我们在这里不会详细描述它。（如果你想了解更多信息，请参见附录A。）现在，你只需要知道这段代码执行了三个基本操作：

1. 打开*signatures.txt*文件，如果它不存在则创建它。
2. 在文件末尾添加一行文本。
3. 关闭文件。

```
import (
    // ...
    "fmt"  ← 重新导入"fmt"包。
    // ...
)

// Code omitted...

func createHandler(writer http.ResponseWriter, request *http.Request) {
    signature := request.FormValue("signature")
    options := os.O_WRONLY | os.O_APPEND | os.O_CREATE  ← 打开文件的选项。
    file, err := os.OpenFile("signatures.txt", options, os.FileMode(0600))
    check(err)          ↑ 打开文件。
    _, err = fmt.Fprintln(file, signature)  ← 在文件的新行上写一个签名。
    check(err)
    err = file.Close()  ← 关闭文件。
    check(err)
}
```

（有关os.OpenFile的完整描述，请参见附录A。）

fmt.Fprintln函数向文件中添加一行文本。它把要写入的文件和要写入的字符串（不需要转换成[]byte）作为参数接收。就像我们在本章前面看到的Write方法一样，Fprintln返回成功写入文件的字节数（我们忽略它），以及遇到的任何错误（我们将其传递给check函数）。

最后，我们调用文件上的Close方法。你可能注意到，我们没有使用defer关键字。这是因为我们正在写文件，而不是在读文件。对要写入的文件调用Close可能会导致错误，并且这些错误需要进行处理，如果使用defer，我们无法立即处理这些错误。因此，我们只需简单地调用Close来作为常规程序流的一部分，然后将其返回值传递给check。

保存表单数据（续）

保存之前的代码并重启*guestbook.go*。填写并提交在*/guestbook/go*页面上的表单。

浏览器将加载*/guestbook/create*路径，该路径现在显示为一个完全空白的页面（因为`createHandler`不再向`http.ResponseWriter`写入任何内容）。

但是，如果你查看*signatures.txt*文件的内容，你将看到在末尾保存了一个新的签名！

……但是签名被保存到文件中！

```
First signature
Second signature
Third signature
Can I sign now?
```

signatures.txt

如果你访问*/guestbook*上的签名列表，你将看到签名数量增加了一个，新的签名出现在列表中！

http://localhost:8080/guestbook

Guestbook

签名数更新了！→ 4 total signatures - Add Your Signature

First signature

Second signature

Third signature

签名出现在列表中！→ Can I sign now?

（顺便说一下，当创建signatures.txt文件时，如果你没有在最后一行后按<Enter>，那么新签名将出现在前一个签名的末尾。没关系！你可以编辑signatures.txt来修复它，并且以后的所有签名都将保存在单独的行中。）

HTTP重定向

我们有createHandler函数来保存新签名。还有一件事我们需要处理。当用户提交表单时，浏览器加载*/guestbook/create*路径，结果显示一个空白页面。

无论如何，在*/guestbook/create*路径中没有任何有用的内容需要显示，它只是用来接受添加新签名的请求。可以让浏览器加载*/guestbook*路径，这样用户就可以在留言簿中看到他们的新签名了。

在createHandler函数的末尾，我们将添加一个对http.Redirect的调用。该调用向浏览器发送一个响应，引导浏览器加载与其请求的资源不同的资源。Redirect将http.ResponseWriter和*http.Request作为它的前两个参数，因此我们只需将writer和request参数中的值赋给createHandler。然后Redirect需要一个带路径的字符串将浏览器重定向到那里，我们将重定向到"/guestbook"。

Redirect的最后一个参数是提供给浏览器的状态码。每个HTTP响应都需要包含一个状态码。到目前为止，我们的响应已经自动设置了代码：成功响应的代码为200（“OK”），对不存在页面的请求的代码为404（“Not found”）。不过，我们需要为Redirect指定一个代码，因此我们将使用常量http.StatusFound，这将使重定向响应的状态为302（“Found”）。

```
func createHandler(writer http.ResponseWriter, request *http.Request) {
	signature := request.FormValue("signature")
	options := os.O_WRONLY | os.O_APPEND | os.O_CREATE
	file, err := os.OpenFile("signatures.txt", options, os.FileMode(0600))
	check(err)
	_, err = fmt.Fprintln(file, signature)
	check(err)
	err = file.Close()
	check(err)
	http.Redirect(writer, request, "/guestbook", http.StatusFound)
}
```

重定向到的路径。

表示请求成功的响应代码。

我们需要向Redirect传递ResponseWriter……

……以及初始的请求。

现在我们已经添加了对Redirect的调用，提交签名表单应该是这样工作的：

1. 浏览器向*/guestbook/create*路径提交一个HTTP POST请求。

2. 应用程序用重定向到*/guestbook*来进行响应。

3. 浏览器向*/guestbook*路径发送一个GET请求。

让我们一起来试试吧

让我们看看重定向是否有效!重启*guestbook.go*，然后访问*/guestbook/new*路径。填好表单并提交。

应用程序会将表单内容保存到*signatures.txt*，然后立即将浏览器重定向到*/guestbook*路径。当浏览器请求*/guestbook*时，应用程序将加载更新后的*signatures.txt*文件，用户将在列表中看到他们的新签名!

我们的应用程序保存表单中提交的签名，并将其与其他所有签名一起显示。所有的功能都完成了。

使用了相当多的组件才使其能够全部工作，你现在有了一个可以使用的Web应用程序!

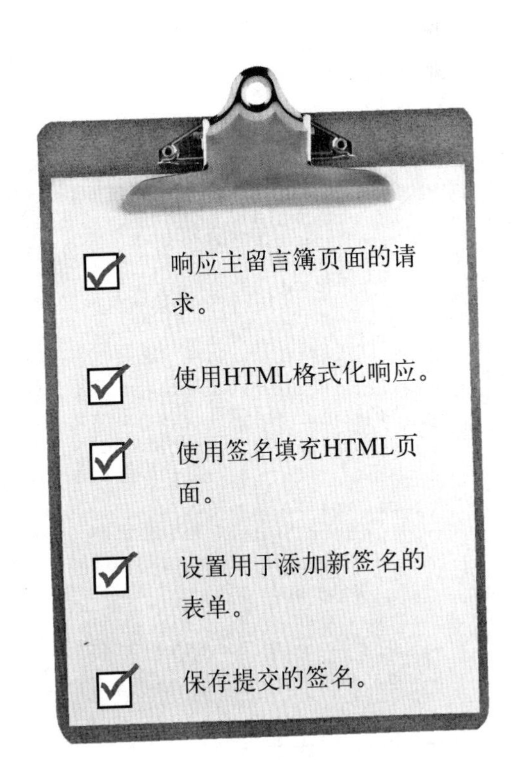

我们完整的应用程序代码

我们应用程序的代码太长了，只能零零碎碎地看它。让我们再花一点时间来看下所有的代码！

*guestbook.go*文件构成了应用程序的大部分代码（在一个打算广泛使用的应用程序中，我们可能已经在Go工作区目录中将一些代码拆分为多个包和源文件，如果需要的话，你可以自己完成这项工作。）我们已经浏览并添加了记录Guestbook类型和每个功能的注释。

guestbook.go

```
package main

import (
	"bufio"
	"fmt"
	"html/template"
	"log"
	"net/http"
	"os"
)

// Guestbook is a struct used in rendering view.html.
type Guestbook struct {
	SignatureCount int
	Signatures     []string
}

// check calls log.Fatal on any non-nil error.
func check(err error) {
	if err != nil {
		log.Fatal(err)
	}
}

// viewHandler reads guestbook signatures and displays them together
// with a count of all signatures.
func viewHandler(writer http.ResponseWriter, request *http.Request) {
	signatures := getStrings("signatures.txt")
	html, err := template.ParseFiles("view.html")
	check(err)
	guestbook := Guestbook{
		SignatureCount: len(signatures),
		Signatures:     signatures,
	}
	err = html.Execute(writer, guestbook)
	check(err)
}
```

我们只将一个值传递给Template的Render方法，这样这个struct将保存我们需要的所有数据。

这将保存签名的总数。

这将保存签名本身。

当需要检查函数或方法返回的错误值时，我们将调用此函数。

大多数时候这个值都是nil，但如果不是……

……输出错误并退出程序。

与所有HTTP处理程序函数一样，这需要接受http.ResponseWriter和*http.Request。

从文件中读取签名。

基于view.html的内容创建一个模板。

保存签名的数量。

保存签名本身。

将Guestbook struct数据插入模板，并将结果写入ResponseWriter。

guestbook.go
(续)

```
// newHandler displays a form to enter a signature.
func newHandler(writer http.ResponseWriter, request *http.Request) {
    html, err := template.ParseFiles("new.html")  ← 从模板加载HTML表单。
    check(err)
    err = html.Execute(writer, nil)  ← 将模板写入ResponseWriter（没有要插入的数据）。
    check(err)
}

// createHandler takes a POST request with a signature to add, and
// appends it to the signatures file.
func createHandler(writer http.ResponseWriter, request *http.Request) {
    signature := request.FormValue("signature")  ← 获取“signature”表单字段的值。
    options := os.O_WRONLY | os.O_APPEND | os.O_CREATE
    file, err := os.OpenFile("signatures.txt", options, os.FileMode(0600))
    check(err)  ← 打开文件进行写入。如果文件存在，则进行追加。如果不存在，就创建它。
    _, err = fmt.Fprintln(file, signature)  ← 将表单字段内容添加到文件中。
    check(err)
    err = file.Close()  ← 关闭文件。
    check(err)
    http.Redirect(writer, request, "/guestbook", http.StatusFound)
}                                  ↑ 将浏览器重定向到主留言簿页面。

// getStrings returns a slice of strings read from fileName, one
// string per line.
func getStrings(fileName string) []string {
    var lines []string  ← 文件的每一行都将作为字符串追加到这个切片。
    file, err := os.Open(fileName)  ← 打开文件。
    if os.IsNotExist(err) {  ← 如果我们得到一个错误，表明文件不存在……
        return nil  ← ……返回nil而不是切片。
    }
    check(err)  ← 所有其他错误都应正常检查和报告。
    defer file.Close()
    scanner := bufio.NewScanner(file)  ← 为文件内容创建一个扫描器。
    for scanner.Scan() {  ← 对文件的每一行……
        lines = append(lines, scanner.Text())  ← ……将其文本附加到切片。
    }
    check(scanner.Err())  ← 报告扫描过程中遇到的任何错误。
    return lines  ← 返回字符串的切片。
}

func main() {
    http.HandleFunc("/guestbook", viewHandler)  ← 查看签名列表的请求将由viewHandler函数处理。
    http.HandleFunc("/guestbook/new", newHandler)  ← 获取HTML表单的请求将由newHandler处理。
    http.HandleFunc("/guestbook/create", createHandler)  ← 提交表单的请求将由createHandler处理。
    err := http.ListenAndServe("localhost:8080", nil)  ← 无限循环，将HTTP请求传递给适当的函数进行处理。
    log.Fatal(err)
}
```

*view.html*文件提供了签名列表的HTML模板。模板action提供了插入签名数量以及整个签名列表的位置。

```
<h1>Guestbook</h1>
<div>
    {{.SignatureCount}} total signatures -
    <a href="/guestbook/new">Add Your Signature</a>
</div>
<div>
    {{range .Signatures}}
      <p>{{.}}</p>
    {{end}}
</div>
```

view.html
页面顶部的一级标题。
“点”值是Guestbook struct。在这里插入其SignatureCount字段。
指向代表HTML表单的路径的链接。
从Guestbook struct的Signatures字段中获取切片，并对其包含的每个字符串进行重复。
对于每个切片元素都会重复该操作。“点”被设置为当前签名字符串。插入包含签名的HTML paragraph元素。

*new.html*文件只是保存用于新签名的HTML表单。没有数据将插入其中，因此不存在模板action。

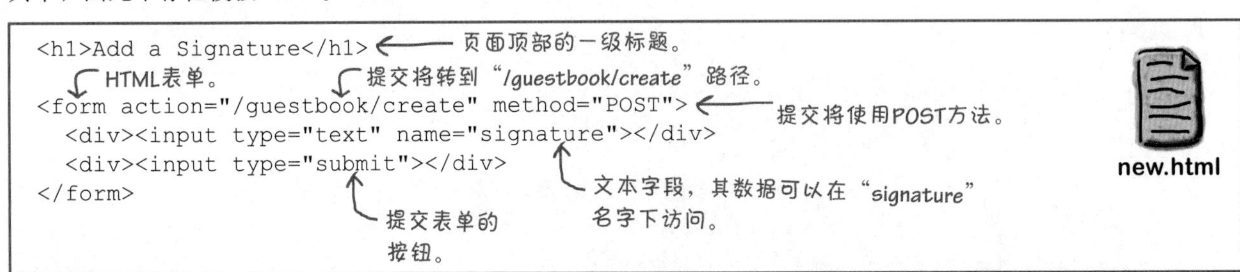

```
<h1>Add a Signature</h1>
<form action="/guestbook/create" method="POST">
  <div><input type="text" name="signature"></div>
  <div><input type="submit"></div>
</form>
```

new.html
页面顶部的一级标题。
HTML表单。
提交将转到“/guestbook/create”路径。
提交将使用POST方法。
文本字段，其数据可以在“signature”名字下访问。
提交表单的按钮。

这是一个完整的Web应用程序，它可以保存用户提交的签名，并在以后检索它们！

编写Web应用程序可能很复杂，但是`net/http`和`html/template`包利用了Go的强大功能，使整个过程变得更简单！

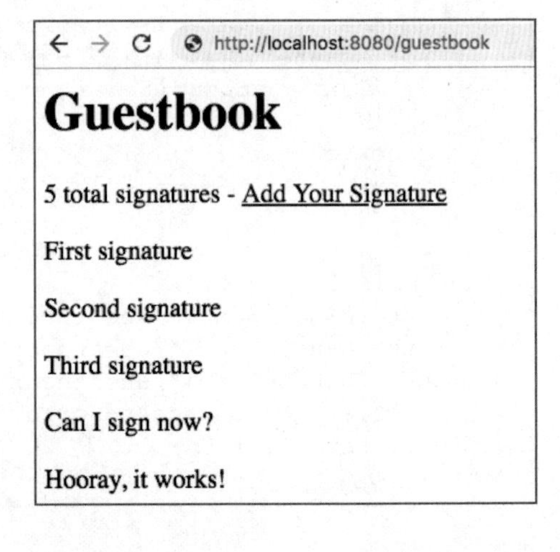

http://localhost:8080/guestbook
Guestbook
5 total signatures - Add Your Signature
First signature
Second signature
Third signature
Can I sign now?
Hooray, it works!

你的Go工具箱

第16章就讲到这里！你已经将模板添加到工具箱中。

模板

text/template包接受一个模板字符串（或从文件加载的模板），并将数据插入其中。

html/template包的工作方式与text/template类似，只是它还提供了使用HTML所需的安全保护。

要点

- 模板字符串包含将逐字输出的文本。在此文本中，可以插入含有将被计算的简单代码的各种action。可以使用action将数据插入模板文本中。
- `Template`值的`Execute`方法接受一个满足`io.Writer`接口的值，以及可以在模板的action中访问的数据值。
- 模板action可以引用传递给使用`{{.}}`的`Execute`的数据值，简称“点”。点的值可以在模板的不同上下文中变化。
- 在`{{if}}` action与其对应的`{{end}}`标记之间的模板部分，只有在某个条件为真时才会被包含。
- 在`{{range}}` action与其对应的`{{end}}`标记之间的模板部分，将对数组、切片、映射或channel中的每个值重复。该部分中的任何操作也将被重复。
- 在`{{range}}`节中，点的值将被更新为指向正在处理的集合中的当前元素。
- 如果点指向一个struct值，则可以用`{{.FieldName}}`插入该struct中的字段值。
- 当浏览器需要从服务器获取数据时，通常使用HTTP GET请求。
- 当浏览器需要向服务器提交新数据时，将使用HTTP POST请求。
- 可以使用`http.Request`值的`FormValue`方法访问来自请求的表单数据。
- 可以使用`http.Redirect`函数来引导浏览器请求不同的路径。

下面是一个程序，它从文件中加载HTML模板，并将其输出到终端。填写*bill.html*文件中的空白处，以便程序能够运行并生成所示的输出。

bill.go

```
type Invoice struct {
    Name    string
    Paid    bool
    Charges []float64
    Total   float64
}

func main() {
    html, err := template.ParseFiles("bill.html")
    check(err)
    bill := Invoice{
        Name:     "Mary Gibbs",
        Paid:     true,
        Charges: []float64{23.19, 1.13, 42.79},
        Total:    67.11,
    }
    err = html.Execute(os.Stdout, bill)
    check(err)
}
```

bill.html

```
<h1>Invoice</h1>

<p>Name: {{.Name}} </p>

{{if .Paid }}
<p>Paid - Thank you!</p>
{{end}}

<h1>Fees</h1>

{{range .Charges}}
<p>$ {{.}} </p>
{{end}}

<p>Total: $ {{.Total}} </p>
```

Invoice的Paid的字段设置为true了吗？（指向 {{if .Paid}}）

“if”操作的结束。（指向 {{end}}）

为Charges切片中的每项输出一个<p>元素。（指向 <p>$ {{.}} </p>）

输出

```
<h1>Invoice</h1>

<p>Name: Mary Gibbs</p>


<p>Paid - Thank you!</p>


<h1>Fees</h1>


<p>$23.19</p>

<p>$1.13</p>

<p>$42.79</p>


<p>Total: $67.11</p>
```

如果这里就是本书的结尾，是不是很美妙？如果没有更多的要点、拼图、代码清单或其他东西？但这可能只是一个幻想……

恭喜你！
你坚持到了最后。

当然，还有两个附录。

以及索引。

然后是网站……

真的没有办法逃避。

A 理解os.OpenFile

打开文件

太好了，我们已经有这个学生的档案了。我将把这些记录添加在最后！

有些程序需要将数据写入文件，而不仅仅是读取数据。在整本书中，当我们想要处理文件时，必须在文本编辑器中创建它们，以便程序读取。但是有些程序生成数据，当生成数据时，程序需要能够将数据写入文件。

在本书的前面，我们使用`os.OpenFile`函数打开一个文件，以便写入。但我们当时没有足够的空间来充分探索它是如何工作的。在本附录中，我们将向你展示有效使用`os.OpenFile`所需的所有知识！

理解os.OpenFile

在第16章，我们必须使用os.OpenFile函数打开一个文件来进行写入，这需要一些看起来很奇怪的代码：

```
options := os.O_WRONLY | os.O_APPEND | os.O_CREATE
file, err := os.OpenFile("signatures.txt", options, os.FileMode(0600))
```

打开文件的选项（指向 os.O_WRONLY | os.O_APPEND | os.O_CREATE）

打开文件（指向 os.OpenFile）

当时，我们专注于编写Web应用程序，所以我们不想花太多时间来全面解释os.OpenFile。但是在你的Go编程生涯中，你几乎肯定还需要再次使用这个函数，所以我们添加了这个附录来仔细研究它。

当你试图弄清楚一个函数是如何工作的时候，最好从它的文档开始。在终端中运行**go doc os OpenFile**（或在浏览器中搜索"os"包文档）。

```
File Edit Window Help
$ go doc os OpenFile
func OpenFile(name string, flag int, perm FileMode) (*File, error)
    OpenFile is the generalized open call; most users will use Open or Create
    instead. It opens the named file with specified flag (O_RDONLY etc.) and
    ...
```

它的参数是一个字符串文件名、一个int“标志”和一个os.FileMode“极限”。很明显，文件名就是我们要打开的文件的名称。让我们先弄清楚这个“标志”的含义，然后再回到os.FileMode。

为了使本附录中的代码示例简短，假设所有程序都包含一个check函数，就像我们在第16章中展示的那样。它接受一个error值，检查它是否为nil，如果不是，则报告错误并退出程序。

```
func check(err error) {
	if err != nil {
		log.Fatal(err)
	}
}
```

假设我们将要展示的所有程序都包含这个“check”函数。

将标志常量传递到os.OpenFile

描述中提到标志的一个可能值是os.O_RDONLY。让我们看看这是什么意思……

```
File Edit Window Help
$ go doc os O_RDONLY
const (
        // Exactly one of O_RDONLY, O_WRONLY, or O_RDWR must be specified.
        O_RDONLY int = syscall.O_RDONLY // open the file read-only.
        O_WRONLY int = syscall.O_WRONLY // open the file write-only.
        O_RDWR   int = syscall.O_RDWR   // open the file read-write.
        // The remaining values may be or'ed in to control behavior.
        O_APPEND int = syscall.O_APPEND // append data to the file when writing.
        O_CREATE int = syscall.O_CREAT  // create a new file if none exists.
        ...
)
    Flags to OpenFile wrapping those of the underlying system. Not all flags may
    be implemented on a given system.
```

从文档中可以看出，os.O_RDONLY看起来是几个用于传递给os.OpenFile函数的int常量之一，它们会改变函数的行为。

让我们试着用这些常量调用os.OpenFile，看看会发生什么。

首先，我们需要使用一个文件。创建一个单行文本的纯文本文件。将它保存在任何你想要的目录中，命名为*aardvark.txt*。

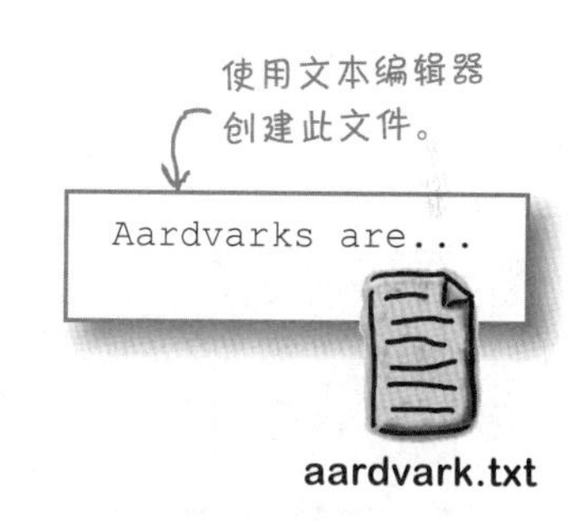
使用文本编辑器创建此文件。
Aardvarks are...
aardvark.txt

然后，在同一目录中，创建一个Go程序，其中包括来自前述的check函数和下面的main函数。在main中，我们调用os.OpenFile，os.O_RDONLY常量作为第二个参数。（现在先忽略第三个参数，我们稍后再讨论。）然后我们创建bufio.Scanner，并使用它来打印文件的内容。

```
func main() {
        file, err := os.OpenFile("aardvark.txt", os.O_RDONLY, os.FileMode(0600))
        check(err)
        defer file.Close()
        scanner := bufio.NewScanner(file)
        for scanner.Scan() {
                fmt.Println(scanner.Text()) ←—打印文件的每一行。
        }
        check(scanner.Err())
}
```

（os.O_RDONLY：打开文件进行读取。）

在终端中，切换到保存*aardvark.txt*文件和程序的目录，并使用**go run**运行程序。它将打开*aardvark.txt*并打印其内容。

```
File Edit Window Help
$ cd work
$ go run openfile.go
Aardvarks are...
```

将标志常量传递到os.OpenFile（续）

现在让我们试着对文件进行写入。用下面的代码更新main函数。（你还需要从import语句中删除未使用的包。）这次，我们将把os.O_WRONLY常量传递给os.OpenFile，以便它打开文件进行写入。然后，我们将对要写入文件的字节切片调用文件上的Write方法。

```
func main() {
        file, err := os.OpenFile("aardvark.txt", os.O_WRONLY, os.FileMode(0600))
        check(err)
        _, err = file.Write([]byte("amazing!\n"))
        check(err)
        err = file.Close()
        check(err)
}
```

打开文件进行写入。

将数据写入文件。

如果我们运行这个程序，它不会产生任何输出，但是它会更新*aardvark.txt*文件。但如果我们打开*aardvark.txt*，我们会看到程序没有将文本追加到末尾，而是覆盖了文件的一部分！

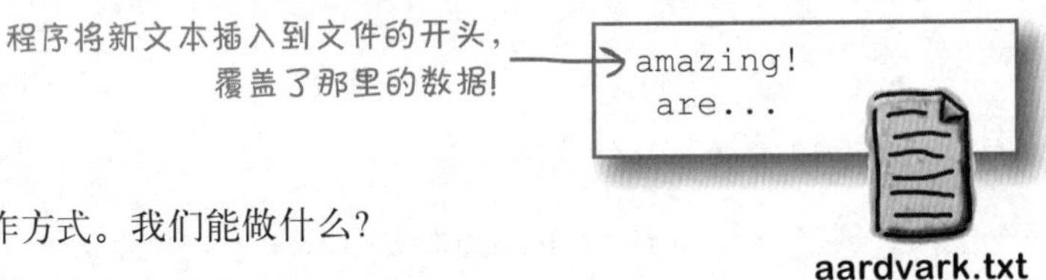
程序将新文本插入到文件的开头，
覆盖了那里的数据！
amazing!
are...
aardvark.txt

这不是我们想要的程序的工作方式。我们能做什么？

os包中还有其他一些常量可能会有所帮助。这包括一个os.O_APPEND标志，该标志使程序将数据追加到文件中，而不是覆盖它。

```
File Edit Window Help
$ go doc os O_RDONLY
...
        // The remaining values may be or'ed in to control behavior.
        O_APPEND int = syscall.O_APPEND // append data to the file when writing.
        O_CREATE int = syscall.O_CREAT  // create a new file if none exists.
        ...
```

但是，不能仅将os.O_APPEND传递给os.OpenFile；如果你试一试，就会得到一个错误。

准备追加到现有文件。

```
file, err := os.OpenFile("aardvark.txt", os.O_APPEND, os.FileMode(0600))
```

运行时错误！

```
write aardvark.txt:
bad file descriptor
```

文档中提到了os.O_APPEND和os.O_CREATE为何“可能是或”。这是指二进制或运算符。我们需要花上几页来解释它是如何工作的……

二进制表示法

在最底层，计算机必须使用简单的开关来表示信息，开关可以是开的，也可以是关的。如果用一个开关来表示一个数字，那么只能表示值0（开关“关”）或1（开关“开”）。计算机科学家称之为位（bit）。

如果组合多个位，就可以表示更大的数。这就是二进制表示法背后的思想。在日常生活中，我们对十进制表示法最有经验，它使用从0到9的数字。但是二进制表示法只使用数字0和1来表示数字。

如果你想了解更多，只需在你喜欢的Web搜索引擎中输入“二进制”即可。）

你可以使用带有%b格式动词的fmt.Printf查看各种数字的二进制表示形式（组成数字的位）：

用十进制表示法打印数字。

用二进制表示法打印数字。

```
fmt.Printf("%3d: %08b\n", 0, 0)
fmt.Printf("%3d: %08b\n", 1, 1)
fmt.Printf("%3d: %08b\n", 2, 2)
fmt.Printf("%3d: %08b\n", 3, 3)
fmt.Printf("%3d: %08b\n", 4, 4)
fmt.Printf("%3d: %08b\n", 5, 5)
fmt.Printf("%3d: %08b\n", 6, 6)
fmt.Printf("%3d: %08b\n", 7, 7)
fmt.Printf("%3d: %08b\n", 8, 8)
fmt.Printf("%3d: %08b\n", 16, 16)
fmt.Printf("%3d: %08b\n", 32, 32)
fmt.Printf("%3d: %08b\n", 64, 64)
fmt.Printf("%3d: %08b\n", 128, 128)
```

```
  0: 00000000
  1: 00000001
  2: 00000010
  3: 00000011
  4: 00000100
  5: 00000101
  6: 00000110
  7: 00000111
  8: 00001000
 16: 00010000
 32: 00100000
 64: 01000000
128: 10000000
```

位运算符

我们见过像+、-、*和/这样的运算符，它们允许你对整个数字进行数学运算。但是Go也有位运算符，它允许你对组成数字的各个位进行操作。最常见的两个是按位与运算符&和按位或运算符|。

运算符	名称
&	按位与
|	按位或

按位与运算符

我们已经看到&&运算符了。它是一个布尔运算符，只有当它左右两边的值都为真时才为真：

```
fmt.Printf("false && false == %t\n", false && false)
fmt.Printf("true  && false == %t\n", true  && false)
fmt.Printf("true  && true  == %t\n", true  && true)
```

```
false && false == false
true  && false == false
true  && true  == true
```

然而，&运算符（只有一个&）是位运算符。只有当其左边值中的对应位和右边值中的对应位都为1时，它才会将位设置为1。对于数字0和1，只需要一位就可以表示，这是相当简单的：

```
fmt.Printf("%b & %b == %b\n", 0, 0, 0&0)
fmt.Printf("%b & %b == %b\n", 0, 1, 0&1)
fmt.Printf("%b & %b == %b\n", 1, 1, 1&1)
```

```
0 & 0 == 0
0 & 1 == 0
1 & 1 == 1
```

两位都不是1。
只有一位是1。
两位都是1。

然而，对于大的数字来说，这似乎毫无意义！

```
fmt.Println(170 & 15)
fmt.Println( 10 &  7)
fmt.Println(100 & 45)
```

```
10
2
36
```

这些结果是什么意思？

只有当查看单个位的值时，位操作才有意义。如果左边数字中相同位置的位和右边数字中相同位置的位都是1，&运算符才将结果中的位设置为1。

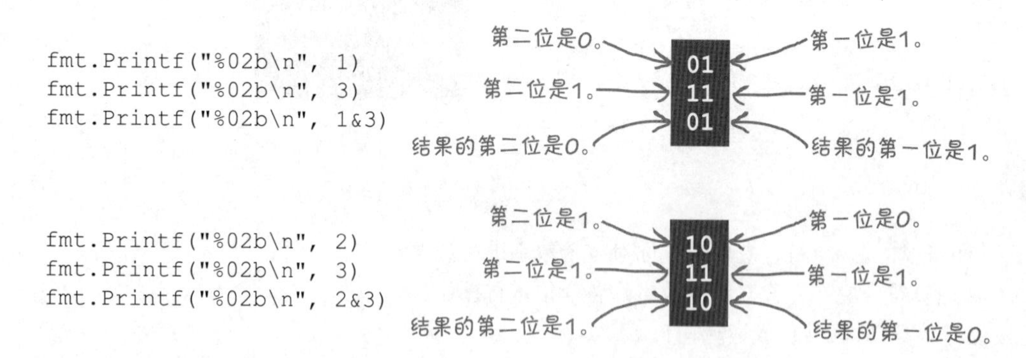
fmt.Printf("%02b\n", 1)
fmt.Printf("%02b\n", 3)
fmt.Printf("%02b\n", 1&3)
第二位是0。
第二位是1。
结果的第二位是0。
01
11
01
第一位是1。
第一位是1。
结果的第一位是1。
fmt.Printf("%02b\n", 2)
fmt.Printf("%02b\n", 3)
fmt.Printf("%02b\n", 2&3)
第二位是1。
第二位是1。
结果的第二位是1。
10
11
10
第一位是0。
第一位是1。
结果的第一位是0。

这适用于任何大小的数字。使用&运算符的两个值的位确定了结果值中相同位置的位。

```
fmt.Printf("%08b\n", 170)
fmt.Printf("%08b\n", 15)
fmt.Printf("%08b\n", 170&15)
```

```
10101010
00001111
00001010
```

如果第一个数字中给定位置的位是1……

……第二个数字中相同位置的位是1……

……那么结果中相同位置的位将是1。

按位或运算符

我们也见过||运算符。它是一个布尔运算符，如果其左边的值或右边的值为真，它就会给出一个真值。

```
fmt.Printf("false || false == %t\n", false || false)
fmt.Printf("true  || false == %t\n", true  || false)
fmt.Printf("true  || true  == %t\n", true  || true)
```

```
false || false == false
true  || false == true
true  || true  == true
```

如果其左边值中的对应位或右边值中的对应位的值为1，则|运算符将结果中的位设置为1。

```
fmt.Printf("%b | %b == %b\n", 0, 0, 0|0)
fmt.Printf("%b | %b == %b\n", 0, 1, 0|1)
fmt.Printf("%b | %b == %b\n", 1, 1, 1|1)
```

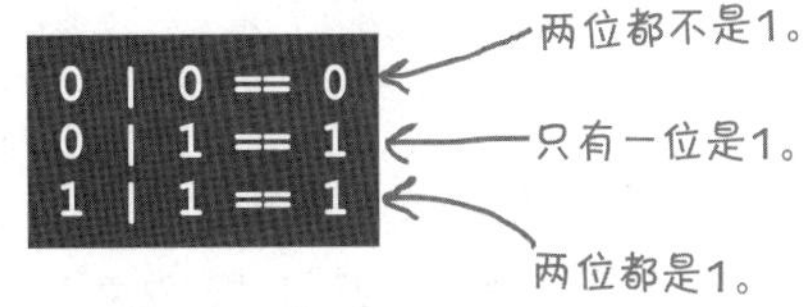
0 | 0 == 0
0 | 1 == 1
1 | 1 == 1
两位都不是1。
只有一位是1。
两位都是1。

同按位“与”一样，按位“或”运算符会查看其操作的两个值中给定位置的位，以确定结果中相同位置的位的值。

```
fmt.Printf("%02b\n", 1)
fmt.Printf("%02b\n", 0)
fmt.Printf("%02b\n", 1|0)
```

```
01
00
01
```

第二位是0。 第一位是1。
第二位是0。 第一位是0。
结果的第二位是0。 结果的第一位是1。

```
fmt.Printf("%02b\n", 2)
fmt.Printf("%02b\n", 0)
fmt.Printf("%02b\n", 2|0)
```

```
10
00
10
```

第二位是1。 第一位是0。
第二位是0。 第一位是0。
结果的第二位是1。 结果的第一位是0。

这适用于任何大小的数字。使用|运算符的两个值的位确定了结果值中相同位置的位。

```
fmt.Printf("%08b\n", 170)
fmt.Printf("%08b\n", 15)
fmt.Printf("%08b\n", 170|15)
```

```
10101010
00001111
10101111
```

如果第一个数字中给定位置的位是1……

……或第二个数字中相同位置的位是1……

……那么结果中相同位置的位将是1。

对“os”包常量使用按位或运算

好吧，那当然是……我不知道这些对我使用os.O_APPEND和os.O_CREATE常量有何帮助？

我们向你展示了所有这些，因为你需要使用按位或运算符将常量值组合在一起！

当文档中说os.O_APPEND和os.O_CREATE值与os.O_RDONLY、os.O_WRONLY或os.O_RDWR值“可能是或”时，这意味着你应该对它们使用按位或运算符。

在后台，这些常量都是int值：

```
fmt.Println(os.O_RDONLY, os.O_WRONLY, os.O_RDWR, os.O_CREATE, os.O_APPEND)
```

```
0 1 2 64 1024
```

如果看看这些值的二进制表示，我们会发现每个值只有一位被设置为1，所有其他位都为0：

```
fmt.Printf("%016b\n", os.O_RDONLY)
fmt.Printf("%016b\n", os.O_WRONLY)
fmt.Printf("%016b\n", os.O_RDWR)
fmt.Printf("%016b\n", os.O_CREATE)
fmt.Printf("%016b\n", os.O_APPEND)
```

```
0000000000000000
0000000000000001
0000000000000010
0000000001000000
0000010000000000
```

这意味着我们可以将这些值与按位或运算符组合在一起，并且任何位都不会相互干扰：

```
fmt.Printf("%016b\n", os.O_WRONLY|os.O_CREATE)
fmt.Printf("%016b\n", os.O_WRONLY|os.O_CREATE|os.O_APPEND)
```

```
0000000001000001
0000010001000001
```

os.OpenFile函数可以检查第一位是否为1，以确定文件是否应该是只写。如果第7位是1，OpenFile将知道如果文件不存在，就创建它。如果第11位是1，OpenFile将把数据追加到文件中。

当心！

在代码中只使用常量名，不要使用它们的int值！

如果在代码中使用像1和1024这样的值来代替常量，那么可能在短期内没问题。但是，如果Go的维护人员修改了常量的值，那么代码就会崩溃。确保使用像os.O_WRONLY和os.O_APPEND这样的常量名，这样你就安全了。

使用按位或运算修复os.OpenFile选项

以前，当我们只将os.O_WRONLY选项传递给os.OpenFile时，它会重写文件中已经存在的部分数据。让我们看看是否可以组合选项，以便将新数据追加到文件末尾。

首先编辑*aardvark.txt*文件，使它只由一行组成。

程序将新文本插入文件的开头，覆盖了原来的数据！

```
amazing!
 are...
```

aardvark.txt

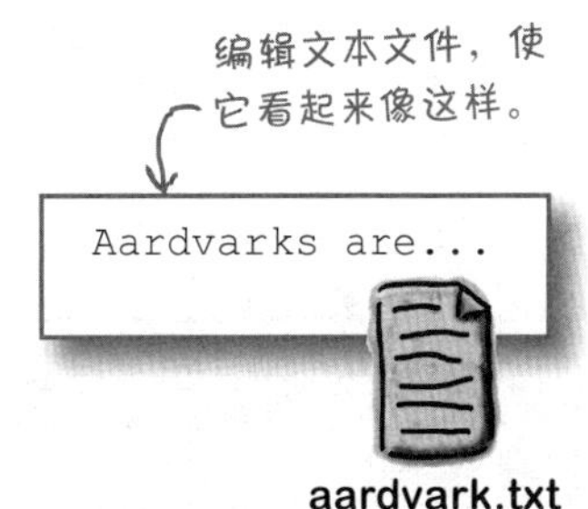
编辑文本文件，使
它看起来像这样。
Aardvarks are...
aardvark.txt

接下来，更新我们的程序，使用按位或运算符将os.O_WRONLY和os.O_APPEND常量值合并为一个值。将结果传递给os.OpenFile。

```
func main() {
	options := os.O_WRONLY | os.O_APPEND
	file, err := os.OpenFile("aardvark.txt", options, os.FileMode(0600))
	check(err)
	_, err = file.Write([]byte("amazing!\n"))
	check(err)
	err = file.Close()
	check(err)
}
```

使用按位或组合这两个值。

将结果传递到os.OpenFile。

再次运行程序并查看文件的内容。你应该会看到在末尾处附加了一行新的文本。

这次新文本被追加到文件中。

```
Aardvarks are...
amazing!
```

aardvark.txt

我们还可以尝试使用os.O_CREATE选项，这将使os.OpenFile在指定文件不存在的情况下创建该文件。首先删除*aardvark.txt*文件。

aardvark.txt
删除该文件。

现在更新程序，将os.O_CREATE添加到传递给os.OpenFile的选项中。

```
options := os.O_WRONLY | os.O_APPEND | os.O_CREATE
file, err := os.OpenFile("aardvark.txt", options, os.FileMode(0600))
// ...
```

使用按位或添加os.O_CREATE值。

当我们运行程序时，它将创建一个新的*aardvark.txt*文件，然后将数据写入其中。

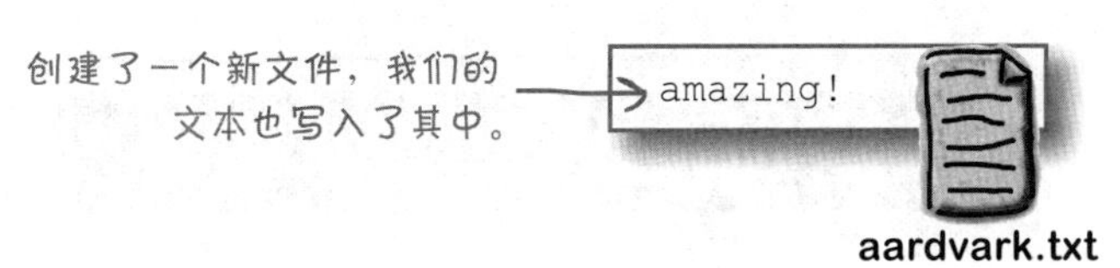
创建了一个新文件，我们的
文本也写入了其中。
amazing!
aardvark.txt

Unix样式的文件权限

我们一直在关注os.OpenFile的第二个参数，它控制读、写、创建和追加文件。到目前为止，我们一直忽略第三个参数，它控制文件的权限：在程序创建文件后，哪些用户将被允许读取和写入该文件。

此参数控制新文件的“权限”。

```
file, err := os.OpenFile("aardvark.txt", options, os.FileMode(0600))
```

```
File Edit Window Help
$ go doc os OpenFile
func OpenFile(name string, flag int, perm FileMode) (*File, error)
    OpenFile is the generalized open call; most users will use Open or Create
    instead. It opens the named file with specified flag (O_RDONLY etc.) and
    ...
```

当开发人员谈到文件权限时，他们通常指的是在类Unix系统（如macOS和Linux）上实现的权限。在Unix下，用户可以对一个文件拥有三个主要权限：

缩写	权限
r	用户可以读取文件的内容
w	用户可以写入文件的内容
x	用户可以执行该文件（这只适用于包含程序代码的文件）

例如，如果用户对文件没有读取权限，则他们运行的任何试图访问文件内容的程序都将会从操作系统中得到一个错误：

```
File Edit Window Help
$ cat locked.txt
cat: locked.txt: Permission denied
```

如果用户没有文件的执行权限，他们将无法执行文件中包含的任何代码。（不包含可执行代码的文件不应该标记为可执行文件，因为尝试运行这些文件可能会产生不可预测的结果。）

```
File Edit Window Help
$ ./hello
-bash: ./hello: Permission denied
```

当心！

权限参数在Windows上被忽略。

Windows不像类Unix系统那样处理文件权限，所以无论你做什么，都将在Windows上使用默认权限创建文件。但是，同样的程序在运行于类Unix机器上时不会忽略权限参数。熟悉权限的工作原理非常重要，如果可能的话，还要在希望运行的各种操作系统上测试程序。

使用os.FileMode类型表示权限

Go的os包使用FileMode类型表示文件权限。如果文件不存在，则传递给os.OpenFile的FileMode将决定使用什么权限创建文件，因此决定了用户对文件具有什么样的访问权限。

FileMode值有一个String方法，所以如果你将FileMode传递给fmt包中的函数，比如fmt.Println，你会得到一个值的特殊字符串表示。该字符串显示FileMode所表示的权限，其格式与你在Unix的 ls命令中看到的格式类似。

```
fmt.Println(os.FileMode(0700))
```

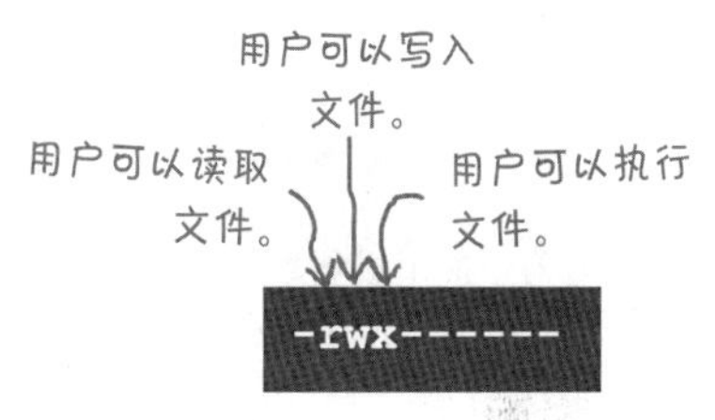

每个文件有三组权限，影响三个不同类别的用户。第一组权限仅适用于拥有该文件的用户。（默认情况下，你的用户账户是你创建的任何文件的所有者。）第二组权限用于分配给该文件的用户组。第三组适用于系统上的其他用户，这些用户既不是文件所有者，也不是文件分配组的一部分。

（如果需要更多信息，请在搜索引擎中查找“Unix文件权限”。）

```
fmt.Println(os.FileMode(0700))
fmt.Println(os.FileMode(0070))
fmt.Println(os.FileMode(0007))
```

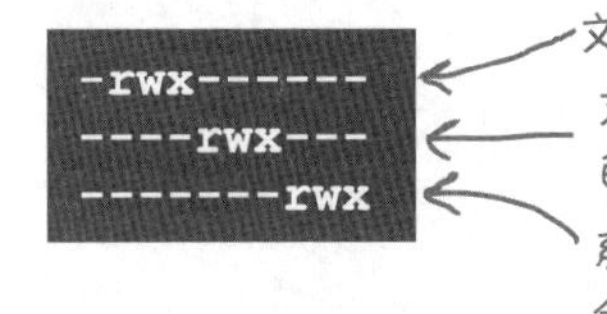

文件的所有者将拥有全部的权限。

文件组中的用户将拥有全部的权限。

系统上的所有其他用户将拥有全部的权限。

FileMode有一个uint32的基础类型，它代表“32位无符号整数”。这是一种我们之前没有讨论过的基础类型。因为它是无符号的，所以它不能存储任何负数，但是它可以在32位内存中存储更大的数。

因为FileMode基于uint32，所以可以使用类型转换将（几乎）任何非负整数转换为FileMode值。尽管结果可能有点难以理解：

```
fmt.Println(os.FileMode(17))
fmt.Println(os.FileMode(249))
fmt.Println(os.FileMode(1000))
```

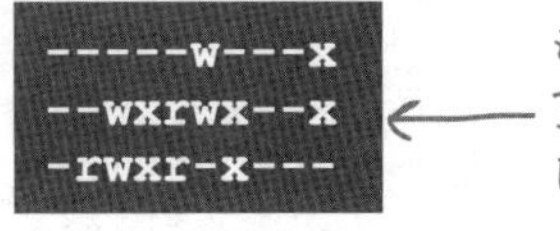

混乱的权限，在某些区域提供了过多的访问权限，而在其他区域没有足够的访问权限。

八进制表示法

相反，使用八进制表示法更容易指定整数来转换为FileMode值。我们见过十进制表示法，它使用10个数字：0到9。我们见过二进制表示法，它只使用两个数字：0和1。八进制表示法使用8个数字：0到7。

你可以使用带有%o格式动词的fmt.Printf来查看各种数字的八进制表示：

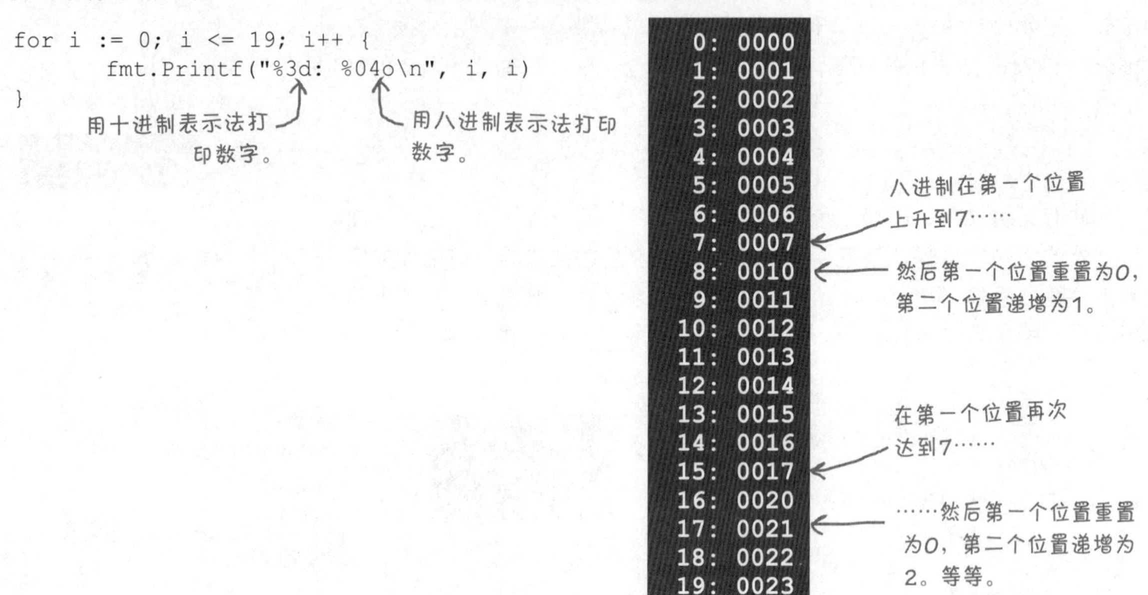

for i := 0; i <= 19; i++ {
fmt.Printf("%3d: %04o\n", i, i)
}
用十进制表示法打印数字。
用八进制表示法打印数字。
0: 0000
1: 0001
2: 0002
3: 0003
4: 0004
5: 0005
6: 0006
7: 0007
8: 0010
9: 0011
10: 0012
11: 0013
12: 0014
13: 0015
14: 0016
15: 0017
16: 0020
17: 0021
18: 0022
19: 0023
八进制在第一个位置上升到7……
然后第一个位置重置为0，第二个位置递增为1。
在第一个位置再次达到7……
……然后第一个位置重置为0，第二个位置递增为2。等等。

与二进制表示法不同，Go允许你在程序代码中使用八进制表示法来编写数字。任何以0开头的数字序列都将被视为八进制数。

如果你不做好准备，这可能会让你感到困惑。十进制10与八进制010完全不同，十进制100与八进制0100完全不同！

```
fmt.Printf("Decimal   1: %3d Octal   01: %2d\n",   1,   01)
fmt.Printf("Decimal  10: %3d Octal  010: %2d\n",  10,  010)
fmt.Printf("Decimal 100: %3d Octal 0100: %2d\n", 100, 0100)
```

```
Decimal   1:   1 Octal   01:  1
Decimal  10:  10 Octal  010:  8
Decimal 100: 100 Octal 0100: 64
```

只有0到7在八进制数中是有效的。如果包含8或9，则会报编译错误。

```
fmt.Println(089)
```

```
illegal octal number
```

编译错误

将八进制值转换为FileMode值

那么，为什么要使用这个（可以说是奇怪的）八进制表示法来表示文件权限呢？因为八进制数的每一位都可以只用3位内存来表示：

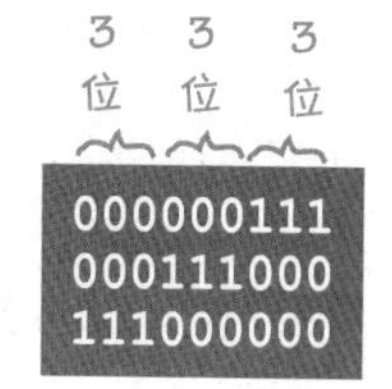


```
fmt.Printf("%09b\n", 0007)
fmt.Printf("%09b\n", 0070)
fmt.Printf("%09b\n", 0700)
```

```
000000111
000111000
111000000
```

三位也是存储一个用户类（“用户”“组”或“其他”）的权限所需的确切数据量。用户类所需的任何权限组合都可以使用一个八进制数字表示！

“组”数字

“用户”数字 “其他”数字

```
os.FileMode(0777)
```

注意下面八进制数的二进制表示形式与相同数字的FileMode转换之间的相似性。如果二进制表示中的位是1，则激活相应的权限。

打印八进制数的二进制表示形式。

打印相同数字的FileMode转换的字符串。

```
fmt.Printf("%09b %s\n", 0000, os.FileMode(0000))
fmt.Printf("%09b %s\n", 0111, os.FileMode(0111))
fmt.Printf("%09b %s\n", 0222, os.FileMode(0222))
fmt.Printf("%09b %s\n", 0333, os.FileMode(0333))
fmt.Printf("%09b %s\n", 0444, os.FileMode(0444))
fmt.Printf("%09b %s\n", 0555, os.FileMode(0555))
fmt.Printf("%09b %s\n", 0666, os.FileMode(0666))
fmt.Printf("%09b %s\n", 0777, os.FileMode(0777))
```

如果位是1，则激活相应的权限。

```
000000000 ----------
001001001 ---x--x--x
010010010 --w--w--w-
011011011 --wx-wx-wx
100100100 -r--r--r--
101101101 -r-xr-xr-x
110110110 -rw-rw-rw-
111111111 -rwxrwxrwx
```

出于这个原因，Unix chmod命令（“change mode”的缩写）几十年来一直使用八进制数字来设置文件权限。

File Edit Window Help

```
$ chmod 0000 allow_nothing.txt
$ chmod 0100 execute_only.sh
$ chmod 0200 write_only.txt
$ chmod 0300 execute_write.sh
$ chmod 0400 read_only.txt
$ chmod 0500 read_execute.sh
$ chmod 0600 read_write.txt
$ chmod 0700 read_write_execute.sh
$ chmod 0124 user_execute_group_write_other_read.sh
$ chmod 0777 all_read_write_execute.sh
```

八进制数字	权限
0	没有权限
1	执行
2	写
3	写，执行
4	读
5	读，执行
6	读，写
7	读，写，执行

Go对八进制表示法的支持允许你在代码中遵循相同的约定！

解释对os.OpenFile的调用

现在我们已经了解了按位运算符和八进制表示法，我们终于可以理解那些对os.Openfile的调用了！

例如，这段代码将向一个现有的日志文件添加新数据。拥有该文件的用户将能够读写该文件。所有其他用户将只能对它进行读取。

```
options := os.O_WRONLY | os.O_APPEND
file, err := os.OpenFile("log.txt", options, os.FileMode(0644))
```

打开要写入的文件，在末尾追加新数据。

文件的所有者可以读和写，其他人只能读。

如果文件不存在，这段代码将创建一个文件，然后向其添加数据。生成的文件可以被其所有者读写，但是其他用户不可以访问它。

```
options := os.O_WRONLY | os.O_APPEND | os.O_CREATE
file, err := os.OpenFile("log.txt", options, os.FileMode(0600))
```

如果文件不存在，创建它。打开要写入的文件，在末尾追加新数据。

文件的所有者将可读可写。其他人将无法访问。

当心！

如果os.Open或os.Create函数可以满足你的需要，请使用它们。

os.Open函数只能打开文件进行读取。但如果这是你所需要的，你可能会发现它比os.OpenFile更易于使用。同样，os.Create函数只能创建任何用户可读写的文件。但如果这是你所需要的，你应该考虑使用它而不是os.Openfile。有时功能不太强大的函数会使代码可读性更强。

有问必答

问： 八进制表示法和按位运算符是一种痛苦！为什么要这样做？

答： 是为了节省计算机内存！这些处理文件的约定源于Unix，Unix是在内存和磁盘空间都很小且很昂贵的时候开发的。但即使是现在，当一个硬盘可以包含数百万个文件时，将文件权限压缩到几位而不是几个字节可以节省大量空间（并使系统运行得更快）。相信我们，努力是值得的！

问： FileMode字符串前面的额外横线是什么？

答： 该位置的横线表示文件只是一个普通文件，但它可以显示其他几个值。例如，如果FileMode值表示一个目录，它将是d。

```
fileInfo, err := os.Stat("my_directory")
if err != nil {
	log.Fatal(err)
}
fmt.Println(fileInfo.Mode())
```

获取文件或目录的统计信息。你可以在文档中查找！

打印目录的FileMode信息。

```
drwxr-xr-x
```

B 有六件事我们没有涉及

剩下的内容

我们已经讲了很多内容，你几乎看完了这本书。我们会想念你的，但在让你离开之前，如果不多做一点准备就把你送到这个世界上去，我们会觉得不太合适。我们为本附录保存了六个重要的主题。

#1 “if”的初始化语句

这里我们有一个saveString函数，它返回一个error值（如果没有错误，则返回nil）。在我们的main函数中，我们可以在处理它之前将返回值存储在一个err变量中：

```
func saveString(fileName string, str string) error {
	err := ioutil.WriteFile(fileName, []byte(str), 0600)
	return err
}
```

（你可以使用“go doc io/ioutil WriteFile”了解更多关于WriteFile函数的信息。）

```
func main() {
	err := saveString("hindi.txt", "Namaste")
	if err != nil {
		log.Fatal(err)
	}
}
```

调用saveString并存储返回值。

报告任何错误。

现在假设在main中添加了另一个对saveString的调用，它也使用了一个err变量。我们必须记住，在第一次使用err时使用一个短变量声明，以后更改为使用赋值。否则，我们将得到一个编译错误，说试图重新声明一个变量。

```
func main() {
	err := saveString("english.txt", "Hello")
	if err != nil {
		log.Fatal(err)
	}
	err := saveString("hindi.txt", "Namaste")
	if err != nil {
		log.Fatal(err)
	}
}
```

这段代码也使用了一个名为“err”的变量。

如果我们忘记将原始代码从短声明转换为赋值……

编译错误！

```
no new variables on left side of :=
```

但实际上，我们只是在if语句及其块中使用了err变量。是否有一种方法可以限制变量的作用域，这样我们可以将每个事件当作一个单独的变量来处理呢？

还记得我们在第2章中第一次介绍for循环吗？我们说过它们可以包含一个初始化语句，你可以在这里初始化变量。这些变量只在for循环块的作用域内。

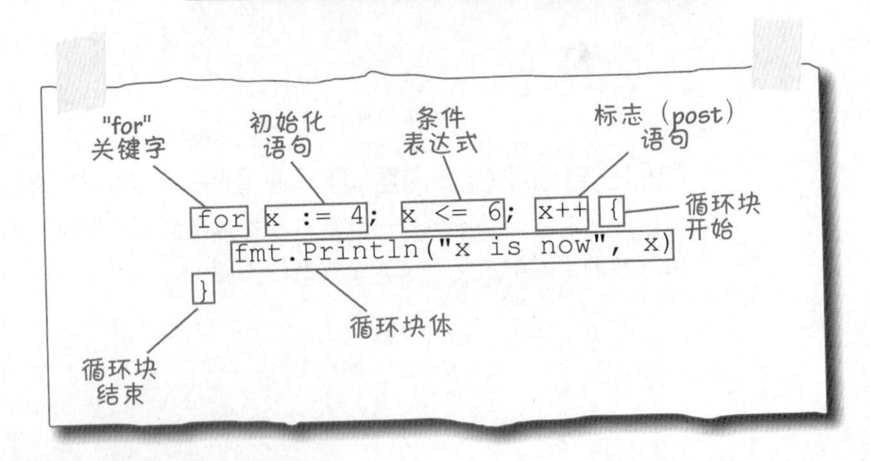

#1 "if"的初始化语句（续）

与for循环类似，Go允许你在if语句中的条件之前添加初始化语句。初始化语句通常用于初始化一个或多个变量，以便在if块中使用。

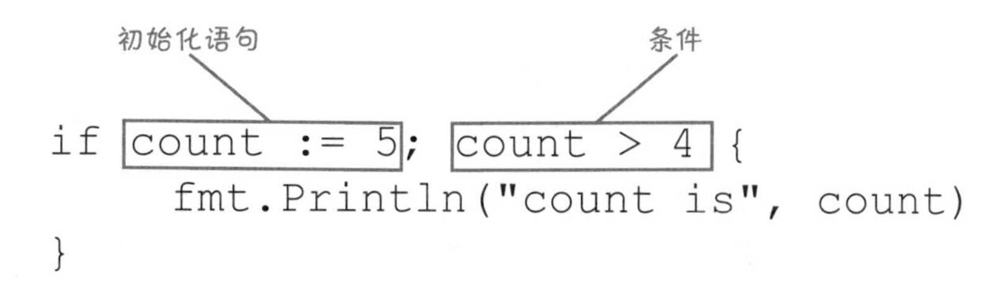


```
if count := 5; count > 4 {
    fmt.Println("count is", count)
}
```

初始化语句中声明的变量的作用域仅限于if语句的条件表达式及其块。如果我们重写前面的示例以使用if初始化语句，则每个err变量的作用域将被限制在if语句的条件和块中，这意味着我们将有两个完全独立的err变量。我们不用担心哪一个先被定义。

```
if err := saveString("english.txt", "Hello"); err != nil {
    log.Fatal(err)
}
if err := saveString("hindi.txt", "Namaste"); err != nil {
    log.Fatal(err)
}
```

第一个"err"变量的作用域

第二个"err"变量的作用域

这种对作用域的限制是双向的。如果一个函数有多个返回值，而你需要其中一个在if语句中，另一个在if语句外，那么你可能无法在if初始化语句中调用它。如果你试一下，你将会发现你所需要的在if块之外的值超出了作用域。

```
if number, err := strconv.ParseFloat("3.14", 64); err != nil {
    log.Fatal(err)
}
fmt.Println(number * 2)
```

变量的作用域

超出了作用域！

```
undefined: number
```

编译错误！

相反，你需要像往常一样在if语句之前调用函数，这样它的返回值就在if语句的内部和外部的作用域之内：

```
number, err := strconv.ParseFloat("3.14", 64)
if err != nil {
    log.Fatal(err)
}
fmt.Println(number * 2)
```

在"if"语句之前声明变量。

仍在作用域内

仍在作用域内

```
6.28
```

#2 switch语句

当你需要根据表达式的值执行几个操作之一时，可能会导致if语句和else子句的混乱。switch语句是表达这些选择的更有效的方法。

写下switch关键字，然后是条件表达式。然后添加几个case表达式，每个case表达式都有一个条件表达式可能有的值。选择其值与条件表达式匹配的第一个case，并运行其所包含的代码。其他case表达式被忽略。你还可以提供一个default语句，如果没有匹配的case，将运行该语句。

下面是我们在第12章中使用if和else语句编写的代码示例的重新实现。这个版本需要的代码要少得多。对于switch条件，我们选择一个从1到3的随机数。我们为每个值提供了case表达式，每个值都打印一条不同的信息。为了提醒我们注意理论上不可能出现的情况，即没有匹配的case，我们还提供了一个产生panic的default语句。

```
import (
	"fmt"
	"math/rand"
	"time"
)

func awardPrize() {
	switch rand.Intn(3) + 1 {
	case 1:
		fmt.Println("You win a cruise!")
	case 2:
		fmt.Println("You win a car!")
	case 3:
		fmt.Println("You win a goat!")
	default:
		panic("invalid door number")
	}
}

func main() {
	rand.Seed(time.Now().Unix())
	awardPrize()
}
```

条件表达式

如果结果是1……

……那么打印这条信息

如果结果是2……

……那么打印这条信息

如果结果是3……

……那么打印这条信息

如果结果不是以上任何一个……

……那么产生panic，因为这意味着我们的代码出了问题。

```
You win a goat!
```

有问必答

问：我见过其他一些语言，在每个case的末尾必须提供一个“break”语句，否则它也会运行下一个case的代码。Go不需要这个吗？

答： 开发人员有忘记其他语言中的“break”语句的历史，从而导致bug。为了避免这种情况，Go会在case代码末尾自动退出switch。

如果你希望下一个case的代码也能运行，那么可以在一个case中使用fallthrough关键字。

#3 更多基本类型

Go还有一些基本类型，我们还没有足够的空间来讨论。你可能没有理由在自己的项目中使用它们，但是在一些库中会遇到它们，所以最好意识到它们的存在。

类型	描述
int8 int16 int32 int64	这些保存整数，就像int一样，但是它们在内存中是特定的大小（类型名称中的数字以位为单位指定大小）。更少的位消耗更少的内存或其他存储；更多的位意味着可以存储更多的数字。你应该使用int，除非你有特定的理由使用其中之一，它是更有效的
uint	它就像int，但它只包含无符号整数，不能包含负数。这意味着你可以在相同的内存中放入更大的数字，只要你确定这些值永远不会为负
uint8 uint16 uint32 uint64	它们也包含无符号整数，但与int变量一样，它们在内存中消耗特定数量的位
float32	float64类型保存浮点数并消耗64位内存。这是它较小的32位的表兄弟（浮点数没有8位或16位的变量）

#4 更多关于符文的信息

我们在第一章简要地介绍了符文（rune），之后就再也没有讨论过。但我们不希望在结束本书的时候不多谈一点儿关于它的细节……

在现代操作系统出现之前，大多数计算都是使用不带重音的英文字母来完成的，共有26个字母（大写和小写）。它们的数量如此之少，一个字符可以用一个字节表示（还有1位可用）。使用一种称为ASCII的标准来确保在不同的系统上将相同的字节值转换为相同的字母。

当然，英语字母表并不是世界上唯一的书写系统；还有很多其他的，有些字母表有成千上万个不同的字符。Unicode标准试图创建一组4字节的值，这些值可以表示这些不同书写系统中的每个字符（以及许多其他字符）。

Go使用rune类型的值来表示Unicode值。通常，一个符文代表一个字符。（当然也有例外，但这些超出了本书的范围。）

#4 更多关于符文的信息（续）

Go使用UTF-8，这是一种表示Unicode字符的标准，每个字符使用1到4个字节。旧ASCII字符集中的字符仍然可以用一个字节表示；其他字符可能需要2到4个字节。

这里有两个字符串，一个是英文字母，一个是俄文字母。

```
asciiString := "ABCDE"
utf8String := "БГДЖИ"
```

这些字符都来自ASCII字符集，所以每个字符占用一个字节。

这些Unicode字符每个占用2个字节。

通常，你不需要担心字符如何存储的细节。也就是说，直到你尝试将字符串转换为其组件字节并返回。例如，如果我们尝试用两个字符串调用len函数，我们会得到非常不同的结果：

```
fmt.Println(len(asciiString))
fmt.Println(len(utf8String))
```

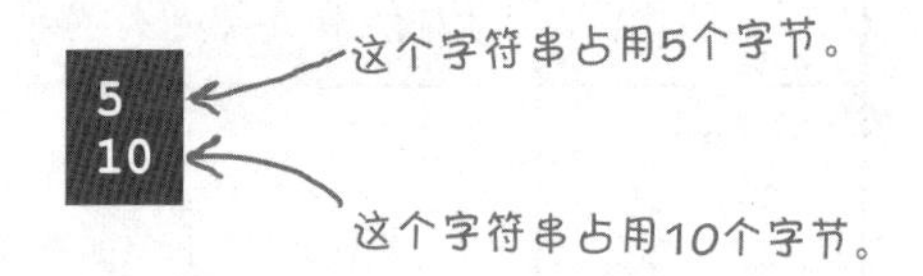

当你将字符串传递给len函数时，它将返回以字节（而不是符文）为单位的长度。英文字母串可以占用5个字节——每个符文只需要1个字节，因为它来自旧的ASCII字符集。但是俄文字符串需要10个字节——每个符文需要2个字节来存储。

如果需要字符串的字符长度，则应该使用unicode/utf8包的RuneCountInString函数。此函数将返回正确的字符数，而不考虑用于存储每个字符的字节数。

```
fmt.Println(utf8.RuneCountInString(asciiString))
fmt.Println(utf8.RuneCountInString(utf8String))
```

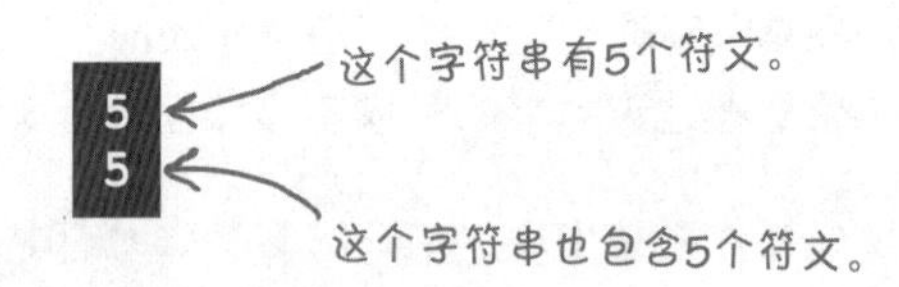

5
5
这个字符串有5个符文。
这个字符串也包含5个符文。

安全地使用部分字符串意味着将字符串转换为符文，而不是字节。

#4 更多关于符文的信息（续）

在本书的前面，我们必须将字符串转换为字节切片，以便将它们写入HTTP响应或终端。只要确保在结果切片中写入所有字节，这样就可以正常工作。但是，如果只想处理部分字节，那就麻烦了。

下面是一些代码，试图从前面的字符串中去掉前三个字符。我们将每个字符串转换为字节切片，然后使用切片运算符收集从第四个元素到末尾的所有内容。然后我们将部分字节切片转换回字符串并打印它们。

```
asciiBytes := []byte(asciiString)
utf8Bytes := []byte(utf8String)
asciiBytesPartial := asciiBytes[3:]
utf8BytesPartial := utf8Bytes[3:]
fmt.Println(string(asciiBytesPartial))
fmt.Println(string(utf8BytesPartial))
```

将字符串转换为字节切片。

省略每个切片中的前3个字节。

```
DE
□ДЖИ
```

删除前3个字节，即删除前3个字符。

删除前3个字节，即删除第一个符文，以及第二个符文的1个字节！

这对英文字母表字符很有用，每个字符占用1个字节。但是俄文字符每个都占2个字节。切断该字符串的前3个字节只会忽略第一个字符和第二个字符的“一半”，从而导致无法打印字符。

Go支持将字符串转换为rune值的切片，并将符文切片转换回字符串。要使用部分字符串，应该将它们转换为rune值的切片，而不是byte值的切片。这样，你就不会意外地抓取符文的部分字节。

这是对前面代码的更新，它将字符串转换为符文切片而不是字节切片。我们的切片运算符现在省略了每个切片的前三个符文，而不是前3个字节。当我们将部分切片转换为字符串并打印它们时，我们只从每个切片中得到最后两个（完整的）字符。

```
asciiRunes := []rune(asciiString)
utf8Runes := []rune(utf8String)
asciiRunesPartial := asciiRunes[3:]
utf8RunesPartial := utf8Runes[3:]
fmt.Println(string(asciiRunesPartial))
fmt.Println(string(utf8RunesPartial))
```

将字符串转换为符文切片。

省略每个切片中的前3个符文。

将这个符文切片转换成字符串。

```
DE
ЖИ
```

前三个符文被删除了。

前三个符文被删除了。

#4 更多关于符文的信息（续）

如果尝试使用字节切片处理字符串中的每个字符，将会遇到类似的问题。只要字符串都是ASCII字符集中的字符，一次处理一个字节就可以工作。但是，一旦出现一个需要2个或更多字节的字符，你就会发现你又在使用符文的部分字节了。

这段代码使用`for ... range`循环打印英文字符，每个字符1字节。然后，它尝试对俄文字符做同样的操作，每个字符1个字节——但是失败了，因为每个字符都需要2个字节。.

```
for index, currentByte := range asciiBytes {
        fmt.Printf("%d: %s\n", index, string(currentByte))
}
for index, currentByte := range utf8Bytes {
        fmt.Printf("%d: %s\n", index, string(currentByte))
}
```

处理切片中的每个字节。

将字节转换为字符串并打印。

处理切片中的每个字节。

将字节转换为字符串并打印。

结果是可打印字符的ASCII字符……

```
0: A
1: B
2: C
3: D
4: E
0: Ð
1: 
2: Ð
3: 
4: Ð
5: 
6: Ð
7: 
8: Ð
9: 
```

……但是对于Unicode字符，是不可打印的字符！

Go允许你对字符串使用`for ... range`循环，它一次处理一个符文，而不是一个字节。这是一种更安全的方法。你提供的第一个变量将被分配给字符串中的当前字节索引（而不是rune索引）。第二个变量将被分配给当前的符文。

下面是对上面代码的更新，它使用了一个`for...range`循环来处理字符串本身，而不是它们的字节表示。你可以从输出中的索引中看到，对英文字符一次处理1个字节，但是对俄文字符一次处理2个字节。.

```
for position, currentRune := range asciiString {
        fmt.Printf("%d: %s\n", position, string(currentRune))
}
for position, currentRune := range utf8String {
        fmt.Printf("%d: %s\n", position, string(currentRune))
}
```

处理字符串中的每个符文。

将符文转换为字符串并打印。

处理字符串中的每个符文。

将符文转换为字符串并打印

所有字符都是可打印的。

```
0: A
1: B
2: C
3: D
4: E
0: Б
2: Г
4: Д
6: Ж
8: И
```

Go的符文可以很容易地处理部分字符串，而不必担心它们是否包含Unicode字符。只要记住，任何时候只要你想处理字符串的一部分，就把它转换成符文，而不是字节！

#5 有缓冲的channel

Go有两种channel：有缓冲的和无缓冲的。

到目前为止，我们给你们展示的所有channel都是无缓冲的。当goroutine在无缓冲的channel上发送值时，它会立即阻塞，直到另一个goroutine接收到该值。另一方面，有缓冲的channel可以在导致发送的goroutine阻塞之前保存一定数量的值。在适当的情况下，这可以提高程序的性能。

在创建channel时，可以通过给make传递第二个参数来创建有缓冲的channel，该参数包含channel应该能够在其缓冲区中保存的值的数量。

```
channel := make(chan string, 3)
```

此参数指定channel缓冲区的大小。

可容纳三个值的有缓冲的channel。

当goroutine通过channel发送一个值时，该值被添加到缓冲区中。发送的goroutine将继续运行，而不被阻塞。

```
channel <- "a"
```

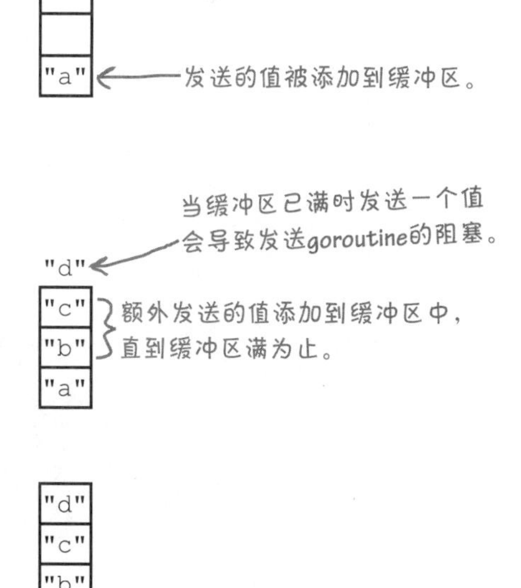
"a"
发送的值被添加到缓冲区。
当缓冲区已满时发送一个值
会导致发送goroutine的阻塞。
"d"
"c"
"b"
"a"
额外发送的值添加到缓冲区中，
直到缓冲区满为止。
"d"
"c"
"b"

发送的goroutine可以继续在channel上发送值，直到缓冲区被填满；只有这时，额外的发送操作才会导致goroutine阻塞。

```
channel <- "b"
channel <- "c"
channel <- "d"
```

当另一个goroutine从channel接收一个值时，它从缓冲区中提取最早添加的值。

```
fmt.Println(<-channel)
```

"a"

额外的接收操作将继续清空缓冲区，而额外的发送操作将填充缓冲区。

```
fmt.Println(<-channel)
```

"b"

"d"
"c"

#5 有缓冲的channel（续）

让我们试着用一个无缓冲的channel运行一个程序，然后将其改成有缓冲的channel，这样就可以看到区别了。下面，我们定义一个`sendLetters`函数作为goroutine运行。它向一个channel发送四个值，在每个值前休眠1秒。在`main`中，我们创建一个无缓冲的channel并将其传递给`sendLetters`。然后我们把`main` goroutine休眠5秒钟。

```
func sendLetters(channel chan string) {   ← 接受channel作为参数。
    time.Sleep(1 * time.Second)
    channel <- "a"
    time.Sleep(1 * time.Second)
    channel <- "b"
    time.Sleep(1 * time.Second)
    channel <- "c"
    time.Sleep(1 * time.Second)
    channel <- "d"
}
```

发送四个值，每个值之前休眠1秒。

```
func main() {
    fmt.Println(time.Now())
    channel := make(chan string)
    go sendLetters(channel)
    time.Sleep(5 * time.Second)
    fmt.Println(<-channel, time.Now())
    fmt.Println(<-channel, time.Now())
    fmt.Println(<-channel, time.Now())
    fmt.Println(<-channel, time.Now())
    fmt.Println(time.Now())
}
```

打印程序开始的时间。

创建一个无缓冲的channel，就像我们一直在做的那样。

在新的goroutine中启动gendLetters。

让主goroutine休眠5秒钟。

接收并打印四个值以及当前的时间。

打印程序结束的时间。

```
2018-07-21 11:36:20.676155577 -0700 MST m=+0.000255509
a 2018-07-21 11:36:25.677846276 -0700 MST m=+5.001810208
b 2018-07-21 11:36:26.677931968 -0700 MST m=+5.001895900
c 2018-07-21 11:36:27.679233609 -0700 MST m=+6.003129541
d 2018-07-21 11:36:28.680125059 -0700 MST m=+7.004020991
2018-07-21 11:36:28.680236070 -0700 MST m=+7.004132001
```

这是程序开始的时间。

当主goroutine醒来时，第一个值已经在等待接收。

但是sendLetters goroutine在收到第一个值之前一直被阻塞，所以现在我们必须等待后面的值被发送出去。

程序花了8秒完成。

当`main` goroutine醒来时，它从channel接收四个值。但是`sendLetters` goroutine被阻塞了，等待`main`接收第一个值。因此，当`sendLetters` goroutine恢复时，`main` goroutine必须在每个剩余值之间等待1秒。

#5 有缓冲的channel（续）

只要在channel中添加一个单值缓冲区，就可以稍微加快程序的速度。

我们所要做的就是在调用make时添加第二个参数。与channel的交互在其他方面是相同的，因此我们不必对代码做任何其他更改。

现在，当sendLetters将它的第一个值发送到channel时，它不会阻塞，直到主goroutine接收到它。所发送的值将进入channel的缓冲区。只有当第二个值被发送（但还没有任何值被接收）时，channel的缓冲区才会被填满，sendLetters goroutine才会被阻塞。向channel中添加一个单值缓冲区可以减少1秒的程序运行时间。

```
func main() {
    channel := make(chan string, 1)
    // Remaining code unchanged
}
```

创建一个有缓冲的channel，在阻塞之前可以保存一个值。

发送的第一个值将进入有缓冲的channel的队列。

在此之后，队列满了，因此下一个发送将导致sendLetters goroutine阻塞。

```
2018-07-21 15:29:10.709656836 -0700 MST m=+0.000318261
a 2018-07-21 15:29:15.710058943 -0700 MST m=+5.000584368
b 2018-07-21 15:29:15.710105511 -0700 MST m=+5.000630936
c 2018-07-21 15:29:16.712044927 -0700 MST m=+6.002502352
d 2018-07-21 15:29:17.716495 -0700 MST m=+7.006883143
2018-07-21 15:29:17.716615312 -0700 MST m=+7.007004737
```

程序只用了7秒钟就完成了。

将缓冲区大小增加到3，这允许sendLetters goroutine在不阻塞的情况下发送三个值。它在最后一次发送时阻塞，但这是在它的所有1秒Sleep调用完成之后。因此，当主goroutine在5秒后醒来时，它立即接收到在有缓冲channel中等待的三个值，以及导致sendLetters阻塞的值。

```
channel := make(chan string, 3)
```

创建一个有缓冲的channel，在阻塞之前可以保存三个值。

这三个值在channel缓冲区中等待。

此值导致sendLetters goroutine阻塞，但仅在它完成睡眠后。

```
2018-07-21 17:02:20.062202682 -0700 MST m=+0.000341112
a 2018-07-21 17:02:25.066350665 -0700 MST m=+5.004353095
b 2018-07-21 17:02:25.066574585 -0700 MST m=+5.004577015
c 2018-07-21 17:02:25.066583453 -0700 MST m=+5.004585883
d 2018-07-21 17:02:25.066588589 -0700 MST m=+5.004591019
2018-07-21 17:02:25.066593481 -0700 MST m=+5.004595911
```

程序只用了5秒钟就完成了。

这使得程序只需5秒钟就可以完成！

#6 进一步阅读

这是本书的结尾。但这只是作为一个Go程序员的开始。我们想推荐一些资源来帮助你。

*The Head First Go*网站

https://headfirstgo.com/

本书的官方网站。在这里，你可以下载我们所有的代码示例，通过额外的练习来进行实践，并学习新的主题，所有这些都是同样易于阅读的!

A Tour of Go

https://tour.golang.org

这是一个关于Go基本特性的交互式教程。它所涵盖的资料与本书大致相同，但包括一些额外的细节。指南中的示例可以直接在浏览器中编辑并运行（就像在Go Playground中一样）。

Effective Go

https://golang.org/doc/effective_go.html

Go团队维护的关于如何编写地道的Go代码（即遵循社区约定的代码）的指南。

The Go Blog

https://blog.golang.org

官方的Go博客。提供有关使用Go以及新的Go版本和功能的公告的有用文章。

包的文档

https://golang.org/pkg/

所有标准包的文档。这些文档与`go doc`命令中提供的文档相同，但是所有库都在一个方便浏览的列表中。可以从`encoding/json`、`image`和`io/ioutil`包开始。

The Go Programming Language

https://www.gopl.io/

这本书是这一页上唯一不免费的资源，但它是值得的。它是众所周知和广泛使用的。

市面上有两种技术书籍：教程（比如本书）和参考书（比如*The go Programming Language*）。这是一个很好的参考：它涵盖了我们在本书中没有空间讨论的所有主题。如果你想继续使用Go，这是一本必读书。

索引

符号

B

C

D

E

G

H

I

J

K

L

M

N

O

P

Q

R

S

T

U

V

W

Z

这不是再见

把你的大脑转到
headfirstgo.com

你不知道这个网站吗？我们有这本书中所有的代码示例可供下载。你还会发现如何用Go做更多事情的指南。